U0010133

根據海水魚的大致特徵找到可能的「科」後，請翻閱指定頁面查詢。

●身體兩側有多個鰓孔的魚

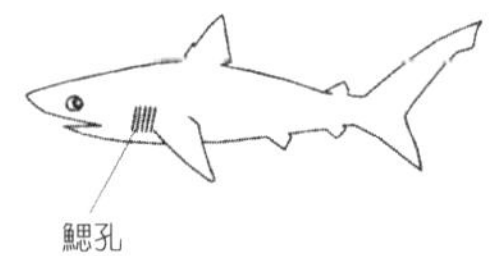
鰓孔

異齒鯊科（P18）～狐鯊科（P20）

●像蛇一樣身體細長的魚

鯙科（P27）～糯鰻科（P36）

●身體扁平、
體側或腹側有多個鰓孔的魚

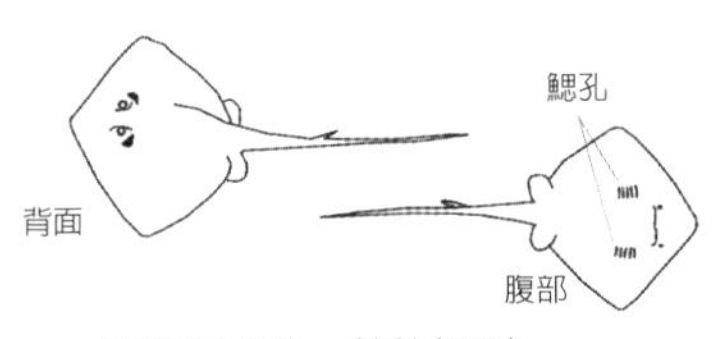
鰓孔
背面
腹部

扁鯊科（P23）～鱝科（P26）

●長得像青蛙的魚

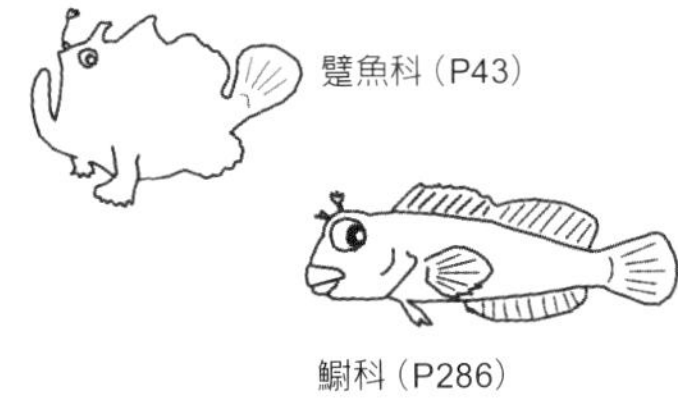
躄魚科（P43）
鳚科（P286）

●身體細長的魚

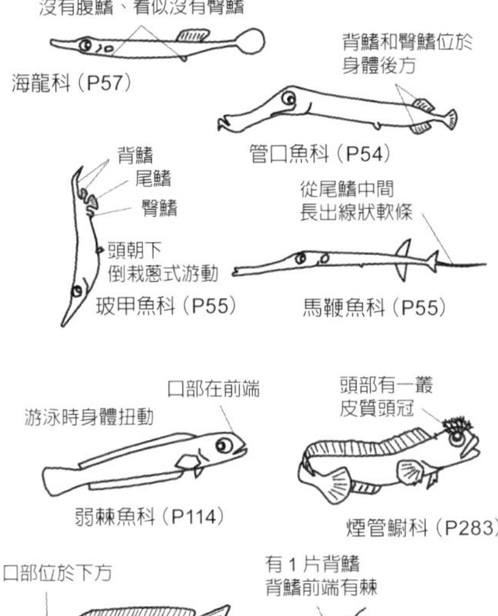
沒有腹鰭、看似沒有臀鰭
海龍科（P57）
背鰭和臀鰭位於
身體後方
管口魚科（P54）
背鰭
尾鰭
臀鰭
頭朝下
倒栽蔥式游動
玻甲魚科（P55）
從尾鰭中間
長出線狀軟條
馬鞭魚科（P55）
口部在前端
游泳時身體扭動
弱棘魚科（P114）
頭部有一叢
皮質頭冠
煙管鳚科（P283）
口部位於下方
鳚科（P286）
有 1 片背鰭
背鰭前端有棘
絲鰭鱚科（P273）

●銀色的魚

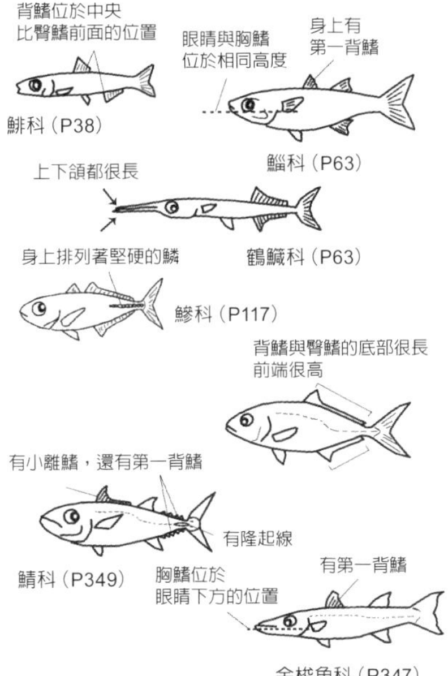
背鰭位於中央
比臀鰭前面的位置
鯡科（P38）
眼睛與胸鰭
位於相同高度
身上有
第一背鰭
鯔科（P63）
上下頷都很長
鶴鱵科（P63）
身上排列著堅硬的鱗
鰺科（P117）
背鰭與臀鰭的底部很長
前端很高
有小離鰭，還有第一背鰭
有隆起線
鯖科（P349）
胸鰭位於
眼睛下方的位置
有第一背鰭
金梭魚科（P347）

從體型與顏色等身體特徵搜尋目標魚類的

簡表

●體型怪異或有特色的魚

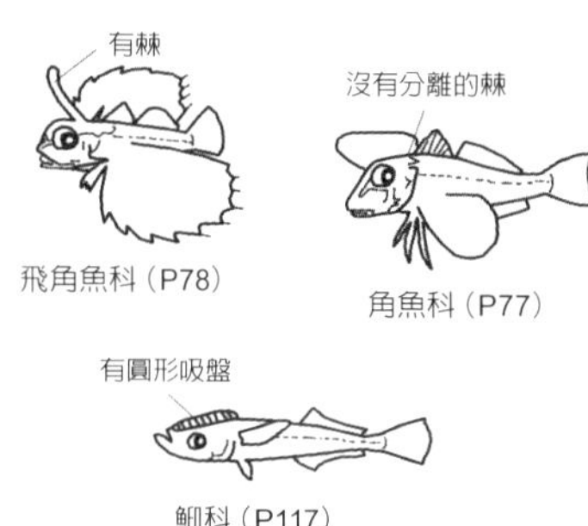
有棘
沒有分離的棘
飛角魚科（P78）
角魚科（P77）
有圓形吸盤
鮣科（P117）

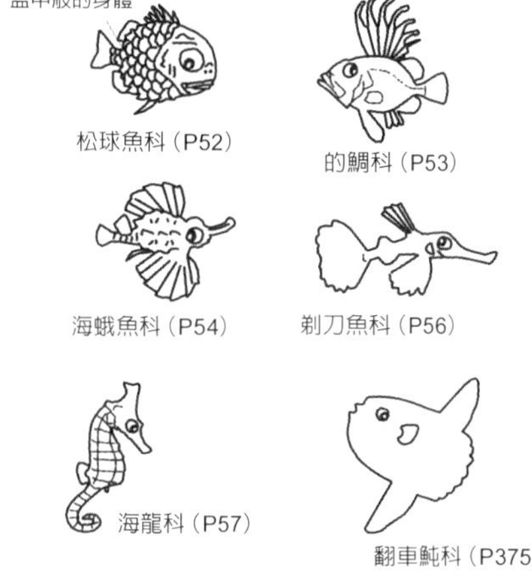
盔甲般的身體
松球魚科（P52）
的鯛科（P53）
海蛾魚科（P54）
剃刀魚科（P56）
海龍科（P57）
翻車魨科（P375）

●身體剖面像 ◯◯◯▢ 形狀的厚身魚

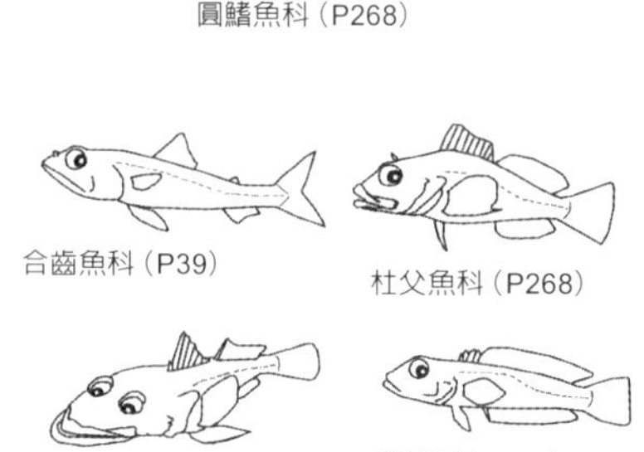
圓鰭魚科（P268）
合齒魚科（P39）
杜父魚科（P268）
牛尾魚科（P77）
擬鱸科（P269）

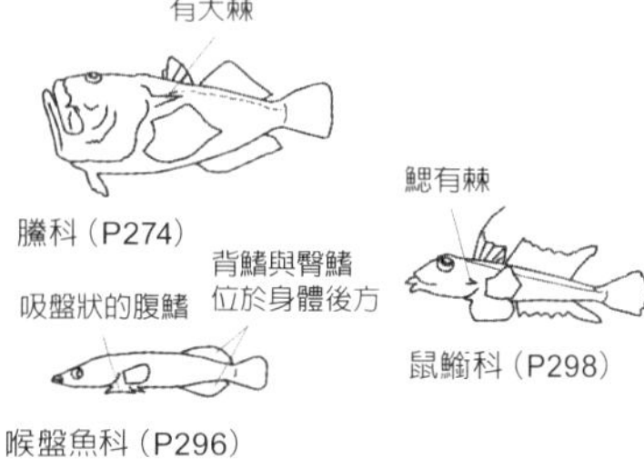
有大棘
鰧科（P274）
鰓有棘
背鰭與臀鰭
位於身體後方
吸盤狀的腹鰭
鼠鰤科（P298）
喉盤魚科（P296）

●身體凹凸不平的魚

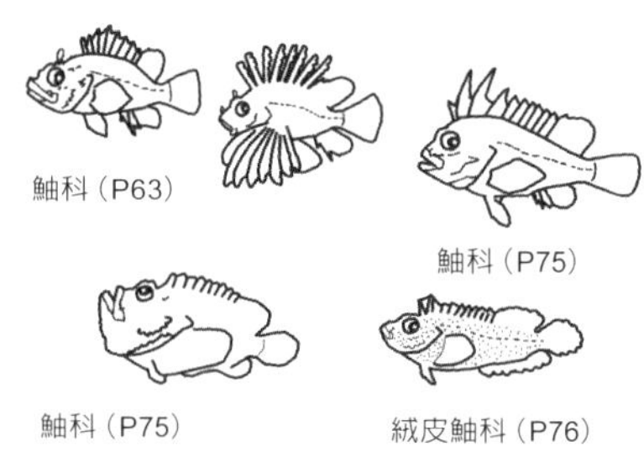
鮋科（P63）
鮋科（P75）
鮋科（P75）
絨皮鮋科（P76）

●嘴角四周有多條鬚的魚

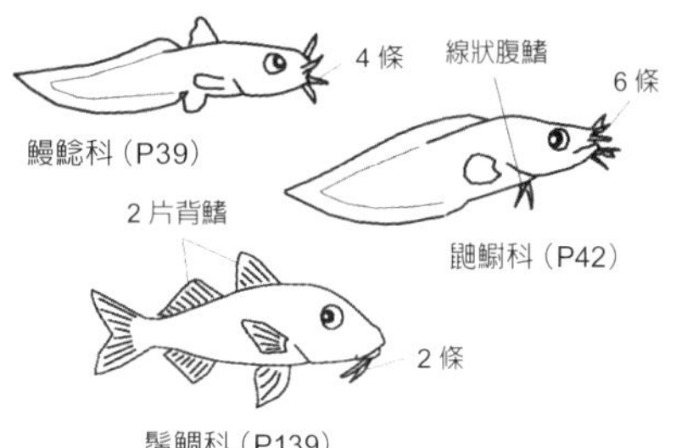
4 條
線狀腹鰭
6 條
鰻鯰科（P39）
鯰鯛科（P42）
2 片背鰭
2 條
鬚鯛科（P139）

審定序

最值得推薦的海水魚圖鑑

很高興晨星出版社能夠翻譯出版這一本日文魚類圖鑑的中譯本。這本書的第一版雖然已經出版了好幾年，相信也有不少讀者已經購買了原版書，但是如果不諳日語，就會不知道本書的特色其實是在前面所介紹的水中攝影技巧，以及作者長期在海中觀察各魚種有趣及鮮爲人知的生態習性。這也是目前坊間大多以形態描述爲主的其他圖鑑所望塵莫及的。那些尙未去購買此本日文原版的朋友們，更是應該選購，因爲這本書所涵蓋的一千種海水魚，是目前可以用潛水拍到海水魚生態照的圖鑑中，種類最齊全的一本。有許多魚種屬於稀有、罕見，甚至於是在近年來才發表的新種，而且這一千種魚並非只分布在日本海域，而是分布在整個西太平洋海域，北從北海道，南至呂宋島、峇里島、塞班島及帛琉等地，非常適合會在亞太地區潛水的朋友參考及使用。這本書的編排方式相當新穎，圖文內容精彩豐富，全部都濃縮在一本只有四百頁的紙本中，攜帶十分方便。

海水魚種類甚多，特別是珊瑚礁魚類。作者加藤昌一自己雖然已是潛水攝影的老手，也出版過好幾本海水魚圖鑑，包括在 2011 年所出版的 800 種《海水魚》一書，但該書還包括了許多經濟性魚類的標本照，而這本書則完全是用實地拍攝的生態照片。爲了能湊足一千種，作者也納入了許多由其他攝影高手所拍到的珍稀魚種照片，包括了難得見到的魚種幼魚、雌雄及婚姻色等照片。作者對於魚類的鑑定也十分內行，他把每一種魚的主要鑑別型態特徵都用非常可愛的插圖來呈現，這也使得本書的實用性和親和力更高。

筆者有幸爲這本書做審定工作，包括決定各魚種的中文名稱及作序，因此有機會能夠更深入地去了解這本書的價值及其可貴之處。爲了能夠達到魚類中文名稱統一的目的，筆者決定採用目前《台灣魚類資料庫》以及中國大陸伍漢霖教授等人合著的《拉漢世界魚類系統名典》中的魚類中文名稱。但是在核對原文書中的拉丁學名時，也發現了其中有 17 處拼錯，61 種已是同物異名，需要修訂，以及 10 種尙無中文名稱的新種。筆者乃藉出版中文版的機會，一併作了修訂及補充。

看完這本書，也讓筆者感觸良多。因爲其中有不少魚種，筆者三、四十年前在台灣潛水時，還經常看到，但現在早已消失殆盡。因此希望未來我們能夠加強海洋保育的教育宣導，加強海洋保護區的劃設與管理，讓這些美麗的海水魚還有機會再復育回來，讓我們下一代的子孫在潛水時，還能夠欣賞到這本圖鑑中所拍攝到的美麗海水魚類。

謹識

中央研究院生物多樣性研究中心兼任研究員／前代主任及執行長
國立台灣大學海洋生物研究所榮譽講座教授／前所長
二〇一九年三月

目錄 contents

column

※ 本書以 2011 年 4 月出版的《海水魚》為基礎，追加 200 種新種或新增和名的魚類（篇幅增加 80 頁），並根據最新的分類系統修訂而成。

從生態看攝影術

如今小巧輕盈、價格合理的相機十分普及，任何人都可以輕鬆地帶著相機潛入海裡拍照或攝影。不過，原本想拍海裡漂亮的魚才買相機，沒想到魚一看到人就跑掉，根本無法拍出好照片。最後只拍到魚身或海底景緻。話說回來，我們爲何無法拍出清晰的海水魚照片？是否因爲海底屬於特殊環境，才拍不出好照片？

若以陸地動物來比喻在海中優游的魚，首先各位必須明白一點，魚和寵物不同，是不熟悉人類存在的海中野生動物。無論是陸地或海中，野生動物對於所有想要靠近自己的生物都會視爲敵人，唯有盡早逃跑才能存活下來。要拍警戒心極高的野生動物，是很困難的事情。

若是請各位拍攝流浪貓，各位會怎麼做？如果你拿著相機接近流浪貓，流浪貓一看到你就會立刻逃走，根本不可能拍到照片。因此你只能埋伏在牠最常經過的地方，或找到牠午睡的場所，拍牠睡覺的樣子。

拍照時一定要了解拍攝對象的生態和行動模式，並事先擬定作戰計畫，如此才能一步步接近你想拍攝的野生動物。

接下來爲各位介紹四個可幫助你一步步接近海水魚的小祕訣！

不要從上方接近！

杜氏鰤與雙帶鰺等在海中洄游的肉食性魚類，有些會成群從上方獵捕小魚。由於這個緣故，弱小魚類對於從上方靠近的物體十分敏感。就算你沒有敵意，但只要你從上方接近，小魚就會把你視爲天敵，自然不可能拍到好的照片。

爲了避免讓拍攝對象緊張，建議從遠處下到海底，再貼著海底慢慢靠近。有些海域的底層爲珍貴的珊瑚礁，基於保育需求，有些海域禁止人類觸地。若遇到這些海域，請在海底上方游泳，慢慢靠近。請務必遵守當地法令。

洩光 BC 與乾式潛水衣裡的空氣！

在 BC（Buoyancy Compensator：浮力輔

從中間接近會使魚類提高警覺。

從水底接近較不容易使魚類察覺。

助設備）充滿空氣的狀態下拍攝，全身會變得很輕盈，無法穩定持握相機。拍攝四處游動的魚類難度相當高，若不能讓自己維持穩定，不僅會錯失拍攝對象，也會因爲身體晃動而嚇到對方。

觸地後請務必洩光 BC 與乾式潛水衣裡的空氣，營造負浮力狀態。

靠近速度要比對方的動作還慢！

各位不妨想像一下，當你獨自走在漆黑的暗巷，聽見腳步聲從你身後逐漸靠近，此時如果腳步聲靠近你的速度和你往前走的速度一樣，那還算安全，但如果是以明顯比你還快的速度向你接近，你會不會擔心自己可能遭受攻擊？魚類其實也是同樣的想法。

凡是以比自己還快的速度接近的物體，魚類都會提高警覺，迅速逃離可能遭遇的危險。爲了避免讓魚類感到危險，請務必保持比魚游得更慢的速度。就像我們玩「一二三木頭人」一樣，千萬不能讓魚發現自己正一步步接近牠。

固定身體是拍攝的不二法門！

你是否曾因爲近距離拍攝，導致身體失去平衡，上半身晃動，於是趕緊伸出手穩定姿勢？這個做法不只會嚇跑魚，還會揚起海底砂石，破壞畫面。只要確實固定身體就能避免這種情形，還能確實讓拍攝對象進入畫面的正中央。

遇到有漩渦或海流較強、身體容易搖晃的地方，不妨將腳卡進石縫中、用雙腳抵住石頭，或用手肘、另一隻手，將全身當成三腳架使用，確實固定身體。

唯一要注意的是，有些海域爲了保護珍貴的珊瑚礁，禁止人類觸地。建議先選擇可以觸地的海域，學會穩定身體的技巧。只要掌握訣竅，即使漂浮在海裡，也能穩定身體。學會基本技巧後，接下來請跟著我一起學習針對不同魚種的攻略法！

劈里啪啦
磅硠啪噠

絕對不能坐在珊瑚礁上！請務必遵守當地法令！

首先洩光 BC 裡的空氣。

將全身當成三腳架使用。

雀鯛篇

雀鯛的幼魚十分美麗又可愛，有些種類長大後身體顏色變得很樸素，但大多數幼魚的身體顏色相當鮮豔。不過，幼魚的警戒心很強，若突然接近想拍照，幼魚會立刻鑽進石頭下方或縫隙之中。怎麼拍才能拍出雀鯛的美麗樣貌？雀鯛幼魚的生態大致可分成以下兩種：

長至成魚後在中層洄游的類型

主要以大型雀鯛爲主，例如白尾光鰓雀鯛、短身光鰓雀鯛即爲此類型。幼魚喜歡生活在附近有岩石暗處或縫隙等藏匿處的地方，只要看到浮游生物從眼前游過去，牠就會咻地飛出來捕食，接著再回到原本的藏身處。幼魚尺寸約 3cm，其生活空間不超過 30cm 見方。尺寸愈小的魚警戒心愈強，生活空間愈狹窄，此生活空間稱爲「地盤」。幼魚在地盤中生活，感到生命危險便鑽進石頭縫隙或洞穴中，直到確認安全無虞才會出來。

我以短身光鰓雀鯛的幼魚爲例。大多數短身光鰓雀鯛幼魚棲息在岩礁或岩石側邊的低窪地區，將此處圈爲自己地盤裡的安全區域。千萬不要因爲幼魚很小，就靠近岩礁尋找其蹤影，這一點很重要。若不小心進入幼魚地盤，很可能驚動對方。

建議先在遠處尋找其蹤跡，觀察幼魚動向。鎖定後先慢慢靠近，確認其安全區域。感到不安的幼魚會往安全區域移動，擺出隨時可以逃跑的姿勢後就會停下來。

感到危險就鑽進洞穴裡。

確認幼魚的避難所後，請先離開該處。只要幼魚發現危險遠離，就會從避難所出來。

接下來是勝負關鍵。此時請再慢慢靠近短身光鰓雀鯛幼魚的安全區域，幼魚一心只想逃離你，因此會暫時離開安全區域。不過，接近到一定距離後，請停下動作，讓幼魚回到安全區域。若過度追逐，幼魚會捨棄自己的安全區域，逃出自己的地盤，一定要特別注意。逃出地盤的短身光鰓雀鯛很難預測動向，無法拍攝。

成魚和幼魚都生長在相同環境的類型

主要以小型種，或生活在珊瑚礁的雀鯛爲主。成魚和幼魚都生活在相同環境，各自在自己的地盤生活。地盤的範圍很狹小，魚兒在其中忙碌地游著。通常牠們都有固定路線，在同樣的地方來回游動。無論體型大小，魚的警戒心都很強，只要感到危險，就會拚命躲進地盤裡的岩石或珊瑚礁縫隙裡待一陣子。

除了黑鰭光鰓雀鯛與史氏刻齒雀鯛等小型魚類之外，迪克氏固曲齒鯛和珠點固曲齒鯛平時依附在珊瑚礁上生活。找到魚很簡單，靠近牠們卻很難。拍攝前必須充分觀察。

接著我以珠點固曲齒鯛的幼魚爲例來講解。首先要分析珠點固曲齒鯛的行爲模式，找出牠們巡游的固定路線、靜止地點和避難所。

選擇珠點固曲齒鯛靜止不動的地方爲拍攝地點，對準焦距耐心等待。珠點固曲齒鯛的警戒心很強，若躲到避難所可能會待上一段時間，眼睛請勿離開相機的觀景窗，靜靜等待，等到牠們再次出現洄游。此時千萬不可移動相機，應在靜止地點耐心等候，等牠們游到你的眼前即可按下快門。如果等了很久，珠點固曲齒鯛還是不出現洄游，代表你選擇的拍攝地點過於靠近牠們的地盤。請到稍微遠一點的地方靜靜等待。

如果換了地點還是不出現，請放棄拍攝。建議尋找雀鯛中警覺心較低，又好親近的幼魚拍攝。

花鱸篇

花鱸（鮨）有許多色彩繽紛、外表出衆的種類，許多人都想拍下牠們的美麗身影。不過，拍攝棲息在海底小山側面、陡坡或珊瑚礁中層洄游的魚類，難度相當高。就算想拍出雄魚的婚姻色，也不能跟著牠們一起游泳。

接下來我以絲鰭擬花鮨爲例說明。絲鰭擬花鮨棲息在岩礁側面附近的中層海域，由數十到數百隻組成群體一起生活。中層的地盤較大，可以吃到隨著海水流動的浮游生物，但牠們只要感受到危險，就會一起潛入岩礁小山或海底，隱藏在岩石縫隙之間。乍看之下像是在岩礁小山附近隨意游動，但其實雄魚一直待在比雌魚更上層的固定位置。此外，雄魚之間也有前後順位，愈強的雄魚待在愈上層，或潮流流動頻繁的地方，占據雌魚產卵時的有利位置。

由於絲鰭擬花鮨洄游於中層海域，想拍出漂亮的照片十分困難。若能等牠們往下游，較容易拍到理想照片。

爲了促使牠們往下層游，不妨讓牠們稍微感受到危機感。不過，千萬不要將牠們逼進岩礁縫隙，以免得不償失。拍攝時先將自己的身體固定在岩礁側面，觀察對方的狀況，慢慢接近岩礁。亦可鎖定原本就在下層洄游的雄魚和雌魚。在下層洄游的雄魚和雌魚屬於團體中較弱的一群，比起在上層活動的強壯魚類，牠們的行動範圍較窄，較容易拍攝。

唯一要注意的是，這個方法不適合拍攝雄魚的婚姻色。感到危險的雄魚，身上的婚姻色會變淡，而且位於下層的體弱雄魚，通常也很少出現婚姻色。在進入絲鰭擬花鮨的地盤之前，請選擇最容易出現婚姻色的上層雄魚，並從岩礁側面慢慢接近，切勿驚動牠們。待在岩礁側邊，或是盡可能藏身在岩礁，就能拍出好照片。

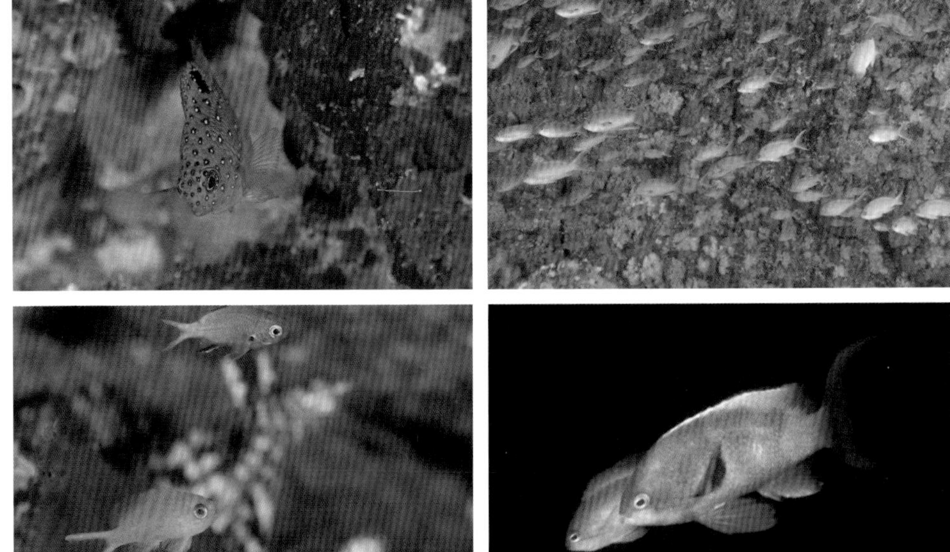

1 | 2
3 | 4

1 將焦距對準靜止地點，魚一出現就按下快門。2 往下游的絲鰭擬花鮨。3 掌握牠們往下游的習性，就能拍出有趣的照片。4 當牠們往上游至中層時最容易拍到婚姻色。

鰕虎篇

鰕虎科是海水魚中種類最多的一科，潛水客熱衷拍攝的只是其中的極少部分。接下來，我將一般潛水客最感興趣的鰕虎，分成「在水中徘徊的鰕虎」、「貼著岩礁生活的鰕虎」、「和蝦子一起生活的鰕虎」等三種型態，爲各位說明。

在水中徘徊的鰕虎
（含凹尾塘鱧科）

紅帶范式塘鱧、絲鰭線塘鱧、華麗線塘鱧與黑尾凹尾塘鱧是潛水客最喜歡的魚種。

不少潛水客一發現自己想拍的魚種，便慌忙地拿出相機對焦，魚卻早已消失無蹤。通常這些魚種會在牠們最常徘徊的海域下方建立巢穴，一感到危險就立刻鑽進去。有外物接近就躲進巢穴的習性，與大型雀鯛科的幼魚相近。誠如我在雀鯛篇中所說，首先要慢慢接近，確認其巢穴位置。

鰕虎只要感受到危險，就會迅速移動到巢穴上方並靜止不動。因此確認其巢穴位置後，可先暫時離開，讓鰕虎鬆懈下來，接著再從巢穴慢慢靠近。若能占據比鰕虎更靠近巢穴的位置，當鰕虎要進入巢穴，就會主動朝你接近，讓你更有機會拍下理想照片。

在巢穴上徘徊的華麗線塘鱧。

不過，當你找到鰕虎，發現牠已經在巢穴上方徘徊，而且完全沒有離開巢穴的跡象時，就無法使用這個方法，必須採取其他策略。這類型的鰕虎大多是一雄一雌成對生活，覓食與逃難都會一起行動。不過，鑽進巢穴時會出現時間差，一隻先進去，另一隻則等到最後一刻，迫不得已才會鑽進去。

此時還在外面的那一隻處於緊戒狀態，一定要特別小心。架好相機，隨時準備按下快門，透過觀景窗觀察對方動向，慢慢靠近。當一隻躲進去，另一隻還在外面時，是最好的拍攝機會。雖然只能拍到一隻，但只要不再靠近，就能拍下許多照片。拍照以照片數量取勝，只要拍出一張自己滿意的照片，就算完成任務。

貼著岩礁生活的鰕虎

紅磨塘鱧、磯塘鱧、腹瓢鰕虎魚等族群擁有許多外型絕美的種類。大多數體型較小，只有 3cm 左右，有外物接近會立刻躲起來，很難拍到好照片。

在此我以最具代表性的紅磨塘鱧來說明。大多數紅磨塘鱧附著在岩壁側面的海綿上，或棲息在周邊海底。牠會待在自己喜歡的地方，看到浮游生物漂過眼前時，也會游到中層捕食。察覺危險就會躲進附近洞穴或縫隙。

紅磨塘鱧察覺危險的感測器十分敏感，對於身邊動靜、聲音和光線移動都會產生反應。由於這個緣故，從尋找紅磨塘鱧這個步驟開始就要非常小心謹慎。首先，在遠處以燈光照射岩礁等海底小山旁邊的暗處，慢慢移動燈光尋找。只要些許的光線移動，就會使紅磨塘鱧提高警覺，因此一定要維持固定速度慢慢移動燈光，這一點很重要。

保持身體姿勢，轉頭吐氣。

當你發現紅磨塘鱧，請在一公尺前的地方固定身體，架好閃光燈、對好焦距、調整光圈，做好拍攝準備後，靜靜等待按下快門的時機。請事先調整好位置，避免在靠近拍攝對象的途中，閃光燈或手臂撞到岩石。透過觀景窗確認拍攝對象的位置，慢慢靠近。這個過程要一直保持拿著相機的姿勢。此外，若在岩壁側面拍照，自己呼吸時吐出的泡泡很容易碰到上方的植物，使一些附著物往下掉。如此一來可能會嚇到紅磨塘鱧，或不小心拍到附著物。因此，吐氣時請保持身體姿勢，臉部稍微往後偏，避免氣體泡泡碰到岩礁。最後靠近時也要屏住呼吸，按下快門。

和蝦子一起生活的鰕虎

短脊鼓蝦的眼睛已經退化，完全看不見。牠們挖巢穴，生活在陰暗的洞穴裡。儘管演化出發達的觸角取代眼睛，但將挖開的沙子丟出去時，退化的雙眼無法保護自己避免受到天敵攻擊。由於這個緣故，短脊鼓蝦讓鰕虎一起生活在洞穴裡，負責幫忙確認住居安全。鰕虎無法自己挖洞，因此需要借助短脊鼓蝦的挖洞習性。簡單來說，短脊鼓蝦與鰕虎同住在一個洞穴裡，對雙方都有好處。

各位不妨挑戰拍攝短脊鼓蝦與鰕虎的合照吧！

第一步先找到鰕虎。先在遠處觀察鰕虎，一定會在鰕虎現身的地方附近發現巢穴。接著再觀察一段時間，確認短脊鼓蝦出入巢穴的模樣。

仔細看一定會發現巢穴中有兩、三條固定通道，短脊鼓蝦便是從這些通道丟出沙子。其中有一條最常用的通道，請確認通道位置和鰕虎的所在處。接著確認蝦子與你的距離，以及鰕虎與你的距離，找出這兩個距離相等的位置。該處可以同時聚焦在蝦子和鰕虎身上，是最佳的拍攝地點。

找到拍攝地點後，在該處兩公尺前方觸地，以膝蓋著地，壓低身體姿勢。拿好相機，慢慢移動膝蓋，靜悄悄地接近拍攝對象。如感覺身體失去平衡，稍微往前傾，不妨吸氣，增加浮力，即可立起上半身。若上半身過高，可吐氣減少浮力。盡可能以膝蓋前後移動、磨擦沙子的方式，維持身體前傾的低姿勢。

絕對要避免四肢著地的姿勢，因爲這個姿勢不易移動，若勉強移動，反而會揚起沙塵，遮蔽自己的視線。

利用呼吸維持以膝蓋著地的低姿勢。

善用神奇的三角位置，拍下魚蝦都清晰的照片。

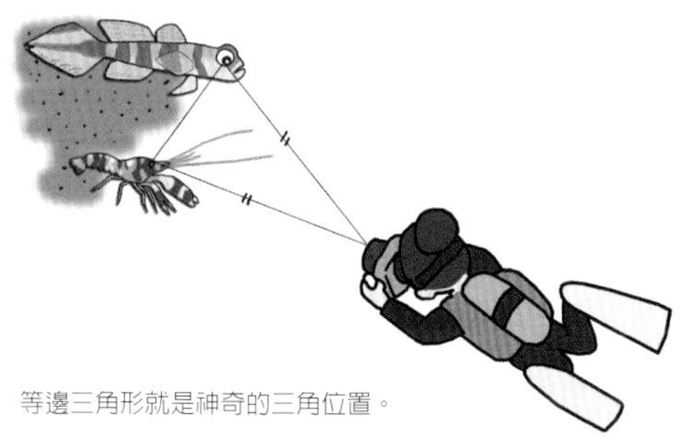

等邊三角形就是神奇的三角位置。

最好選擇蝦子走出洞穴外丟出沙子的時候接近拍攝對象，當蝦子在洞裡，洞外只有鰕虎時，請務必停止動作。只要重複幾次，就能靠得很近拍攝。

如果蝦子不再出來，代表你的所在位置已是極限，不可再靠近。若再靠近，就連鰕虎也會鑽進洞裡。此時稍微後退一點，將焦距對準鰕虎的眼睛，等待蝦子出現的那一刻。抓準等邊三角形的位置，只要蝦子出現就能同時拍到焦距清晰的蝦子和鰕虎。

養成在中層固定身體的習慣。

隆頭魚篇

大多數隆頭魚的成魚和幼魚身上都有美麗的顏色，許多人爲之傾倒。不過，隆頭魚的動作太快，很難拍到照片。

大多數隆頭魚是由一隻雄魚和多隻雌魚組成後宮結構。隆頭魚的生活型態大致分成兩種，一種是平時各自生活，但一到繁殖期就會形成後宮。另一種是一輩子過著妻妾成群的生活。無論是哪一種生態都有各自的地盤，生活在其中。幼魚也分成單獨生活與群體生活兩種，單獨生活的隆頭魚平日極爲低調，避免被外敵察覺；群體生活的隆頭魚則是以團體活動的方式保護自己。

無論成魚或幼魚，大多數隆頭魚都是迴游型，拍攝時必須保持中性浮力游泳，初學的潛水客或剛開始接觸水中攝影的人，不會一開始就鎖定拍攝隆頭魚。剛入門的潛水客必須先累積經驗，學會中性浮力；若是剛開始接觸水中攝影的人，必須先讓身體學會如何固定身體拍照，拍出靜止的拍攝對象。

成魚群的攻擊策略

如果發現美麗的隆頭魚，大多都是雄魚個體。隆頭魚看似四處游動，一會兒便消失不見，事實上，牠只在自己的地盤巡游。各種類隆頭魚的地盤範圍各有不同，但無論是哪一種隆頭魚，牠們都會回到同一個地方。繁殖期請仔細觀察雄魚四周，一定會發現大批雌魚聚集。

請先在該處靜靜等候，做好拍攝的前置作業，等待雌魚隨時出現。拍攝時以固定身體爲第一要務，但在拍攝四處游動的隆頭魚時，千萬不可固定身體，要保持隨時可以游動的姿勢。雄魚會多次游到雌魚身邊，此時應確認雄魚的游動方向，迅速游到雄魚正面。架好相機、對準焦距，待拍攝對象游入鏡頭中即可按下快門。關鍵在於你是否能運用中性浮力穩定身體，同時架好相機。你只有幾秒鐘的機會，可拍到向你游來的隆頭魚。不過，就算錯失良機，也絕對不可追逐。只要待在原處等待，通常隆頭魚會再回到相同地方。不妨多試幾次，找到最佳拍攝位置。

幼魚群的攻擊策略

與背景同化的類型

紅喉盔魚與蓋馬氏盔魚是伊豆半島最受歡迎的季節性洄游魚，其幼魚大多靜靜待在岩石凹陷處。牠們利用身體顏色與奇怪的圖案，和背景融爲一體，混淆外敵目光。面對這類型的魚，一定要注意自己接近幼魚的速度。不妨試著接近幼魚，如果之前靜止不動的隆頭魚開始動作，就代表你靠近的速度過快。請務必慢慢接近，避免幼魚感到危險。

此外，牠們對光線動向十分敏感，拍攝時盡可能不要使用燈光。最近的數位相機功能強大，在昏暗處也能對焦。

幼魚群的攻擊策略

游動徘徊的類型

帶尾新隆魚幼魚的舞動姿勢像是翩翩飛舞一般，接下來要介紹的是這類幼魚的拍攝方式。仔細觀察這類幼魚，會發現當牠們感到危險時，舞動速度會變快；心情平穩時，舞動速度會變慢。拍攝重點在於要慢慢接近，不可驚動幼魚，就跟拍攝與背景同化的幼魚一樣。

唯一要注意的是，拍攝時絕對不可固定身體。採取在水中徘徊的姿勢，隨時準備上下左右移動。拍攝隆頭魚成魚的祕訣在於保持中性浮力，拿好相機，保持身體平衡。

最近數位相機的功能愈來愈進步，單眼相機的操作方法也變簡單，可輕鬆拍出好照片。不過，相機功能再好，若不清楚拍攝對象的生態，也無法拍出理想作品。各魚種都有不同生態，只要先了解對方，自然就能找到拍攝攻略。

謹記「先觀察後拍攝」的拍照技巧，就能拍出好照片。

游泳速度很快的隆頭魚，完全張開魚鰭時會靜止不動。請抓準這一刻按下快門！

本書特徵　～序～

日本近海是生物的寶庫，與棲息著地球上全海洋生物物種14.6%的澳洲近海並列為全球生態最豐富的海洋。棲息在日本近海的魚類約4000種，潛水時看見的只是極少部分的魚類，卻已令人目不暇給。

有時候拚命搜尋自己看到或拍到的魚種，仍不知道是何種魚，這樣的情形屢見不鮮。為了解決各位的問題，本書嚴選1000種潛水時常見的魚類，而且每種魚盡可能搭配成魚、幼魚、雄魚、雌魚和婚姻色等各階段照片。

不僅如此，更透過插圖解說難以從生態照片分辨的外觀差異。只要對照照片與插圖，即使不看艱澀的解說文字，也能從外觀辨別出魚類特徵。

簡表

請各位參考刊登在封面與封底蝴蝶頁上的圖示簡表，先大致掌握魚類的體型、魚鰭形狀、顏色等特徵，再翻閱該「科」頁面。

請參照以下照片與插圖，確認外觀特色、水深和魚類大小。圖示代表魚類的棲息環境與狀況，透過解說文字進一步介紹該魚種的棲息狀態、生態與食性等資訊。請各位綜合判斷上述內容，找出自己想要的資訊。

各頁面參考方法

①科名　②中文名　③學名　⑤分布

鮨科

側帶擬花鮨

Pseudanthias pleurotaenia

駿河灣～高知縣的太平洋沿岸、伊豆群島、小笠原群島、屋久島、琉球群島；台灣、西太平洋

在海水流動順暢的珊瑚礁外緣斜坡與陡坡側面形成龐大群體，棲息在略深的海域。在南日本的太平洋岸屬於季節性洄游魚，很難看見其蹤影。

紫色帶狀斑紋

♂

♀

眼睛下方的線條直達尾鰭根部下方

雄魚　呂宋島
水深20m　大小12cm

雌魚　八丈島
水深14m　大小10cm

幼魚　八丈島
水深15m　大小1.5cm

④各種棲息處的圖示

⑥解說文字

魚類各部位名稱

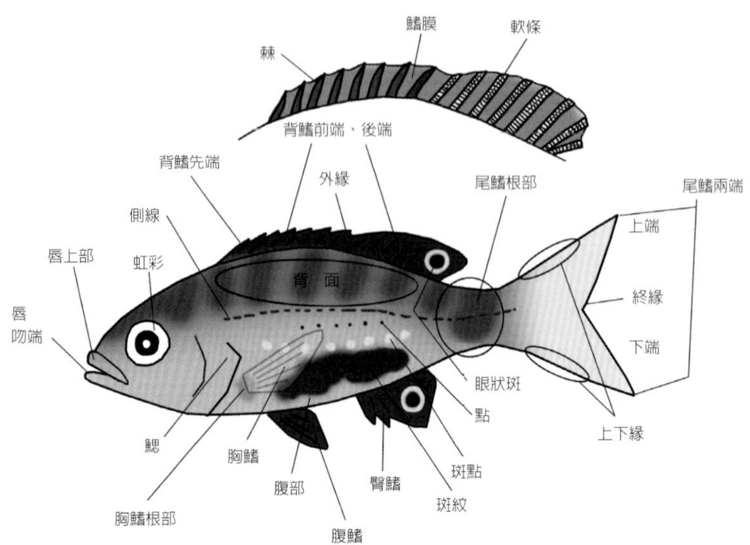

鰭膜
軟條
棘
背鰭前端、後端
背鰭先端
外緣
尾鰭根部
尾鰭兩端
側線
上端
唇上部
虹彩
背面
終緣
唇
吻端
下端
眼狀斑
點
上下緣
鰓
胸鰭
斑點
腹部
臀鰭
斑紋
胸鰭根部
腹鰭

用語解說

本書以淺顯易懂的辭彙和插圖解說，專有名詞部分請參照下方的用語解說。

棘：魚鰭中堅硬、前端銳利的部分。無節亦無分岔。

軟條：魚鰭中柔軟、前端平滑的部分。有節，有時也有分岔。

鰭條：棘與軟條的統稱。

鰭膜：連結構成鰭的鰭條與鰭條之間的膜。

虹彩：瞳孔四周的薄膜。

側線：通過體側中央，可感應水壓與水流變化的器官。

標準名稱：為對應學名而翻譯的名稱。

學名：根據國際動物命名規約，全世界共通的學術名稱。由二個拉丁化的字（二名法）組成，第一個字叫作「屬名」，第二個字稱為「種小名」。

sp.：species 的簡稱。用來標示尚未研究的不明種，或沒有學名的未記載種。學名語尾有「sp.1」、「sp.2」等數字標示者，代表與同屬的其他 sp. 區分，非學名的一部分。

cf.：confer 的簡稱。cf. 後標示的種小名，代表目前最相符的名稱。

ad.：adult 的簡稱。成魚。

yg.：young 的簡稱。幼魚。

nup.：nuptial coloration 的簡稱。婚姻色。

♂：雄性。

♀：雌性。

婚姻色：繁殖期間，魚身上出現有別於平時的體色與斑紋。不只雄性對雌性求愛時會出現，雄性爭奪地盤時也會出現。

雌雄同體：一個個體同時擁有精巢和卵巢。

先雄後雌型：雌雄同體，出生時為雄性，長大後再轉為雌性。

先雌後雄型：雌雄同體，出生時為雌性，長大後再轉為雄性。

原生雄魚：少部分先雌後雄型的魚種，一出生即為雄魚的個體。

次生雄魚：先雌後雄型的魚種中，出生為雌魚，長大後轉為雄魚的個體。

胎生：卵在雌魚腹中孵化，由母體輸送養分給仔稚魚，待仔稚魚長大後出生的生產方法。

育兒囊：大多數海龍科魚類都有專門用來育兒的育兒囊。育兒囊是位於腹部的溝狀或帶狀器官，可孕育卵或仔魚一段時間。

雪卡毒素：棲息於熱帶和亞熱帶海域的浮游生物身上帶有的毒素，魚類吃下有毒的浮游生物後，會在體內累積毒素。人類吃了體內有毒的魚類後，會引發食物中毒現象。

季節性洄游魚：大多數魚類具備隨著海流分散，擴展棲息地的能力。不過，也有許多個體漂流在棲息環境之外，稱為「無效分散」。本書將「無效分散」之魚稱為「季節性洄游魚」。

圖示參考方法

◆棲息場所的大致分類

「沿岸」＝請參照圖 1 的「沿岸與外海」。

「外海」＝請參照圖 1 的「沿岸與外海」。

「表層」＝請參照圖 1 的「沿岸與外海」。

「岩礁」＝請參照圖 2 的「岩礁」。意指南日本沿岸的岩礁。

「珊瑚礁」＝請參照圖 3、4 的「珊瑚礁」。意指日本南方的珊瑚礁。

「內灣性」＝大半海面受到陸地圍繞的平靜海域。

「河川」＝本書主要意指河口流域一帶。

「汽水域」＝混雜淡水與海水的水域。

「潮池」＝退潮時，殘留在岩礁和珊瑚礁窪地的潮水，形成封閉的水池。亦稱為「岩池」。

◆棲息水深

「淺水區」＝水深不超過 5m 的水域。

「深水區」＝水深超過 30m 的水域。

◆生活型態

「浮游性」＝在中層游泳或在水底附近徘徊的生活型態。

「底棲性」＝伏貼水底，或附著於腔腸動物、海藻等物的生活型態。

◆棲息環境

「暗處」＝洞窟、洞穴、石頭背面、岩礁側邊等光線不易照射的地方。

「中層」＝請參照圖 2 的「岩礁」、圖 3、4 的「珊瑚礁」。

「砂底」＝請參照圖 2 的「岩礁」、圖 3、4 的「珊瑚礁」。岩石和珊瑚呈顆粒狀堆積的地方。

「砂礫底」＝請參照圖 3 的「珊瑚礁」。

「砂泥底」＝由砂土和泥構成的海底區域。

「瓦礫區」＝請參照圖 3 的「珊瑚礁」。由大小不同的石頭、死掉的珊瑚堆積而成的地區。

「粗礫岸」＝請參照圖 2 的「岩礁」。由表面光滑，容易滑倒的小碎石堆積而成的區域。

「漂流藻」＝順著海流漂浮在海面的各種海草與海藻。

海扇類　「海扇類」＝請參照圖 4 的「珊瑚礁」。

軟珊瑚類　「軟珊瑚類」＝請參照圖 2 的「岩礁」。

海柳類　「海柳類」＝請參照圖 2 的「岩礁」。

柳珊瑚類　「柳珊瑚類」＝請參照圖 3 的「珊瑚礁」。

海羊齒類　「海羊齒類」＝與海星十分接近的族群。外型有如羊齒植物。

海葵類　「海葵類」＝請參照圖 3 的「珊瑚礁」。口周長著許多有毒的觸手。

海膽類　「海膽類」＝請參照圖 2 的「岩礁」。棘皮動物族群，體內有刺。

海綿　「海綿」＝請參照圖 2 的「岩礁」、圖 3 的「珊瑚礁」。

珊瑚　「珊瑚」＝意指鹿角珊瑚類、環菊珊瑚類等單一珊瑚。

「海藻林」＝請參照圖 2 的「岩礁」、圖 3 的「珊瑚礁」。海草與海藻叢生的地方。亦指大葉藻林（海草類叢生處）與馬尾藻層（海藻類叢生處）。

「紅樹林」＝常見於熱帶、亞熱帶河口汽水域，生長在鹽水裡的水生木本植物形成的樹林。

「巢穴」＝利用穿孔貝與龍介蟲類的孔做成的巢穴。

◆生活狀況

「單獨」＝平時獨自生活。

「成對」＝平時成對生活。

「複數隻」＝數隻到數十隻。

「成群」＝超過數十隻以上的數量。

「共生」＝彼此維持相互關係，共同生活。

分布區域的分法

圖 1「沿岸與外海」

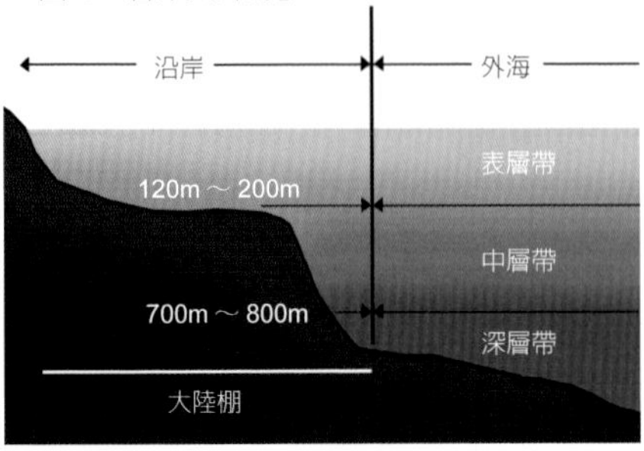

沿岸
外海
表層帶
120m ～ 200m
中層帶
700m ～ 800m
深層帶
大陸棚

圖 2「岩礁」

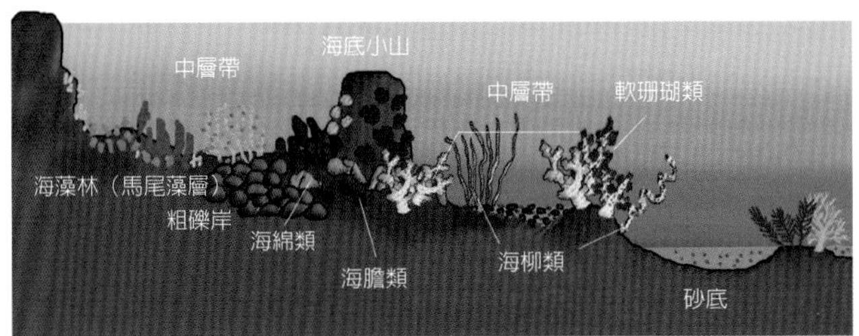

中層帶
海底小山
中層帶
軟珊瑚類
海藻林（馬尾藻層）
粗礫岸
海綿類
海膽類
海柳類
砂底

圖 3「珊瑚礁」

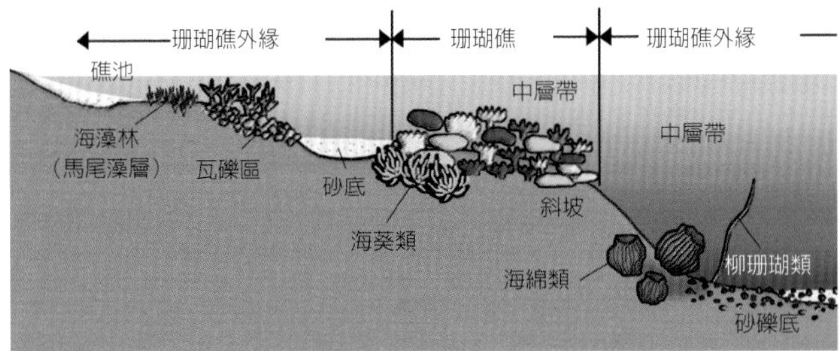

珊瑚礁外緣
珊瑚礁
珊瑚礁外緣
礁池
中層帶
中層帶
海藻林
（馬尾藻層）
瓦礫區
砂底
斜坡
海葵類
海綿類
柳珊瑚類
砂礫底

圖 4「珊瑚礁」

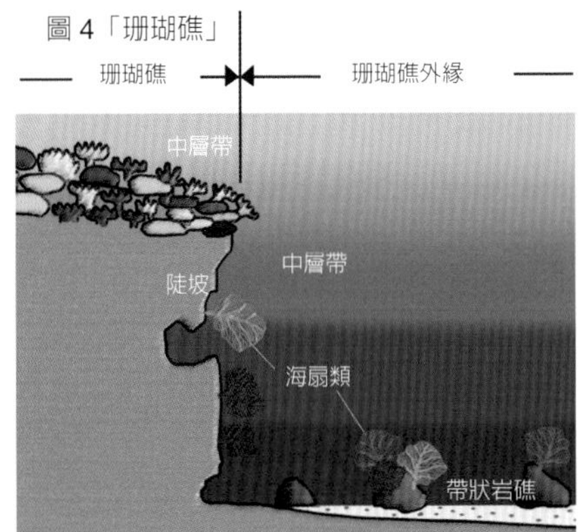

珊瑚礁
珊瑚礁外緣
中層帶
中層帶
陡坡
海扇類
帶狀岩礁

海洋區域劃分的方法

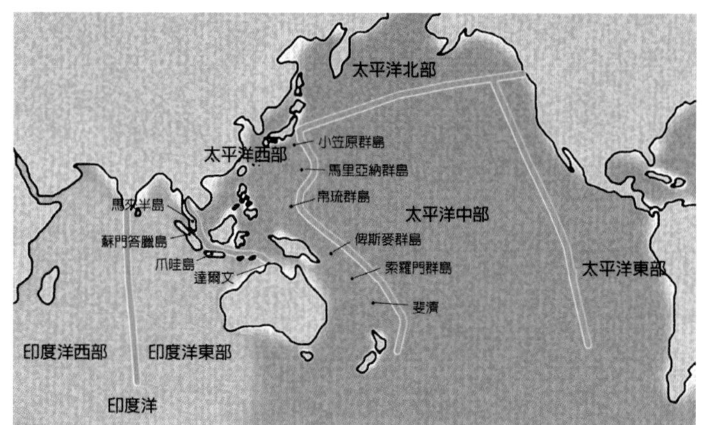

太平洋北部
小笠原群島
太平洋西部
馬里亞納群島
帛琉群島
太平洋中部
馬來半島
蘇門答臘島
俾斯麥群島
爪哇島
索羅門群島
達爾文
太平洋東部
斐濟
印度洋西部
印度洋東部
印度洋

◆海洋劃分區域

太平洋西部：東側是房總半島外海到小笠原群島、馬里亞納群島、帛琉群島，經俾斯麥群島、索羅門群島到斐濟連結而成的西側海域。西側為馬來半島到蘇門答臘島、爪哇島，連結澳洲達爾文的東側海域。

太平洋北部：從東北外海到溫哥華一帶的北邊寒冷海域。

太平洋東部：南北美洲西岸外海往下之東側海域。

太平洋中部：在西部、北部、東部圍繞下，包含夏威夷群島、大洋洲與復活節島的海域。

印度洋：位於太平洋西部的西邊，以東經75度為界，分成東西兩邊。

泛太平洋：「泛」係指廣泛、概括一切之意。包含太平洋西部、太平洋中部、太平洋東部的海域。

印度．西太平洋：包含紅海在內的印度洋與太平洋西部合在一起的海域。

印度．太平洋：包含印度洋、太平洋西部、太平洋中部的海域。

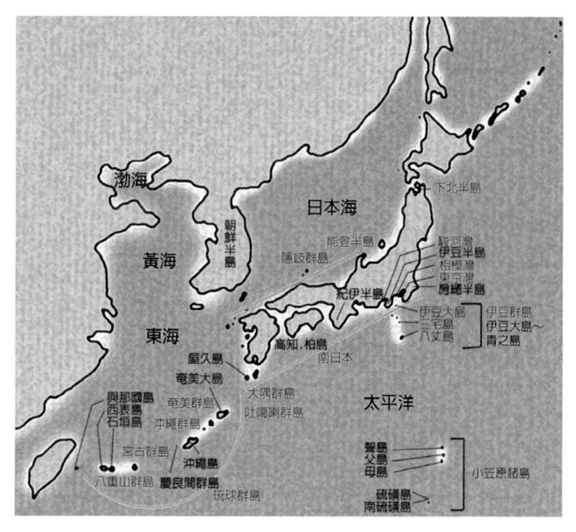

渤海
日本海
下北半島
朝鮮半島
黃海
能登半島
隱岐群島
駿河灣
伊豆半島
相模灣
東京灣
房總半島
紀伊半島
伊豆大島
三宅島
八丈島
伊豆群島
伊豆大島～青之島
東海
高知，柏島
南日本
屋久島
奄美大島
大隅群島
與那國島
西表島
石垣島
奄美群島
吐噶喇群島
太平洋
沖繩群島
宮古群島
沖繩島
八重山群島
慶良間群島
琉球群島
聟島
父島
母島
硫磺島
南硫磺島
小笠原諸島

◆日本近海的劃分區域

南日本：包含屋久島和種子島在內的九州以北，日本海側為能登半島附近、太平洋側為房總半島犬吠崎附近，受到暖流影響的海域。不包含琉球群島、伊豆群島。

伊豆群島：伊豆半島以南的伊豆大島，到三宅島、八丈島、青之島等各島嶼。

小笠原群島：從聟島列島、父島、母島，到硫磺島、南硫磺島的火山列島等各島嶼。

大隅群島：從屋久島、種子島、口永良部島，到馬毛島等四島。

琉球群島：從吐噶喇群島、奄美群島、沖繩群島、宮古群島，到八重山群島等各島嶼。

【照片解說】

依照雌雄、幼魚、成魚等資訊、攝影地、水深、大小、攝影者的順序標示。未標示攝影者的照片，皆為加藤昌一拍攝。水深主要根據攝影者的水深計測到的深度標示，大小為攝影者目測的全長，有些魚的攝影地為八丈島，但分布地區未標示八丈島。

【關於魚的插圖】

在分辨種的時候，理應根據外表差異、內部構造、各器官構造與功能差異等條件辨別，但本書從潛水客的角度，重點式地記錄外觀可見的特徵。

伊豆大島
水深 12m 大小 1m
星野修

異齒鯊科

日本異齒鯊

Heterodontus japonicus

岩手縣～九州南岸的太平洋沿岸、新潟縣～九州南岸的日本海、東海沿岸、伊豆大島、小笠原群島、朝鮮半島、中國、台灣

圓頭
身上有 10 條左右的條紋圖案

常見於水深 100m 以淺的岩礁、海藻茂密生長的海底，主要食用有硬殼的皇冠蠑螺等貝類、海膽、甲殼類等。背鰭的利棘是日本異齒鯊保護自己的武器，當牠們被大型鬚鯊或扁鯊吞下肚時，大型鯊魚會因為被利棘刺到而將牠們吐出來。

屋久島
水深 8m 大小 1.5m
原崎森

鬚鯊科

日本鬚鯊

Orectolobus japonicus

南日本的太平洋沿岸、九州北岸、屋久島、奄美大島、琉球群島；朝鮮半島、中國、台灣、越南、菲律賓群島北部

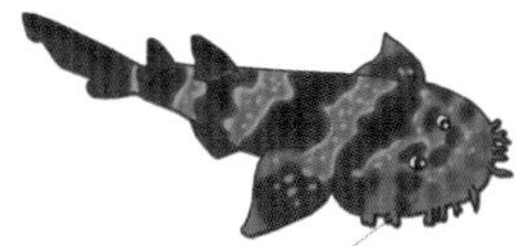
頭型扁平，有許多皮瓣

棲息在水深最深 200m 的岩礁、砂泥底、珊瑚礁附近的斜坡。平時埋伏在海底岩石，捕食甲殼類、鯊魚、鰩等魚類。扁平體型與迷彩色調圖案很容易與背景融為一體，適合藏身埋伏。

高知縣甲浦
水深 8m 大小 1m
齋藤尚美

附著在海藻上的卵

長尾鬚鯊科

條紋狗鯊

Chiloscyllium plagiosum

高知縣、長崎縣；朝鮮半島、中國、泰國灣～爪哇海、菲律賓群島中部～蘇拉威西島、馬德拉斯、馬達加斯加、南非開普敦海

體側有白色斑點
臀鰭與尾鰭連在一起

平時棲息在較深的岩礁地帶，潛水時完全看不見。不過，一到繁殖期就會往上聚集在水深 10m 以淺的珊瑚礁下方或岩礁空洞。每年 4 ～ 5 月大量齊聚於日本高知縣甲浦港內，成為港內知名特色。卵生。

虎鯊科

大尾虎鯊

Stegostoma fasciatum

新潟縣佐渡、千葉縣館山灣、土佐灣、宮古群島；台灣、中國、中南半島、馬來群島、澳洲沿海、新喀里多尼亞、印度、紅海、波斯灣、馬斯克林群島、馬達加斯加、非洲東岸

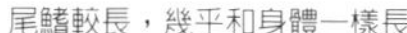
尾鰭較長，幾乎和身體一樣長

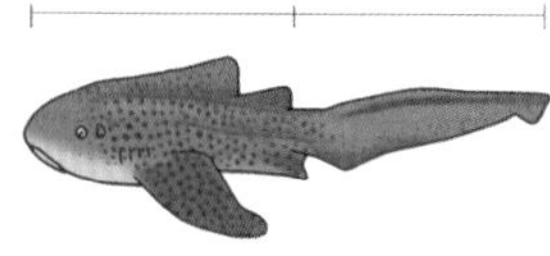

在日本大多靜靜待在珊瑚礁域較深的位置，遍布岩礁的砂地。個性溫和，晚上四處游動，主要捕食貝類和甲殼類。卵生。

西密蘭群島
水深 15m 大小 2m
仲谷順五

虎鯊科

鯨鯊

Rhincodon typus

全世界的溫帶・熱帶海域

全身散布白色到黃色斑點

身上有 2 ～ 3 條隆起線

世界上最大的魚。張開大嘴捕食浮游生物，個性溫和，不會危害人類的鯊魚。

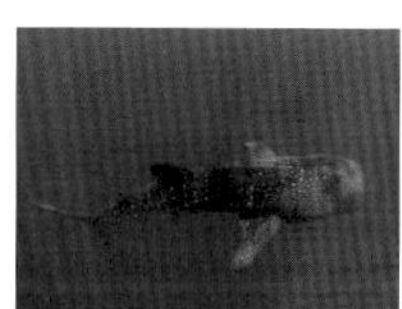

馬爾地夫
水深 5m 大小 5m
永野健司

馬爾地夫
水深 5m 大小 5m
永野健司

砂錐齒鯊科

錐齒鯊

Carcharias taurus

伊豆群島、小笠原群島、相模灣～九州南岸的太平洋沿岸、琉球群島；中國、台灣、太平洋中部・東部以外的全世界溫帶～熱帶海域

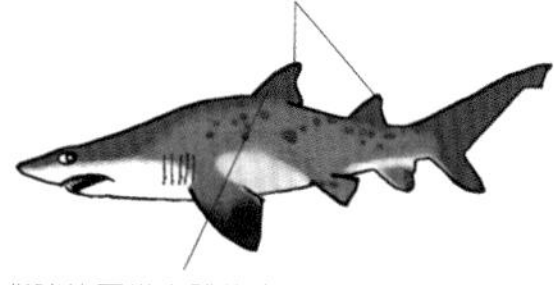
第一背鰭與第二背鰭幾乎一樣大
背鰭位置從身體後方開始生長

白天在洞窟和大型洞穴休息，晚上出來活動，捕食洄游魚類與甲殼類。
日本常見於小笠原群島。

小笠原
水深 25m 大小 1.8m
南俊夫

八丈島 水深 30m 大小 3m

狐鯊科

淺海狐鯊

Alopias pelagicus

新潟縣～長崎縣日本海 · 東海沿岸、青森縣～九州南岸的太平洋沿岸、八丈島、琉球群島；朝鮮半島、中國、菲律賓群島、印度－太平洋的亞熱帶 · 熱帶海域

尾鰭明顯較長
前端較圓
臀鰭的終點與第二背鰭的起點處於相同位置

棲息在外海海域、沿岸岩礁地帶的下層。從水溫較低的冬天到春天以及冷水團季節，可在八丈島的潛水區域經常看見其身影。淺海狐鯊會衝進日本銀帶鯡與頜圓鰺群，擺動長尾巴，撞暈獵物，趁牠們無法反抗時捕食。

伊豆半島
水深 24m 大小 1.2m
石田根吉

貓鯊科

汙斑頭鯊

Cephaloscyllium umbratile

北海道以南的太平洋沿岸、新潟縣～長崎縣的日本海 · 東海沿岸、沖繩群島；朝鮮半島、台灣、中國

纏繞在柳珊瑚等腔腸動物上的卵。

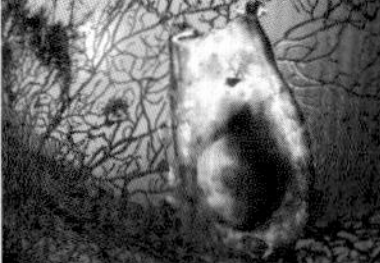

伊豆半島
水深 25m 大小 10cm
石田根吉

第一背鰭位於腹鰭對面
第二背鰭位於腹鰭對面

貼著水深 15m 以深的岩礁地區生活，通常靜止不動。2 ～ 4 月可在伊豆半島的富戶見其身影，1 ～ 5 月可發現其魚卵。卵生。

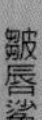

伊豆半島
水深 20m 大小 80cm
中野誠志

皺唇鯊科

皺唇鯊

Triakis scyllium

青森縣～九州南岸的日本海 · 東海 · 太平洋沿岸、八丈島；朝鮮半島南岸 · 西岸、渤海、黃海、中國、台灣、彼得大帝灣

身體細長
全身散布黑點

棲息在內灣、沿海岩礁區的砂泥底或砂底。在東伊豆，每年春天經常可見其在水深較淺的岩礁或海藻縫隙睡覺的身影。

真鯊科

鈍吻真鯊

Carcharhinus amblyrhynchos

廣泛分布於南日本、全球的熱帶 ・ 亞熱帶海域的沿岸到外海

尾鰭終緣為黑色

在帛琉，常見於面向外海的珊瑚礁外緣中層。雖是不會危害人類，屬於個性較爲溫馴的鯊魚，但也千萬不要突然靠近。

帛琉 水深 15m 大小 2.5m

真鯊科

灰三齒鯊

Triaenodon obesus

小笠原群島、琉球群島；印度 ・ 太平洋

前端為白色
胸鰭前端非白色

白天身體和頭部鑽進岩穴、洞窟或珊瑚礁縫隙休息，晚上四處游動，捕食魚類，是南方珊瑚礁常見的鯊魚。儘管個性溫和，但千萬不可突然靠近。

帛琉 水深 10m 大小 2.5m

真鯊科

汙翅真鯊

Carcharhinus melanopterus

琉球群島；台灣、中國、印度－太平洋的熱帶 ・ 亞熱帶海域（包含波斯灣與紅海）、地中海

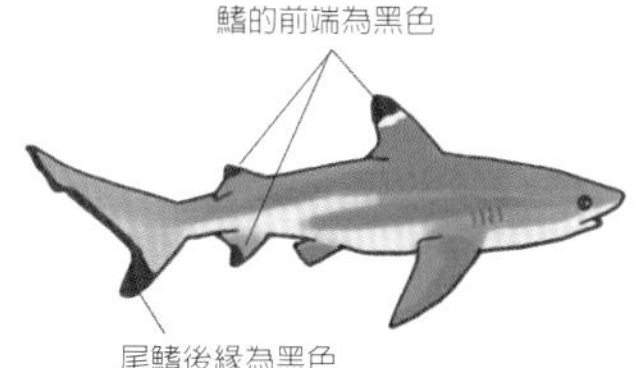
鰭的前端為黑色
尾鰭後緣為黑色

常見於水深較淺的珊瑚礁，屬於沿岸魚，是體型較小，個性較爲溫和的鯊魚。

峇里島 水深 10m 大小 2.5m

八丈島 水深 15m 大小 2.5m

真鯊科

鐮狀真鯊

Carcharhinus falciformis

鹿島灘、房總半島東岸、八丈島、琉球群島；台灣、香港、全世界的熱帶 ・ 亞熱帶海域

剖面圖
第一背鰭與第二背鰭之間有隆起線
第一背鰭從胸鰭後端的後方開始生長

廣泛棲息於外海表層附近，到水深 500m 左右的海域。由於照片無法確實看到鐮狀眞鯊背部特有的隆起線，因此也可能是胸鰭和背鰭相對位置與鐮狀眞鯊相同的薔薇眞鯊或槍頭眞鯊。不過，拍照時期發生多起漁業受災事故，爲了避免損失，漁夫改爲撈捕鐮狀眞鯊，加上八丈島也無人目擊薔薇眞鯊和槍頭眞鯊的蹤影，所以認定照片中的鯊魚是鐮狀眞鯊。

巴榮納岩 水深 18m 大小 1.5m

真鯊科

直翅真鯊

Carcharhinus galapagensis

八代海、八丈島、小笠原群島；全世界的熱帶 ・ 亞熱帶海域

背鰭較大，從胸鰭底部偏後的地方開始生長
背鰭與臀鰭沒有明顯的黑色區域

雖然種小名是 *galapagensis*，但此物種並非加拉巴哥群島的特有種，世界各地的熱帶海域島嶼皆可看見其蹤影，很難從照片上正確鑑定。

八丈島 水深 10m 大小 3m

雙髻鯊科

路易氏雙髻鯊

Sphyrna lewini

新潟縣～九州南岸的日本海 ・ 東海沿岸、青森縣～九州南岸的太平洋沿岸、琉球群島、小笠原群島；朝鮮半島、中國、台灣、菲律賓群島、全世界的溫帶～熱帶海域

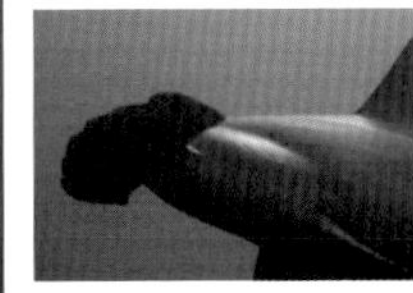

八丈島 水深 10m 大小 3m

頭部外型宛如榔頭
前端扁平

棲息在水面～水深 280m 的沿岸地區，由於頭部外型宛如榔頭，以英文名 Scalloped hammerhead shark 廣爲人知。日本近海有三種鯊魚名爲 hammerhead shark，此種是最常見的一種。以 T 字型的頭部壓制小型鯊魚和鰩魚捕食。

角鯊科

長吻角鯊

Squalus mitsukurii

津輕海峽～島根縣隱岐的日本海沿岸、宮城縣～豐後水道的太平洋沿岸、八丈島、小笠原群島、琉球群島；朝鮮半島、中國、夏威夷群島、全世界的溫帶～亞．熱帶海域（澳洲沿岸除外）

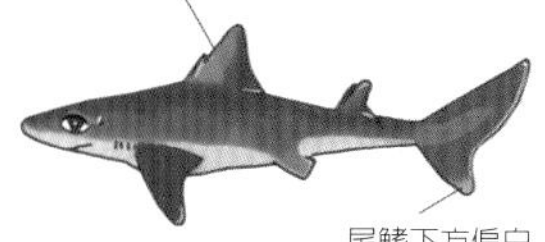
第一背鰭的前緣不是白色的
尾鰭下方偏白

棲息在大陸坡上半部或海底小山水深 100 ～ 500m 處的深海魚種。在八丈島出現水溫下降的冷水團時，偶爾會往上游至潛水客看得見的水域。第一與第二背鰭上有發達的棘。

八丈島 水深 50m 大小 1.2m

扁鯊科

日本扁鯊

Squatina japonica

北海道的日本海沿岸、岩手縣～九州南岸的日本海 ・ 東海 ・太平洋沿岸、瀨戶內海、長崎縣五島、沖繩群島；朝鮮半島、中國、台灣、彼得大帝灣

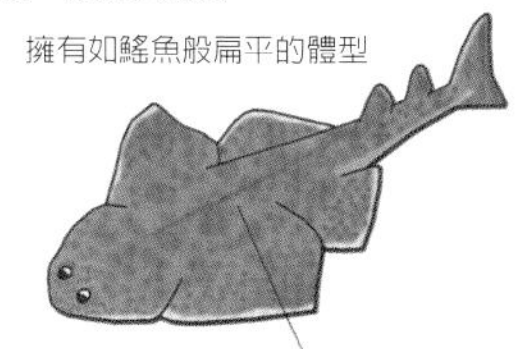
擁有如鰩魚般扁平的體型
沿著身體中心有刺

棲息在水深 100m 左右的砂泥層，伊豆半島從春季到夏季會往上游至潛水客看得見的海域。平時潛入砂裡，捕食從上方經過的小魚，千萬不要用手撥砂。

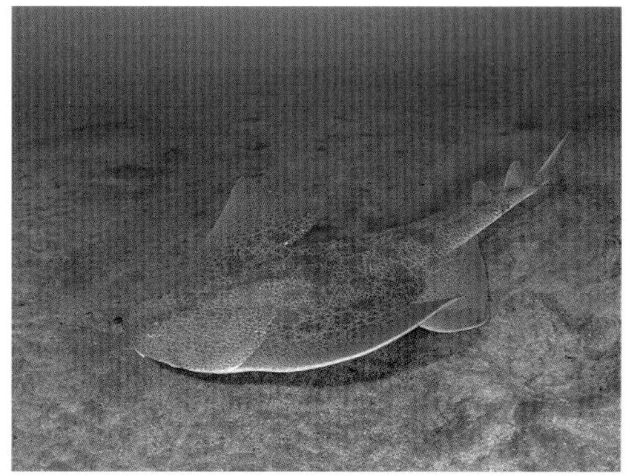

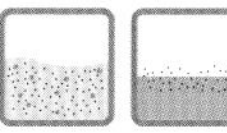

伊豆半島
水深 25m 大小 1m
片野猛

鋸鯊科

日本鋸鯊

Pristiophorus japonicus

積丹半島～九州南岸的日本海 ・ 東海沿岸、青森縣～九州的太平洋沿岸、伊豆群島、小笠原群島、琉球群島；朝鮮半島、台灣、中國

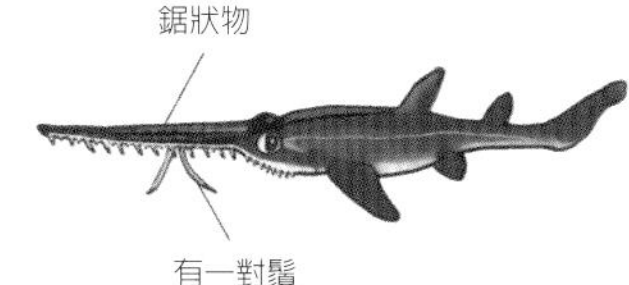
鋸狀物
有一對鬚

棲息在水深 100 ～ 800m 的砂泥質海底，鋸子狀的吻部下方有許多小洞，稱為勞倫氏壺腹，會發出微弱電流，找出隱藏在砂子裡的甲殼類。潛水時很難發現其蹤影。

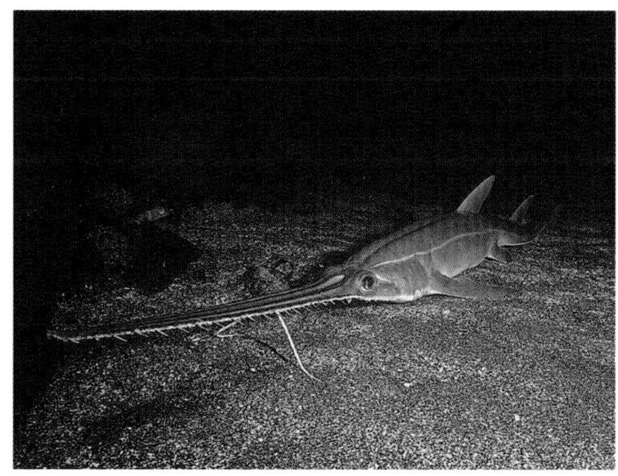

伊豆半島
水深 25m 大小 1.2m
小野篤司

琵琶鱝科

伊豆半島
水深 26m 大小 40cm
片野猛

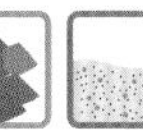
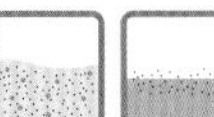

琵琶鱝科

薛氏琵琶鱝

Rhinobatos schlegelii

南日本的太平洋沿岸、八丈島、新潟縣～九州南岸的日本海．東海沿岸、沖繩群島；朝鮮半島、台灣、中國、越南、阿拉伯海

臉部細長、鼻子
前端突出

棲息在水深 100m 以深的砂泥質海底，伊豆半島 8 ～ 12 月可在水深 25m 左右的砂底看見其蹤影；春季冷水團出現、水溫下降的時期，偶爾會在八丈島現蹤。

黃點鯆科

八丈島 水深 18m 大小 60cm

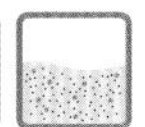

黃點鯆科

湯氏黃點鯆

Platyrhina tangi

南日本的太平洋沿岸、八丈島、九州西岸；朝鮮半島、中國、台灣

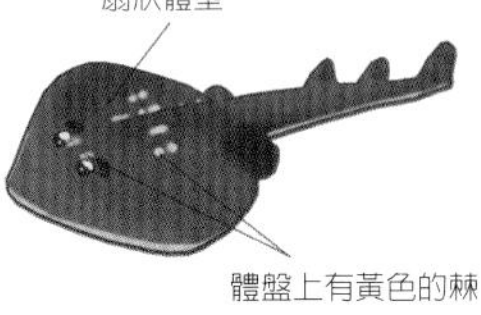
扇狀體型
體盤上有黃色的棘

棲息在接近沿岸岩礁的砂底。從水溫下降的冬季到春季，與冷水團出現的季節是湯氏黃點鯆的繁殖期，因此會大量聚集在八丈島水深 10m 左右的淺砂地。照片是雄魚為了交配咬住雌魚的兩側，等待交配機會的情景，平時很難拍到。

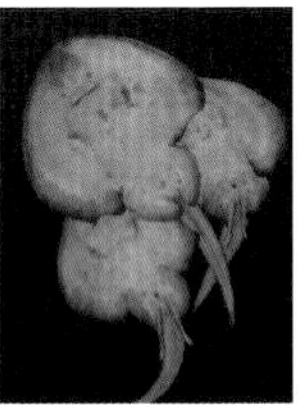

雄魚咬住雌魚的兩側，等待交配機會的情景。

八丈島
水深 18m
大小 60cm
水谷知世

雙鰭電鱝科

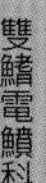

愛媛縣愛南町
水深 12m 大小 25cm
平田智法

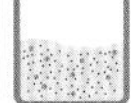

雙鰭電鱝科

日本單鰭電鱝

Narke japonica

若狹灣～九州南岸的日本海．東海沿岸、福島縣～九州南岸的太平洋沿岸；朝鮮半島、中國、台灣

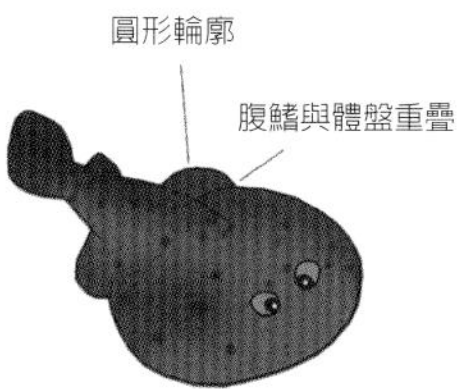
圓形輪廓
腹鰭與體盤重疊

棲息在沿岸的淺砂地，初春時期常見於伊豆半島。體內有發電器官，可發出 60 伏特左右的微弱電波捕獲小魚。

扁魟科

褐黄扁魟

Urolophus aurantiacus

新潟縣佐渡～九州南岸的日本海 · 東海沿岸、南日本的太平洋沿岸、八丈島、琉球群島；朝鮮半島、中國、台灣

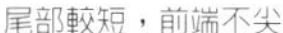
尾部較短，前端不尖

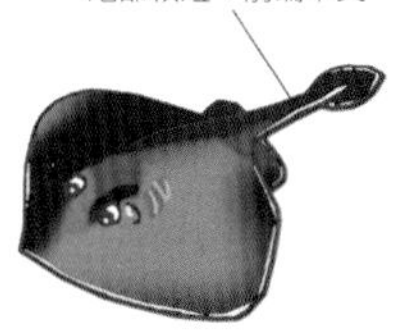

大多棲息在本州沿岸，是經常可在砂泥海底看見的溫帶種。除了捕獲獵物時之外，通常躲在砂子裡。產卵期在夏天，為卵胎生，一次產下幾尾仔魚。

八丈島 水深 15m 大小 60cm

魟科

赤魟

Dasyatis akajei

北海道～九州南岸的日本海 · 東海 · 太平洋沿岸、小笠原群島；朝鮮半島、台灣、中國、泰國灣、彼得大帝灣、奧爾加灣

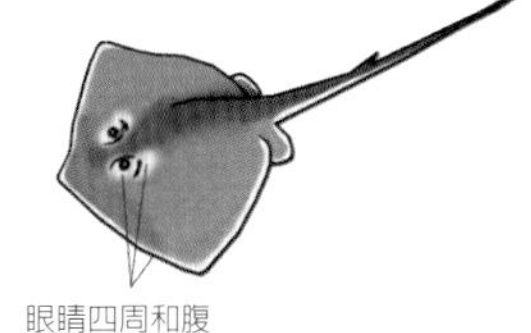
眼睛四周和腹部為黃色

常見於南日本沿岸各地的溫帶種。可在伊豆海域水深 15m 左右的砂底看見其身影。尾部帶有毒棘，有時會不小心被游泳的遊客踩到，釣客釣到牠時也可能被刺到，不過只要不碰牠，牠不會主動刺傷潛水客。屬於卵胎生，雌魚交配後會在體內孵卵。在體內孵育的稚魚從春到夏季生產，出生後的體型與雙親一樣。

愛媛縣愛南町
水深 10m 大小 50cm
平田智法

魟科

古氏新魟

Neotrygon kuhlii

北海道、南日本的太平洋沿岸、若狹灣、八丈島、小笠原群島、琉球群島；朝鮮半島、中國、台灣、印度－西太平洋（包含紅海，到東加群島為止）

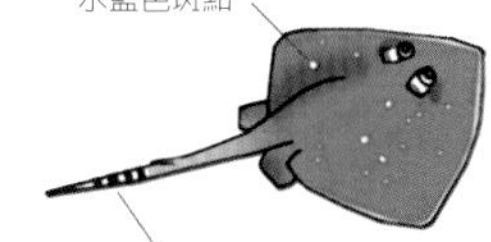
身上遍布著藍色或水藍色斑點
有多條白色與黑色帶狀圖案

廣泛分佈於日本沿岸，常見於南方。喜歡捕食隱藏在砂裡的甲殼類與貝類，經常可見其撥開砂子，挖出獵物的情景。

八丈島 水深 15m 大小 70cm

魟科

松原魟

Dasyatis matsubarai

北海道南岸～日向灘的太平洋沿岸、新潟縣佐渡～長崎縣的日本海．東海沿岸、伊豆群島；朝鮮半島、彼得大帝灣

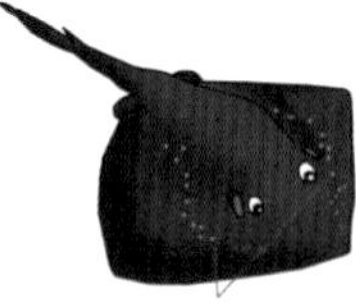
排列著左右對稱的白色斑點

八丈島 水深 18m 大小 1m

松原魟經常與同屬的「尤氏魟」混淆，不過，自從 1925 年在三河灣採集到一個個體之後，日本就再也沒有發現過尤氏魟的蹤影。松原魟偏好亞寒帶到溫帶沿岸，水溫較低的海域，但學者認爲牠也棲息在深海海域。在水溫下降的冬天或冷水團期，可在中層看見數十隻松原魟。

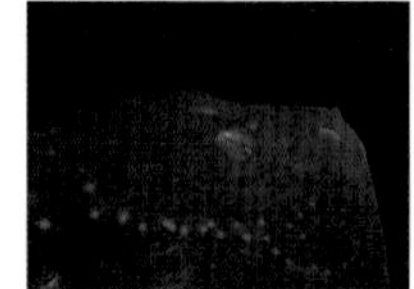

八丈島 水深 18m 大小 2m

魟科

邁氏條尾魟

Taeniura meyeni

南日本的太平洋沿岸、伊豆群島、小笠原群島、琉球群島；印度－西太平洋（到新幾內亞島東岸為止）、密克羅尼西亞群島、加拉巴哥群島、羅德里格斯島

前端為圓形
背面為斑點圖案

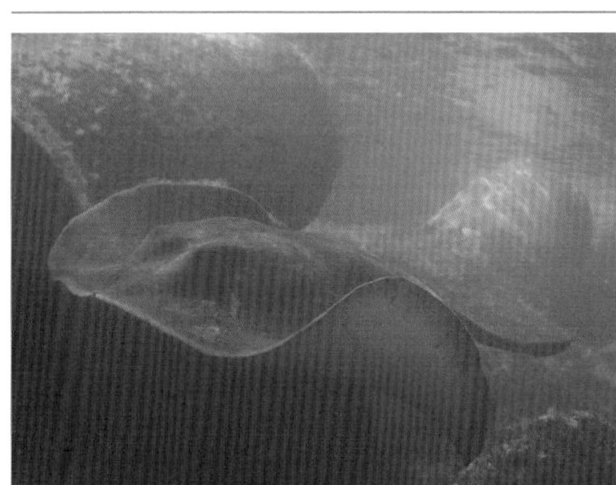

八丈島 水深 2m 大小 1.5m

  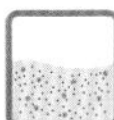

可在珊瑚礁與岩礁周邊的砂底，看到邁氏條尾魟埋在砂裡的身影。在魟科魚類中，邁氏條尾魟的個性十分暴躁，有些個體只要看到潛水客接近，就會像蠍子一樣舉起帶有毒棘的尾巴威嚇。當牠採取攻擊態勢時，千萬不可輕易地接近。

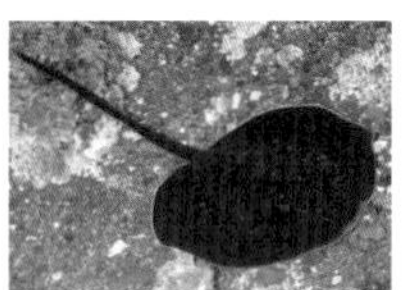

八丈島
水深 25m 大小 60cm
水谷知世

鱝科

雙吻前口蝠鱝

Manta birostris

青森縣．南日本的太平洋沿岸、琉球群島、小笠原群島；全世界的熱帶．亞熱帶海域

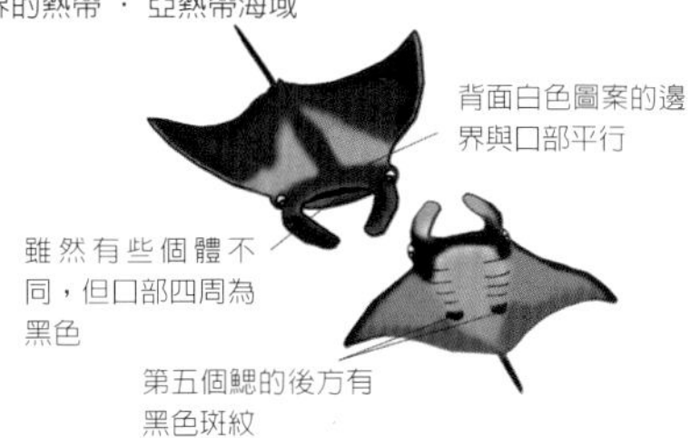
背面白色圖案的邊界與口部平行
雖然有些個體不同，但口部四周為黑色
第五個鰓的後方有黑色斑紋

小笠原
水深 5m 大小 1.5m
南俊夫

屬於外海魚，在離沿岸有點距離的外海洄游，潛水客很難有機會見到。

日本國內可在小笠原或大東群島等小型離島發現其蹤影。

鱝科

阿氏前口蝠鱝

Manta alfredi

高知縣、琉球群島；印度 · 太平洋 · 大西洋東部的熱帶海域

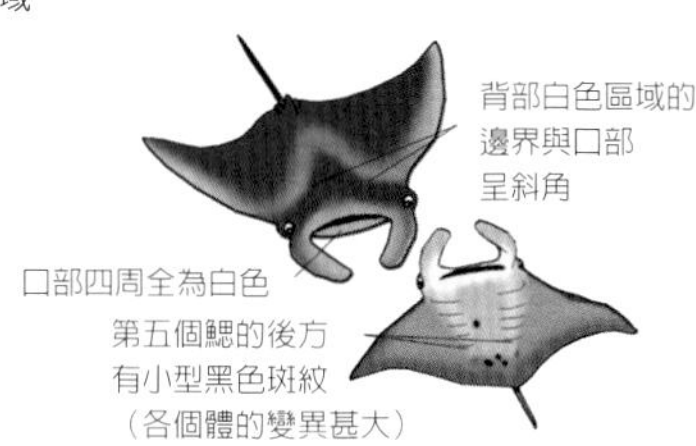
背部白色區域的
邊界與口部
呈斜角
口部四周全為白色
第五個鰓的後方
有小型黑色斑紋
（各個體的變異甚大）

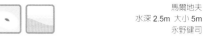

馬爾地夫
水深 2.5m 大小 5m
永野健司

具有強烈的沿岸性格，會成群待在固定海域。潛水客在八重山群島和慶良間群島常見的鱝科魚類，多半為阿氏前口蝠鱝。

鱝科

納氏鷂鱝

Aetobatus narinari

新潟縣寺泊、紀伊半島～九州南岸的太平洋沿岸、琉球群島；台灣、中國、印度－西太平洋、東加群島、夏威夷群島、大西洋的熱帶 · 亞熱帶海域

身上遍布藍白色圓點圖案

塞班島 水深 10m 大小 2m

單獨或成群生活在外海表層到底層。冬季聚集在塞班島的特定區域，形成幾十隻的魚群。

鯙科

賽舌爾裸臀鯙

Anarchias seychellensis

千葉縣～和歌山縣的太平洋沿岸、小笠原群島；印度－太平洋（包含紅海 · 復活節島；台灣～印尼除外）

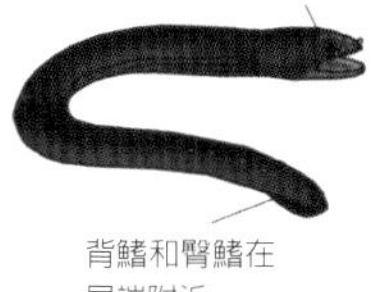
眼睛上方有大小不
同的小白點
背鰭和臀鰭在
尾端附近

伊豆半島
水深 12m 大小 20cm
山本敏

全年都能在水深 15m 以淺的岩礁區、石礫下方看見其身影，在伊豆海洋公園屬於一般常見的種。由於眼睛上方的兩個點很像日本傳統的「高眉」，因此日文又稱「高眉鱓」。

八丈島 水深 15m 大小 80cm

鯙科

虎斑鞭尾鯙

Scuticaria tigrina

八丈島、屋久島、口永良部島、沖繩群島；台灣、西印度洋、泛太平洋（澳洲沿岸除外）

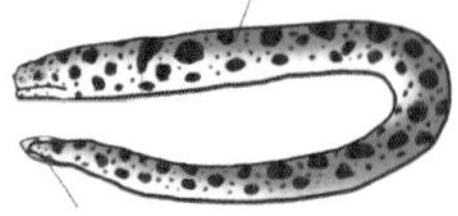
身上有斑紋
背鰭與臀鰭在
尾端附近

原本就是稀有種，加上屬於夜行性的魚類，白天通常隱藏在岩礁深處，很難見到。

八丈島 水深 5m 大小 60cm

鯙科

星帶蝮鯙

Echidna nebulosa

伊豆群島、小笠原群島、和歌山縣～九州南岸的太平洋沿岸、屋久島、琉球群島、南大東島；台灣、印度－太平洋

身上廣泛遍布著
變形蟲狀的不規則斑紋
吻端為白色

常見於礁池、內灣、潮池等淺水海域。星帶蝮鯙的牙齒屬於兩性異形，雌雄都有臼齒狀的牙齒，但只有成熟的雄魚在兩顎前端附近有犬齒狀的牙齒。

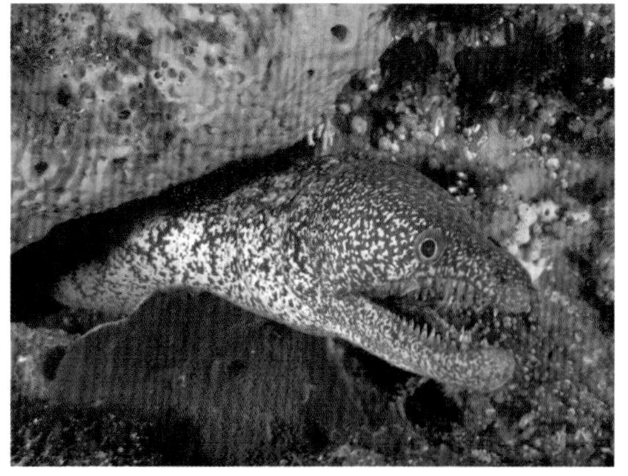

八丈島 水深 15m 大小 90cm

鯙科

苔斑勾吻鯙

Enchelycore lichenosa

相模灣～高知縣的太平洋岸、伊豆群島、小笠原群島、奄美群島；台灣、加拉巴哥群島

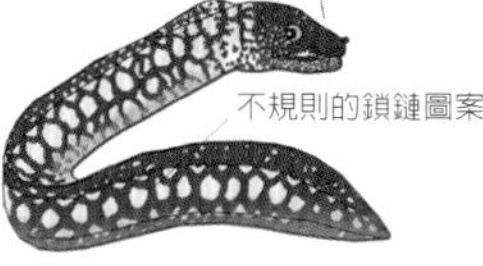
口部閉起來依然可見牙齒
不規則的鎖鏈圖案

常見於沿岸岩礁水深較淺的地方，屬於溫帶種。體側有不規則斑紋，看起來像是叢生的苔蘚，因此日文又稱「苔鯙」。

鯙科

斑點裸胸鯙

Gymnothorax meleagris

南日本的太平洋沿岸、八丈島、小笠原群島、屋久島、琉球群島；台灣、印度－太平洋

吻端附近為黃色
身體密布黑點與黃點
口部略微彎曲

八丈島 水深 5m 大小 40cm

廣泛棲息於溫帶的沿岸岩礁，到亞熱帶的珊瑚礁。經常可在水深 10m 以淺的淺水區看見其身影。體色與體側斑紋的變異很大，有黑色個體、白色個體；也有斑紋清晰與模糊的個體，各地區特徵不一。

鯙科

斑馬裸鯙

Gymnomuraena zebra

八丈島、小笠原群島、屋久島、琉球群島；台灣、印度－太平洋（包含紅海）

背鰭較低且不明顯
在水中看不出來
全身為斑馬圖案

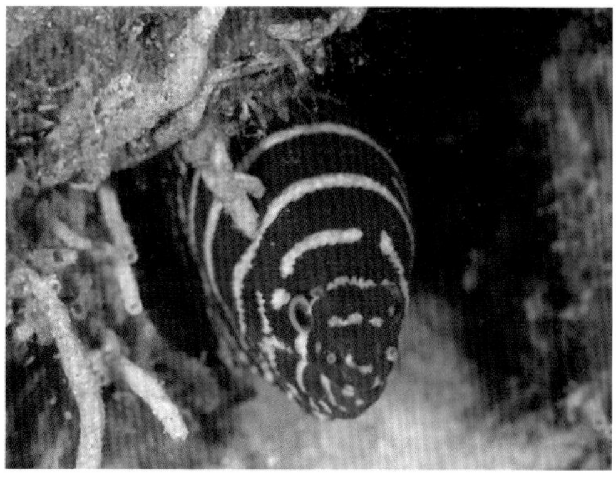

呂宋島
水深 6m 大小 60cm
水谷知世

常見於珊瑚礁淺處，具有神經質，平時待在岩石或洞穴深處，很少現身。

鯙科

花鰭裸胸鯙

Gymnothorax fimbriatus

八丈島、小笠原群島、高知縣柏島、屋久島、琉球群島；台灣、南海、印度－太平洋（夏威夷群島與強斯頓環礁除外）

臉為黃色
身上排列細長斑紋

八丈島 水深 8m 大小 60cm

棲息於珊瑚礁地區的淺處，亦可在河口看見其幼魚。偶爾會在八丈島海水流動順暢的岩礁淺處看見其蹤跡。

八丈島 水深 12m 大小 80cm

鯙科

黃邊鰭裸胸鯙

Gymnothorax flavimarginatus

八丈島、小笠原群島、高知縣柏島、屋久島、琉球群島；台灣、印度－泛太平洋

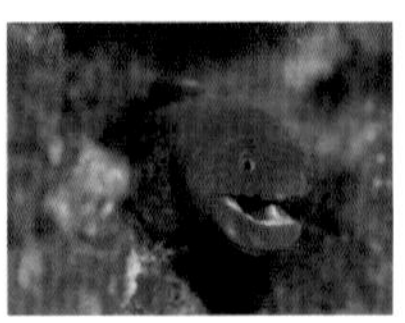

八丈島
水深 3m 大小 25cm

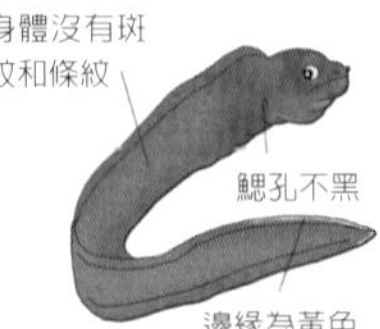
身體沒有斑
紋和條紋
鰓孔不黑

邊緣為黃色

常見於珊瑚礁地區的淺處。外型很像爪哇裸胸鯙，但鰓孔不是黑色的，可依此特性分辨。

伊豆半島
水深 50m 大小 80cm
小林裕

鯙科

鋸齒裸胸鯙

Gymnothorax prionodon

千葉縣～高知縣的太平洋沿岸、山口縣日本海沿岸、琉球群島；朝鮮半島、台灣、澳洲東岸 ・ 東北岸、紐西蘭

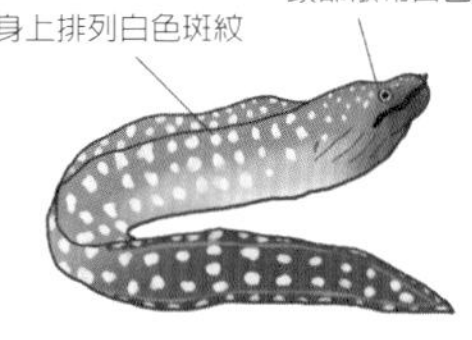
頭部散布白色斑點
身上排列白色斑紋

在伊豆半島一年四季都能看見的魚種，通常棲息在水深 40m 以深的岩礁帶。

呂宋島 水深 8m 大小 80cm

鯙科

爪哇裸胸鯙

Gymnothorax javanicus

小笠原群島、屋久島、琉球群島；台灣、印度－太平洋

鰓孔為黑色
偏黑的大斑紋

常見於珊瑚礁淺處的大型種，棲息在不同地區的本種，有些體內帶有雪卡毒素。

鯙科

淡網紋裸胸鯙

Gymnothorax pseudothyrsoideus

和歌山縣～九州南岸的太平洋沿岸、山口縣日本海沿岸、沖繩島；台灣、西太平洋、安達曼海

網目圖案的線狀紋很細

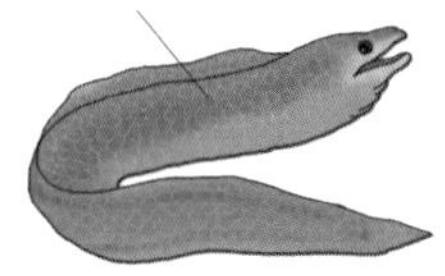

棲息在岩礁、珊瑚礁內灣的砂泥底，黃色網目圖案會隨著成長變淡，成魚的肌膚底色爲明顯的褐色。屬於稀有種。

串本
水深 5m 大小 40cm
參木正之

鯙科

裸鋤裸胸鯙

Gymnothorax nudivomer

八丈島、高知縣、奄美大島、屋久島、沖繩島；中國、印度－太平洋（包含紅海）

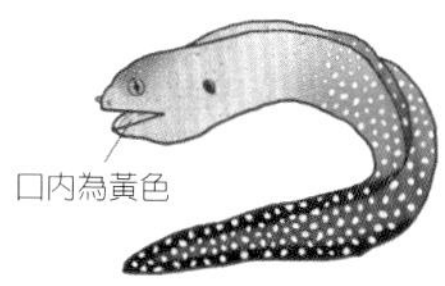
口內為黃色

棲息在水深 100m 左右的海域，有時也會在水深 30m 處發現其蹤影，不過機率很小。

八丈島 水深 45m 大小 1m

鯙科

蠕紋裸胸鯙

Gymnothorax kidako

本州的太平洋沿岸、島根縣～九州南岸的日本海 ・ 東海沿岸、八丈島、屋久島、奄美群島、慶良間群島；朝鮮半島、台灣

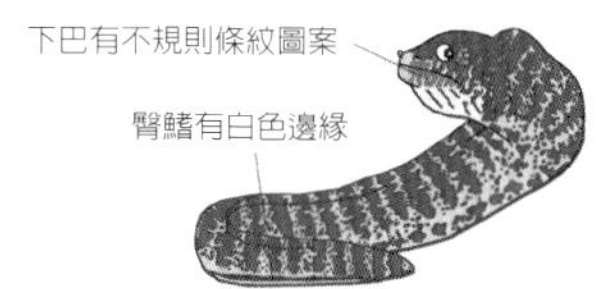
下巴有不規則條紋圖案
臀鰭有白色邊緣

常見於溫帶地區沿岸的岩礁淺處，在琉球群島發現的機率很低。有些地方的人會吃蠕紋裸胸鯙，因此各地有不同名稱。種小名 *kidako* 來自該魚在神奈川縣三崎地區與長崎的地方名稱「キダコ」。キダコ是個性凶猛之意。

八丈島 水深 12m 大小 70cm

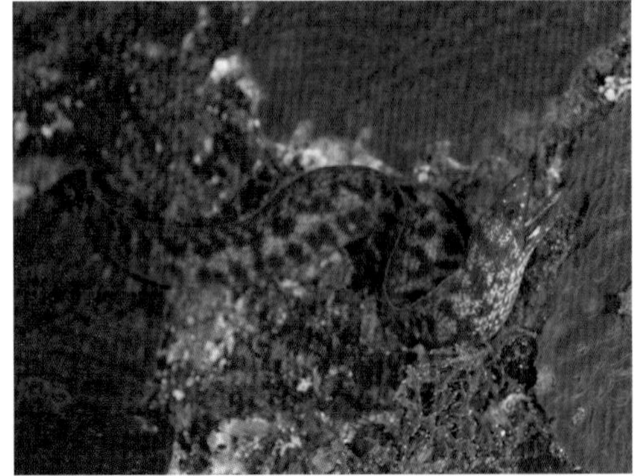

八丈島 水深 15m 大小 30cm

鯙科

雲紋裸胸鯙

Gymnothorax chilospilus

八丈島、小笠原群島、高知縣柏島、屋久島、奄美群島、琉球群島；台灣、印度－太平洋

口部四周排列
著白點

常見於珊瑚礁淺處的小型種。外型很像蠕紋裸胸鯙的年輕個體，但口部四周有白點，可從這一點來區分。

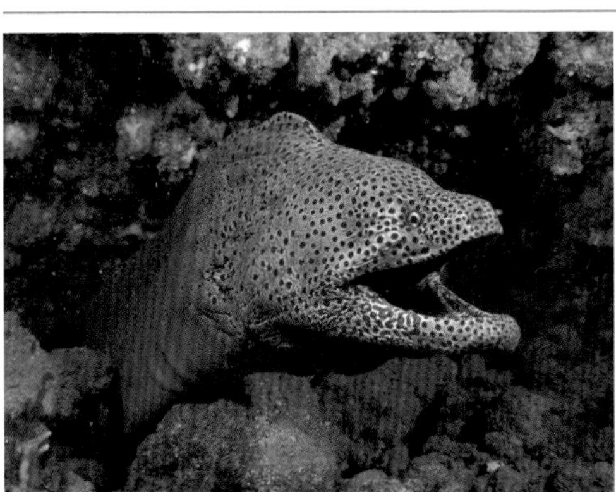

八丈島 水深 15m 大小 1.2m

鯙科

魔斑裸胸鯙

Gymnothorax isingteena

南日本的太平洋沿岸、八丈島、屋久島、琉球群島；台灣、澳洲沿岸以外的西太平洋

八丈島 水深 15m
大小 1.2m

遍布不規則形狀的斑點

廣泛棲息在內灣淺處到沿岸的岩礁、珊瑚礁地區的淺處到深處的大型種。

塞班島 水深 15m 大小 1.2m

鯙科

白口裸胸鯙

Gymnothorax chlorostigma

小笠原群島、和歌山縣串本、屋久島、琉球群島；台灣、印度－太平洋

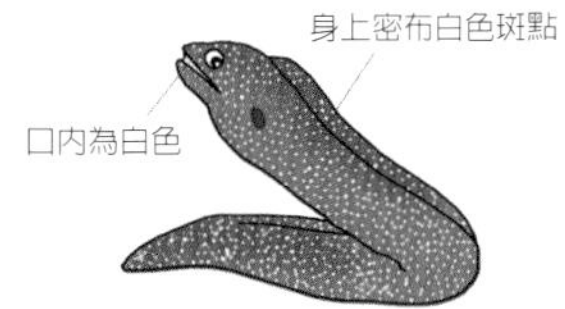
身上密布白色斑點
口內為白色

常見於珊瑚礁地區的淺處。外型很像魔斑裸胸鯙與白口裸胸鯙，但本種的口內爲白色，可作爲分辨的特點。

鯙科

黃身裸胸鯙

Gymnothorax melatremus

八丈島、小笠原群島、和歌山縣串本、屋久島、琉球群島；台灣、印度－太平洋

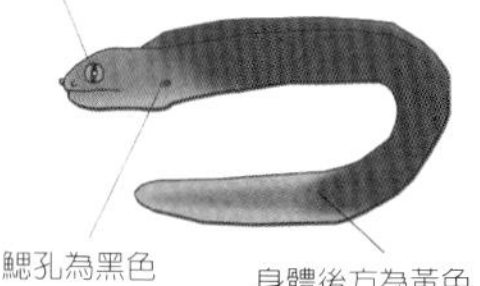
蛇眼
鰓孔為黑色
身體後方為黃色

常見於海水流通的岩礁、珊瑚礁外緣的斜坡凹處與岩壁等暗處。
偶爾會在珊瑚礁地區看見個體，屬於小型種。

八丈島 水深 18m 大小 25cm

鯙科

密點裸胸鯙

Gymnothorax thyrsoideus

八丈島、小笠原群島、南日本的太平洋沿岸、屋久島、琉球群島；中國、南海、印度洋東部－太平洋（夏威夷除外）

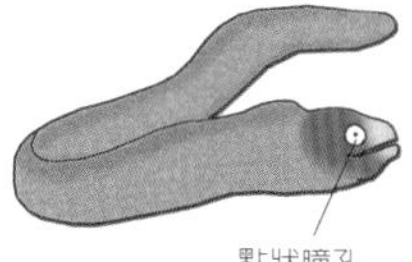
點狀瞳孔

常見於岩礁和珊瑚礁的淺處。在八丈島，可在水深 10m 以淺的岩礁側面裂縫處發現其身影。

八丈島 水深 8m 大小 40cm

鯙科

豹紋勾吻鯙

Enchelycore pardalis

南日本的太平洋沿岸、伊豆群島、小笠原群島、屋久島、奄美大島、伊江島；朝鮮半島、台灣、印度－太平洋（澳洲沿岸除外）

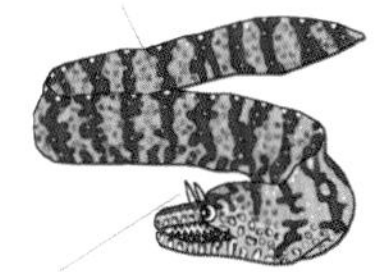
身體為豹紋
後鼻孔為長管狀

沖繩島以南未發現其蹤跡，棲息在沿岸岩礁的溫帶種。雖然個性凶猛，但若不驚擾牠，牠不會主動攻擊人類。

八丈島 水深 21m 大小 50cm

雄魚 八丈島
水深 25m
大小 90cm

鯙科

管鼻鯙

Rhinomuraena quaesita

和歌山縣～九州南岸的太平洋沿岸、伊豆群島、小笠原群島、屋久島、琉球群島；台灣、印度－太平洋（夏威夷除外）

前鼻孔為抹刀狀

常見於珊瑚礁外緣斜坡與略微開闊的岩礁，屬於先雄後雌型，長大後會轉換性別。

此外，體色也會隨著成長改變，未成熟的雄魚爲黑色，成熟的雄魚爲藍色，轉換性別後的雌魚爲黃色。不過，雌魚的觀察案例相當少。

雌魚 呂宋島
水深 15m
大小 90cm
小林岳志

幼魚 八丈島
水深 25m 大小 70cm

蛇鰻科

斑紋花蛇鰻

Myrichthys maculosus

和歌山縣～高知縣的太平洋沿岸、伊豆群島、小笠原群島、屋久島、琉球群島；台灣、南海、印度－太平洋（夏威夷除外）

八丈島 水深 12m 大小 70cm

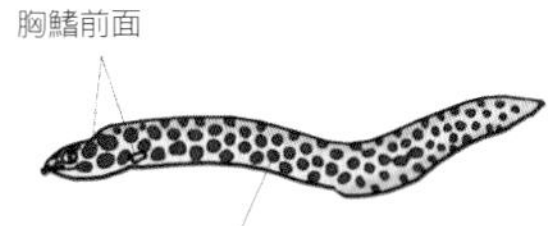
背鰭的起始點比
胸鰭前面
身上有石牆圖案

常見於沿岸的淺岩礁裂縫與大陸棚縫隙，傍晚或海面變暗時外出活動，十分活躍。過去是以體側黑斑的排列方法辨別其與豹紋花蛇鰻的不同，但根據專家調查，那是成長過程出現的差異，因此統一爲本種。

蛇鰻科

黑麗蛇鰻

Callechelys kuro

伊豆半島～高知縣的太平洋沿岸；台灣

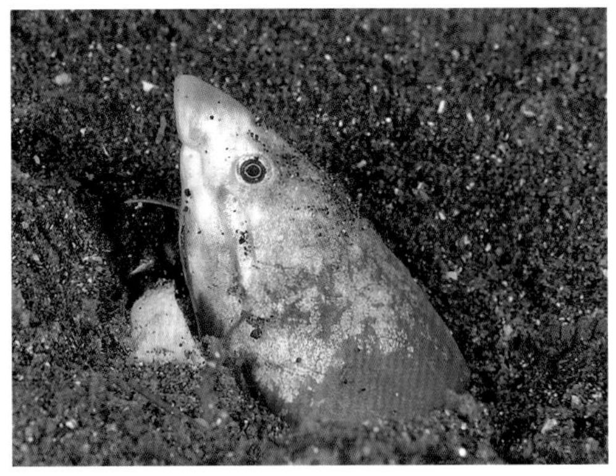

伊豆半島
水深 20m 大小 50cm
山本敏

背鰭的生長位置在
鰓孔前方
沒有胸鰭
口部四周呈棘形

棲息於內灣一帶水深 20m 左右的砂底，夏天可在大瀨崎發現其蹤影。

蛇鰻科

黃尾無鰭蛇鰻

Apterichtus flavicaudus

南日本的太平洋岸、八丈島；太平洋中・西部的熱帶海域

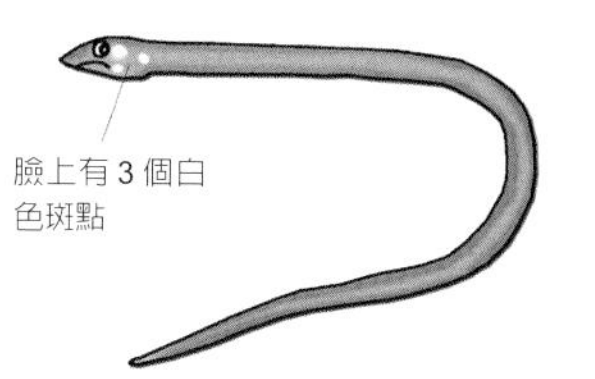
臉上有 3 個白
色斑點

棲息在沿岸的淺砂底。平時將身體埋進砂裡，只露出頭部張嘴捕食，因此潛水客暱稱牠為「張嘴鰻」。

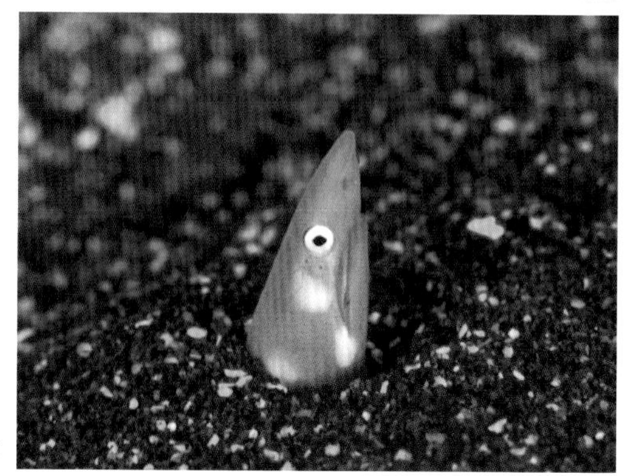

八丈島 水深 25m 大小 50cm

蛇鰻科

大吻沙蛇鰻

Ophisurus macrorhynchos

北海道以南的各地沿岸；朝鮮半島、中國

口部很大、臉型細長

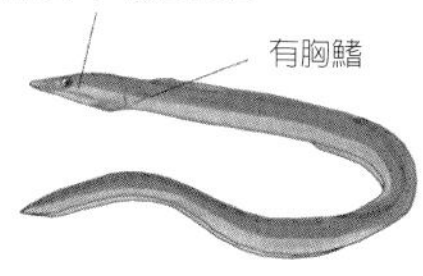
有胸鰭

廣泛棲息在水深 20m 左右的砂泥底到水深 500m 處，在大瀨崎是全年都能發現的常見種。

伊豆半島
水深 20m 大小 60cm
小林裕

蛇鰻科

半環蓋蛇鰻

Leiuranus semicinctus

八丈島、和歌山縣～高知縣的太平洋沿岸、屋久島、琉球群島；台灣、印度－太平洋

背鰭起始點位
於鰓孔後方
身上有條紋圖案，黑條
紋比白條紋寬

偶爾會在岸邊岩礁四周砂泥底發現其蹤跡。

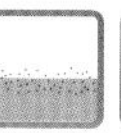
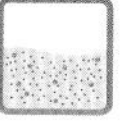

八丈島 水深 12m 大小 55cm

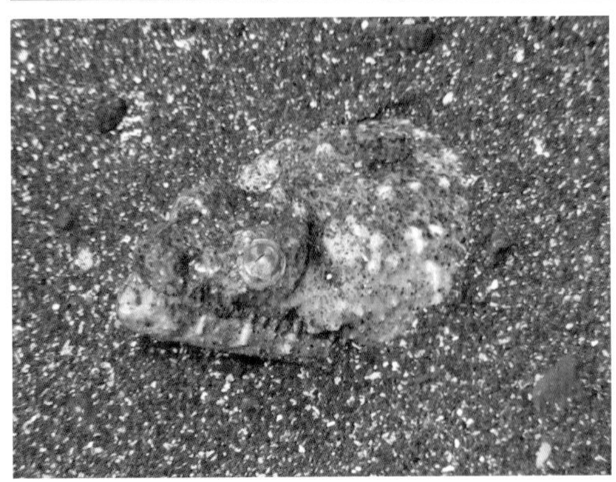

八丈島
水深 30m 大小 1.2m

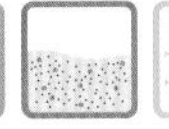

蛇鰻科

亨氏短體蛇鰻

Brachysomophis henshawi

八丈島、口永良部島；太平洋中．西部、阿拉伯海

露出全身游泳的模樣

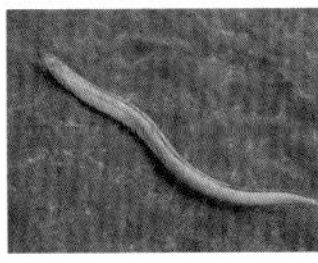

八丈島
水深 30m 大小 1.2m

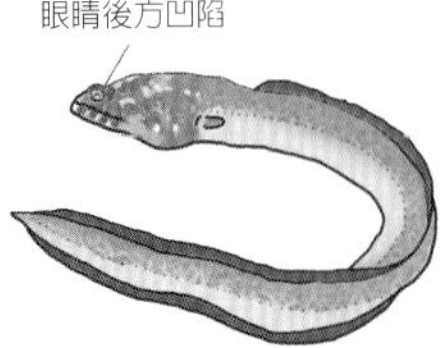
眼睛後方凹陷

通常待在水深 30m 以淺、海水流動順暢的砂底，只露出頭部，靜止不動。個體色彩繽紛，有鮮豔的橘色，也有淡奶油色。外型近似同屬的近緣種鱷形短體蛇鰻，但本種的眼睛後方深凹，可從此特徵區分。

八丈島 水深 18m 大小 70cm

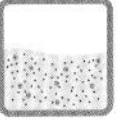

糯鰻科

白錐體糯鰻

Ariosoma anago

神奈川縣以南的南日本太平洋岸、伊豆．小笠原群島；東海、東印度群島

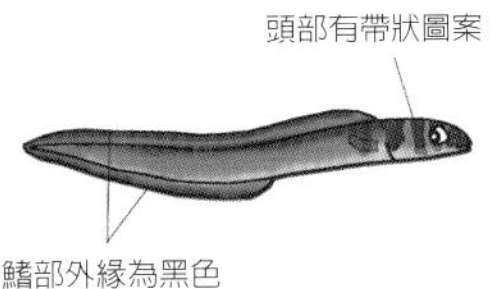
頭部有帶狀圖案
鰭部外緣為黑色

棲息在淺海的砂泥底，白天將身體埋在砂裡休息，只露出些許頭部。晚上開始活動，四處捕食小魚、甲殼類、貝類、頭足類與沙蠶等小動物。

八丈島
水深 5m 大小 1.2m

糯鰻科

日本糯鰻

Conger japonicus

青森縣～九州南岸的太平洋沿岸、京都府～長崎縣的日本海沿岸．東海沿岸、八丈島、屋久島；朝鮮半島、中國、台灣

天草
水深 5m 大小 50cm
中野誠志

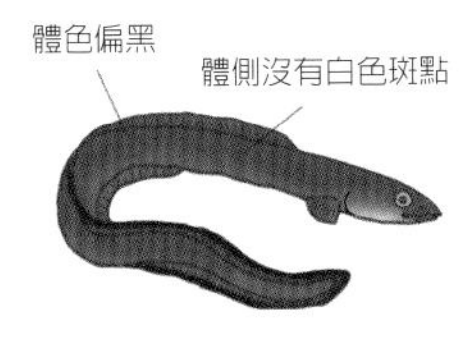
體色偏黑
體側沒有白色斑點

棲息在海水流動順暢的淺岩礁地區和粗礫帶。屬於夜行性，白天靜靜待在洞穴深處。主要吃小魚。外型近似同屬的暗康吉鰻，但暗康吉鰻棲息在砂泥底，體色偏褐，本種爲岩礁性魚種，體色爲黑色，可依此判斷。

糯鰻科

哈氏異糯鰻

Heteroconger hassi

南日本的太平洋沿岸、八丈島、小笠原群島、屋久島、琉球群島；台灣、印度－太平洋（到萊恩群島為止；夏威夷群島除外）

身上有 2 個
大黑點

群體生活於海水流通之處，將一半的身體埋在砂裡，上半身隨海水流動，捕食浮游生物。由於此情景很像整齊種植於庭園中的草木，因此英文名稱爲「garden eel」（花園鰻）。

八丈島 水深 25m 大小 40cm

糯鰻科

橫帶園鰻

Gorgasia preclara

高知縣柏島、奄美大島、伊江島；菲律賓群島、關島、峇里島、新幾內亞東部～珊瑚海

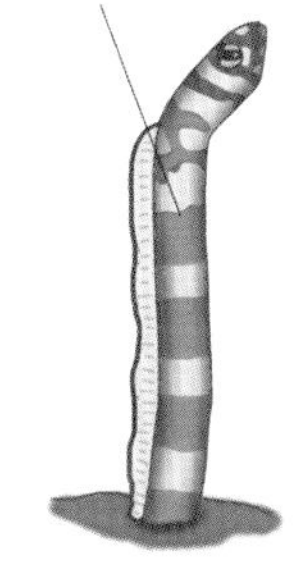
體側有黃色橫條紋

棲息在珊瑚礁砂底。警戒心很強，一旦發現潛水客接近就會立刻潛入砂裡。

柏島
水深 45m 大小 30cm
西村欣也

糯鰻科

日本園鰻

Gorgasia japonica

八丈島、八丈小島；台灣、海南島、紐西蘭北部

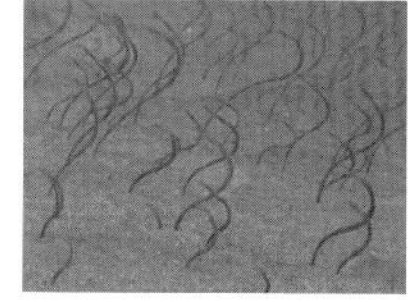
八丈島
水深 30m 大小 1m

體側排列著白色斑點

日本只能在八丈島與八丈小島發現其蹤跡，屬於地區限定種。棲息於八丈島海水流通之處，水深 10 ～ 40m 左右的砂底，但只在固定地區發現。

八丈島 水深 30m 大小 1m

糯鰻科

台灣園鰻

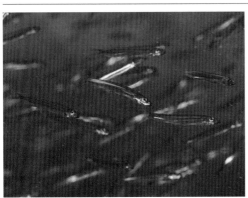

Gorgasia taiwanensis

伊豆半島、高知縣柏島、西表島；台灣、峇里島

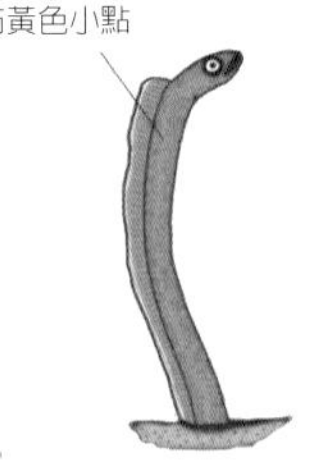
身體沒有明顯圖案
遍布黃色小點

群聚於水深 14 ～ 22m 的砂底，從砂底露出一半的身體，隨著海水擺動，捕食浮游生物。

伊豆半島
水深 10m 大小 30cm
西村欣也

鯡科

日本銀帶鯡

Spratelloides gracilis

南日本、伊豆群島、琉球群島；朝鮮半島、台灣、印度－太平洋

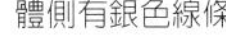
體側有銀色線條

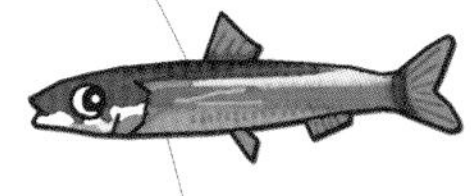
細長的圓筒身形

八丈島 水深 5m 大小 5cm

在沿岸海域成群生活。4 ～ 11 月的產卵期會形成數量龐大的群體出現在日本近海，集體產卵。壽命不長，只有半年到 1 年。

鯡科

日本鯷

Engraulis japonicus

北海道～九州南岸的太平洋 ‧ 日本海 ‧ 東海沿岸、八丈島；朝鮮半島、堪察加半島、渤海、黃海、東海、台灣、香港、菲律賓、蘇拉威西島

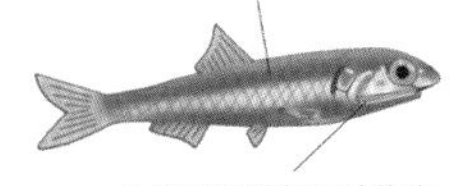
身體細長，接近圓筒形
下顎後端位於眼睛後方

八丈島 水深 1m 大小 10cm

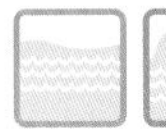

形成龐大群體，在內灣、沿岸到外海的表層附近活動，是海鳥、海洋哺乳類與大型肉食魚類的重要食物來源。壽命很短，只有 2 到 3 年。

鰻鯰科

日本鰻鯰

Plotosus japonicus

南日本的太平洋沿岸、伊豆群島、琉球群島

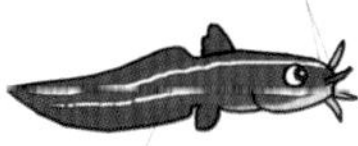
口部上下長著長鬚
體側有兩條線

常見於淺岩礁處，繁殖期在初夏。平時成群活動，一到繁殖期就雙雙對對，在岩石側面與下方挖洞做巢。背鰭長著毒棘，不過沒聽說潛水客被牠的毒棘刺傷。屬於夜行性魚類，每到夜晚就會四處游動。

八丈島
水深 15m 大小 21cm

夜晚的色彩 八丈島
水深 10m 大小 23cm

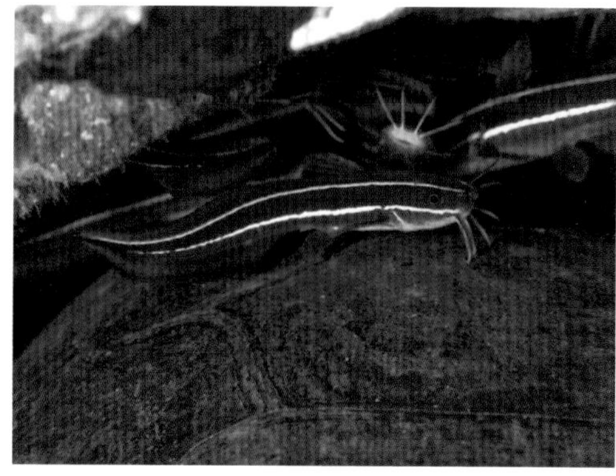
八丈島 水深 15m 大小 21cm

合齒魚科

細蛇鯔

Saurida gracilis

八丈島、小笠原群島、相模灣～屋久島的太平洋沿岸、琉球群島；台灣、印度－太平洋

體側中央有一條
粗的帶狀圖案
尾鰭有斑紋圖案

稚魚
八丈島
水深 8m 大小 4cm

八丈島 水深 10m 大小 25cm

棲息在內灣和礁地等岩礁、珊瑚礁之間的砂地，獨自潛伏在砂地，隱藏自己的蹤跡。

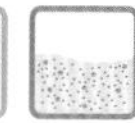

合齒魚科

準大頭狗母魚

Trachinocephalus myops

岩手縣～九州南岸的太平洋沿岸、新潟縣～九州南岸的日本海．東海沿岸、八丈島、小笠原群島、琉球群島；朝鮮半島、台灣、中國、東太平洋之外全世界的溫帶．熱帶海域

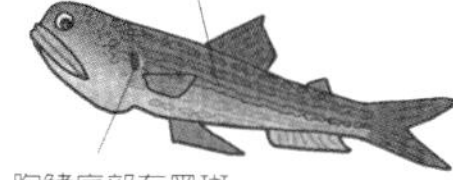
體側帶著像是由多個點
連成的線條
胸鰭底部有黑斑

稚魚
八丈島 水深 6m
大小 8cm

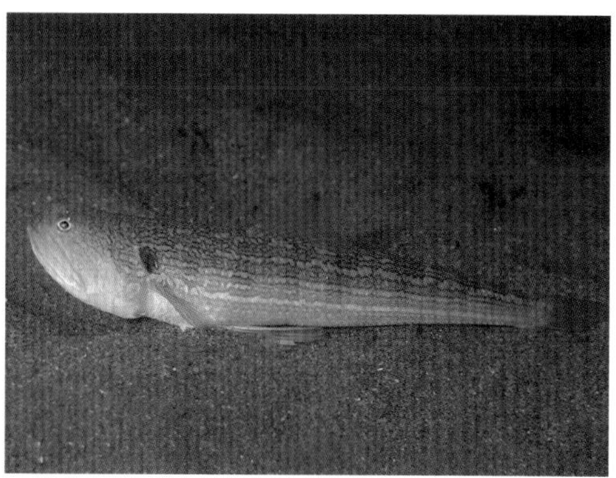
串本
水深 23m 大小 20cm
谷口勝政

棲息在水深 20m 到 100m 以淺的砂泥底。平時潛伏在砂中隱藏蹤跡，潛水客經常觀察到其看到小魚經過就跳出捕食的身影。

八丈島 水深 15m 大小 15cm

合齒魚科

射狗母魚

Synodus jaculum

八丈島、小笠原群島、相模灣～高知縣的太平洋沿岸、屋久島、琉球群島；台灣、印度－西太平洋（紅海與波斯灣除外）

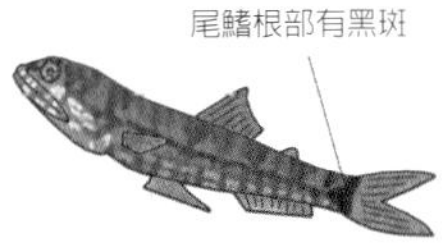
尾鰭根部有黑斑

棲息在海水流通的岩礁到珊瑚礁外緣等處。與其他同屬種相較，射狗母魚經常往上游。

八丈島 水深 15m 大小 30cm

合齒魚科

紅斑狗母魚

Synodus ulae

南日本的太平洋沿岸、伊豆群島、小笠原群島、島根縣～九州西北岸的日本海 · 東海沿岸、奄美大島；台灣、夏威夷

八丈島
水深 18m 大小 30cm

鼻孔皮瓣似抹刀狀
體側有不規則條紋圖案

獨自生活在淺岩礁到砂底，繁殖期可看見成對生活的身影。平時待在水底，捕食在中層游泳的小魚。繁殖期間經常可看到雄魚追著雌魚跑的身影。

伊豆半島
水深 45m 大小 10cm
名倉盾

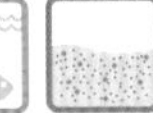

擬毛背魚科

伊豆擬毛背魚

Pseudotrichonotus altivelis

相模灣、駿河灣、伊豆群島、高知縣柏島、東海

胸鰭呈線狀生長

棲息在水深 30 ～ 50m 岩礁旁的砂底。呈線狀生長的胸鰭前端觸地，看似以胸鰭站立的模樣十分特別。

草鯵科

草鯵

Velifer hypselopterus

本州各地沿岸；韓國、阿曼灣、馬達加斯加

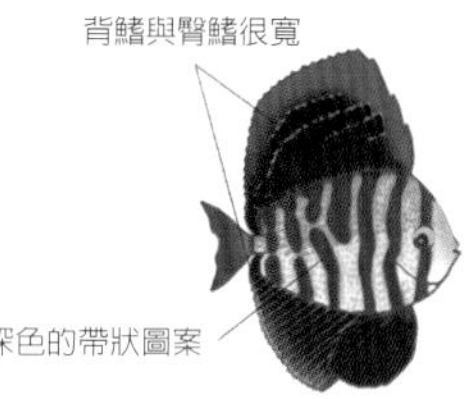

背鰭與臀鰭很寬
身上有深色的帶狀圖案

棲息在大陸棚、大陸坡與中洋脊等處。照片爲混在浮游物中，在水面下漂游的幼魚。專家認爲幼魚期與漂流藻、浮游物一起生活。

八丈島 水深 3m 大小 5cm

草鯵科

多輻後草鯵

Metavelifer multiradiatus

千葉縣～高知縣的太平洋沿岸、伊豆群島、沖繩島；夏威夷群島、20°S 以南的澳洲沿岸、紐西蘭、莫三比克

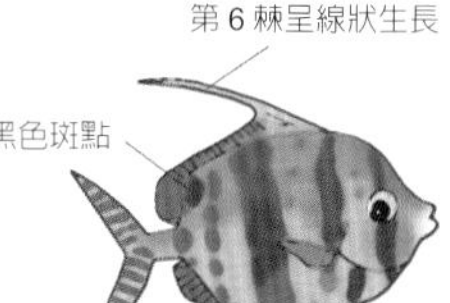

第 6 棘呈線狀生長
黑色斑點

棲息在大陸棚、大陸坡與中洋脊等處。遇到水溫下降的冷水團時期，可在八丈島水深 20m 一帶發現其身影。

八丈島 水深 30m 大小 25cm

稚鱈科

日本小褐鱈

Physiculus maximowiczi

北海道、青森縣津輕海峽沿岸、岩手縣～三重縣的太平洋沿岸、八丈島、山形縣～山口縣的日本海沿岸；台灣

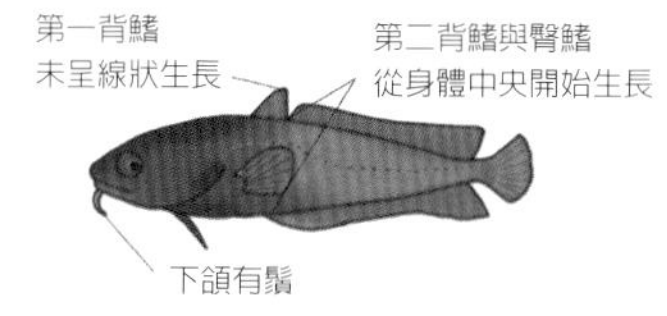

第一背鰭
未呈線狀生長
第二背鰭與臀鰭
從身體中央開始生長
下頜有鬚

棲息在沿岸和大陸棚。Paulin（1989）認爲本種與日本鬚稚鱈（*Physiculus japonicus*）爲同種，但從諸多性狀和棲息場所來看，應爲不同種。

八丈島 水深 18m 大小 15cm

八丈島 水深 18m 大小 28cm

鼬鳚科

多鬚鼬魚

Brotula multibarbata

南日本沿岸的太平洋岸、八丈島、新潟縣～長崎縣的日本海沿岸、屋久島、琉球群島；台灣、印度－太平洋（復活節島除外）

口部有 6 條黃鬚

大多數鼬鳚科魚類棲息在深海，僅本種可在適合潛水的淺海岩礁發現其蹤影。
白天隱藏在洞窟、裂縫、洞穴等陰暗處，夜晚出來活動，四處覓食。

伊豆半島
水深 22m 大小 60cm
名倉盾

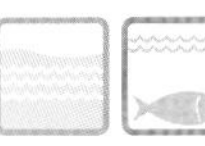
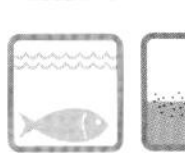

鮟鱇科

黃鮟鱇

Lophius litulon

北海道～九州南岸的太平洋 ・ 日本海 ・
東海沿岸；朝鮮半島、中國、日本海北部

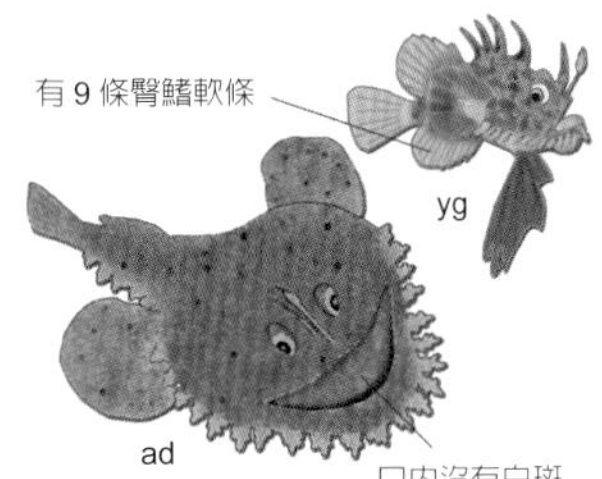
有 9 條臀鰭軟條
yg
ad
口內沒有白斑

棲息在水深 25 ～ 560m 的砂泥底。冬至春季爲繁殖期，此時會出現在大瀨崎的淺水海域，許多潛水客都有觀察紀錄。3 ～ 4 月許多潛水客會看到棲息海底前的幼魚。若從外觀來看，黃鮟鱇與同屬的近似種黑鮟鱇十分相近，幾乎無法區分。不過，黃鮟鱇的臀鰭有 8 ～ 9 條；黑鮟鱇只有 6 ～ 7 條。如拍下臀鰭清晰的照片，可由此特徵進行分辨。

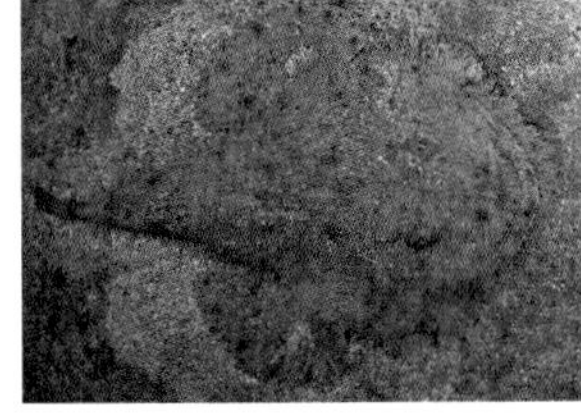

伊豆半島
水深 33m 大小 70cm
西村欣也

棲息海底前的幼魚 伊豆半島
水深 4m 大小 10cm
川原 晃

浮游期的幼魚 青海島
水深 1m 大小 4cm
和泉裕二

躄魚科

裸躄魚

Histrio histrio

日本各地；東部太平洋以外全世界的溫帶 ・ 熱帶海域

鋸齒狀背鰭
2 片皮瓣

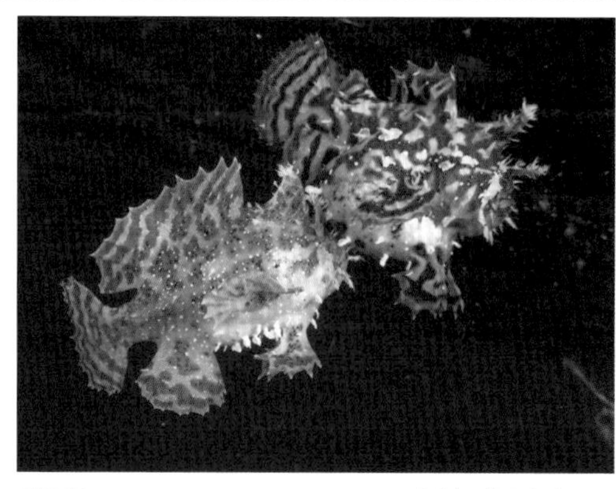

附著在沿岸到外海的漂流藻上生活。
基本上一生都棲息在漂流藻上，但在八丈島，可看見未滿 3cm 的小幼魚出現在淺水海域或潮池等處的水底。

八丈島 水面 大小 15cm

躄魚科

條紋躄魚

Antennarius striatus

北海道～九州南岸的日本海 ・ 東海沿岸、宮城縣～九州南岸的太平洋沿岸、伊豆群島、小笠原群島、九州西岸、奄美群島；濟州島、中國、台灣、印度－西太平洋（紅海、波斯灣除外）、夏威夷群島、社會群島

鋸齒狀背鰭
餌球有 2 ～ 7 分岔

常見於沿岸岩礁四周的砂底與砂泥底。
身體顏色很豐富，包括白色、奶油色、黃色與黑色系等，大多數體側沒有圖案，有些個體全身布滿線狀突起。

伊豆半島
水深 7m 大小 3cm
常見真紀子

八丈島 水深 15m 大小 10cm

躄魚科

錢斑躄魚

Antennarius nummifer

南日本的太平洋岸、伊豆 ・ 小笠原群島；印度 ・ 太平洋、大西洋東部

餌球與第 2 棘
幾乎一樣長
背鰭根部有一塊
模糊的大斑

雖然有潛水客曾在沿岸的岩礁區域，水深 293m 發現其蹤影，但一般常見於水深 15m 以淺的岩礁側面、縫隙或海綿中。大多棲息於日本本州太平洋岸的溫帶海域。

八丈島
水深 2m 大小 1.5cm

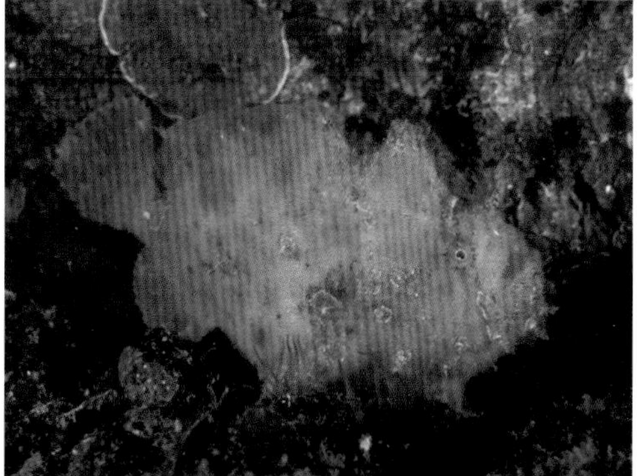

八丈島 水深 5m 大小 6cm

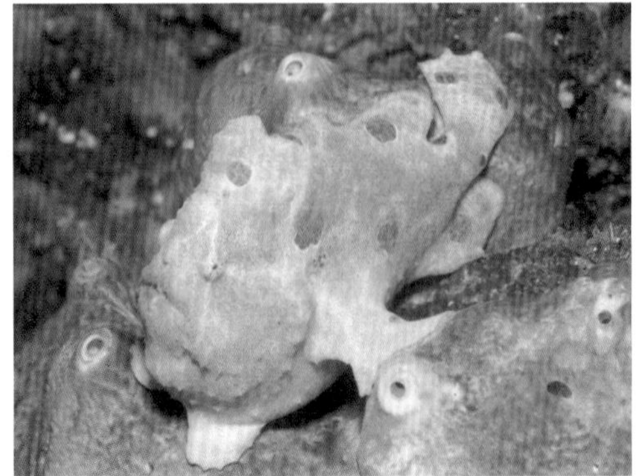
八丈島 水深 16m 大小 30cm

躄魚科

康氏躄魚

Antennarius commerson

山口縣、南日本的太平洋沿岸、伊豆群島、小笠原群島、屋久島、琉球群島；台灣、印度－西太平洋、薩摩亞群島、夏威夷群島、大溪地島、東太平洋（巴拿馬 · 哥倫比亞外海）

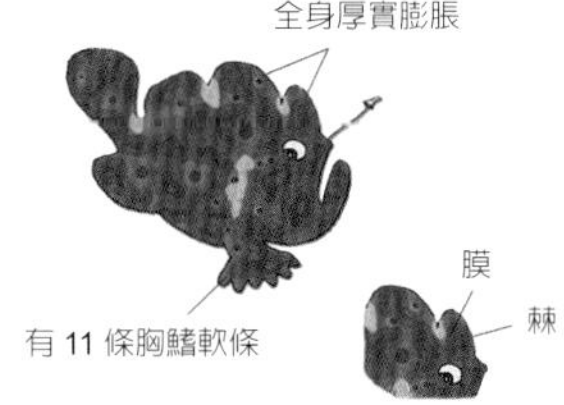
全身厚實膨脹
膜
棘
有 11 條胸鰭軟條
棘與膜的界線模糊

常見於沿岸淺岩礁與珊瑚礁的大型種，習慣待在海綿旁。身上顏色很多，包括白色、奶油色、橘色與褐色。大多數體側沒有圖案。

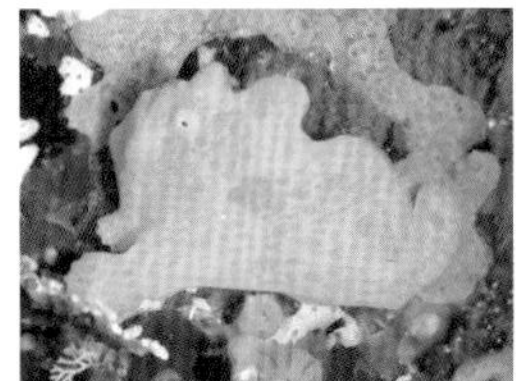
八丈島 水深 15m 大小 10cm

八丈島 水深 15m 大小 8cm

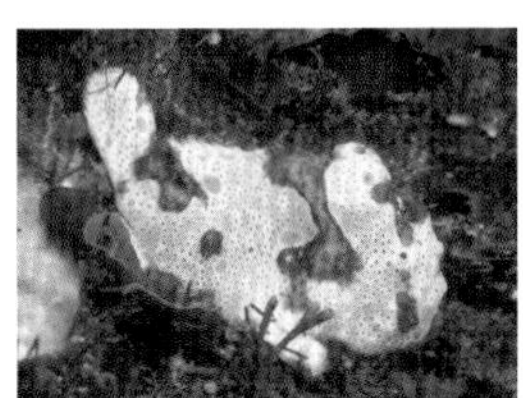
八丈島 水深 12m 大小 6cm

躄魚科

白斑躄魚

Antennarius pictus

山口縣、伊豆群島、南日本的太平洋沿岸、屋久島、琉球群島；濟州島、台灣、印度－太平洋（包含紅海）

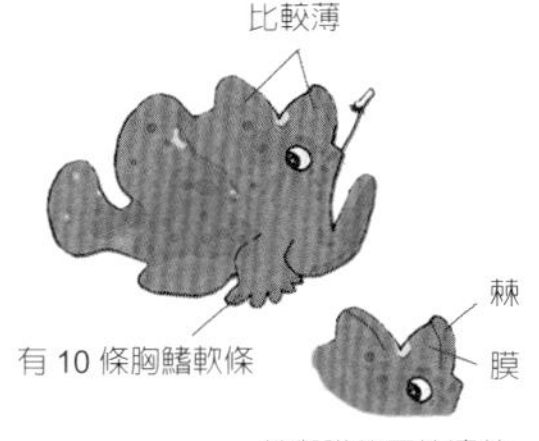
比較薄
棘
膜
有 10 條胸鰭軟條
棘與膜的界線清楚

八丈島 水深 12m 大小 12cm

常見於沿岸淺珊瑚礁外緣的岩礁區域，愈小的個體愈會待在海綿旁。體色包括紅色、黃色、橘色、紫色、白色等，顏色相當豐富。大多數個體的體側有圖案。

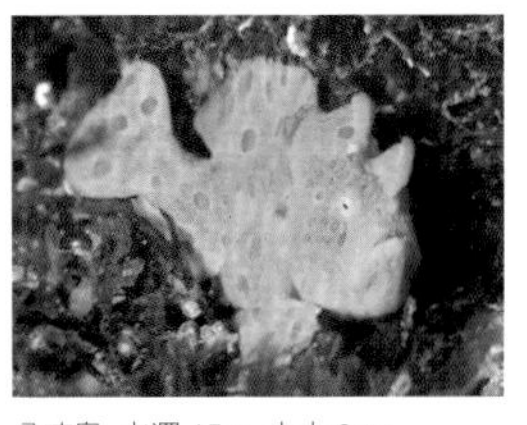
八丈島 水深 15m 大小 6cm

八丈島 水深 15m 大小 5cm

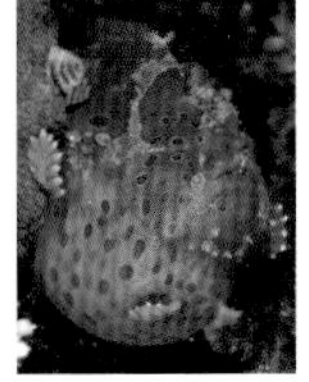
八丈島 水深 6m 大小 12cm

躄魚科

大斑躄魚

Antennarius maculatus

伊豆群島、南日本的太平洋沿岸、屋久島、琉球群島；模里西斯群島、馬爾地夫群島、西密蘭群島、新加坡．菲律賓群島～所羅門群島的西太平洋、夏威夷群島、大溪地島

棘的前端像火柴棒膨脹
從眼睛往後延伸的圖案

常見於沿岸的淺岩礁與珊瑚礁，伊豆等溫帶海域有許多幼魚，應為季節性洄游魚。身體顏色有3種，分別是白紅、黑紅與黃紅。

八丈島 水深 15m 大小 4cm

八丈島 水深 18m 大小 12cm

八丈島 水深 10m 大小 5cm

躄魚科

歧胸福氏躄魚

Fowlerichthys scriptissimus

山口縣、伊豆群島、南日本的太平洋沿岸、琉球群島；菲律賓群島、紐西蘭、留尼旺島

鋸齒狀背鰭

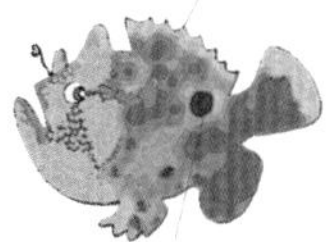

背鰭根部有大斑點

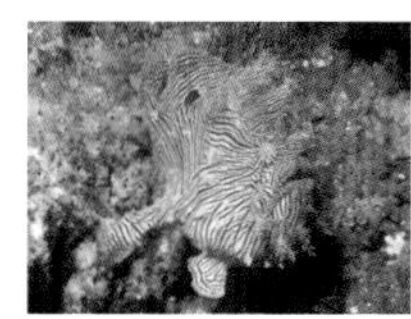
八丈島
水深 50m 大小 30cm

常見於沿岸水深30m以深岩礁斜坡的大型種，算是稀有種。身體顏色有兩種，分別是低調的褐色，和美麗的斑紋圖案。

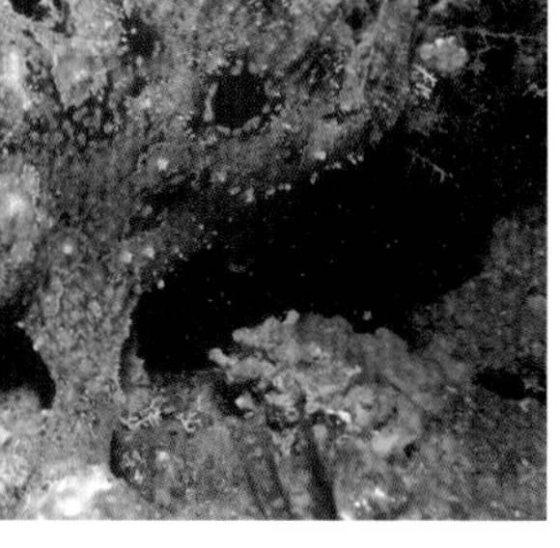
八丈島 水深 40m 大小 30cm

躄魚科

細斑手躄魚

Antennatus coccineus

本州的太平洋沿岸、八丈島、琉球群島；台灣、印度－泛太平洋（包含紅海）

餌球為圓形
棘的後方沒有皮膜
背鰭、臀鰭的邊緣連接尾鰭

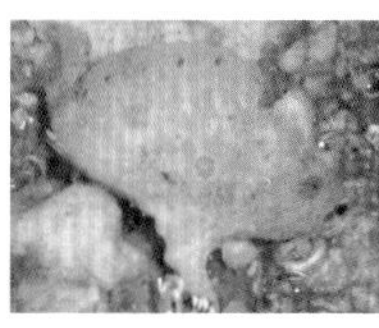
八丈島
水深 15m 大小 6cm

常見於岩壁上的岩礁側面與縫隙，屬於稀有種。身體顏色多樣，從紅色系到奶油色系皆有。

八丈島 水深 10m 大小 15cm

躄魚科

藍道氏躄魚

Antennarius randalli

南日本的太平洋沿岸、伊豆群島、小笠原群島、琉球群島；台灣、泛太平洋

往外延伸的大三角形
許多個體的鼻子
有白色線條
許多個體的尾鰭上下有
2 個白色斑點

八丈島 水深 10m 大小 4cm

棲息在水深較淺的粗礫區與珊瑚礁下，身體顏色爲奶油色系與褐色系等比較低調的色調。

躄魚科

駝背手躄魚

Antennatus dorehensis

八丈島、琉球群島；台灣、印度－西太平洋（紅海～泰國的大陸沿岸與澳洲大陸沿岸除外）

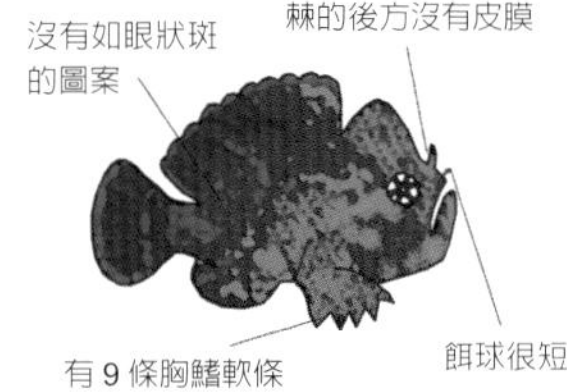
沒有如眼狀斑
的圖案
棘的後方沒有皮膜
有 9 條胸鰭軟條
餌球很短

八丈島 水深 1m 大小 5cm

可在珊瑚礁地區水深較淺的潮池看見的稀有種。

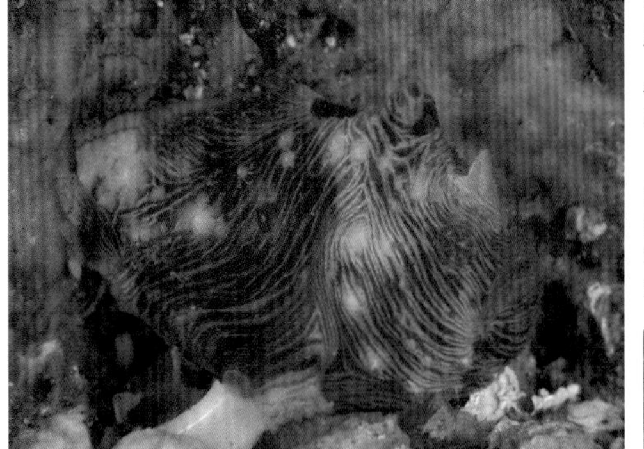

躄魚科

手躄魚屬

Antennatus sp.

八丈島、奄美大島；菲律賓

沒有餌球，前端尖銳
有線條

常見於粗礫區下方或較淺的珊瑚礫。由於頭部形狀與顏色很像珊瑚礫，適合隱藏自己的身影。手躄魚屬沒有躄魚特有的餌球（釣餌，Esea），而是利用頭上的紅色吻觸手（釣竿）像蟲一樣蠕動，將魚引誘過來吃掉。

八丈島 水深 20m 大小 7cm

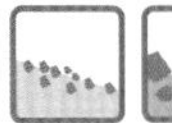

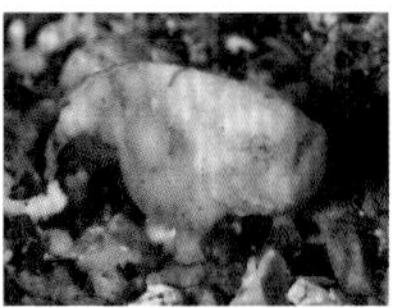

八丈島
水深 20m 大小 5cm

八丈島
水深 6m 大小 4cm

蝙蝠魚科

棘茄魚

Halieutaea stellata

本州各地沿岸；朝鮮半島、中國、台灣、印度－西太平洋

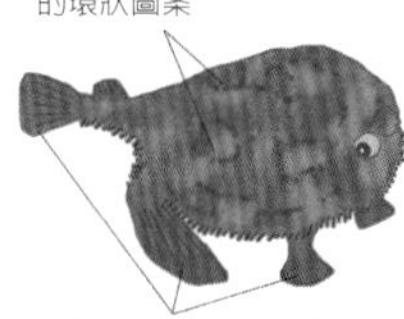
身體的左右兩邊有對稱
的環狀圖案
腹鰭、胸鰭和尾鰭的
邊緣不黑

伊豆半島
水深 10m 大小 25cm
中野誠志

伊豆半島
水深 12m 大小 25cm
石田根吉

主要棲息在水深 100m 左右、參雜貝殼的砂底，春季到初夏也會在淺水海域出現，但出現機率很低。通常靜靜潛伏在砂紋縫隙間，移動時划動發達的胸鰭，像走路般往前進。

Column

關於和名

在日本明明是同樣的魚，卻因為地區不同而有不同名稱，無論是漁夫自古使用的地方名稱或魚販和寵物店使用的商品名稱，都會出現這樣的差異。學術界分類魚類時，若像這樣使用各地不同的和名，就會一團混亂。有鑑於此，分類學上使用「標準和名」，這是將基於國際動物命名規約的學名，經過一對一調整後制定的名稱。

標準和名是針對棲息在日本海域的種類而取的名字，不過基於種種原因，有些並未棲息在日本的魚也有標準和名。

●カニハゼ（蟹眼蝦虎魚）與カンムリニセスズメ（紫紅背繡雀鯛）不是標準和名，而且日本也沒有這兩種魚。不過，有些圖鑑刊載了名字與照片，使得許多人誤會。

●フジイロサンゴアマダイ（紫似弱棘魚）也不是標準和名，這是國外進口的觀賞用魚，在圖鑑中刊登的照片上使用的名稱。

●ワヌケヤッコ（肩環刺蓋魚）是標準和名，但沒有任何在日本棲息的確實紀錄。根據記載，肩環刺蓋魚分布地區的北界是沖繩，但未曾捕獲任何標本。

●セダカヤッコ（斑紋刺蓋魚）也是標準和名，但未棲息在日本。在提出和名後，專家曾經做過調查，推測標本可能是以觀賞用魚的名義進口至日本後，因不明原因遭到野放，最後捕獲製成的。

日本俗稱「カニハゼ」的魚

日本俗稱「カンムリニセスズメ」的魚

標準和名「セダカヤッコ」的魚

標準和名「ワヌケヤッコ」的魚

日本俗稱「フジイロサンゴアマダイ」的魚

八丈島 水深 60m 大小 25cm

金眼鯛科

掘氏棘金眼鯛

Centroberyx druzhinini

八丈島、小笠原群島、神奈川縣～高知縣的太平洋沿岸、琉球群島；北部灣、蘇祿海、西印度洋

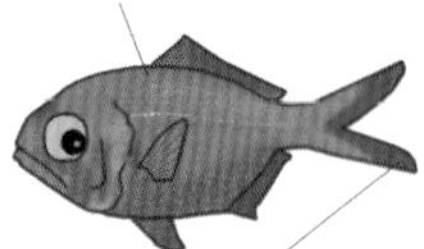
身體比其他同屬種高
尾鰭前端有紅色斑點

棲息在水深 100 ～ 300m 的沿岸。在八丈島出現冷水團的時期，偶爾會在水深 60m 處發現其蹤影。同屬他種的魚類背鰭有 4 棘，只有本種有 5 ～ 7 棘，淚骨沒有棘。

巴榮納岩 水深 18m 大小 25cm

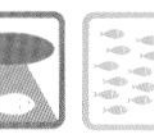

金鱗魚科

凸頜鋸鱗魚

Myripristis berndti

小笠原群島、屋久島、奄美大島、琉球群島；台灣、印度－太平洋（阿拉伯海、孟加拉灣、復活節島除外）、東太平洋熱帶島嶼海域

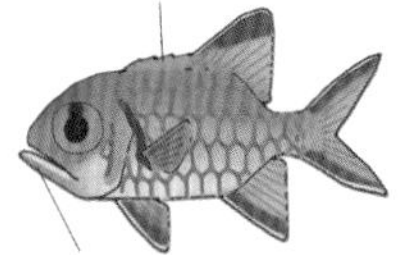
第一背鰭為黃色
下頜突出

可在珊瑚礁海域的洞窟與洞穴等暗處發現其成群生活的模樣，與高知鋸鱗魚相較，凸頜鋸鱗魚屬於棲息在南方的種。在本州是極爲罕見的魚。

石垣島
水深 5m 大小 25cm
多羅尾拓也

金鱗魚科

赤鋸鱗魚

Myripristis murdjan

小笠原群島、和歌山縣串本、屋久島、琉球群島；濟州島、台灣、印度－西太平洋（包含紅海）

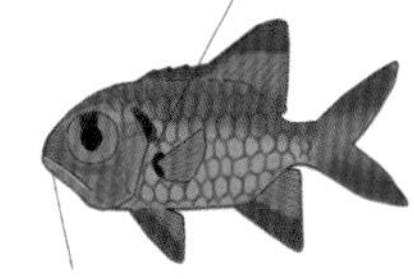
黑色部分到一半就中斷
下頜不突出

通常赤鋸鱗魚與高知鋸鱗魚、凸頜鋸鱗魚群一起混居在岩礁、珊瑚礁地區的洞窟和洞穴等暗處。八丈島存在著與本種極爲相似的未記載種，包括該魚種在內，有必要重新驗證。

金鱗魚科

焦黑鋸鱗魚

Myripristis adusta

高知縣、琉球群島；台灣、印度－太平洋（夏威夷除外）

各鰭的邊緣為黑色

常見於海水流通的珊瑚礁斜坡，與陡坡側面的裂縫、洞穴。

帛琉 水深 18m 大小 20cm

金鱗魚科

黃鰭鋸鱗魚

Myripristis chryseres

駿河灣以南的太平洋沿岸、八丈島、小笠原群島、琉球群島；印度－太平洋

八丈島
水深 45m 大小 20cm

除了胸鰭外，其他的鰭
都是黃色的

棲息在水深 30m 以深，位置略深的岩礁地區。在個體數較少的區域，通常會獨自或幾隻成群地待在岩礁裂縫或洞穴裡，這類較爲陰暗的地方。

八丈島 水深 30m 大小 20cm

金鱗魚科

柏氏鋸鱗魚

Myripristis botche

和歌山縣～九州南岸的太平洋沿岸、八丈島、小笠原群島、屋久島、琉球群島；台灣、印度－西太平洋

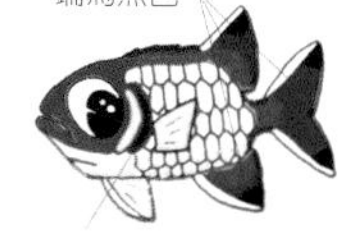
各鰭的邊緣為白色，前
端為黑色
偏黑的線條

常見於水深 25m 略深的砂礫、參雜著砂子的岩礁與珊瑚礁地區外緣，或許是棲息範圍有限，很難在潛水區見到其身影。

八丈島 水深 30m 大小 20cm

八丈島 水深 12m 大小 18cm

金鱗魚科

高知鋸鱗魚

Myripristis kochiensis

南日本的太平洋沿岸、八丈島

背鰭後方的邊緣染著紅色
下頜不突出
各鰭的邊緣有白色線條

可在岩礁側邊、洞穴與洞窟等陰暗處，看見其成群棲息的模樣。外型與凸頜鋸鱗魚極爲類似，但下頜不突出、呈圓形，前方背鰭爲紅色。由於很難辨別，在琉球群島以外、南日本太平洋側發現的這類魚，幾乎都是本種。

八丈島 水深 12m 大小 15cm

金鱗魚科

赤鰓鋸鱗魚

Myripristis vittata

和歌山縣～高知縣太平洋沿岸、八丈島、小笠原群島、琉球群島；台灣、印度－太平洋

鮮紅色線條
各鰭也是鮮紅色，
邊緣為白色

常見於珊瑚礁下方洞穴、岩礁下的洞穴，與大型裂縫等陰暗處。

八丈島 水深 15m 大小 30cm

金鱗魚科

少鱗棘首鯛

Pristilepis oligolepis

伊豆群島、小笠原群島、相模灣、愛媛縣愛南、屋久島；澳洲

身體高度很高
體側排列著白色斑點

常見於水深 30m 以深的岩石裂縫與洞穴。

金鱗魚科

黑鰭新東洋金鱗魚

Neoniphon opercularis

八丈島、琉球群島；台灣、印度－太平洋（紅海、夏威夷、復活節島除外）

黑色背鰭的前端與
根部為白色
體側線條不明顯

八丈島 水深 5m 大小 25cm

常見於洞穴、裂縫與洞窟等陰暗處。外型與莎姆新東洋金鱗魚極為相似，但體側沒有明顯線條，是其特色所在。

金鱗魚科

黑點棘鱗魚

Sargocentron melanospilos

八丈島、小笠原群島、和歌山縣以南的太平洋沿岸、屋久島、琉球群島；台灣、印度－西太平洋

有 3 個黑色斑點

八丈島 水深 35m 大小 20cm

可在海水流通的岩礁斜坡裂縫等陰暗處看見其身影。通常在八丈島水深 30m 左右的海域，可發現單獨或成對與銀帶棘鱗魚一起混游的情景。

金鱗魚科

銀帶棘鱗魚

Sargocentron ittodai

南日本的太平洋沿岸、伊豆群島、小笠原群島、琉球群島；台灣、印度－太平洋（夏威夷群島除外）

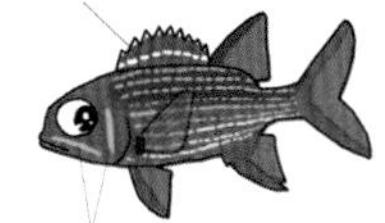
背鰭上有白色線條
一直延伸至後方
眼睛下方與後方
有白色線條

八丈島 水深 8m 大小 18cm

常見於淺水域的岩礁裂縫與洞窟等陰暗處。

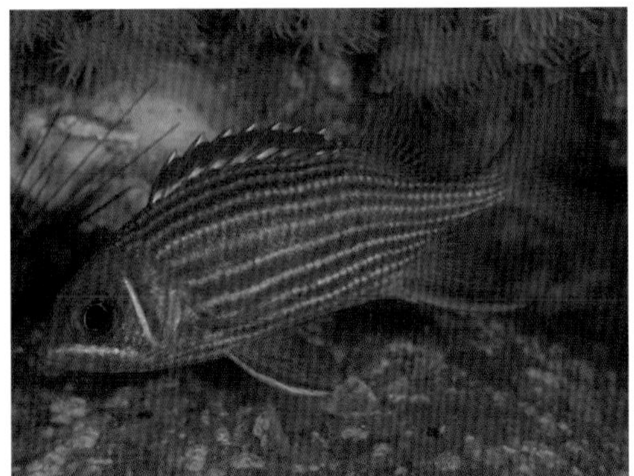

柏島
水深 10m 大小 20cm
西村直樹

金鱗魚科

刺棘鱗魚

Sargocentron spinosissimum

神津島、小笠原群島、相模灣～屋久島的太平洋沿岸、五島列島；濟州島、台灣、歐胡島

背鰭上有白色線條一直延伸至後方
胸鰭根部沒有黑色斑點
眼睛下方與後方有白色線條

白天喜歡待在岩棚裂縫、空隙與洞窟等陰暗處，晚上四處游動。外型近似銀帶棘鱗魚，但可從胸鰭根部沒有黑色斑紋這一點來區分。

八丈島 水深 6m 大小 35cm

金鱗魚科

尖吻棘鱗魚

Sargocentron spiniferum

八丈島、小笠原群島、和歌山縣以南的太平洋沿岸、屋久島、琉球列島；台灣、印度－太平洋

鰓有 2 根小刺
又長又銳利的刺
體側沒有條紋圖案

常見於岩礁與珊瑚礁的凹陷處、洞穴中，在個體較多的地區可看見成群游動的身影。在金鱗魚科中，本種是體型最大的魚。

八丈島 水深 25m 大小 6cm

松球魚科

日本松毬魚

Monocentris japonica

北海道以南、八丈島、琉球群島；朝鮮半島、中國、台灣、印度－西太平洋

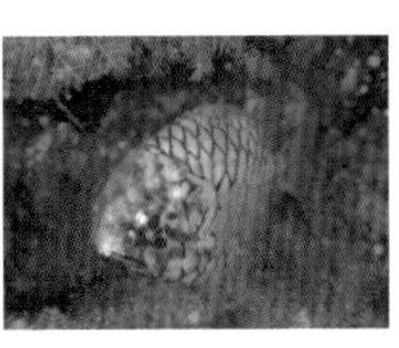

八丈島
水深 45m 大小 15cm

鱗片如鎧甲一樣堅硬

常見於略深的岩礁斜坡、裂縫與洞穴等陰暗處，幼魚通常待在比成魚更淺的陰暗處。頜部有發光細菌共生，因此會發出微弱光芒。

燈眼魚科

燈眼魚

Anomalops katoptron

千葉縣小湊、八丈島、琉球群島；台灣、太平洋中 · 西部

有 2 片背鰭
眼睛下方有發光器官

透過光線溝通的佳偶

宿霧島
水深 30m 大小 20cm

宿霧島
水深 30m 大小 20cm

棲息於水深較深的日本海域，筆者從未見過其身影，不過在宿霧島和巴布亞紐幾內亞等某些海域，可在較淺的海域發現其蹤跡。發光細菌共生在其眼睛下方，專家認爲牠會移動發光體，產生閃爍光點，藉此與同伴溝通。

燈眼魚科

菲律賓頰燈鯛

Photoblepharon palpebratum

沖繩島；宿霧島、菲律賓、關島、馬紹爾群島、加羅林群島、庫克群島、澳洲西北部、新喀里多尼亞

有 1 片背鰭
眼睛下方有發光器官

宿霧島 水深 30m 大小 20cm

「オオヒカリキンメ」原本是俗稱，後來電視節目與水族館都使用此名稱，2013 年沖繩島出現日本第一個觀察紀錄，使此名成爲標準和名。利用位於眼睛下方的膜使發光器上下移動，出現閃爍光點，藉此覓食並與同伴溝通。

的鯛科

雲紋雨印鯛

Zenopsis nebulosa

北海道～九州南岸的太平洋 · 日本海 · 東海沿岸、八丈島；朝鮮半島、台灣、南海、茂宜島～光孝海山、澳洲、豪勳爵島、新喀里多尼亞、紐西蘭

身體閃耀銀白色光芒
體側遍布暗色斑點

八丈島 水深 5m 大小 7cm

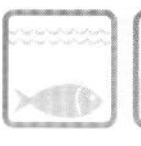

棲息在水深 40 ～ 800m 參雜著貝殼的砂底，幼魚通常待在 100m 以淺海域。照片是在水深 5m 的海灣內發現的個體，可能是受到海流影響，被帶到水深較淺的區域。

的鯛科

伊豆半島
水深 23m 大小 25cm
原多加志

的鯛科

日本的鯛

Zeus faber

北海道以南；朝鮮半島、中國、台灣、南非全國沿岸～太平洋

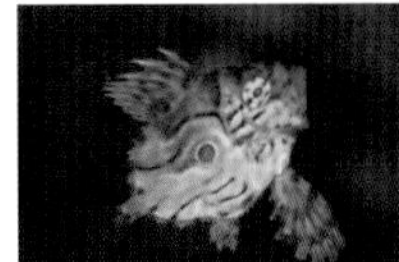

青海島
水深 12m 大小 6cm
和泉裕二

身體正中央有
大型眼狀斑

棲息在水深 100 ～ 200m 附近，參雜貝殼的砂泥底。繁殖期為冬季到春季。可在水深較淺的海域看見幼魚，隨著成長慢慢往水深較深的地區移動。

海蛾魚科

八丈島 水深 15m 大小 6cm

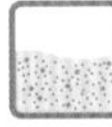

海蛾魚科

寬海蛾魚

Eurypegasus draconis

南日本、伊豆群島、小笠原群島、屋久島；台灣、印度－太平洋（夏威夷除外）

背部凹凸不平

可在沿岸的淺砂地看見單獨或成對的身影。由於本種平時靜靜待在海底，與砂底融為一體，很難察覺。但只要仔細觀察小型甲殼類或浮游生物大量聚集的砂子凹處與邊緣，即可輕鬆發現正在覓食的寬海蛾魚。

八丈島
水深 15m 大小 2cm

管口魚科

灰色種 八丈島 水深 10m 大小 55cm

管口魚科

中華管口魚

Aulostomus chinensis

相模灣以南的太平洋沿岸、伊豆群島、小笠原群島、若狹灣、屋久島；台灣、印度－泛太平洋

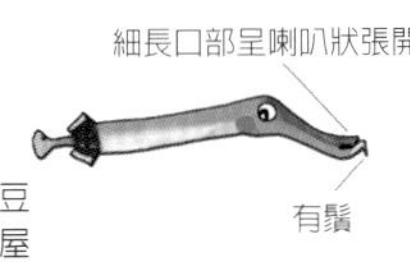
細長口部呈喇叭狀張開
有鬚

口部呈喇叭狀張開，即使是體型較大的魚，也能輕鬆吸入捕食。平時躲在大型魚類，例如石斑魚、隆頭魚的身邊捕食小魚。在八丈島，中華管口魚會混進繡蝴蝶魚組成的大群體中，驚動聚集在水底的繡蝴蝶魚，迫使小魚四處逃竄，藉機獵食。

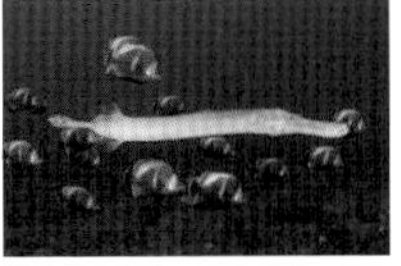

黃色種 八丈島
水深 15m 大小 60cm

夜晚的色彩 八丈島
水深 5m 大小 50cm

馬鞭魚科

康氏馬鞭魚

Fistularia commersonii

北海道以南、八丈島、小笠原群島、屋久島、琉球群島；濟州島、台灣、中國、印度－西太平洋、夏威夷、大西洋

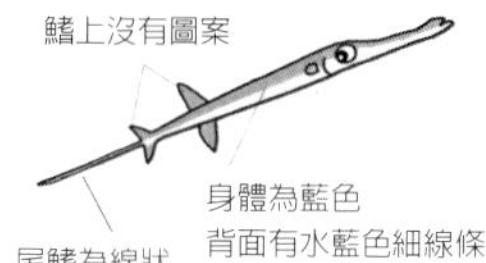
鰭上沒有圖案
身體為藍色
背面有水藍色細線條
尾鰭為線狀

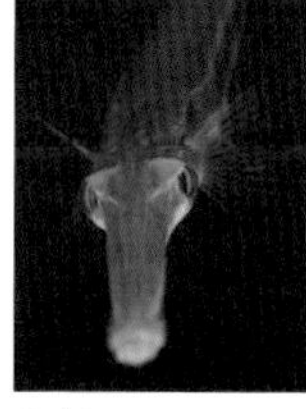

八丈島
水深 15m
大小 70cm

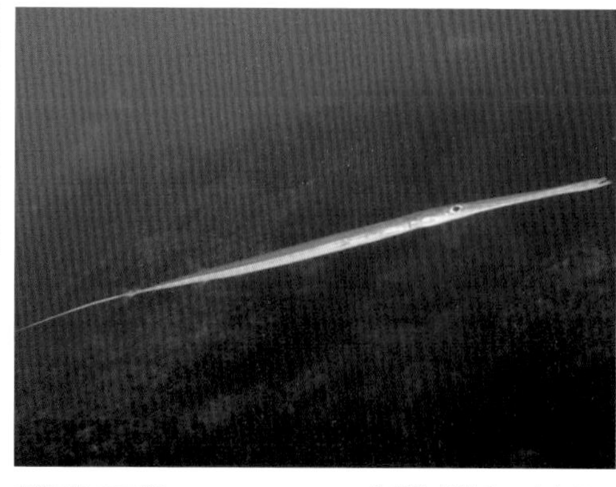

八丈島 水深 10m 大小 60cm

可在水深 10m 附近的岩礁或珊瑚礁中層，看見獨自游泳的身影。以細長口部吸食小魚，鎖定日本銀帶鯡群時，會成群追趕捕食。

馬鞭魚科

鱗馬鞭魚

Fistularia petimba

北海道以南、八丈島、小笠原群島、屋久島、琉球群島；朝鮮半島、中國、台灣、印度－泛太平洋

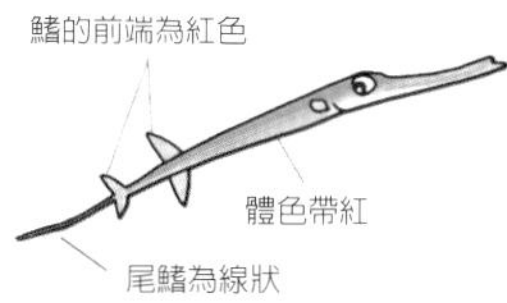
鰭的前端為紅色
體色帶紅
尾鰭為線狀

八丈島 水深 5m 大小 80cm

棲息在水深較深的海域，很難在潛水時遇到。八丈島在冷水團時期的水溫很低，難得出現連續幾天維持 13℃左右低溫，照片中是當時在水深 10m 附近發現的個體。

玻甲魚科

條紋蝦魚

Aeoliscus strigatus

八丈島、相模灣以南的太平洋沿岸、屋久島、琉球群島；台灣、西太平洋

尾鰭有節，
呈彎曲狀

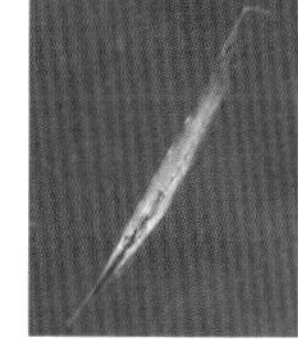
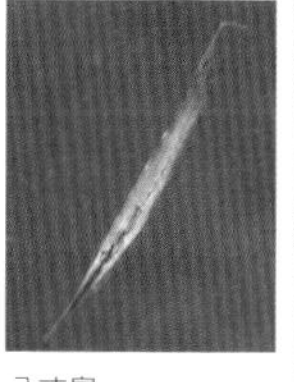

八丈島
水深 2m
大小 4cm

呂宋島 水深 5m 大小 10cm

可在淺水的珊瑚礁周邊砂底與珊瑚四周看見成群的條紋蝦魚，平時頭朝下在水中徘徊，感到危險時頭部就會朝前方游動，逃離危險。

玻甲魚科

呂宋島 水深 5m 大小 10cm

玻甲魚科

玻甲魚

Centriscus scutatus

和歌山縣串本、高知縣、沖繩；台灣、中國、印度－西太平洋

尾鰭不彎曲

可在淺水內灣的砂底、砂泥底、粗礫石岸發現其成群游動的模樣。

剃刀魚科

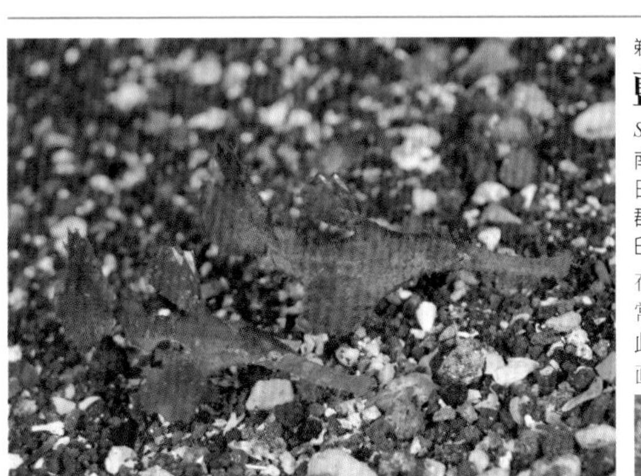

八丈島
水深 14m 大小 8cm 7cm

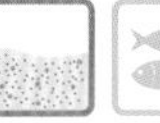

剃刀魚科

藍鰭剃刀魚

Solenostomus cyanopterus

4 個細長形斑點

南日本的太平洋沿岸、山口縣的日本海沿岸、伊豆群島、小笠原群島、屋久島、琉球群島；台灣、印度－西太平洋

在岩礁或珊瑚礁附近容易聚集海藻、枯葉的砂地徘徊，通常成對生活。偽裝成海藻，體色與四周海藻融為一體，因此身體顏色相當多樣。雌魚將大腹鰭當成育兒囊使用，一直保護到卵孵化為止。

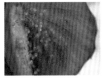

八丈島
水深 16m 大小 10cm 9cm

附著在大腹鰭內側的卵
八丈島

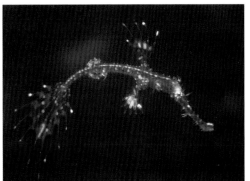

剃刀魚科

細吻剃刀魚

Solenostomus paradoxus

南日本的太平洋沿岸、伊豆群島、屋久島、琉球群島；台灣、印度洋、西太平洋

身體與鰭有許多皮瓣
不規則的點與線圖案

棲息範圍比藍鰭剃刀魚廣，常見於岩礁、珊瑚礁地區的海膽類、海羊齒類、軟珊瑚類、柳珊瑚類旁。

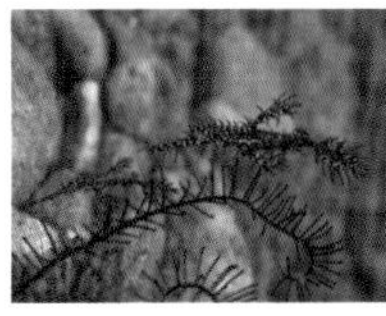

呂宋島
水深 6m 大小 10cm 6cm

八丈島 水深 10m 大小 6cm

海龍科

薛氏海龍

Syngnathus schlegeli

北海道～九州南岸的太平洋 · 日本海 · 東海沿岸、八丈島；朝鮮半島、中國

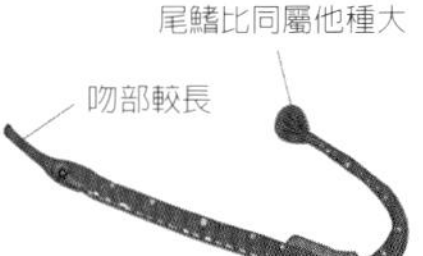
尾鰭比同屬他種大
吻部較長

常見於水深較淺的海藻林、大葉藻與其周邊的砂底，細長的身體適合隱藏於海藻中。單獨生活，活動性強。體色豐富，包括可完美融入環境的褐色、綠色，與不規則圖案。

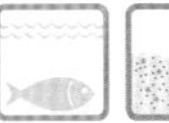

八丈島 水深 15m 大小 8cm

海龍科

班氏環宇海龍

Cosmocampus banneri

伊豆群島、小笠原群島、琉球群島；台灣、印度－西太平洋（包含紅海）、馬紹爾群島

體色為白色或奶油色
頭部為黃色

棲息在淺岩礁區與珊瑚礁區的粗礫下，屬於稀有種。

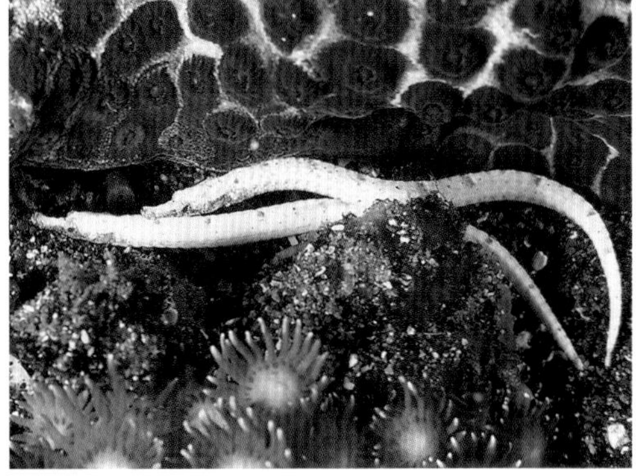

八丈島 水深 10m 大小 8cm

海龍科

哈氏刀海龍

Solegnathus hardwickii

高知縣柏島 · 沖之島；台灣、香港、澳洲西北 · 東北海岸

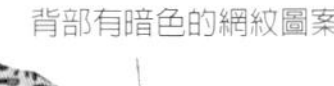
背部有暗色的網紋圖案

沒有尾鰭

日本能在高知縣與沖之島局部海域發現其蹤影，屬於稀有種。棲息在水深 100m 以淺的砂泥底。柏島可在水深 40m 附近的鞭海柳珊瑚四周，發現其偽裝成鞭海柳珊瑚等腔腸動物的模樣。雖然外型很像海龍科，但因爲沒有尾鰭，被歸類在海馬亞科。

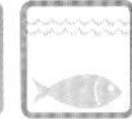

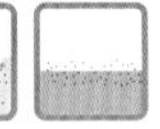

柏島
水深 65m 大小 35cm
蔦木伸明

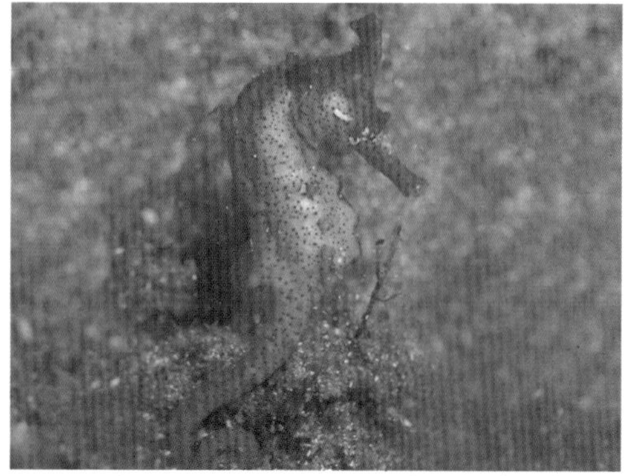

伊豆半島
水深 2m 大小 6cm
道羅英夫

海龍科

冠海馬

Hippocampus coronatus

青森縣以南、伊豆大島；朝鮮半島南部、渤海、黃海

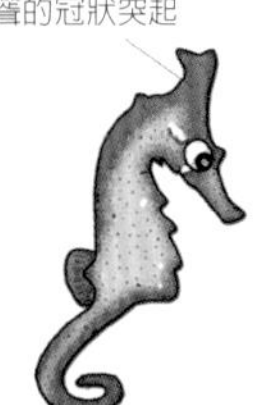
高聳的冠狀突起

常見於淺水區岩礁的海藻林，繁殖期爲春到夏季。雌魚將卵產在雄魚的育兒囊中，由雄魚負責孵卵。

民都洛島
水深 10m 大小 12cm
水谷知世

海龍科

刺海馬

Hippocampus histrix

南日本的太平洋沿岸、伊豆群島、琉球群島；台灣、印度－太平洋

體表有許多尖銳突起

呂宋島 水深 15m
大小 10cm
宮地淳子

附著在 20m 以深的岩礁、砂底處的柳珊瑚類與海藻類。

八丈島 水深 35m 大小 13cm

海龍科

克氏海馬

Hippocampus kelloggi

八丈島、南日本的太平洋沿岸、能登半島～山口縣的日本海沿岸、屋久島、奄美大島；朝鮮半島、中國、台灣、印度－西太平洋

頭部很大
尾部很長
沒有突起

常見於內灣淺水海域的岩礁、海水流通的岩礁、砂底與砂礫底，有時還會出現在河川汽水域，棲息環境相當廣泛。

八丈島 水深 16m 大小 5cm

海龍科

三斑海馬

Hippocampus trimaculatus

北海道的太平洋沿岸、南日本的太平洋沿岸、八丈島、山口縣的日本海沿岸、九州西岸、琉球群島；朝鮮、台灣、中國、東印度－西太平洋的熱帶海域

頭部的冠狀突起較低
頷部有刺

附著在淺水海域的岩礁海藻林與柳珊瑚類，照片中的個體依附在漂流藻內的枝條，推測牠應該是將漂流藻作為代步工具。

八丈島 水深 10m 大小 12cm

海龍科

巴氏海馬

Hippocampus bargibanti

南日本的太平洋岸、伊豆・小笠原群島、琉球群島；太平洋西部

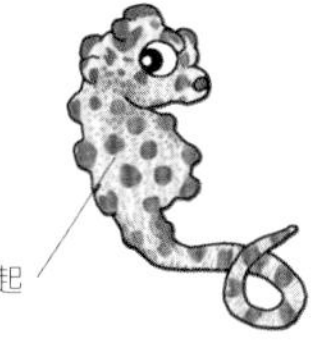
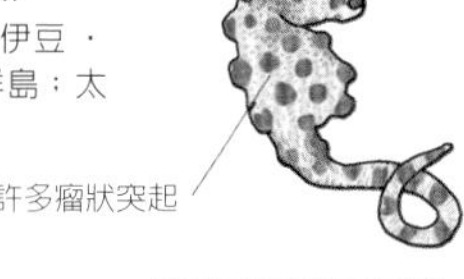
許多瘤狀突起

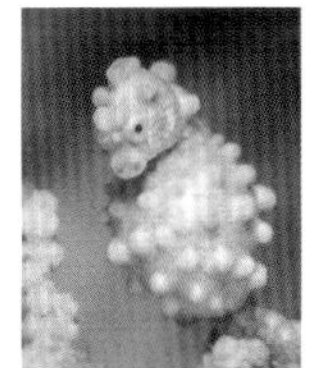

黃色種 腹部帶著卵的雄魚
八丈島
水深 45m 大小 3cm

八丈島
水深 25m 大小 2.5cm

紅色種
腹部帶著卵的雄魚
八丈島
水深 30m 大小 3cm

海扇類

可在水深 30m 以深、海水流通的岩礁、珊瑚礁外緣斜坡、陡坡上的海扇，看見單獨或幾隻聚在一起的情景。由於海馬與海扇的顏色、外型十分接近，因此很難發現其蹤跡。

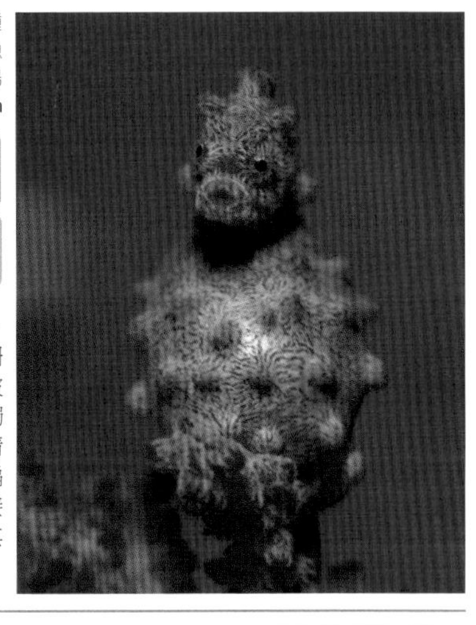

海龍科

海馬屬

Hippocampus sp.

伊豆半島・伊豆大島・八丈島・小笠原群島・串本・柏島

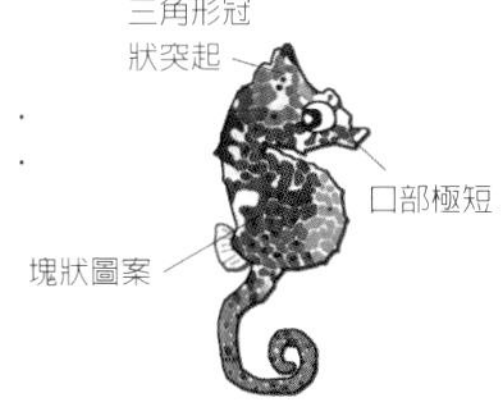
三角形冠狀突起
口部極短
塊狀圖案

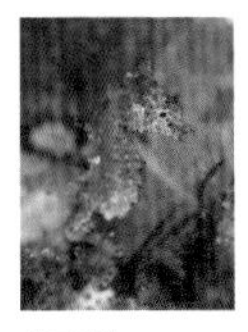

八丈島
水深 6m 大小 2.5cm

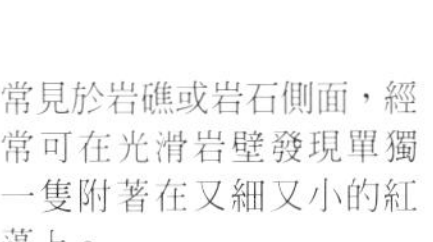

常見於岩礁或岩石側面，經常可在光滑岩壁發現單獨一隻附著在又細又小的紅藻上。

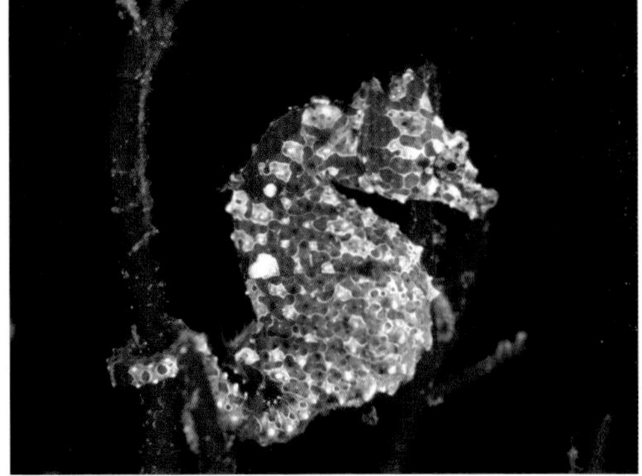

八丈島 水深 15m 大小 2.5cm

海龍科

細尾海馬

Acentronura (Acentronura) gracilissima

南日本的太平洋岸、伊豆・小笠原群島、沖繩縣；印度半島南岸

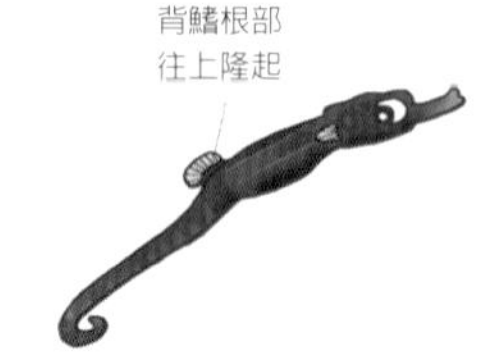
背鰭根部
往上隆起

八丈島 水深 7m 大小 2.6cm

常見於淺水域岩礁長著許多紅藻類的地方。在八丈島，細尾海馬通常附著在外型極似海藻的海綿上。

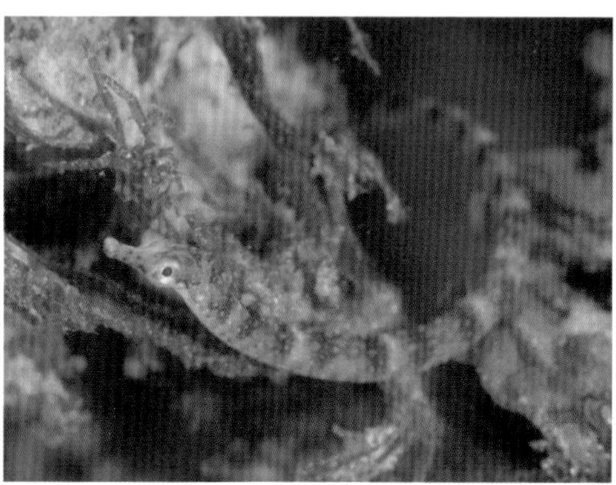

海龍科

紅鰭冠海龍

Corythoichthys haematopterus

南日本的太平洋沿岸、伊豆群島、新潟縣・山口縣日本海沿岸、琉球群島；台灣、印度－西太平洋

背鰭沒有圖案
肛門沒有黑色邊緣

八丈島
水深 6m
大小 12cm

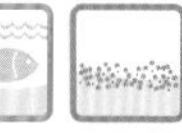
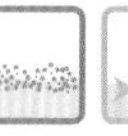

常見於淺水域的岩礁、珊瑚礁的砂礫灘與平坦岩場，外型近似黃帶冠海龍，但黃帶冠海龍的背鰭遍布著斑點，肛門附近爲黑色，可依此特徵分辨。黃帶冠海龍是至今仍沒人拍到生態照片的稀有種。

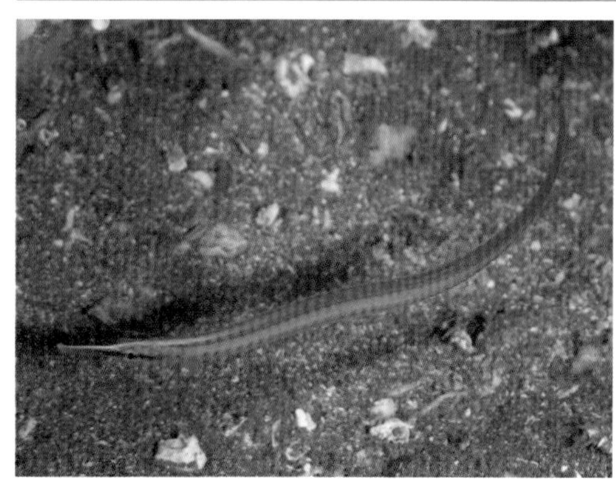

海龍科

頭帶棘環海龍

Maroubra yasudai

伊豆半島、伊豆大島

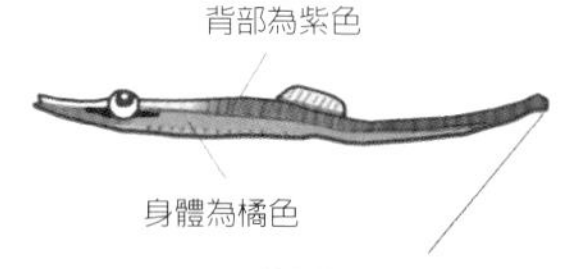
背部為紫色
身體為橘色
扇狀尾部很小且沒有圖案

伊豆大島
水深 35m 大小 10cm

常見於水深 60m 以淺的岩礁側面裂縫、大陸棚或洞穴裡。本種爲日本固有種，而且是只能在伊豆半島與伊豆大島看到的地區限定種。

海龍科

日本海龍

Doryrhamphus (Dunckerocampus) japonicus

南日本的太平洋沿岸、伊豆群島、小笠原群島、山口縣日本海沿岸、長崎縣野母崎、琉球群島；濟州島、台灣、印尼

體側的藍色條紋很細
有 3 個橘色斑點

常見於水深 10m 以淺，岩礁或珊瑚礁形成的小山側面裂縫，與洞穴深處。經常幫鯙科魚類清潔身體。

腹部都是卵
八丈島 水深 10m 大小 12cm

八丈島
水深 6m 大小 12cm

海龍科

黑膠海龍

Doryrhamphus (Dunckerocampus) excisus excisus

南日本的太平洋沿岸、八丈島、屋久島、琉球群島；台灣、印度－太平洋

體側的藍色條紋很寬
有 4 個橘色斑點

常見於岩礁或珊瑚礁形成的小山側面裂縫，與洞穴深處。經常幫鯙科魚類清潔身體，可在比日本海龍棲息地還淺的海域發現其身影。

八丈島
水深 3m 大小 8cm

海龍科

短尾粗吻海龍

Trachyrhamphus bicoarctatus

伊豆群島、小笠原群島、南日本的太平洋沿岸、琉球群島；台灣、印度－西太平洋

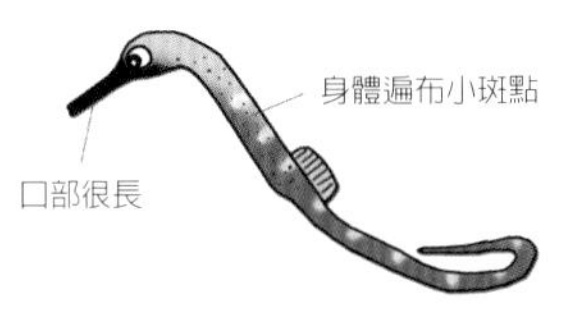
身體遍布小斑點
口部很長

可在水深 40m 以淺，岩礁周邊參雜小石的砂礫底、砂底，以及岩盤等堆積砂子的地方發現其身影。

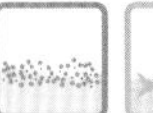

八丈島 水深 10m 大小 25cm

八丈島
水深 10m 大小 8cm

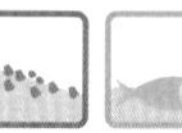

海龍科

雙棘錐海龍

Phoxocampus diacanthus

伊豆群島、屋久島、琉球群島；台灣、香港、東印度－太平洋的熱帶海域

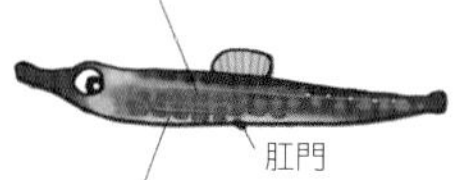
身體如棍子堅硬，不彎曲
肛門
體側的隆起線到肛門為止

棲息在岩礁與珊瑚礁的淺水海域。八丈島可在水深 10m 以淺的粗礫石岸或開闊斜坡發現其蹤影，但機率相當低。

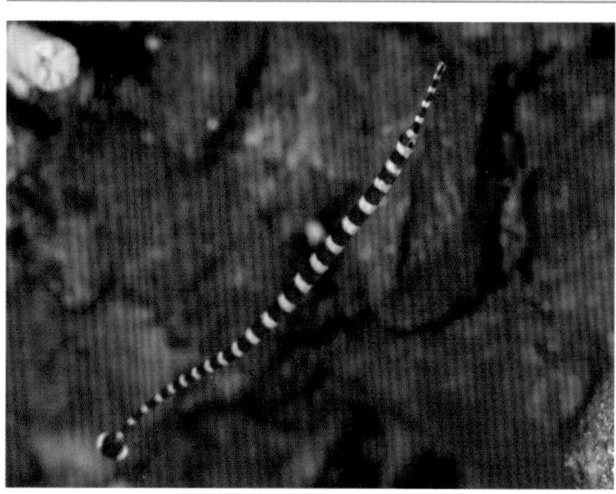

八丈島 水深 15m 大小 15cm

海龍科

斐濟斑節海龍

Doryrhamphus（*Dunckerocampus*）*naia*

八丈島、相模灣以南的太平洋沿岸、奄美大島、琉球群島；東印度洋－太平洋中 · 西部

尾鰭的上緣與下緣有白色到水藍色的邊緣

可在水深 20m 附近，海水流通的小型岩礁山裂縫或洞穴深處，看見其單獨或成對生活的身影。

呂宋島
水深 15m 大小 10cm
水谷知世

海龍科

帶紋斑節海龍

Doryrhamphus（*Dunckerocampus*）*dactyliophorus*

相模灣以南的太平洋沿岸、屋久島、山口縣日本海沿岸、琉球群島；台灣、太平洋中 · 西部

紅色圓圈圖案

可在珊瑚礁周邊的小山裂縫或洞穴深處，看見其單獨或成對生活的身影。

鯔科

鯔

Mugil cephalus

北海道～九州南岸的日本海 · 東海 · 太平洋沿岸、伊豆群島、小笠原群島、屋久島、琉球群島；西非以外的全世界海域

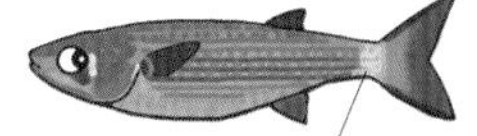

尾鰭根部有白色帶狀圖案

可在內灣性岩礁的砂泥底，發現其成群活動的模樣。幼魚會游入河川。八丈島可在有泉水湧出的汽水域潮池看見其幼魚。

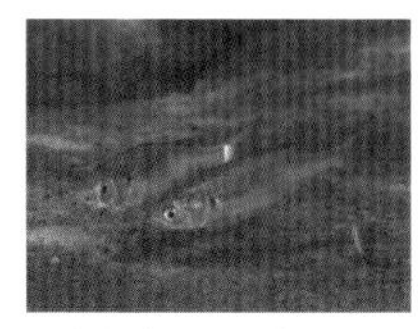

八丈島 水深 1m 大小 6cm

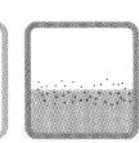

八丈島 水深 6m 大小 30cm

鶴鱵科

鱷形叉尾鶴鱵

Tylosurus crocodilus crocodilus

津輕海峽～九州南岸的日本海 · 東海 · 太平洋沿岸、伊豆群島、小笠原群島、屋久島、琉球群島；朝鮮半島、台灣、東太平洋除外全世界的熱帶～溫帶海域

眼睛後方有黑色帶狀圖案

吻端上下一樣長

常見於沿岸的水面附近，捕食水面下方的小魚。隆頭魚在八丈島水深較淺的小山上集體產卵，此時期經常可見鱷形叉尾鶴鱵捕食隆頭魚的畫面。

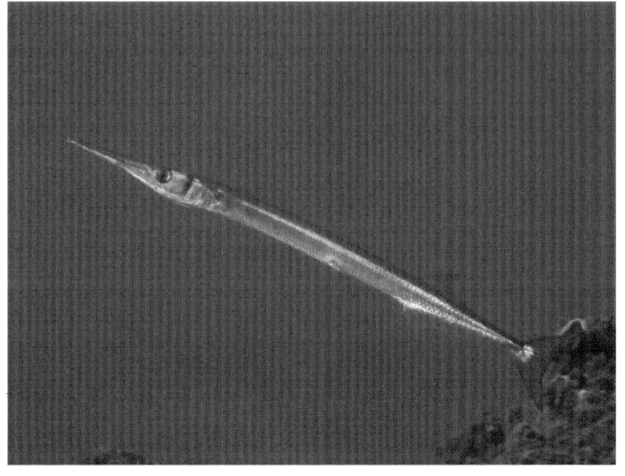

八丈島 水深 2m 大小 80cm

鮋科

石狗公

Sebastiscus marmoratus

北海道以南、伊豆群島；朝鮮半島、中國、台灣

沒有邊框的白點遍布在側線下方

胸鰭有 18 條軟條

可在岩礁或海藻較多的水底看見其單獨生活的身影，本種地域性較強，行動範圍很小。在水溫下降的冬季繁殖，雄魚和雌魚交配後，在雌魚體內受精，等到腹中仔魚成長到一定程度就會生產。屬於卵胎生魚類。

八丈島 水深 16m 大小 25cm

伊豆半島
水深 20m 大小 18cm
石野昇太

鮋科

白條紋石狗公

Sebastiscus albofasciatus

岩手縣～九州的太平洋沿岸、新潟縣～九州的日本海 · 東海沿岸、屋久島；濟州島、台灣、香港

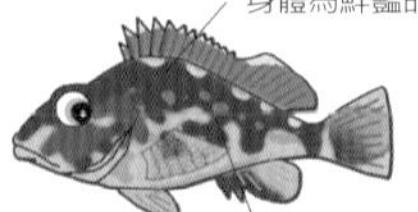

身體為鮮豔的紅色
體側沒有小白點

棲息在水深 110 ～ 210m 的岩礁地區。大多在 150m 海域活動，但偶爾也會在潛水時發現其身影。

伊豆半島
水深 30m 大小 15cm
名倉盾

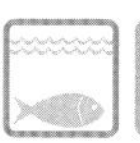

鮋科

焦氏平鮋

Sebastes joyneri

函館、青森縣～九州南岸的日本海沿岸、青森縣～高知縣柏島的太平洋沿岸；鬱陵島、台灣、中國

棲息在水深 15m 到較深的岩礁地區。喜歡待在海水流通的岩礁、海底小山側面的中層，可看見其單獨或幾隻一起徘徊的場景。

體側有 5 ～ 6 條從背部往下延伸、清晰的黑色橫條

幼魚
八丈島
水深 30m 大小 5cm

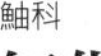

伊豆半島
水深 8m 大小 15cm
石田根吉

鮋科

無備平鮋

Sebastes inermis

北海道～長崎縣的日本海沿岸、岩手縣、八丈島、相模灣～宮崎縣的太平洋沿岸；朝鮮半島

幼魚
八丈島 水深 8m 大小 4cm
加藤昌一

由斑紋形成的條紋圖案
胸鰭通常有 15 條軟條

常見於沿岸的馬尾藻層、大葉藻，以及周邊有砂地的岩礁地區。在八丈島，偶爾會在冷水團時期看見幼魚。身體背面通常帶有紅色到橘色的亮色調，兩眼之間的頭部有不規則形狀的暗色斑紋。胸鰭通常有 15 條軟條。

鮋科

日本平鮋

Sebastes ventricosus

石川縣～長崎縣的日本海 · 東海沿岸、岩手縣、八丈島、相模灣～高知縣的太平洋沿岸

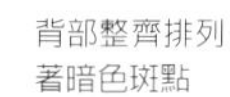

背部整齊排列著暗色斑點
胸鰭通常有 16 條軟條

常見於沿岸的岩礁地區，面向外海的海域。在八丈島，偶爾可在冷水團時期看見幼魚。身體背部為帶藍的黑色到黑色，兩眼之間的頭部沒有斑紋。胸鰭通常有 16 條軟條。

幼魚
八丈島
水深 8m 大小 4cm

伊豆半島
水深 8m 大小 15cm
石田根吉

鮋科

陳氏平鮋

Sebastes cheni

青森縣～九州西北岸的日本海 · 東海沿岸、東北地方太平洋沿岸、八丈島、相模灣～三重縣的太平洋沿岸、瀨戶內海、有明海；朝鮮半島

背部遍布暗色斑點
胸鰭通常有 17 條軟條

棲息在沿岸的岩礁地區，大多在內灣生活。設置在佐渡島的錨繩四周，以及海柳等腔腸動物群聚的地方，可看見幾十隻的群體。屬於常見種。

幼魚
八丈島
水深 8m 大小 4cm

佐渡島
水深 14m 大小 20cm
中村宏治

鮋科

湯氏平鮋

Sebastes thompsoni

北海道～相模灣的太平洋沿岸、八丈島、北海道～對馬的日本海沿岸；朝鮮半島

體側有從背部往下延伸
5～6 條模糊的黃褐色帶狀圖案

棲息在水深 100m 的岩礁區域。照片中的個體是在八丈島，冷水團時期於淺水域拍攝的。

八丈島
水深 12m 大小 5cm

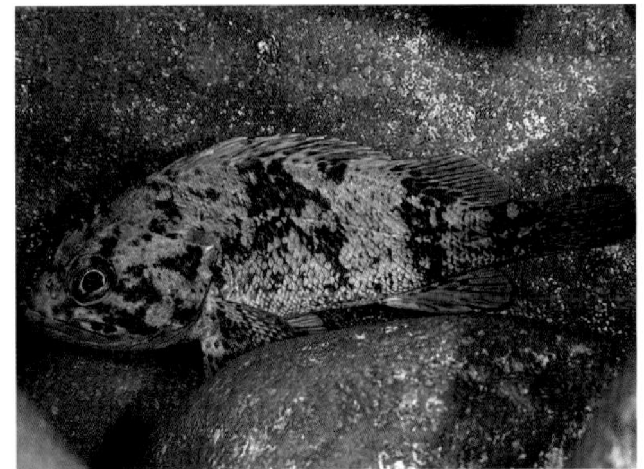

伊豆半島
水深 1m 大小 20cm
山本敏

鮋科

厚頭平鮋

Sebastes pachycephalus

青森縣輕津海峽～宮崎縣的太平洋沿岸、北海道～九州西北岸的日本海 · 東海沿岸

兩眼之間深凹
胸鰭底部附
近有小斑點
腹鰭沒有小斑點

棲息在淺岩礁區。白天通常獨自待在石頭的陰暗處。卵胎生。身體爲灰色、褐色，有多種不同的顏色，有些個體的身上帶著紅色與黃色斑紋。

彩色種
伊豆半島
水深 5m 大小 20cm
齋藤尚美

伊豆半島
水深 22m 大小 20cm
西村欣也

鮋科

布氏盔簑鮋

Ebosia bleekeri

南日本的太平洋沿岸、富山灣、九州西北岸；濟州島、台灣

頭部有一塊形狀
如烏紗帽的大型頂骨

棲息在水深 100 ～ 235m 的砂底。在大瀨崎，每年的 1 ～ 3 月會從水深較深的地方往上游。布氏盔簑鮋不會四處游動，而是在固定地區獨自徘徊。雄魚頭頂的烏紗帽狀頂骨較爲發達。

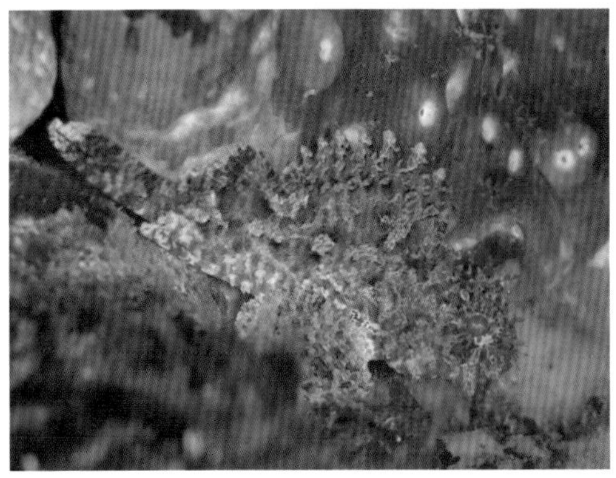

八丈島 水深 8m 大小 6cm

鮋科

小口鮋

Scorpaena miostoma

南日本、伊豆群島；朝鮮半島南部、台灣

背鰭前端偏白，有
多條水藍色短線
吻端為圓形
口部邊緣未達
眼睛後緣

獨自待在淺岩礁的礫石縫隙、海底小山的側面或上方，感覺與岩石融爲一體。口部比後頜鮋小，但由於無法將其與後頜鮋放在一起比較，因此很難在水中辨別。

鮋科

安邦狹簑鮋

Pteroidichthys amboinensis

靜岡縣富戶、和歌山縣串本、土佐灣、西表島；台灣、塞班島、安汶島、新幾內亞、新喀里多尼亞、斐濟島、瓦利斯和富圖納群島、馬克薩斯群島、清奈、紅海

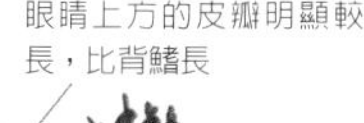
眼睛上方的皮瓣明顯較長，比背鰭長

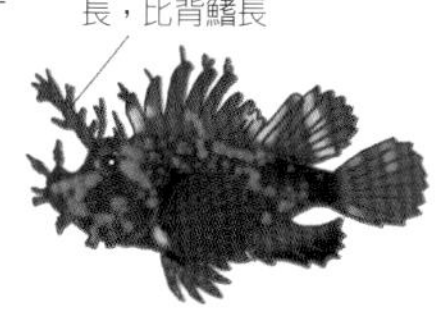

棲息在水深 10 ～ 30m 的砂泥底與海藻林，平時不動，大多獨自待著。雄魚頭頂的烏紗帽狀頂骨較為發達。

伊豆半島
水深 24m 大小 4cm
鈴木崇弘

鮋科

莫三比克圓鱗鮋

Parascorpaena mossambica

相模灣以南的太平洋沿岸、伊豆群島、屋久島、琉球群島；台灣、香港、太平洋中西部、南非東岸

眼睛上方的皮瓣大多較長

尾鰭根部附近有 2 個四角形圖案

常見於岩礁、珊瑚礁周圍小山的上方或凹洞、粗礫的旁邊或下方等處。

八丈島 水深 5m 大小 10cm

鮋科

黃斑鱗頭鮋

Sebastapistes cyanostigma

八丈島、小笠原群島、高知縣柏島、屋久島、琉球群島；台灣、印度－太平洋熱帶海域

各鰭為褐色、沒有斑點

身體遍布白點

可在淺水域的珊瑚礁、鹿角珊瑚類的枝條間，看見其單獨生活的模樣。

珊瑚

八丈島 水深 15m 大小 4cm

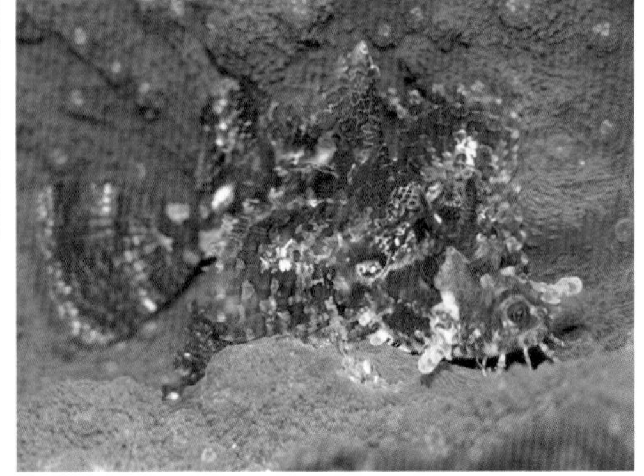
八丈島 水深 18m 大小 12cm

鮋科

尖頭擬鮋

Scorpaenopsis oxycephala

南日本的太平洋沿岸、八丈島、屋久島、琉球群島；濟州島、中國、台灣、東印度－西太平洋

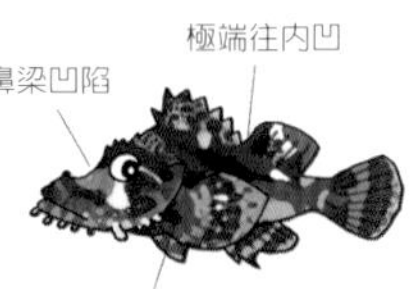
極端往內凹
鼻梁凹陷
體高較低、身體細長

可在海水流通的岩礁、珊瑚礁小山的上方、凹洞、粗礫石岸與瓦礫區等地，看見其單獨生活的身影。標準和名是「ウルマカサゴ」，在沖繩島方言中，「ウルマ」是「珊瑚島」之意。

幼魚 八丈島
水深 16m 大小 4cm

八丈島 水深 18m 大小 30cm

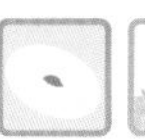

鮋科

鬚擬鮋

Scorpaenopsis cirrosa

南日本的太平洋沿岸、秋田縣以南的日本海沿岸、屋久島、伊豆群島、琉球群島；濟州島、台灣、香港

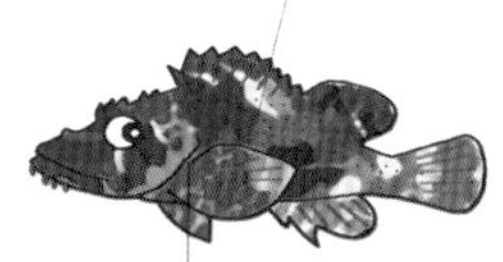
體側遍布黑點
體型細長

可在岩礁、珊瑚礁小山的上方、凹洞、粗礫石岸與瓦礫區等地，看見其單獨生活的身影。當隆頭魚在八丈島海底小山上集體產卵，就會吸引多隻鬚擬鮋聚集，捕食產卵中的隆頭魚。

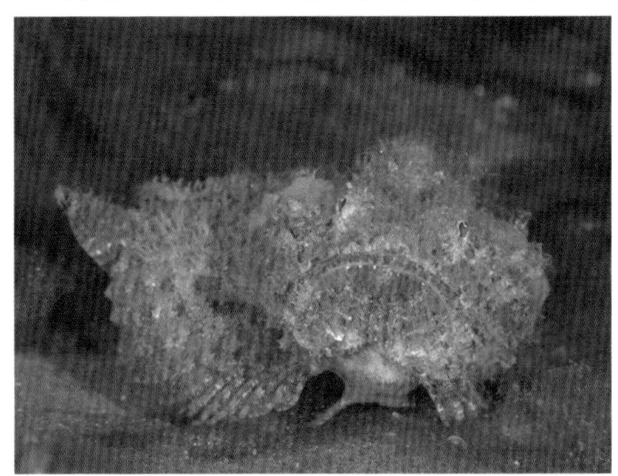
八丈島 水深 8m 大小 18cm

鮋科

魔擬鮋

Scorpaenopsis neglecta

南日本的太平洋沿岸、八丈島、山口縣日本海沿岸、屋久島、奄美大島、琉球群島；台灣、南海、西太平洋

背部前方比體側中心更大更膨

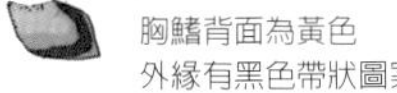
胸鰭背面為黃色
外緣有黑色帶狀圖案

可在內灣性淺水海域的砂礫底與砂泥底、瓦礫區等地，看見其單獨生活的模樣。平時靜靜待在岩石附近，與環境融為一體，感到危險時就會張開黃色胸鰭、變化體色，藉此威嚇敵人。

幼魚 八丈島
水深 20m 大小 3cm

鮋科

短翅小鮋

Scorpaenodes parvipinnis

八丈島、屋久島、加計呂麻島、瀨底島、伊江島；台灣、印度－太平洋（到馬克薩斯群島為止）

眼睛後方到體側中央為白色
鰓下沒有斑點

棲息在珊瑚礁與岩礁地區的岩穴和陰暗處。可在八丈島內灣，水深 1m 的洞穴深處發現其蹤影。屬於稀有種。體色多樣，包括紅褐色、深茶色等。照片爲顏色較爲低調的淺褐色。

八丈島 水深 2m 大小 5cm

鮋科

日本小鮋

Scorpaenodes evide

本州、伊豆群島、小笠原群島、屋久島；台灣、印度－太平洋

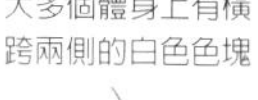

大多個體身上有橫跨兩側的白色色塊
鰓下有斑點

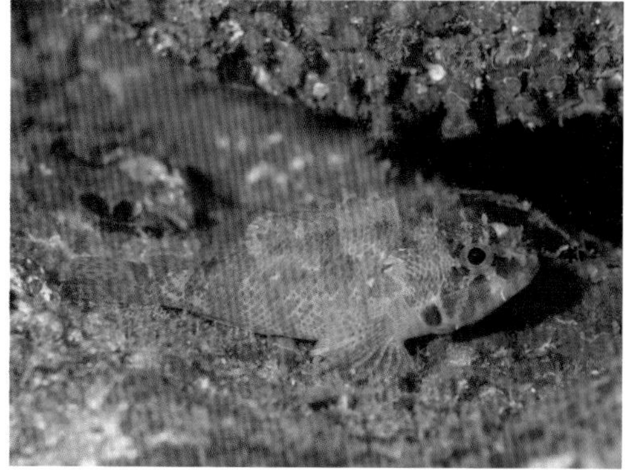

常見於淺岩礁山的側邊縫隙或海棉四周，平時單獨生活。亦可在潮池發現其蹤跡。

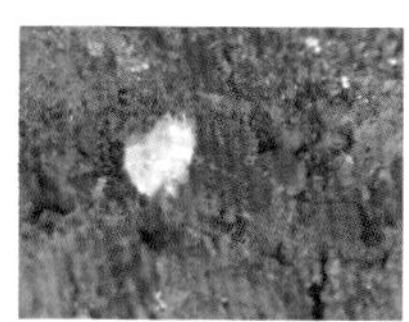

有白色帶狀色塊的個體
八丈島 水深 8m 大小 5cm

八丈島 水深 6m 大小 4cm

鮋科

魔鬼簑鮋

Pterois volitans

南日本、伊豆群島、小笠原群島、琉球群島；台灣、東印度－太平洋、西大西洋

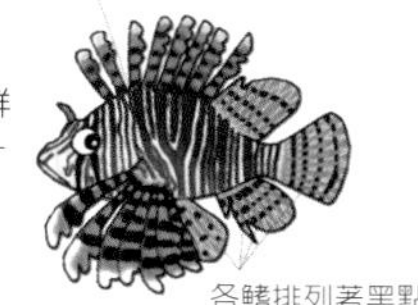
體側的條紋沒有魚鱗圖案
各鰭排列著黑點

單獨或幾隻徘徊在岩礁與珊瑚礁小山的周邊、粗礫石岸、砂礫底、瓦礫區等處。偶爾也能在到駿河灣爲止的太平洋岸岩礁地區發現其蹤影，不過在琉球群島南方的珊瑚礁海域看見的機率更高。背鰭帶有劇毒。

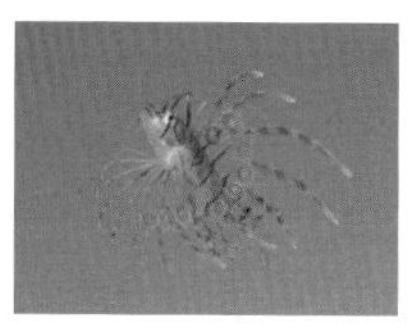

幼魚 八丈島
水深 9m 大小 4cm

八丈島 水深 18m 大小 30cm

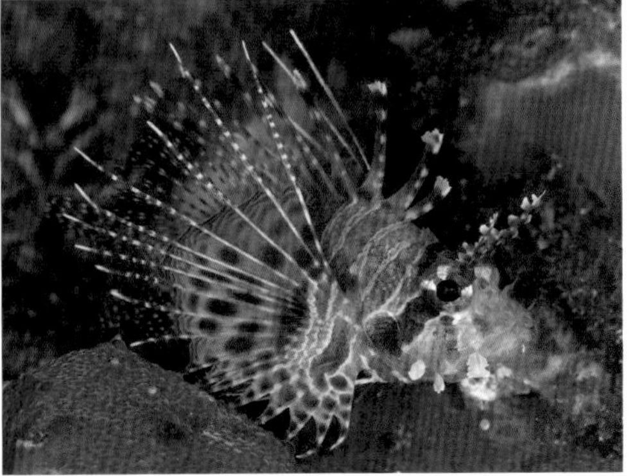

屋久島
水深 25m
大小 20cm
原崎森

柳珊瑚類

鮋科

少棘簑鮋

Pterois paucispinula

南日本的太平洋沿岸、屋久島、沖繩本島；印度 ・ 西太平洋

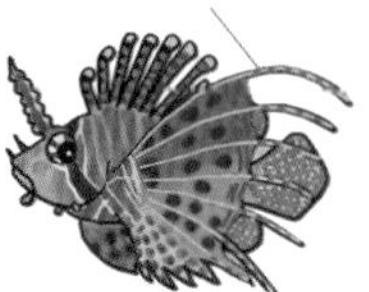
胸鰭的棘上有紅色或褐色的條紋圖案

棲息在水深 60m 以淺的珊瑚礁與岩礁區域、粗礫石岸、砂地的柳珊瑚類四周，在屋久島常見於 18m 以深海域，18m 以淺海域常見的是觸角簑鮋。

愛媛縣愛南町
水深 15m 大小 20cm
平田智法

鮋科

環紋簑鮋

Pterois lunulata

北海道以南、八丈島、愛媛縣愛南；朝鮮半島、台灣、西太平洋

體側的條紋有魚鱗圖案
各鰭沒有圖案

單獨或幾隻徘徊在岩礁小山、粗礫石岸、砂底等處，屬於溫帶種，不會出現在琉球群島的珊瑚礁。背鰭帶有劇毒。

八丈島 水深 8m 大小 12cm

鮋科

斑馬短鰭簑鮋

Dendrochirus zebra

南日本的太平洋沿岸、八丈島、小笠原群島、屋久島、琉球群島；濟州島、台灣、印度－太平洋

吻端有 3 條鬚
尾鰭根部有 T 字型圖案

單獨出現在岩礁與珊瑚礁小山的側面、粗礫石岸、瓦礫區、海綿側邊與珊瑚下方等處。通常靜止不動，游動時與環紋簑鮋一樣在定點徘徊。背鰭帶有劇毒。

幼魚 八丈島
水深 15m 大小 4cm

鮋科

觸角簑鮋

Pterois antennata

南日本的太平洋沿岸、伊豆群島、小笠原群島、山口縣日本海沿岸、屋久島、琉球群島；台灣、印度－太平洋（萊恩群島、夏威夷群島除外）

有多條斜線
線狀胸鰭

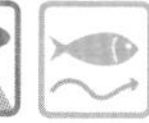

八丈島 水深 15m 大小 15cm

獨自棲息在岩礁與珊瑚礁小山的裂縫、凹陷處與石頭陰暗處，通常靜止不動，游動時與環紋簑鮋一樣在定點徘徊。背鰭帶有劇毒。

鮋科

輻紋簑鮋

Pterois radiata

南日本的太平洋沿岸、伊豆群島、屋久島、琉球群島；台灣、印度－太平洋（紅海、夏威夷群島除外）

尾鰭根部有 2 條白色線條
線狀胸鰭

八丈島 水深 12m 大小 12cm

可在海水流動順暢的淺岩礁、珊瑚礁小山側面的陰暗處、岩壁的天花板和裂縫處，發現其獨自生活的身影。背鰭帶有劇毒。

鮋科

雙眼斑短鰭簑鮋

Dendrochirus biocellatus

八丈島、紀伊半島以南的太平洋沿岸、琉球群島；台灣、印度洋、太平洋中 · 西部（夏威夷除外）

2～3 個眼狀斑
長長的皮瓣

八丈島 水深 10m 大小 14cm

平時躲在岩礁與珊瑚礁小山側面的裂縫和洞穴深處，傍晚到晚上之間出來活動，四處游動覓食，捕捉蝦子、螃蟹等甲殼類。背鰭帶有劇毒。

鮋科

短鰭簑鮋

Dendrochirus brachypterus

南日本的太平洋沿岸、伊豆群島、山口縣日本海沿岸、屋久島、琉球群島；印度－太平洋

褐色條紋圖案上排列著黑點

八丈島 水深 6m 大小 10cm

可在水深 10 ～ 15m 附近的砂泥底、瓦礫區等處，發現其單獨行動的身影。背鰭帶有劇毒。

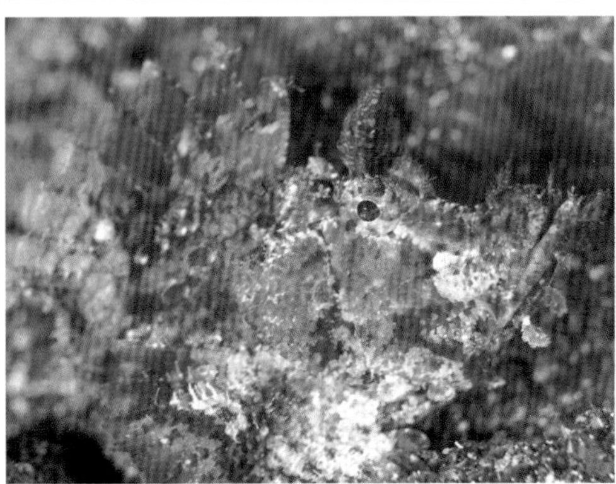

鮋科

異眼吻鮋

Rhinopias xenops

相模灣以南的太平洋沿岸、伊豆群島；澳洲東北部、夏威夷群島

此處凹陷
背鰭沒有黑點
頷部有皮瓣

八丈島 水深 16m 大小 12cm

可在海水流動順暢、略深的岩礁斜坡、岩石隱密處、海藻四周，看見其單獨行動的身影。定期脫皮成長，褐色個體較多。屬於稀有種。

鮋科

前鰭吻鮋

Rhinopias frondosa

相模灣以南的太平洋沿岸、伊豆群島；印度－太平洋、南非

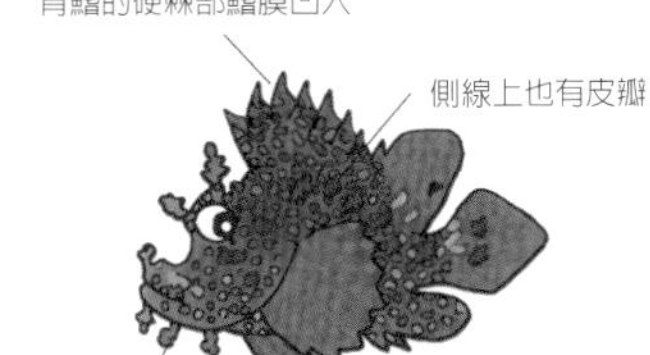

背鰭的硬棘部鰭膜凹入
側線上也有皮瓣
頷部有數個皮瓣

柏島
水深 17m 大小 25cm
西村直樹

可在略深的岩礁斜坡看見其單獨行動的身影。定期脫皮成長，體色豐富，有紅色與紫色。

鮋科

埃氏吻鮋

Rhinopias eschmeyeri

千葉縣館山、和歌山縣南部堺、高知縣柏島；越南、澳洲東岸、模里西斯群島、留尼旺島、塞席爾島

背鰭的硬棘部鰭膜平滑
側線上方沒有皮瓣
頷部有 1 對皮瓣

柏島
水深 28m 大小 30cm
山本章弘

棲息在水深 20 ～ 30m 周邊有砂地的岩礁，大多在海藻與軟珊瑚周邊發現其蹤影。日本只分布在和歌山縣南部堺，但也曾在高知縣幡多郡大月町柏島，與千葉縣館山市坂田有觀察紀錄。屬於稀有種。身體顏色繽紛多樣，包括橘色、紫色等鮮豔色調。

柏島
水深 24m 大小 12cm
山本章弘

千葉縣館山
水深 12m 大小 16cm
小野均

鮋科

三棘帶鮋

Taenianotus triacanthus

高知縣以南的太平洋沿岸、伊豆群島、小笠原群島、屋久島、琉球群島；台灣、印度－太平洋、加拉巴哥群島

背鰭又寬又大
扁平體型

八丈島 水深 15m 大小 10cm

可在珊瑚礁外緣小山周邊的凹陷處和岩石隱密處，發現其單獨行動的身影。定期脫皮成長，體色豐富，有黑褐色、茶褐色、黃色與紅色等。

石垣島
水深 10m 大小 10cm
松下滿俊

八丈島
水深 16m 大小 6cm
水谷知世

伊豆半島
水深 10m 大小 20cm
中村宏治

鮋科

異尾擬簑鮋

Parapterois heterura

南日本的太平洋沿岸、兵庫縣～九州西岸的日本海 · 東海沿岸

棲息在岩礁與珊瑚礁的砂泥底，背鰭有劇毒，千萬不可碰觸。擬蓑鮋屬只有本種。

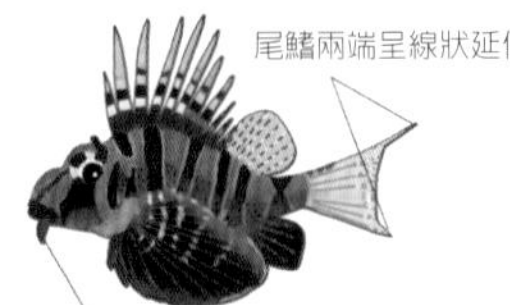
尾鰭兩端呈線狀延伸
淚骨有葉狀皮瓣

串本
水深 20m 大小 10cm
谷口勝政

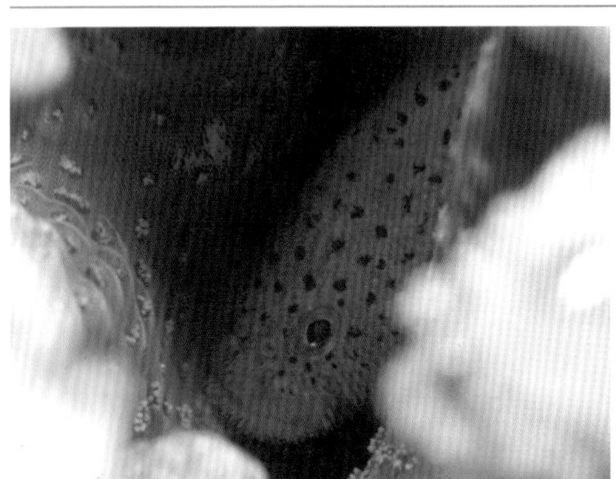

八丈島 水深 8m 大小 4cm

珊瑚

鮋科

斑點頰棘鮋

Caracanthus maculatus

伊豆群島、小笠原群島、高知縣、琉球群島；台灣、太平洋中 · 西部

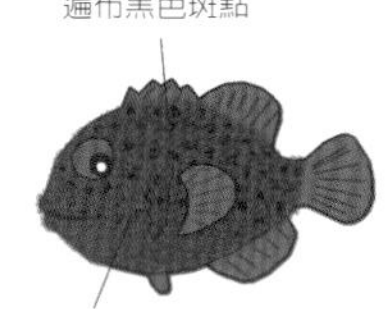
遍布黑色斑點
身體覆蓋突起物，
看起來毛茸茸的

常見於花椰菜珊瑚與鹿角珊瑚類的枝狀珊瑚縫隙，由於在珊瑚中生活，爲了保護身體，全身覆蓋著纖細的突起物。

富山縣滑川
水深 20m 大小 10cm
赤松悦子

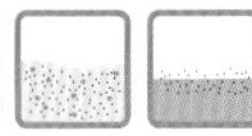

鮋科

棱鬚簑鮋

Apistus carinatus

茨城縣～九州的太平洋沿岸、新潟縣～九州的日本海 · 東海沿岸、屋久島、小笠原群島；朝鮮半島、台灣、中國、印度－西太平洋（包含紅海、到澳洲東岸為止）

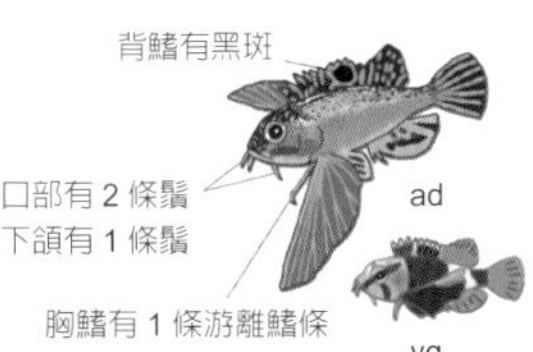
背鰭有黑斑
口部有 2 條鬚
下頜有 1 條鬚
ad
胸鰭有 1 條游離鰭條
yg

幼魚 富山縣滑川
水深 20m 大小 1cm
赤松悦子

棲息在水深 100m 以淺的砂底與砂泥底，最常在 30m 左右的海域發現其身影。白天通常潛伏在砂裡，在滑川是全年都能看到的常見種。繁殖期爲 3 月，可看見雄魚在潛伏於砂裡的雌魚上方，來回游動的畫面。

鮋科

紅鰭擬鱗鮋

Paracentropogon rubripinnis

青森縣以南、伊豆群島；朝鮮半島、台灣

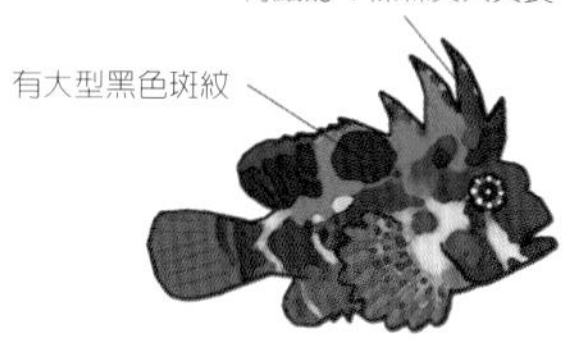
背鰭的 4 條棘又大又長
有大型黑色斑紋

可在內灣的淺海域瓦礫區、砂礫底與大葉藻看見其單獨行動的身影。背鰭的棘有劇毒。繁殖期爲夏季，此時雄魚體色變成鮮豔的紅色，背鰭根部的黑色斑點變得明顯，此爲婚姻色。

八丈島 水深 3m 大小 6cm

鮋科

背帶帆鰭鮋

Ablabys taenianotus

靜岡縣以南的太平洋沿岸、伊豆群島、屋久島、琉球群島；台灣、中國、印度－西太平洋

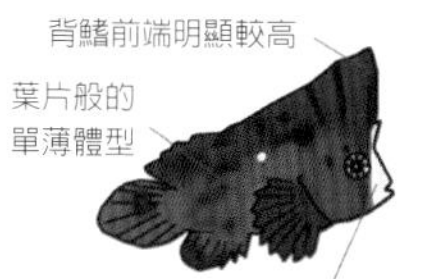
背鰭前端明顯較高
葉片般的
單薄體型
許多個體的吻端為白色

常見單獨行動於內灣岩礁周邊的砂底與大葉藻，在八丈島經常被誤認爲垃圾或枯葉堆。體色爲深褐色，身體隨著海流漂動，看起來像是一片枯葉，這是避免天敵攻擊的保護策略。待在大葉藻林的背帶帆鰭鮋，體色偏綠。

八丈島
水深 12m 大小 8cm

八丈島
水深 10m 大小 15cm

鮋科

玫瑰毒鮋

Synanceia verrucosa

八丈島、小笠原群島、屋久島、琉球群島；台灣、印度－太平洋（萊恩群島、夏威夷群島除外）

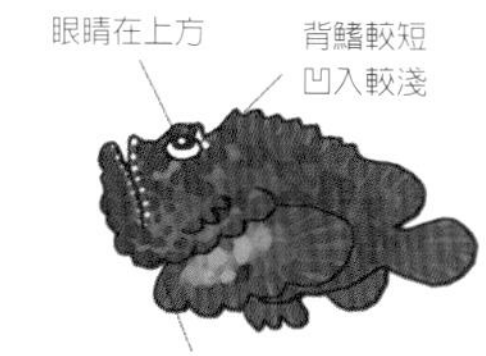
眼睛在上方
背鰭較短
凹入較淺
沒有游離鰭條，胸鰭連成一片

棲息在岩礁與珊瑚礁之間的砂泥底，靜止不動，埋伏獵捕小魚。背鰭帶有劇毒棘，若被刺到很可能致命，請務必小心。

八丈島 水深 12m 大小 17cm

串本
水深 20m 大小 10cm
鈴木崇弘

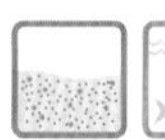

鮋科

長鰭新平鮋

Neosebastes entaxis

千葉縣～種子島的太平洋沿岸、沖繩海槽；台灣

背鰭的棘又長又粗

棲息在水深 8 ～ 205m 岩礁地區。每年春天，伊豆半島的潛水客可看見長鰭新平鮋會從深水區往上游的身影。屬於稀有種。

八丈島 水深 12m 大小 6cm

絨皮鮋科

絨皮鮋

Aploactis aspera

八丈島、相模灣以南；台灣、中國、澳洲沿岸、新喀里多尼亞

背鰭從眼睛後方的位置開始生長

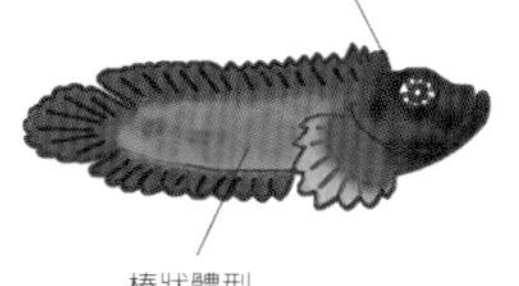
棒狀體型

與內灣岩礁附近的砂地、砂礫底的海藻和枯葉融為一體，很容易錯過。屬於稀有種。

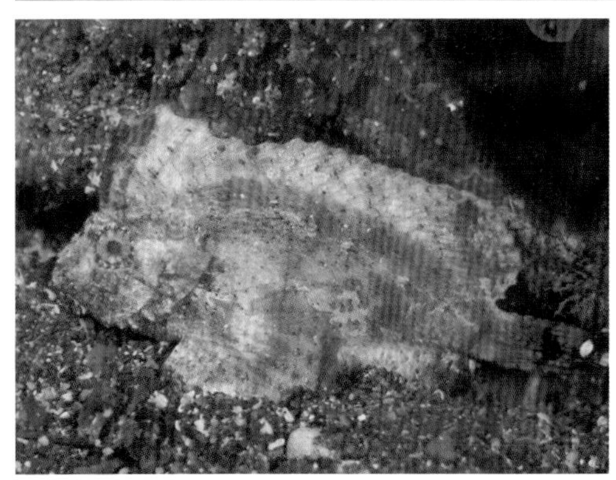

八丈島 水深 15m 大小 6cm

絨皮鮋科

伊勢可哥鮋

Cocotropus izuensis

伊豆半島、八丈島、房總半島、山口縣日本海沿岸

背鰭從眼睛前緣上方的位置開始生長
鰓有 5 根刺

可在內灣地區堆積海藻、枯葉、垃圾的砂礫底與砂底，看見其單獨行動的身影。前鰓蓋有 5 根刺的是伊勢可哥鮋、4 根刺的是開田可可鮋，但這項特徵很難拍到，因此不容易正確判斷。有鑑於此，一般人很容易將本種與開田可可鮋混為一談。

絨皮鮋科

鹿兒島副絨皮鮋

Paraploactis kagoshimensis

八丈島、德島縣海部群、愛媛縣宇和海、高知縣柏島、九州南岸、宮古島；台灣、香港

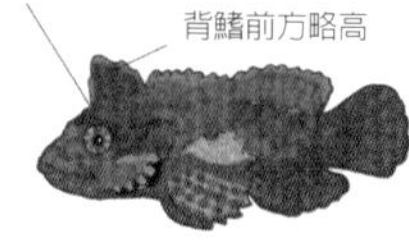

背鰭前端在眼睛中央附近
背鰭前方略高

棲息在沿岸的淺礁岩地區。照片中的個體推定爲鹿兒島副絨皮鮋，但事實上不可能從照片中做出正確判斷。

八丈島 水深 15m 大小 12cm

角魚科

棘黑角魚

Chelidonichthys spinosus

北海道以南、八丈島；朝鮮半島、中國、台灣

胸鰭為綠色，遍布藍色斑點
（老成魚沒有黑色部分）

棲息在水深 25～600m 岩礁周邊的砂泥底。受到驚嚇時會張開顏色鮮豔的胸鰭，威嚇對方。雄魚的鰾會發出「吼吼」的聲音，因此日文稱爲「ホウボウ」（諧音詞）。

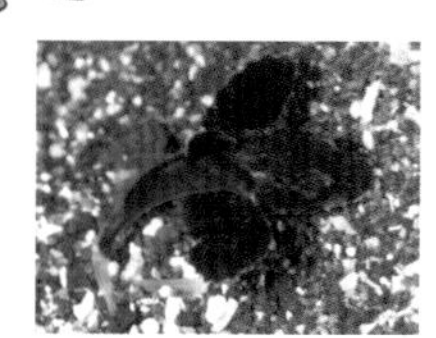

八丈島
水深 10m 大小 3cm

八丈島 水深 7m 大小 12cm

牛尾魚科

落合氏眼眶牛尾魚

Inegocia ochiaii

南日本、八丈島、屋久島；濟州島、台灣、中國

吻端很長

單一皮瓣
眼睛下方有 3 個棘

常見於岩礁附近的砂地，溫帶種。棲息在 200m 左右的砂泥底，由於潛水區較淺，很難在潛水時遇見。

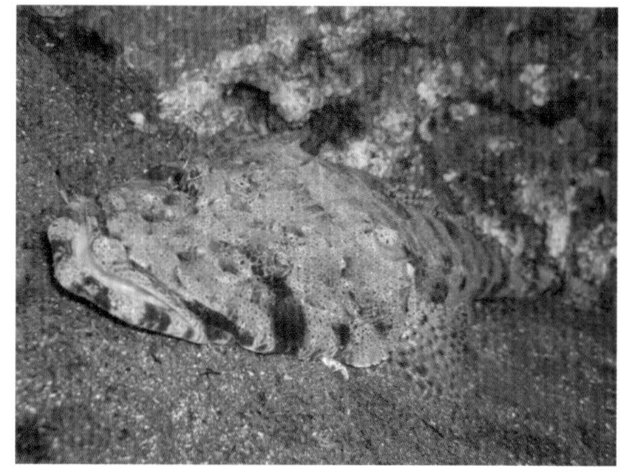

八丈島 水深 15m 大小 60cm

帛琉
水深 5m 大小 50cm
水谷知世

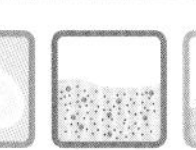

牛尾魚科

博氏孔牛尾魚

Cymbacephalus beauforti

山口縣日本海沿岸、八丈島、琉球群島；台灣、太平洋西部

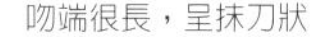
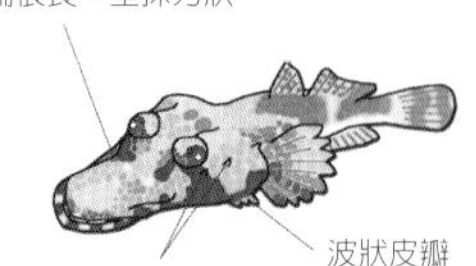
吻端很長，呈抹刀狀
波狀皮瓣
眼睛下方有2個棘

常見於淺珊瑚礁附近的砂底，偶爾可在伊豆或八丈島發現其幼魚，但冬季等水溫下降的時期不見蹤影，屬於季節性洄游魚。

八丈島 水深 7m 大小 8cm

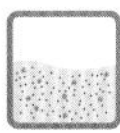
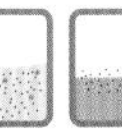

飛角魚科

東方飛角魚

Dactyloptena orientalis

北海道南部西岸、本州、琉球群島、小笠原群島；朝鮮半島、台灣、中國、印度－西太平洋

背鰭很長

棲息在砂岸到大陸棚的砂底或砂泥底。感到危險時會張開大鰭、變化體色，藉此威嚇對方。

八丈島
水深 10m 大小 4cm
仲谷順五

發光鯛科

日本尖牙鱸

Synagrops japonicus

北海道～九州的太平洋沿岸、八丈島、兵庫縣～九州西北岸的日本海 ・ 東海沿岸；台灣、印度－太平洋

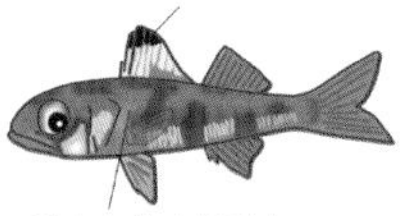
背鰭前端有黑色色塊
體高在發光鯛科中
是比較矮的種

棲息在水深 100 ～ 1000m 的大陸棚、海底小山的斜坡。照片中的個體是冷水團時期，受到湧升流影響帶進水深較淺的灣內，因此才被拍到。儘管是依照出現場所和體型等條件推測爲日本尖牙鱸，但還是必須對照標本仔細驗證。

鮨科

許氏菱齒花鮨

Caprodon schlegelii

相模灣以南的太平洋沿岸、西日本的日本海沿岸、伊豆群島、小笠原群島、琉球群島；朝鮮半島、台灣、澳洲、夏威夷、智利

黑色斑點
眼周有多條
黃色線條
沿著鰓
有褐色線條

常見於水深 40m 以深，海水流通的岩礁斜坡，可看見一雄多雌的後宮結構。在八丈島，進入水溫較低的春季冷水團時期，可以看見超過一百隻的大型群體。

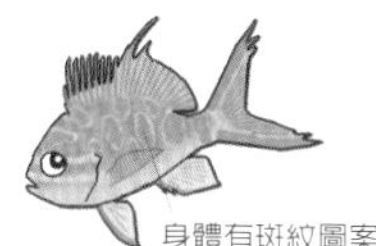

雌魚 八丈島
水深 60m
大小 25cm

雄魚 八丈島
水深 60m 大小 30cm

鮨科

黃斑齒花鮨

Odontanthias borbonius

相模灣以南的太平洋沿岸、伊豆群島、小笠原群島、琉球群島；台灣、赤道以南的西印度洋、赤道以北的西太平洋

身體有斑紋圖案

可在水深 40m 左右的海域中看到，但原本應該棲息在更深的岩礁處，潛水時不容易遇到。

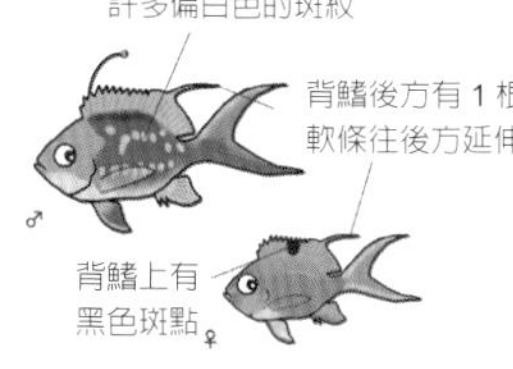

幼魚 八丈島
水深 65m 大小 5cm

成魚 八丈島
水深 75m 大小 15cm

鮨科

珠斑花鱸

Sacura margaritacea

南日本的太平洋沿岸、西日本的日本海沿岸、伊豆群島、小笠原群島；韓國、台灣

許多偏白色的斑紋
背鰭後方有 1 根
軟條往後方延伸
背鰭上有
黑色斑點

可在水深 40m 以深，海水流動順暢的岩礁斜坡發現數十隻的魚群。1、2 年後先以雌魚的身分產卵，之後再轉成雄魚，因此形成全部是雄魚的大型群體。可說是十分特別的生態。

雌魚 八丈島
水深 45m 大小 6cm

雄魚 伊豆大島
水深 60m 大小 10cm

靜岡縣沼津市
水深 30m 大小 15cm
松下滿俊

鮨科

姬鮨

Tosana niwae

富山縣、島根縣、山口縣、長崎縣、相模灣～豐後水道的太平洋沿岸、琉球群島；台灣、中國、阿曼灣

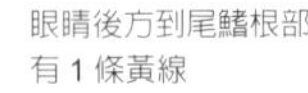
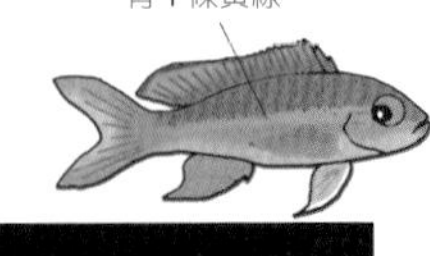
眼睛後方到尾鰭根部
有 1 條黃線

串本
水深 20m 大小 10cm
參木正之

棲息在沿岸的砂泥底、水深 17 ～ 120m 處，在獅子濱有背點棘赤刀魚、日本馬頭魚棲息的砂泥底，可以看到姬鮨使用日本馬頭魚巢穴的情景。

雄魚 八丈島
水深 72m 大小 10cm

鮨科

黃帶擬姬鮨

Tosanoides flavofasciatus

伊豆群島、小笠原群島、靜岡縣富戶、和歌山縣串本、沖繩海槽；東加海嶺

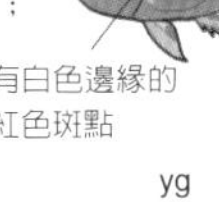
有藍色邊緣的
黃色斑紋
ad
有白色邊緣的
紅色斑點
yg
有黃色線條

可在水深 50m 以深，海水流通的岩礁斜坡，看見其單獨行動或一雄多雌的群體。幼魚單獨躲在海底小山。

雌魚 八丈島
水深 65m 大小 6cm

成魚 伊豆大島
水深 50m 大小 8cm
星野修

鮨科

絲鰭擬姬鮨

Tosanoides filamentosus

相模灣、駿河灣、伊豆大島、高知縣

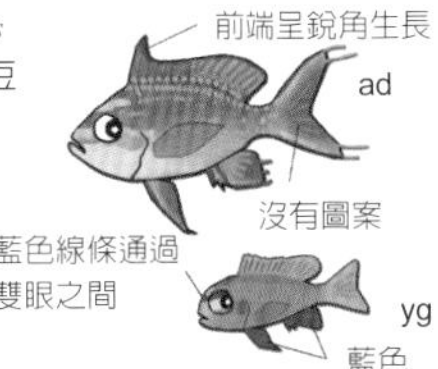
前端呈銳角生長
ad
沒有圖案
藍色線條通過
雙眼之間
yg
藍色

可在水深 50m 以深，海水流通的岩礁斜坡，看見其單獨行動或一雄多雌的群體。幼魚單獨躲在岩石隱密處生活。

幼魚 伊豆大島
水深 40m 大小 3cm 星野修

鮨科

寬身花鱸

Serranocirrhitus latus

駿河灣～高知縣的太平洋沿岸、伊豆群島、琉球群島；台灣、西太平洋

粉紅色環狀圖案
橘色魚鱗圖案

常見於海水流動順暢的岩礁、珊瑚礁外緣斜坡、陡坡側面的陰暗處。有些地區可在水深較淺的地方看到，但這是棲息在深水海域的花鱸。

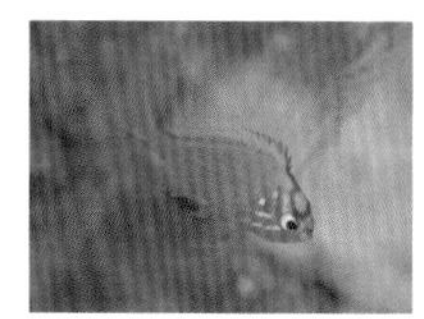
幼魚 八丈島
水深 45m 大小 3cm

成魚 八丈島
水深 25m 大小 10cm

鮨科

惠氏呂宋花鮨

Luzonichthys whitleyi

小笠原群島；聖誕島、羅雅提群島、太平洋中央

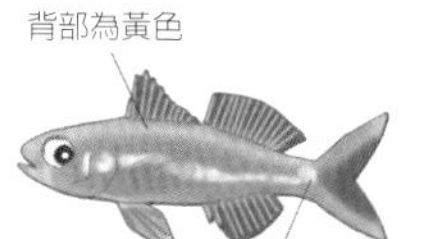
背部為黃色
尾柄上方有黃色斑點

棲息在水深 22 ～ 45m 的珊瑚礁。已在小笠原水深 35m 的陡坡側面發現 2 個個體，在日本極爲罕見。

小笠原
水深 35m 大小 6cm
南俊夫

鮨科

大腹擬花鱸

Pseudanthias ventralis ventralis

伊豆群島、小笠原群島、奄美群島；太平洋西部與中央

可在水深 40m 以深的珊瑚礁外緣斜坡、陡坡側面發現一雄多雌的群體。日本常見於小笠原群島，其他海域十分罕見。

橘色斑紋
♂
通過眼睛的紫色線條
♀
各鰭為黃色

雌魚 八丈島
水深 45m 大小 7cm

幼魚 八丈島 水深 45m
大小 3cm 水谷知世

雄魚 天寧島
水深 40m 大小 8cm

雄魚 大瀨崎
水深 45m 大小 6cm
小林裕

鮨科

雙鰭呂宋花鮨

Luzonichthys waitei

伊豆群島、靜岡縣、高知縣、山口縣日本海沿岸；西印度洋、西太平洋

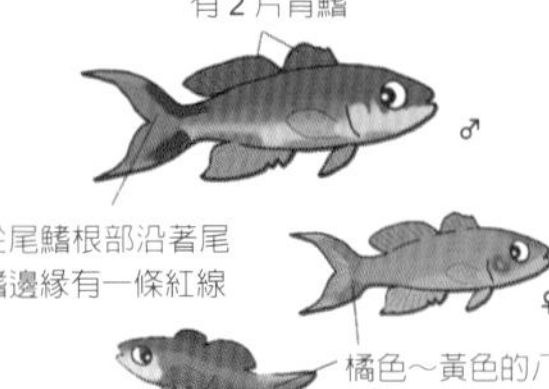
有 2 片背鰭
♂
從尾鰭根部沿著尾
鰭邊緣有一條紅線
♀
yg
橘色～黃色的八
字型線條
體色為紫紅色

在海水流動順暢的岩礁、珊瑚礁外緣小山的側面，形成數量龐大的群體。根據迄今的研究，未來可能再細分成好幾種，因此除了大瀨崎產的雙鰭呂宋花鮨之外，必須再做詳細調查。

雄魚 呂宋島
水深 30m 大小 12cm

雌魚 呂宋島
水深 30m 大小 10cm

幼魚 呂宋島
水深 5m 大小 3cm

雄魚 伊豆大島
水深 45m 大小 12cm

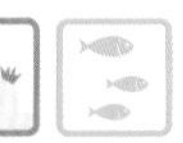

鮨科

長擬花鱸

Pseudanthias elongatus

相模灣～高知縣的太平洋沿岸、伊豆大島、山口縣日本海沿岸；韓國

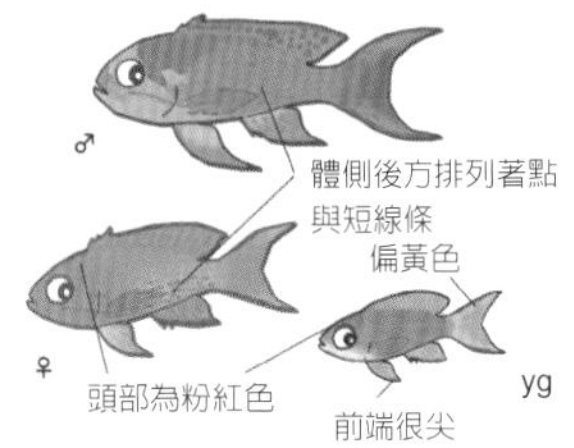
♂
體側後方排列著點
與短線條
偏黃色
♀
頭部為粉紅色
yg
前端很尖

可在水深 30m 以深，海水流動順暢的岩礁斜坡，看見由幾十隻形成的後宮結構。屬於溫帶種，無法在琉球群島看見其蹤影。

雌魚 伊豆大島
水深 40m 大小 8cm 片桐佳江

婚姻色 伊豆大島
水深 45m 大小 13cm 片桐佳江

幼魚 八丈島
水深 45m 大小 3.5cm

鮨科

絲鰭擬花鮨

Pseudanthias squamipinnis

第 3 條棘條很長
橘色線條
紅色斑點
藍色眼影

伊豆群島、小笠原群島、相模灣～屋久島的太平洋沿岸、山口縣日本海沿岸、九州北岸的東海沿岸、琉球群島；朝鮮半島、台灣、中國、印度－西太平洋

在珊瑚礁、珊瑚礁外緣、岩礁小山四周形成龐大群體，廣泛棲息在南日本的太平洋岸，愈往南個體愈多。在八丈島海水流通的岩礁處，可看到由數百隻到數千隻形成的大型群體，是十分常見的種。

雌魚 八丈島
水深 17m 大小 10cm

幼魚 八丈島
水深 15m 大小 2.5cm

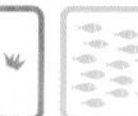

雄魚 八丈島
水深 15m 大小 6cm

鮨科

側帶擬花鮨

Pseudanthias pleurotaenia

紫色帶狀斑紋

眼睛下方的線條直達尾鰭根部下方

駿河灣～高知縣的太平洋沿岸、伊豆群島、小笠原群島、屋久島、琉球群島；台灣、西太平洋

在海水流動順暢的珊瑚礁外緣斜坡與陡坡側面形成龐大群體，棲息在略深的海域。在南日本的太平洋岸屬於季節性洄游魚，很難看見其蹤影。

雌魚 八丈島
水深 14m 大小 10cm

幼魚 八丈島
水深 15m 大小 1.5cm

雄魚 呂宋島
水深 20m 大小 12cm

鮨科

紅帶擬花鮨

Pseudanthias rubrizonatus

體側中央有明顯的紅色斑紋

南日本的太平洋沿岸、伊豆大島；台灣、香港、西太平洋

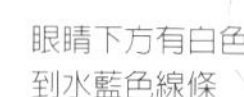
眼睛下方有白色到水藍色線條

尾鰭兩端為紅色
尾鰭為彎月形
紫色

可在水深 30m 以深的岩礁斜坡，看見由數隻形成的一雄多雌群體。在櫻島可看見由數十隻雄魚和數百隻雌魚形成的大型後宮結構。櫻島以外的個體紀錄很少，琉球群島從未出現觀察紀錄，因此可說是「櫻島特有的花鱸」。

雌魚 鹿兒島縣錦江灣
水深 8m 大小 12cm
和泉裕二

雄魚 鹿兒島縣錦江灣
水深 18m 大小 12cm
和泉裕二

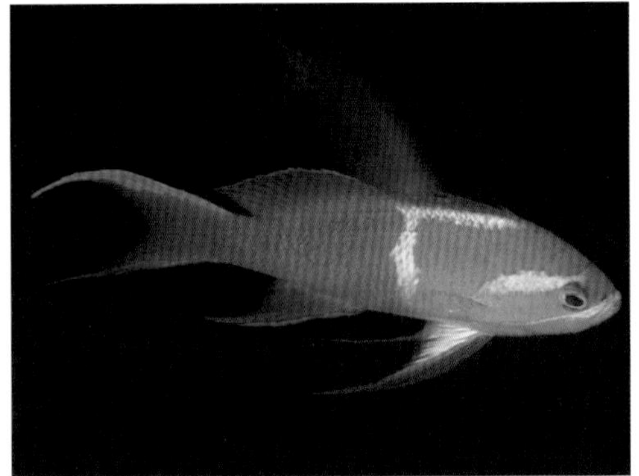
雄魚 伊豆半島
水深 55m 大小 7cm
小林裕

鮨科
白帶擬花鱸
Pseudanthias leucozonus
伊豆半島、伊豆大島

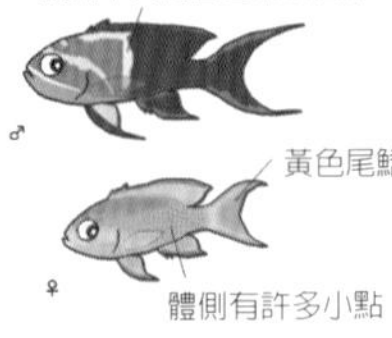
體側中央有白色帶狀圖案
♂
黃色尾鰭
♀
體側有許多小點

可在水深 40m 以深，海水流通的岩礁斜坡看見由幾隻白帶擬花鱸組成的一雄多雌群體。這是只能在伊豆半島與伊豆大島看到的花鱸。

雌魚 伊豆大島
水深 45m 大小 6cm 大沼久志

雄魚 伊豆半島
水深 55m 大小 7cm 小林裕

成魚 八丈島
水深 50m 大小 14cm

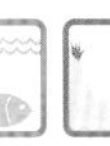

鮨科
條紋擬花鱸
Pseudanthias fasciatus
南日本的太平洋沿岸、伊豆群島、山口縣日本海沿岸、琉球群島；台灣、西太平洋、南非

體側中央有一條紅線

常見於水深 35m 以深，海水流動順暢的岩礁斜坡，過著集體生活的日子。體側的紅線是條紋擬花鱸的特色，但雄魚出現婚姻色時會消失。

幼魚 八丈島
水深 50m 大小 6cm

婚姻色 八丈島
水深 50m 大小 14cm

雄魚 伊豆大島
水深 52m 大小 10cm

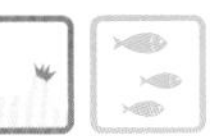

鮨科
紅紋擬花鱸
Psendanthias rubrolineatus
伊豆半島、伊豆大島、小笠原群島、高知縣土佐清水、鹿兒島縣竹島、吐噶喇群島橫當島；新喀里多尼亞、澳洲西岸

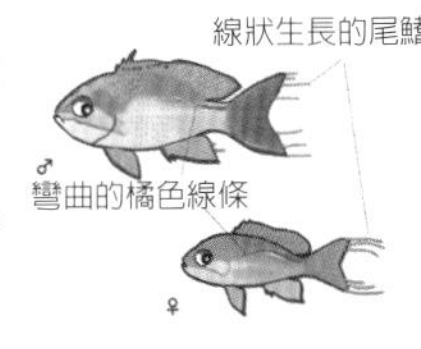
線狀生長的尾鰭
♂
彎曲的橘色線條
♀

可在海水流動順暢的岩礁斜坡，看到由幾隻組成的小型後宮。經常與條紋擬花鱸一起行動，是棲息在水深 50m 以深深水區的魚類。

雌魚 伊豆大島
水深 58m 大小 8cm 片桐佳江

鮨科

擬花鱸屬

Pseudanthias sp.

南日本的太平洋沿岸、伊豆群島、屋久島、琉球群島；西太平洋

橘色斑點

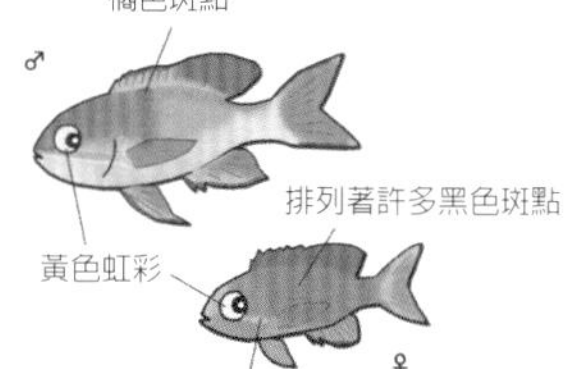
♂
排列著許多黑色斑點
黃色虹彩
♀
眼睛下方有藍色邊緣的黃線

在珊瑚礁外緣的開闊斜坡遍布的小山附近成群生活，也能在南日本太平洋岸看見其幼魚和雌魚，但極有可能是不會在此過年的季節性洄游魚。

雄魚 呂宋島
水深 50m 大小 12cm

婚姻色 呂宋島
水深 35m 大小 14cm

雌魚 八丈島
水深 30m 大小 6cm

幼魚 八丈島
水深 45m 大小 2.5cm

鮨科

庫伯氏擬花鱸

Pseudanthias cooperi

南日本的太平洋岸、伊豆 ・ 小笠原群島、琉球群島；印度 ・ 太平洋

體側中央有細長的紅色斑點

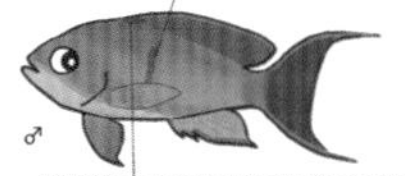
♂

背鰭前端排列著多個紅色斑點

兩端為紅色
♀

可在海水流動順暢的岩礁與珊瑚礁外緣斜坡、小山側面，看見由數十隻庫伯氏擬花鱸組成的後宮結構。大多棲息在水深 30m 左右、略深的海域。八丈島數量較多，可發現數百隻形成的龐大群體，也會在淺水處與絲鰭擬花鮨一起行動。

雄魚 八丈島
水深 30m 大小 10cm

婚姻色 八丈島 水深 30m
大小 10cm

雌魚 八丈島 水深 28m
大小 8cm

幼魚 八丈島 水深 6m
大小 2.5cm

雄魚 伊豆半島
水深 18m 大小 8cm
原多加志

鮨科

絲尾擬花鱸

Pseudanthias caudalis

八丈島、小笠原群島、伊豆半島、高知縣柏島；台灣

體側有淡淡的條紋圖案
尾鰭顏色與體色相同
腹鰭前端不長
yg

成群聚集在水深 35m 以深，海水流動順暢的岩礁斜坡。日本可在小笠原群島發現其蹤影，但很難在其他地方見到。分布在日本的本種雄魚擁有兩種婚姻色，有專家認爲可能是別種。此外，也有專家認爲這與分布在夏威夷的湯氏擬花鮨（*Pseudanthias thompsoni*）爲同種，期待未來的研究能有明確結果。

雌魚 八丈島
水深 35m 大小 7cm

幼魚 八丈島
水深 35m 大小 2.5cm

雄魚 呂宋島 水深 25m 大小 12cm

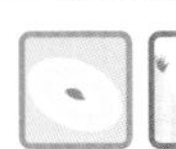

鮨科

高體擬花鱸

Pseudanthias hypselosoma

南日本的太平洋沿岸、伊豆群島、小笠原群島、琉球群島；台灣、印度－西太平洋

紅色斑點
尾鰭前端尖銳
呈扇狀膨脹
細細的藍色線條
yg
藍線很淡幾乎看不見
尾鰭不內凹兩端與邊緣為紅色

在珊瑚礁外緣開闊的岩礁、遍布在砂底的帶狀小山四周，形成龐大群體。幼魚和雌魚在南日本的太平洋岸屬於季節性洄游魚，十分少見。

雌魚 八丈島
水深 30m 大小 8cm

幼魚 八丈島
水深 30m 大小 3cm

雄魚 八丈島
水深 65m 大小 7cm

鮨科

倫氏擬花鱸

Pseudanthias randalli

八丈島、高知縣柏島、琉球群島；西太平洋

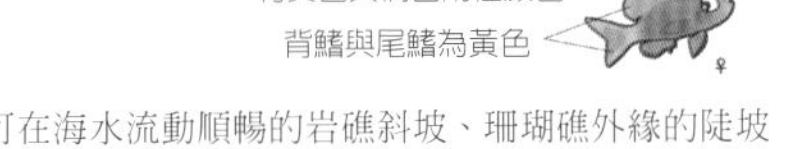
第 3 條棘條很長，前端為皮瓣狀
吻端為黃色
有黃色與橘色兩種顏色
背鰭與尾鰭為黃色

可在海水流動順暢的岩礁斜坡、珊瑚礁外緣的陡坡側面，看見小山附近有十數隻形成的一雄多雌群體。在日本爲棲息在水深 50m 以深的魚類。

雌魚 八丈島
水深 60m 大小 5cm

幼魚 八丈島
水深 60m 大小 2.5cm

鮨科

雙色擬花鮨

Pseudanthias bicolor

伊豆群島、小笠原群島、南日本的太平洋沿岸、屋久島、琉球群島；台灣、印度－太平洋

雄魚有 2 條長長的棘
身上渲染著明亮的橘色與紫色

在水深略深且海水流動順暢的岩礁、珊瑚礁外緣遍布的小山四周成群生活。

雌魚 八丈島
水深 30m 大小 7cm

幼魚 八丈島
水深 30m 大小 3cm

雄魚 屋久島
水深 20m 大小 8cm
片桐佳江

鮨科

小吻擬花鱸

Pseudanthias parvirostris

伊豆大島、相模灣、高知縣柏島、鹿兒島縣竹島；西太平洋

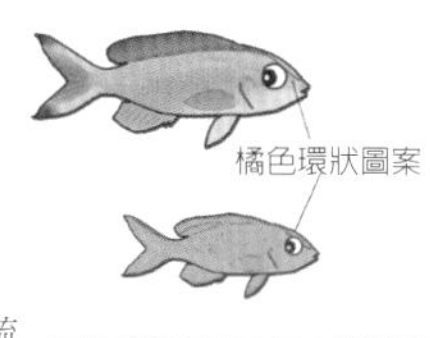

橘色環狀圖案

可在水深 35 ～ 60m、海水流動順暢的珊瑚礁外緣陡坡下或斜坡，看見由數隻形成的後宮結構。或許是因為數量太少的關係，通常與其他花鱸一起行動。雄魚頭部的紅色線條看似天使光環，因此日文取名為「コウリンハナダイ」。

雌魚 帛琉
水深 45m 大小 6cm

雄魚 帛琉
水深 45m 大小 8cm

鮨科

刺蓋擬花鱸

Pseudanthias dispar

琉球群島；印度洋東部～太平洋中 · 西部熱帶海域

♂
通過眼睛的粉紅色線條
紅色背鰭
♀

可在水深較淺、海水流動順暢的珊瑚礁外緣珊瑚上，看見由數十隻到數百隻的刺蓋擬花鱸組成的後宮結構。

雌魚 帛琉
水深 6m 大小 7cm

幼魚 石垣島
水深 5m 大小 4cm
片桐佳江

 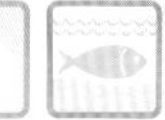  

雄魚 帛琉
水深 6m 大小 8cm

成魚 伊豆大島
水深 62m 大小 9cm

鮨科

黃點擬花鱸

Pseudanthias flavoguttatus

南日本的太平洋沿岸、伊豆群島、小笠原群島、琉球群島；帛琉、峇里島、印度

背部有紅色條紋圖案

可在海水流動順暢的岩礁斜坡看見幾十隻組成的後宮結構。幼魚通常在絲鰭擬花鮨、駿河灣藍帶紋鱸聚集的地區，與這些魚類一起行動，屬於棲息在水深 30m 以深深水區的魚類。

幼魚 八丈島
水深 18m 大小 4cm

成魚 呂宋島
水深 40m 大小 10cm

鮨科

羅氏擬花鱸

Pseudanthias lori

八丈島、駿河灣、琉球群島；東印度－太平洋（夏威夷、復活節島除外）

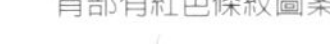
背部有紅色條紋圖案

尾鰭根部的線條為垂直方向

日本常見於水深 40m 以深、海水流動順暢的岩礁與珊瑚礁外緣斜坡、陡坡側面等處，通常棲息在小山附近，可看見由十幾隻羅氏擬花鱸組成的後宮結構。

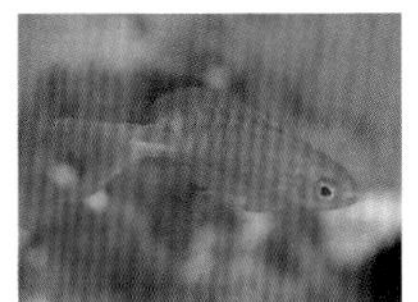

幼魚 八丈島
水深 45m 大小 4.5cm

成魚 八丈島
水深 50m 大小 6cm

鮨科

史氏擬花鱸

Pseudanthias smithvanizi

八丈島、沖繩群島以南的琉球群島、印度洋東部～太平洋中 · 西部的熱帶海域

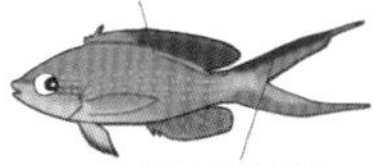
背部有黃色到橘色的邊線
尾鰭上緣為紫色

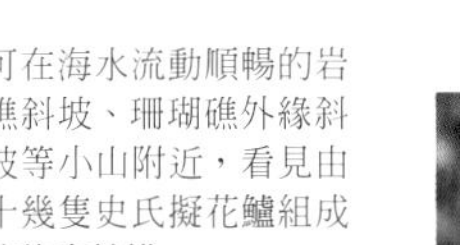

可在海水流動順暢的岩礁斜坡、珊瑚礁外緣斜坡等小山附近，看見由十幾隻史氏擬花鱸組成的後宮結構。
在日本爲棲息在水深 40m 以深深水區的魚類。

幼魚 八丈島
水深 50m 大小 3cm

鮨科

厚唇擬花鱸

Pseudanthias pascalus

南日本的太平洋沿岸、伊豆群島、小笠原群島、屋久島、琉球群島；台灣、太平洋中．西部（夏威夷、復活節島除外）

前端為紅色
♂
體色為藍紫色
粉紅色到黃色線條
♀

在海水流動順暢的岩礁與珊瑚礁外緣形成龐大群體，四處游動。幼魚在南日本的太平洋沿岸屬於季節性洄游魚，每年在固定時間出現。

雌魚 八丈島
水深 18m 大小 8cm 6cm

雄魚 八丈島
水深 15m 大小 12cm

鮨科

鈴鹿氏暗澳鮨

Rabaulichthys suzukii

相模灣、駿河灣、高知縣柏島；菲律賓群島

♂
大大的背鰭彷佛張開的帆
♀

可在水深 10～20m、海水流動順暢的珊瑚礁外緣斜坡，看見由數十隻鈴鹿氏暗澳鮨形成的群體，與其他花鱸一起行動。屬於稀有種。

雌魚 柏島 水深 7m
大小 8cm 西村直樹

婚姻色 柏島 水深 7m
大小 10cm 西村直樹

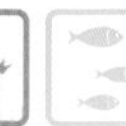

雄魚 柏島
水深 7m 大小 10cm
西村直樹

鮨科

高棘棘花鱸

Plectranthias altipinnatus

伊豆群島、相模灣、和歌山縣岩代、高知縣柏島、沖繩縣伊江島．久米島

第 3 條棘條很長，呈抹刀狀
遍布許多紅色與黃色斑點

單獨待在水深 40m 以深，海水流動順暢的岩礁斜坡陰暗處或粗礫下等海底。

八丈島
水深 50m 大小 6cm

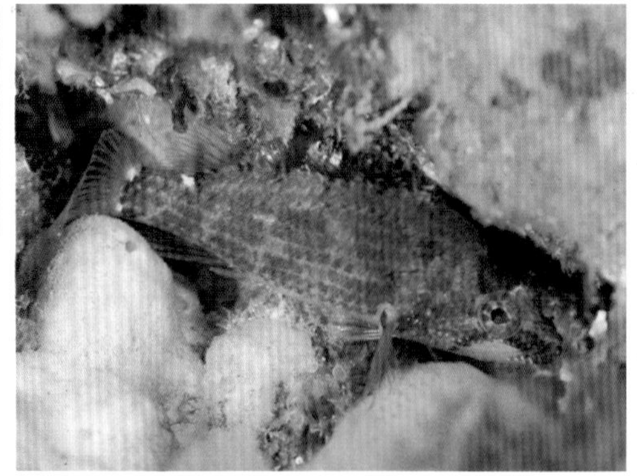

八丈島
水深 15m 大小 4cm
水谷知世

鮨科

長臂棘花鱸

Plectranthias longimanus

南日本的太平洋沿岸、伊豆群島、小笠原群島、屋久島、琉球群島；濟州島、台灣、西印度洋、西太平洋

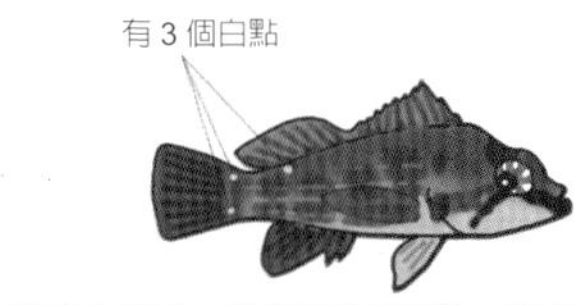
有 3 個白點

隱藏在岩礁、珊瑚礁外緣斜坡、海底小山側面的陰暗處與裂縫空隙。與其他花鱸不同，棲息狀況與鮨科魚類較為類似。

伊豆半島
水深 52m 大小 8cm
蔦木伸明

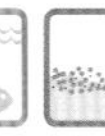
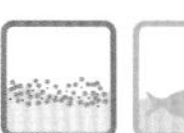

鮨科

相模灣棘花鱸

Plectranthias sagamiensis

相模灣、伊豆大島、駿河灣、沖繩島名護灣；帝汶海沿岸

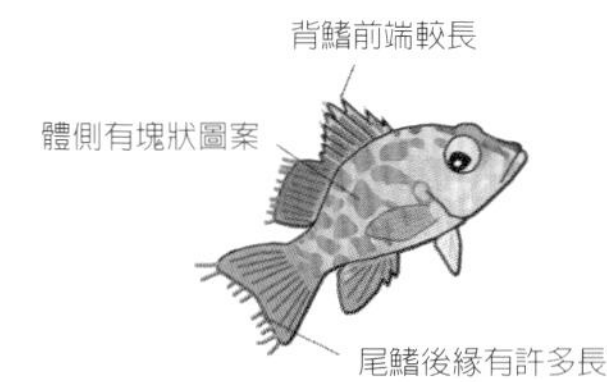
背鰭前端較長
體側有塊狀圖案
尾鰭後緣有許多長鰭條

棲息在沿岸的岩礁、砂礫底等水深 50 ～ 270m 處。單獨待在海底小山上或周邊砂地。

八丈島 水深 45m 大小 8cm

鮨科

佩氏棘花鱸

Plectranthias pelicieri

高知縣柏島、伊豆群島、琉球群島；模里西斯

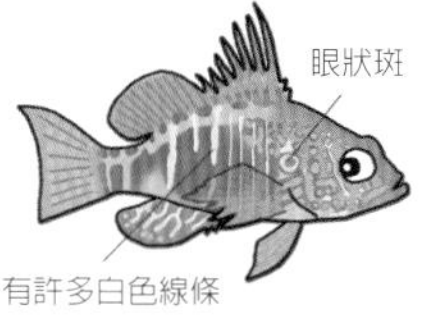
眼狀斑
有許多白色線條

單獨棲息在海水流動順暢、岩礁斜坡的粗礫或岩石下方，屬於生活在水深 35m 以深的深水區魚類，也是只在固定地區生活的稀有種。

鮨科

駝背鱸

Cromileptes altivelis

南日本的太平洋沿岸、小笠原群島、山口縣日本海沿岸、琉球群島；台灣、香港、東印度－西太平洋

全身遍布大黑斑

成魚 倫貝島
水深 4m 大小 20cm
惣道敬子

可在內灣性淺珊瑚礁看見其單獨行動的模樣。幼魚頭部朝下，身體擺動般地游泳。

幼魚 呂宋島
水深 15m 大小 5cm 小林裕

鮨科

花斑刺鰓鮨

Plectropomus leopardus

山口縣、長崎縣、相模灣～屋久島的太平洋沿岸、伊豆群島、琉球群島；朝鮮半島、台灣、香港、西太平洋、加羅林群島、馬久羅環礁、澳洲西北岸

全身遍布比瞳孔小的斑點
尾鰭後緣稍微內凹

八丈島
水深 20m 大小 40cm

棲息在沿岸的岩礁地區、珊瑚礁外緣，水深 3 ～ 100m 處。通常單獨在中層游動。

鮨科

星鱠

Variola louti

南日本的太平洋沿岸、伊豆群島、小笠原群島、琉球群島；台灣、中國、印度－太平洋

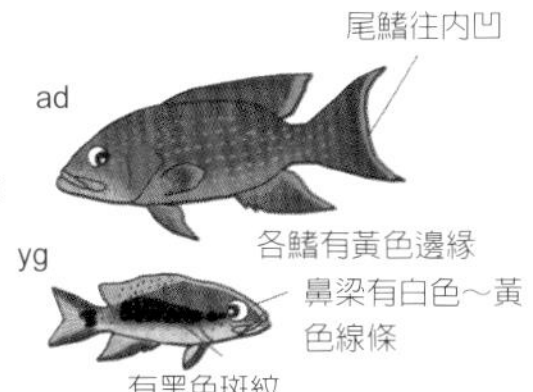
尾鰭往內凹
ad
各鰭有黃色邊緣
yg
鼻梁有白色～黃色線條
有黑色斑紋

成魚 八丈島
水深 15m 大小 40cm

可在海水流動順暢的岩礁與珊瑚礁外緣，看見其四處游動的模樣。

幼魚 八丈島
水深 15m 大小 6cm

成魚 西表島
水深 15m 大小 25cm
水谷知世

鮨科

橫斑刺鰓鮨

Plectropomus laevis

伊豆群島、小笠原群島、和歌山縣、高知縣、屋久島、琉球群島；台灣、印度－太平洋

胸鰭為黑色
ad
體側有寬條紋
虹彩為黃色到橘色
yg

可在珊瑚礁外緣斜坡看見其單獨活動的模樣。幼魚僞裝成有毒的瓦氏尖鼻魨，藉此保護自己。

幼魚 八丈島
水深 5m 大小 3cm

成魚 帛琉 水深 18m 大小 30cm

鮨科

白邊纖齒鱸

Gracila albomarginata

小笠原群島、琉球群島；台灣、印度－太平洋

看似戴著綠色面罩的斑紋

ad

體色為藍紫色
水藍色與綠色線條交互排列

邊緣為橘色
yg

獨自在珊瑚礁外緣斜坡與陡坡側面四處游動，幼魚爲紫紅色，僞裝成厚唇擬花鱸等花鱸類。

幼魚 屋久島 水深 15m
大小 2cm 片桐佳江

塞班島 水深 12m 大小 25cm

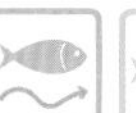

鮨科

斑點九刺鮨

Cephalopholis argus

八丈島、小笠原群島、和歌山縣～屋久島的太平洋沿岸、琉球群島；台灣、印度－太平洋

遍布許多藍色斑點
偏白的條紋圖案

單獨在淺水區的珊瑚礁與外緣附近游動。

鮨科

青星九刺鮨

Cephalopholis miniata

駿河灣～屋久島的太平洋沿岸、八丈島、小笠原群島、琉球群島；台灣、印度－太平洋

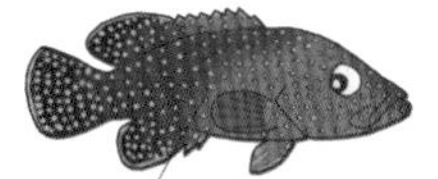

全身遍布藍色小點

可在岩礁或珊瑚礁外緣的小山附近看見其單獨游動的模樣。幼魚偽裝成絲鰭擬花鮨，混入絲鰭擬花鮨群中，藉此保護自己。

幼魚 八丈島
水深 12m 大小 3.5cm

成魚 八丈島
水深 16m 大小 30cm

鮨科

六斑九刺鮨

Cephalopholis sexmaculata

八丈島、小笠原群島、土佐灣、屋久島、琉球群島；台灣、印度－太平洋

背部有明顯的黑色條紋圖案

在珊瑚礁外緣陡坡側面，與岩壁天花板附近的岩石縫隙間游動。

八丈島 水深 13m 大小 25cm

鮨科

宋氏九刺鮨

Cephalopholis sonnerati

伊豆群島、小笠原群島、駿河灣～屋久島的太平洋沿岸、琉球群島；台灣、香港、印度－太平洋

臉上遍布細點

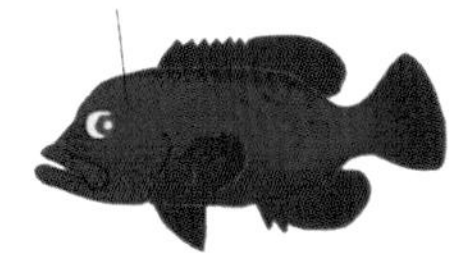

在花鱸與駿河灣藍帶紋鱸聚集的海底小山，以及裂唇魚等海底清道夫生存的環境中，可看見宋氏九刺鮨單獨或成對生活的模樣。八丈島可於水深 30m 以深，較深的海域中發現其身影。

八丈島 水深 35m 大小 45cm

八丈島 水深 10m 大小 25cm

鮨科

尾紋九刺鮨

Cephalopholis urodeta

伊豆群島、小笠原群島、和歌山縣串本、高知縣柏島、屋久島、琉球群島；香港、台灣、印度－太平洋

八字型白線

可在淺岩礁、珊瑚礁、珊瑚礁外緣、礁池等各種環境，看見其單獨生活的情景。

八丈島
水深 21m 大小 20cm
石野昇太

鮨科

七帶下美鮨

Hyporthodus septemfasciatus

北海道～九州南岸的日本海 ‧ 東海沿岸、仙台灣～九州南岸的太平洋沿岸、伊豆群島、小笠原群島、屋久島、石垣島；朝鮮半島、中國、香港

倒數第 2 條白色橫線在中間斷掉
成魚的尾鰭後緣有白邊

棲息在沿岸的岩礁地區，水深 4 ～ 300m 處。體型愈大的七帶下美鮨，棲息在愈深的海域。外型很像同屬近似種八帶下美鮨，可從倒數第 2 條白色橫線在中間斷掉這一點來區分。

八丈島 水深 15m 大小 25cm

鮨科

橫帶石斑魚

Epinephelus fasciatus

南日本、伊豆群島、小笠原群島、屋久島、琉球群島；朝鮮半島、台灣、香港、印度－太平洋

棘的前端有褐邊或白邊
背部有紅褐色條紋圖案

可在岩礁斜坡、海底小山周邊、珊瑚礁、珊瑚礁外緣等各種環境，看見其單獨生活的情景。

八丈島
水深 6m 大小 4cm

鮨科

褐帶石斑魚

Epinephelus bruneus

本州、伊豆群島、小笠原群島、屋久島、琉球群島；朝鮮半島、台灣、中國

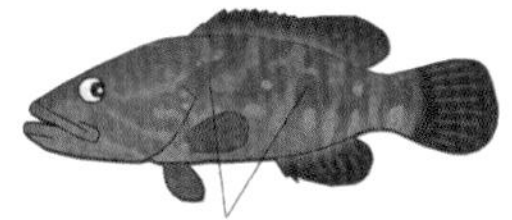
不規則條紋圖案從前方斜入

可在深水區的岩礁斜坡四周，看見其單獨生活的情景。有時潛水客侵入地盤，牠會稍微接近觀察狀況，但基本上警戒心很強，一有風吹草動就會立刻躲進大型洞穴或裂縫中。年輕個體大多棲息在淺水區。

青海島
水深 14m　大小 55cm
和泉裕二

鮨科

寬帶長鱸

Liopropoma latifasciatum

駿河灣～愛媛縣的太平洋沿岸、伊豆群島、奄美群島、琉球群島；韓國、台灣、帛琉

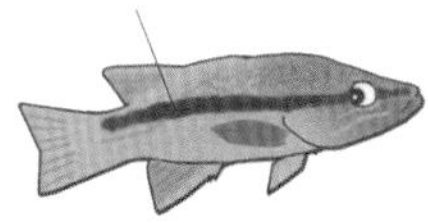
吻端到尾鰭根部上方有一
條黑色帶狀圖案

可在海水流動順暢的岩礁斜坡棚、裂縫與洞穴，看見其單獨行動的模樣。警戒心強，一旦感到危險就會立刻躲進岩石縫隙。

八丈島　水深 60m　大小 20cm

鮨科

六線黑鱸

Grammistes sexlineatus

岩手縣、相模灣～高知縣的太平洋沿岸、屋久島、琉球群島、伊豆群島、小笠原群島；台灣、香港、印度－太平洋

ad
頷部長著如鬚的皮瓣
黃色～白色的
條紋圖案

yg

可在岩礁、珊瑚礁小山側面、岩石隱密處、裂縫等處，看見其單獨行動的模樣。感到危險時體表會分泌泡狀毒素，因此英文名又稱「Soapfish」。

幼魚　八丈島
水深 8m　大小 5cm

成魚　八丈島
水深 12m　大小 12cm

屋久島
水深 12m 大小 5cm
原崎森

鮨科

查氏鱵鱸

Belonoperca chabanaudi

屋久島、琉球群島；台灣、印度－太平洋

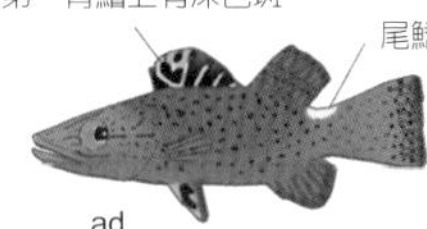
第一背鰭上有深色斑
尾鰭根部上方有黃色斑點
ad

幼魚為黃色
yg

喜歡待在岩棚與洞窟等陰暗處，平時獨自行動，靜止地漂浮在水中。幼魚爲黃色。

幼魚 帛琉
水深 20m 大小 3cm
蔦木伸明

宿霧島
水深 18m 大小 25cm

鮨科

雙帶鱸

Diploprion bifasciatum

佐渡島以南的本州日本海沿岸、相模灣～九州南岸的太平洋沿岸、琉球群島；濟州島、台灣、中國、印度－太平洋

眼睛與體側中央有又黑又粗的帶狀圖案

可在略深的岩礁、珊瑚礁外緣斜坡、陡坡側面等陰暗處，發現其單獨行動的身影。

成魚 呂宋島
水深 20m 大小 20cm

鮨科

斑點鬚鮨

Pogonoperca punctata

八丈島、小笠原群島、和歌山～九州南岸的太平洋沿岸、屋久島、琉球群島；台灣、東印度－太平洋

背部排列著黑色斑紋
頷部長著如鬚的皮瓣
2 排黃色斑點

隱藏在淺岩礁、珊瑚礁小山側面與裂縫，幼魚通常躲在粗礫下、海底小山與岩石縫隙深處，很難看到。

幼魚 八丈島
水深 10m 大小 2.5cm

鮨科

多棘擬線鱸

Pseudogramma polyacantha

伊豆群島、小笠原群島、屋久島、琉球群島；台灣、印度－太平洋

鰓蓋有眼狀斑

體側有網目圖案

廣泛棲息在沿岸岩礁與珊瑚礁，水深 1 ～ 64m 處。通常躲在海底小山岩棚縫隙與粗礫下方。屬於稀有種。

八丈島 水深 15m 大小 5cm

鮨科

特氏紫鱸

Aulacocephalus temminckii

伊豆群島、小笠原群島、南日本的太平洋沿岸；濟州島、台灣、印度－西太平洋

常見於岩礁和珊瑚礁斜坡的小山側面，當牠感到壓力，會從體表分泌毒液。專家認爲當牠被大型魚類捕食，牠就會分泌毒素，強迫大魚將牠吐出來。

有一條寬黃線

幼魚
伊豆大島
水深 15m 大小 10cm
蔦木伸明

八丈島 水深 25m 大小 12cm

麗花鮨科

駿河灣藍帶紋鱸

Grammatonotus surugaensis

靜岡縣富戶、伊豆大島、駿河灣沼津外海、土佐灣、大隈海峽

黃色圓點圖案
尾鰭後緣呈線狀生長

棲息在沿岸處水深 65 ～ 120m 的岩礁和砂泥底、粗礫石岸。照片中的個體與長擬花鱸、紅紋擬花鱸群一起行動。日本近海的麗花鮨科，只有本種、日本麗花鮨與大眼藍紋鱸，共 2 屬 3 種。外型很像同屬近似種大眼藍紋鱸，但本種的眼睛較小。

伊豆半島
水深 57m 大小 10cm
山本敏

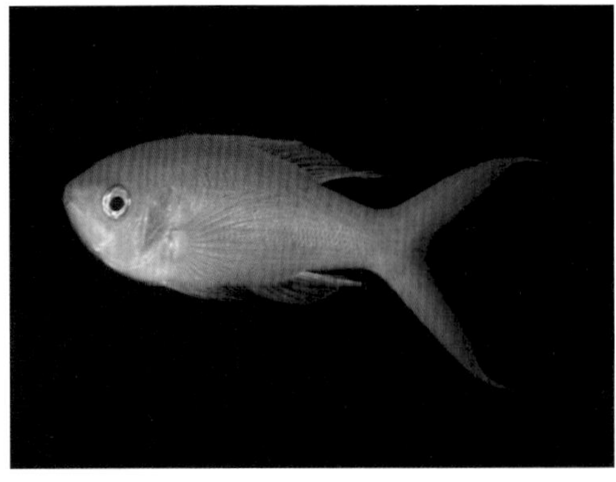

成魚 八丈島 水深 60m 大小 20cm

癒齒鯛科

片山氏癒齒鯛

Symphysanodon katayamai

相模灣～高知縣的太平洋沿岸、八丈島；台灣、西太平洋、夏威夷

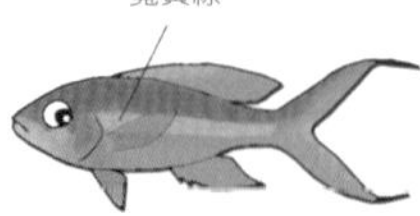
寬黃線

單獨或成群棲息在海水流通、水深 40m 以深的岩礁地區，在八丈島的深水區是全年都能見到的一般魚種。雄魚和雌魚的顏色沒有差異。

幼魚 八丈島
水深 70m 大小 5cm

呂宋島 水深 5m 大小 5cm

擬雀鯛科

褐擬雀鯛

Pseudochromis fuscus

小笠原群島、琉球群島；台灣、香港、東印度－西太平洋

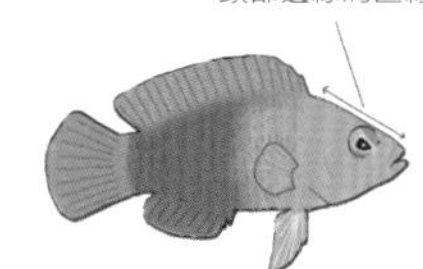
頭部邊緣為直線
體高比同屬他種高

棲息在內灣的淺珊瑚礁與潮池，獨自行動，平時會從珊瑚礁礫石間探出頭來，警戒心很強，有外物靠近會立刻躲起來。體色分爲兩種，分別是黑色、深綠色的深色種，與黃色的淺色種。照片爲淺色種。

帛琉 水深 6m 大小 5cm

擬雀鯛科

紫繡雀鯛

Pictichromis porphyrea

琉球群島；太平洋中 · 西部的熱帶海域

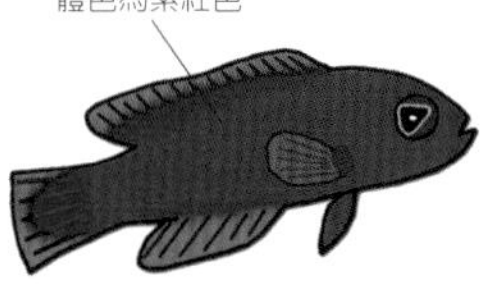
體色為紫紅色

單獨棲息在海水流通的珊瑚礁外緣陡坡側面的裂縫與洞穴等暗處，警戒心強，有外物靠近會立刻躲起來。使用閃光燈拍攝的照片，或是在燈光照射下觀察到的紫繡雀鯛呈現紫紅色，但在水中看起來爲藍色。

擬雀鯛科

馬歇爾島擬雀鯛

Pseudochromis marshallensis

八丈島、小笠原群島、琉球群島；台灣、越南、東印度－西太平洋、馬紹爾群島、加羅林群島

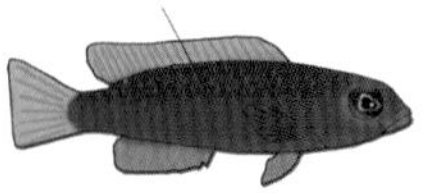
體側有呈直向排列的淺黃色細微斑點

棲息在淺岩礁地區、珊瑚礁與潮池，會在岩棚縫隙間游動。警戒心強，有外物靠近會立刻躲起來。

八丈島 水深 8m 大小 5cm

七夕魚科

蘭氏燕尾七夕魚

Assessor randalli

琉球群島；台灣

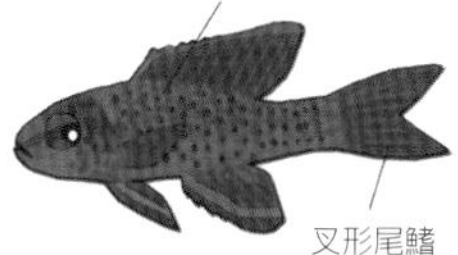
藍色身體在水裡
看起來像黑色
叉形尾鰭

常見於珊瑚礁外緣的陡坡側面陰暗處、洞穴、洞窟處，通常會單獨或幾隻成群地頭部朝下在水中徘徊。

石垣島
水深 8m 大小 5cm
惣道敬子

七夕魚科

珍珠麗七夕魚

Calloplesiops altivelis

八丈島、和歌山縣串本、琉球群島；台灣、印度－太平洋（夏威夷除外）

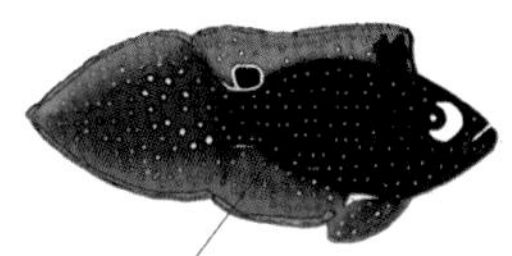
全身遍布許多白色斑點

單獨棲息在珊瑚礁下方的洞穴，或岩棚下的陰暗處。頭部塞在洞裡只露出尾鰭的模樣，看起來像是白口裸胸鯙張口吃東西的樣子，專家認爲這是其用來保護自己的擬態策略。

八丈島 水深 25m 大小 15cm

八丈島
水深 3m 大小 8cm

七夕魚科

藍線七夕魚

Plesiops coeruleolineatus

伊豆群島、小笠原群島、伊豆半島～大分縣、屋久島、琉球群島；台灣、印度－西太平洋（包含紅海）、密克羅尼西亞、薩摩亞群島

背鰭前端與尾鰭
後緣有橘色邊緣

棲息在潮池與礁湖岩石的下方，可在八丈島內灣淺水區的粗礫石岸發現其蹤影。警戒心強，幾乎不現身。

八丈島 水深 6m 大小 10cm

七夕魚科

仲原氏七夕魚

Plesiops nakaharae

伊豆大島、八丈島、相模灣～高知縣的太平洋沿岸、沖繩縣；台灣南部

背鰭前端不是橘色
尾鰭後緣為黃色

棲息在水深 10m 以淺的岩礁地區，平時躲在粗礫石岸下，潛水客很難發現其身影。照片中的個體是雌魚將卵產在岩礁天花板下方，守護仔魚孵化的情景。在此情況下，同一個體會在相同地方待上數天。

伊豆半島
水深 46m 大小 8cm
名倉盾

後頜魚科

霍氏後頜魚

Opistognathus hopkinsi

神奈川縣三崎、伊豆半島、島根縣隱岐、長崎縣對馬

頭部與體側有藍色和黃色圖案

棲息在水深 80m 以深的砂礫底，挖掘垂直的洞穴，在出入口堆積小石頭，建造紮實安全的巢穴。

大眼鯛科

寶石大眼鯛

Priacanthus hamrur

相模灣～屋久島的太平洋沿岸、八丈島、琉球群島；韓國、台灣、香港、印度－太平洋（夏威夷除外）、突尼西亞

尾鰭雙凹、兩端略長

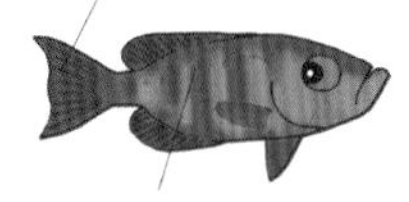
體側通常有條紋圖案

單獨或成群棲息在海水流通，開闊的岩礁小山陰影處、珊瑚礁外緣水深略深的地方。偶爾可在伊豆發現幼魚，不過不會在此過年，屬於季節性洄游魚。

八丈島
水深 15m 大小 25cm

八丈島 水深 18m 大小 25cm

大眼鯛科

黃鰭大眼鯛

Priacanthus zaiserae

伊豆群島、神奈川縣～三重縣的太平洋沿岸、釣魚台列嶼；菲律賓群島夏揚島

背鰭和臀鰭沒有深色斑與黃斑
胸鰭為黃色
尾鰭形狀為截形

棲息在水深 28 ～ 320m 處，照片爲冷水團時期受到湧升流影響，游至淺水區的個體。

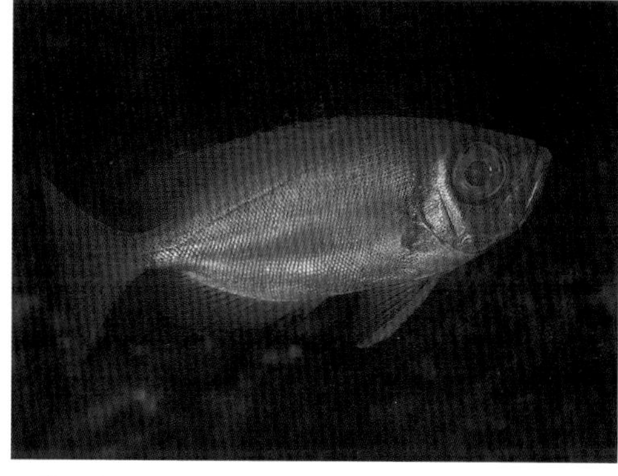

八丈島 水深 35m 大小 28cm

大眼鯛科

血斑異大眼鯛

Heteropriacanthus cruentatus

八丈島、小笠原群島、相模灣～屋久島的太平洋沿岸、琉球群島；韓國、台灣、香港、全世界的熱帶．亞熱帶海域

各鰭遍布紅色斑點
尾鰭終緣呈垂直狀

常見於淺岩礁、珊瑚礁外緣等陡坡側面的陰暗處和洞穴。

八丈島
水深 12m 大小 5cm

八丈島 水深 10m 大小 18cm

八丈島 水深 30m 大小 25cm

大眼鯛科

深水大眼鯛

Priacanthus fitchi

八丈島、宮崎縣日南、東海；印度洋、菲律賓群島龐森島、蘇門答臘島、澳洲西岸

背鰭與臀鰭為淺紅色
最大體高位於頭部後方
尾鰭為淺雙凹

棲息在水深 150 ～ 400m 的大陸棚，照片爲冷水團時期受到湧升流影響，游至淺水區的個體。

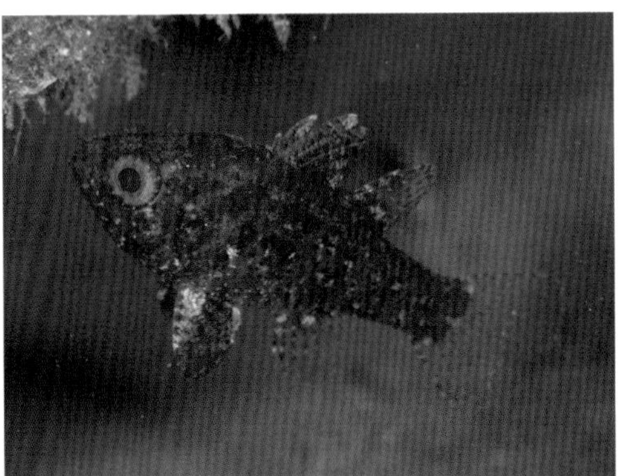

八丈島
水深 6m 大小 3cm

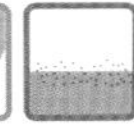

天竺鯛科

短線小天竺鯛

Foa brachygramma

八丈島、靜岡縣～和歌山縣的太平洋沿岸、屋久島、琉球群島；台灣、西印度、太平洋中 · 西部（到拉帕島為止）

背鰭前端有白邊彷彿撒上白粉一樣
眼周排列著小點
體側沒有條紋圖案

潛藏在內灣處水深較淺的砂泥底，與大葉藻林四周的岩石隱密處、海藻裡。

屋久島
水深 25m 大小 4cm
原崎森

軟珊瑚類

天竺鯛科

澳大利亞管天竺鯛

Siphamia tubulata

高知縣柏島、屋久島、沖繩縣沖繩島 · 水納島；印尼（松巴哇島、塞拉亞島）、新幾內亞島西岸

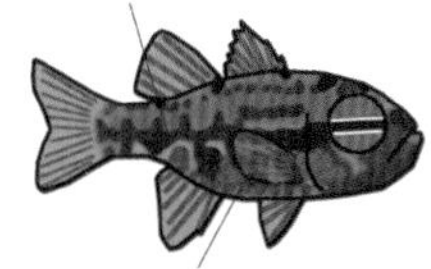
體側有不規則斑紋
黃色線條上有藍色斑點

常見於深水區岩礁處的棘穗軟珊瑚之間，在日本爲稀有種。

天竺鯛科

五線巨齒天竺鯛

Cheilodipterus quinquelineatus

南日本的太平洋沿岸、伊豆群島、小笠原群島、屋久島、琉球群島；台灣、印度－太平洋（波斯灣、夏威夷群島、復活節島除外）

常見於內灣性岩礁的隱密處，與珊瑚礁縫隙間。幼魚長得很像縱帶巨齒天竺鯛，很難區分兩者。

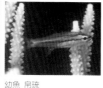

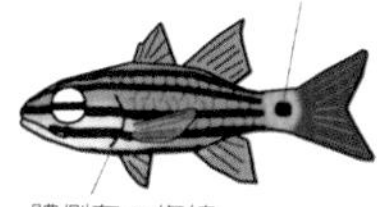
有黃邊的黑點
體側有 5 條線

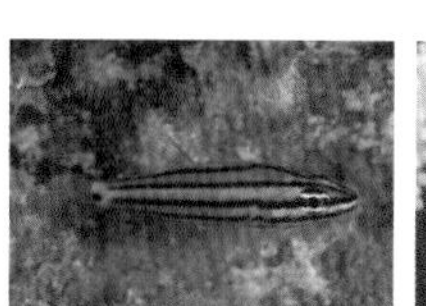

稚魚 八丈島
水深 8m 大小 4cm

幼魚 帛琉
水深 5m 大小 2.5cm

成魚 八丈島
水深 6m 大小 10cm

天竺鯛科

巨齒天竺鯛

Cheilodipterus macrodon

南日本的太平洋沿岸、伊豆群島、小笠原群島、屋久島、琉球群島；台灣、印度－太平洋（夏威夷群島、萊恩群島、復活節島除外）

體側有 8 道條紋圖案，不過不明顯
ad
上下緣有黑色邊框
尾鰭根部有一條寬帶
頭部為黃色
yg

在天竺鯛科中屬於大型種，經常可在淺岩礁山側面的陰暗處、珊瑚礁的珊瑚下方與岩穴，看見其單獨活動的模樣。

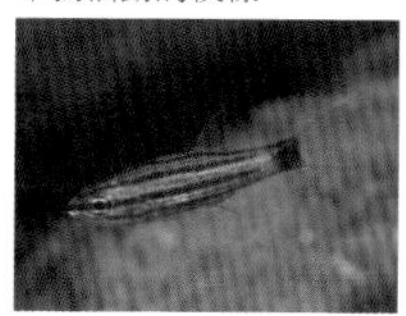

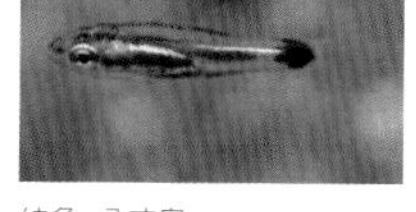

稚魚 八丈島
水深 10m 大小 4cm

幼魚 八丈島
水深 10m 大小 2cm

成魚 八丈島
水深 12m 大小 18cm

天竺鯛科

中間巨齒天鯛

Cheilodipterus intermedius

高知縣柏島、愛媛縣愛南、屋久島、奄美大島、琉球群島；太平洋西部的熱帶海域

常見於內灣岩礁山的隱密處、珊瑚礁內灣、珊瑚礁潟湖內的珊瑚枝條四周。

體側有 8 條線，眼睛上方的線條又寬又深
黑色邊緣

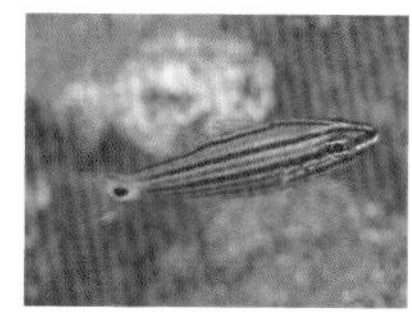

稚魚 八丈島
水深 8m 大小 7cm

稚魚 八丈島
水深 10m 大小 8cm

成魚 八丈島
水深 8m 大小 10cm

成魚 民都洛島
水深 5m 大小 8cm
水谷知世

天竺鯛科

縱帶巨齒天竺鯛

Cheilodipterus artus

屋久島、琉球群島；台灣、香港、印度－太平洋（到土阿莫土群島為止；夏威夷群島除外）

尾鰭根部有模糊的帶狀圖案
體側有 7 條線
兩端有黑色邊緣

常見於內灣淺岩礁或珊瑚礁瀉湖，幼魚很像五線巨齒天竺鯛，極難分辨。照片中的幼魚可以看到尾鰭上圍繞黑點的黃色部分，遍布著黑色素細胞，因此確認爲本種。

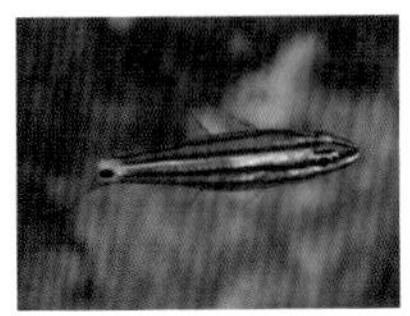

幼魚 八丈島
水深 6m 大小 4cm

宿霧島
水深 10m 大小 3cm
蔦木伸明

天竺鯛科

顯斑乳突天竺鯛

Fowleria marmorata

高知縣柏島、屋久島、琉球群島；台灣、宿霧島、社會群島、萊恩群島、馬克薩斯群島、紅海、莫三比克

各鰭為鮮豔的紅色
鰓蓋有大型眼狀斑
體側有 5 ～ 6 條明顯的深色橫帶

棲息在水深 10 ～ 20m 的岩礁地區和珊瑚礁，只能在晚上發現其蹤影，通常躲在粗礫下方不現身。屬於稀有種。

帛琉 水深 25m 大小 6cm

天竺鯛科

箭矢鸚天竺鯛

Ostorhinchus dispar

琉球群島；印度洋東部－太平洋西部的熱帶海域

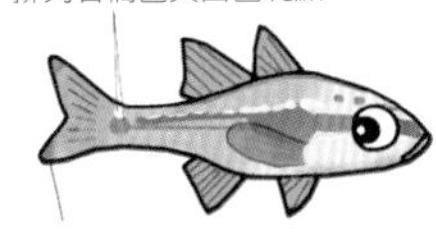
排列著橘色與白色斑點
尾鰭兩端為橘色

常見於水深 30m 以深的珊瑚礁外緣、陡坡的柳珊瑚類之間。

天竺鯛科

半飾天竺鯛

Apogon semiornatus

南日本的太平洋沿岸、伊豆群島、屋久島、奄美大島、琉球群島；台灣、印度－西太平洋（到新喀里多尼亞為止）

身體有 2 條斜向的深色線條

棲息於岩礁，白天藏在岩洞裡，看不見其身影。身上的斜向線條是其特色，在天竺鯛屬中，只有本種有此線條。

伊豆大島
水深 10m 大小 2.5cm
蔦木伸明

天竺鯛科

中線鸚天竺鯛

Ostorhinchus kiensis

八丈島、南日本的太平洋沿岸、島根縣～九州南岸的日本海・東海沿岸；朝鮮半島、台灣、中國、菲律賓群島、弗洛勒斯群島、雪梨灣

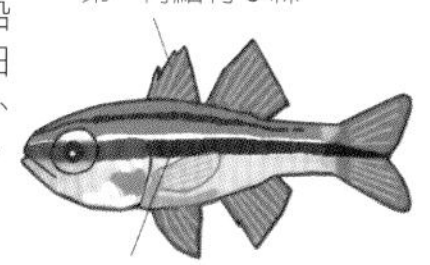

第一背鰭有 6 棘

體側中央線條延伸到尾鰭後緣

棲息在內灣的砂泥底，幾隻中線鸚天竺鯛會聚集在掉落海裡的人造物，或待在蕨形角海葵旁邊。外型酷似同屬近似種寬條鸚天竺鯛，不過寬條鸚天竺鯛的第一背鰭有 7 枚硬棘，本種只有 6 枚硬棘。

幼魚 八丈島
水深 15m 大小 2.5cm

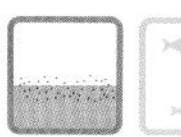

串本
水深 8m 大小 4cm
谷口勝政

天竺鯛科

福氏天竺鯛

Apogon fukuii

南日本的太平洋沿岸、八丈島、小笠原群島；大巽他群島南岸、澳洲西北岸、查戈斯群島、南非東岸

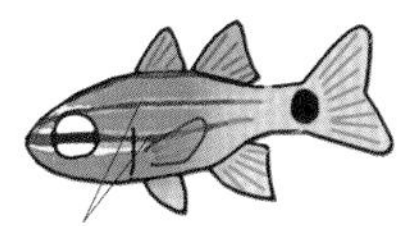

體側有 2 條線

常見於水深 40m 以深，海水流動順暢、位於岩礁斜面的小山隱密處。

幼魚 八丈島
水深 60m 大小 3cm

成魚 八丈島
水深 55m 大小 8cm

愛媛縣愛南町
水深 5m 大小 10cm
平田智法

天竺鯛科

黑似天竺鯛

Apogonichthyoides niger

伊豆大島、千葉縣～九州南岸的太平洋沿岸、九州北岸、長崎縣天草・五島群島；朝鮮半島、台灣、中國

腹鰭很大摺起來可達臀鰭

常見於內灣混雜著小石的砂泥底與砂底，經常被誤認為海藻、枯葉或垃圾。屬於溫帶種。

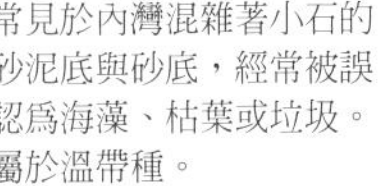

青海島 水深 12m
大小 7cm 和泉裕二

成魚 八丈島 水深 18m 大小 7cm

天竺鯛科

半線鸚天竺鯛

Ostorhinchus semilineatus

青森縣、宮城縣～九州南岸的太平洋沿岸、八丈島、山形縣～九州南岸的日本海・東海沿岸、慶良間群島、宮古島；朝鮮半島、台灣、中國、菲律賓群島、關島、印尼、澳洲西北岸

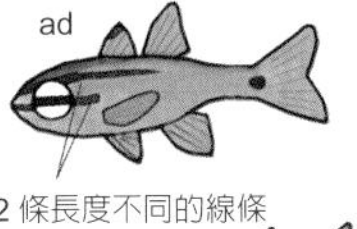
ad
2 條長度不同的線條
眼睛上方有 1 條線
yg

在內灣的淺岩礁中層形成龐大群體生活，屬於溫帶種。大多數天竺鯛科的魚類在繁殖期成對行動，雄魚將卵含在口中，直到孵化為止。本種的 7～9 月為繁殖期，同樣也會成對行動，可看見雄魚將卵含在口中的情景。

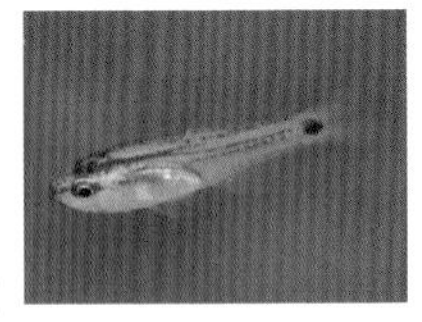

幼魚 八丈島
水深 12m 大小 2cm

成魚 八丈島 水深 18m 大小 7cm

天竺鯛科

黑點鸚天竺鯛

Ostorhinchus notatus

南日本的太平洋沿岸、九州北岸・西岸、琉球群島；濟州島、台灣、菲律賓、帛琉、新喀里多尼亞

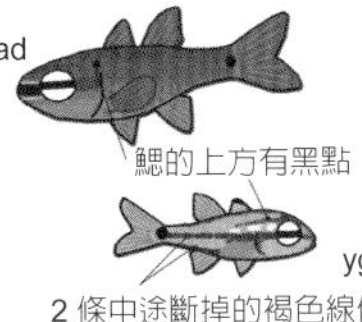
ad
鰓的上方有黑點
yg
2 條中途斷掉的褐色線條

在本州沿岸的淺岩礁斜坡中層帶，形成龐大群體的溫帶種。在八丈島水溫降低的冷水團時期，可看見其混在黃帶鸚天竺鯛群中一起行動的身影，平時很少看見。在琉球群島也是稀有種。

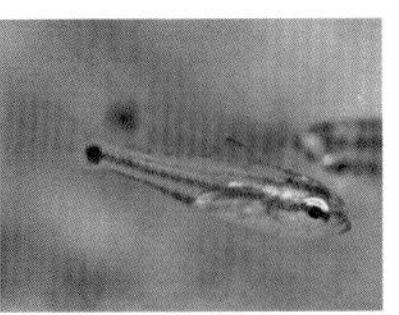

幼魚 八丈島
水深 14m 大小 2cm

天竺鯛科

帝汶似天竺鯛

Apogonichthyoides timorensis

高知縣柏島、屋久島、琉球群島；台灣、香港、印度－西太平洋（包含紅海）

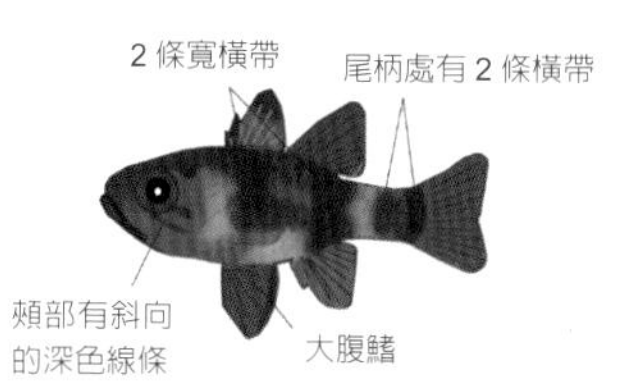

2 條寬橫帶
尾柄處有 2 條橫帶
頰部有斜向的深色線條
大腹鰭

單獨棲息在珊瑚礁、內灣的岩礁地區、海底小山下方與岩石隱密處等地方。體側與尾柄處有 2 條明顯的深色橫帶，生存在某些環境的本種，身上的橫帶較不明顯。

柏島
水深 15m 大小 15cm
蔦木伸明

天竺鯛科

環尾鸚天竺鯛

Ostorhinchus aureus

南日本的太平洋沿岸、伊豆群島、屋久島、琉球群島；台灣、香港、印度－西太平洋

尾鰭根部有黑色帶狀圖案

通過眼睛的藍色線條

常見於淺岩礁小山側面、洞穴、珊瑚下方的裂縫、岩洞等處。

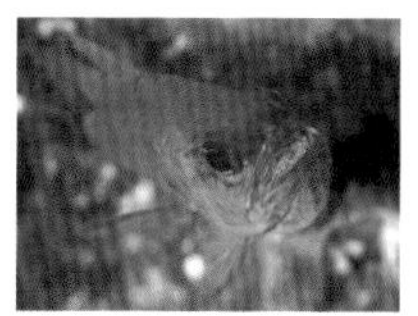

在口中孵卵 八丈島
水深 15m 大小 12cm

幼魚 八丈島
水深 12m 大小 3cm 水谷知世

成魚 八丈島
水深 15m 大小 12cm

天竺鯛科

短齒鸚天竺鯛

Ostorhinchus apogonoides

南日本的太平洋沿岸、八丈島、三宅島、屋久島、琉球群島；台灣、印度－太平洋

瞳孔的上下方有藍色線條

尾鰭根部附近沒有斑點或帶狀圖案

常見於淺水區的岩礁山側面、洞穴、珊瑚礁下方的岩穴，或許是因爲個體數量很少，牠們經常與環尾鸚天竺鯛一起行動。可在八丈島略深的岩礁側面裂縫處，看到龐大群體聚集的場景。

幼魚 八丈島
水深 10m 大小 3cm 水谷知世

成魚 八丈島
水深 15m 大小 10cm

成魚 八丈島 水深 8m 大小 12cm

天竺鯛科

稻氏天竺鯛

Apogon doederleini

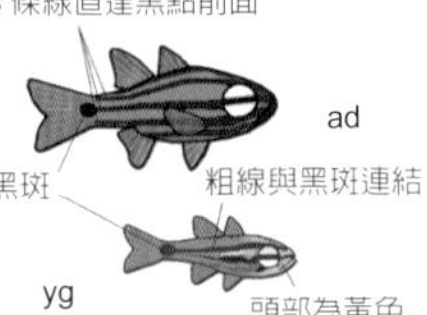
3 條線直達黑點前面
ad
大黑斑
粗線與黑斑連結
yg
頭部為黃色

茨城縣～屋久島的太平洋沿岸、八丈島、島根縣～九州北岸、琉球群島；朝鮮半島、台灣、中國、菲律賓、澳洲沿岸（南岸除外）

單獨棲息在淺岩礁山側面裂縫、洞穴等處，幼魚和年輕個體常見於海底小山側面的陰暗處、軟珊瑚等腔腸動物四周，形成數十隻的群體一起行動。屬於溫帶種。

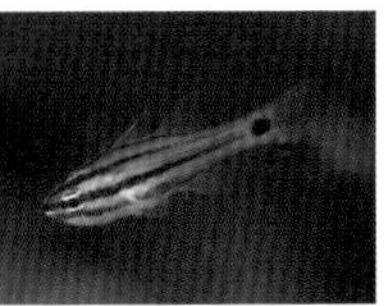

稚魚 八丈島
水深 8m 大小 5cm

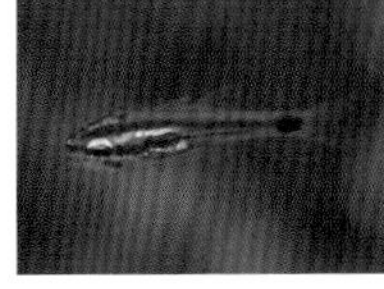

幼魚 八丈島
水深 6m 大小 2cm

成魚 八丈島 水深 12m 大小 10cm

天竺鯛科

細線鸚天竺鯛

Ostorhinchus endekataenia

ad
體側有 7 條線
大黑斑
體側中央的線條前端有一像火柴棒頭部的膨脹黑點
yg

伊豆群島、小笠原群島、千葉縣～屋久島的太平洋沿岸、兵庫縣～五島群島的日本海沿岸 · 東海沿岸、琉球群島；濟州島、台灣、中國、新加坡、爪哇海、泰國灣

常見於周遭爲砂泥底的岩礁，水深略深的地方。屬於溫帶種。

幼魚 八丈島
水深 8m 大小 3cm

成魚 八丈島 水深 16m 大小 6cm

天竺鯛科

全紋鸚天竺鯛

Ostorhinchus holotaenia

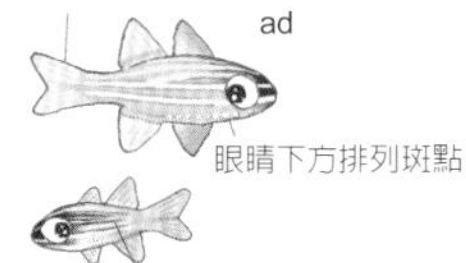
尾鰭中央有淺色線條
ad
眼睛下方排列斑點
yg 黃色線條從眼睛後方一直到尾鰭前端

南日本的太平洋沿岸、伊豆群島、福岡縣沖之島、長崎縣香燒、屋久島；蘇拉威西島、馬爾地夫群島、波斯灣、非洲大陸東岸

成對生活在淺珊瑚礁岩石縫隙間與隱密處，本種與黃帶鸚天竺鯛一起行動，2013年登錄爲新種。棲息處比黃帶鸚天竺鯛的棲息地偏南，在沖繩是極爲常見的魚類。幼魚是季節性洄游魚，可在南日本的太平洋沿岸發現其蹤影，很少觀察到成魚。

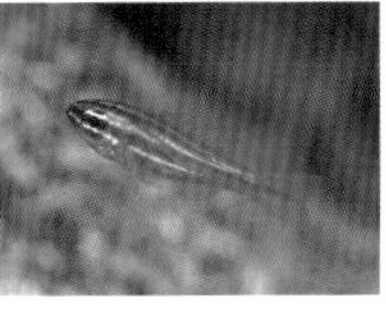

幼魚 八丈島
水深 8m 大小 2.5cm

天竺鯛科

黃帶鸚天竺鯛

Ostorhinchus properuptus

南日本的太平洋沿岸、八丈島、小笠原群島、屋久島、琉球群島；印度－太平洋西部

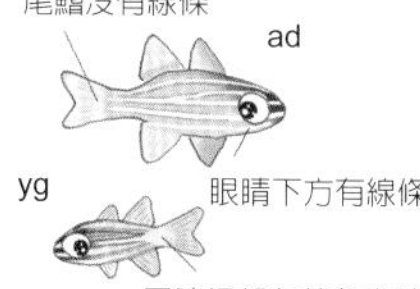
尾鰭沒有線條
ad
yg
眼睛下方有線條
尾鰭根部有黃色斑紋

成對棲息在淺岩礁的石頭縫隙或隱密處，棲息地比全紋鸚天竺鯛北邊，通常在南日本太平洋沿岸看見的這類魚都是本種。

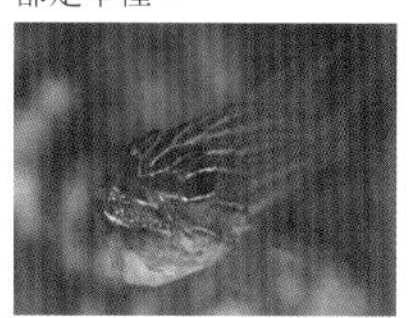
在口中孵卵 八丈島
水深 14m 大小 6cm

幼魚 八丈島
水深 10m 大小 2.5cm

成魚 八丈島 水深 17m 大小 7cm

天竺鯛科

黑帶鸚天竺鯛

Ostorhinchus nigrofasciatus

南日本的太平洋沿岸、伊豆群島、小笠原群島、屋久島、琉球群島；台灣、印度－太平洋（夏威夷、皮特肯群島、復活節島除外）

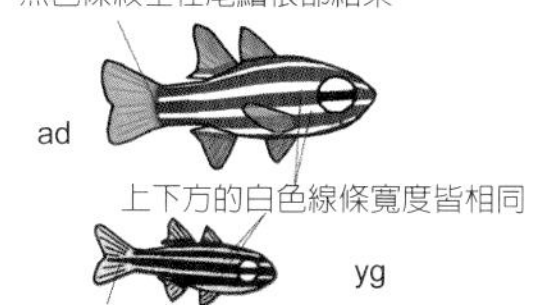
黑色條紋全在尾鰭根部結束
ad
上下方的白色線條寬度皆相同
yg
中央的黑色條紋直達尾鰭終緣

常見於淺珊瑚礁的珊瑚下方或岩石隱密處，偶爾會在本州沿岸發現其蹤影，屬於不會過冬的季節性洄游魚。

幼魚 八丈島 水深 3m
大小 2.5cm

成魚 八丈島 水深 18m 大小 10cm

天竺鯛科

寬帶鸚天竺鯛

Ostorhinchus angustatus

八丈島、琉球群島；台灣南部、印度－西太平洋、萊恩群島

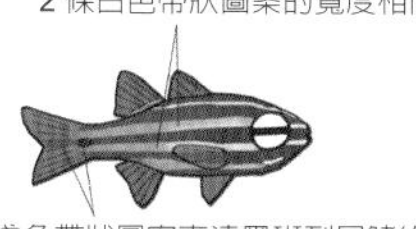
2 條白色帶狀圖案的寬度相同
淺色帶狀圖案直達黑斑到尾鰭終緣

常見於內灣性淺水區的岩礁山裂縫深處與珊瑚礁潟湖。

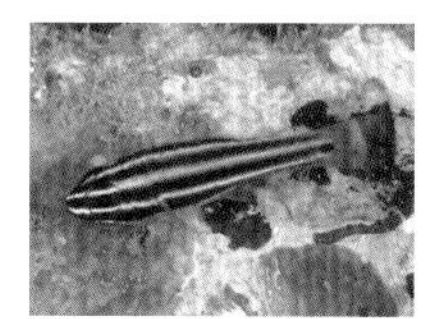
幼魚 八丈島 水深 12m
大小 3cm

成魚 八丈島
水深 15m 大小 8cm

成魚 八丈島
水深 2m 大小 12cm

天竺鯛科

褐帶鸚天竺鯛

Ostorhinchus taeniophorus

南日本的太平洋沿岸、五島群島、屋久島～奄美大島、琉球群島；台灣、印度－太平洋（夏威夷群島、澳洲沿岸除外）

第 2 條線只到鰓
沒有黑斑
沒有第 2 條線
這個部分很寬

潛伏在水深極淺的岩礁山側面裂縫、洞穴深處與粗礫下方。

幼魚 八丈島
水深 2m 大小 2.5cm

成魚 奄美大島
水深 1m 大小 10cm
道羅英夫

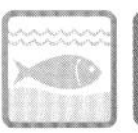

天竺鯛科

庫氏鸚天竺鯛

Ostorhinchus cookii

千葉縣～靜岡縣、小笠原群島、五島群島、屋久島、琉球群島；台灣、中國、印度－西太平洋

第 2 條線在體側後方中斷
ad
黑色斑點
沒有第 2 條線這
個部分很寬
yg

常見於 3m 以淺的內灣、岩礁與珊瑚礁，在八丈島可於 3m 以淺粗礫地帶的隱密處、岩洞深處發現其單獨行動的身影。

幼魚 奄美大島
水深 1m 大小 3cm 道羅英夫

成魚 八丈島
水深 8m 大小 12cm

天竺鯛科

麗鰭鋸天竺鯛

Pristiapogon kallopterus

伊豆群島、小笠原群島、和歌山縣、屋久島、琉球群島；台灣、印度－太平洋（復活節島除外）

黑點位於中間偏上的位置
清楚的魚鱗圖案

常見於內灣的淺岩礁山側面縫隙、洞穴、珊瑚隱密處。

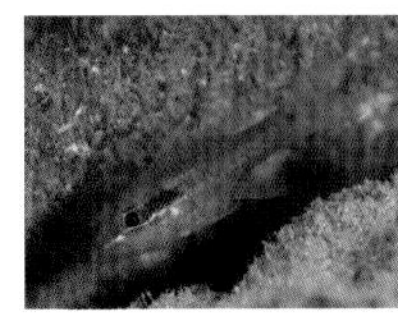

幼魚 八丈島 水深 12m
大小 2cm

天竺鯛科

石垣島天竺鯛

Apogon ishigakiensis

琉球群島；台灣南部、西太平洋的熱帶海域

背鰭有白色斑紋

常見於水深極淺的內灣海藻林、粗礫石岸與刺冠海膽等海膽類四周。

呂宋島 水深 6m 大小 5cm

天竺鯛科

眼帶紮竺鯛

Zapogon evermanni

八丈島、和歌山縣串本、琉球群島；印度－太平洋中央、西印度群島

黑點與白點並列

隱藏在洞窟中、海底小山側面裂縫深處，白天很難看見。屬於稀有種。

八丈島 水深 12m 大小 4cm

天竺鯛科

三斑鋸鰓天竺鯛

Pristicon trimaculatus

高知縣高知、琉球群島；台灣、香港、太平洋中 · 西部的熱帶海域、西印度洋

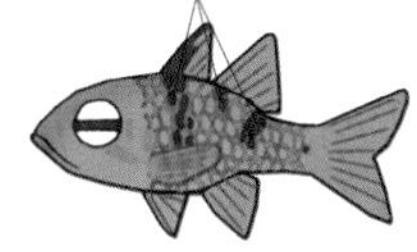
3 條鞍狀斑紋

常見於珊瑚礁山側面、岩洞與裂縫中，平時單獨行動。

呂宋島 水深 7m 大小 13cm

石垣島
水深 6m 大小 5cm
田崎庸一

天竺鯛科

小棘狸天竺鯛

Zoramia leptacantha
琉球群島：印度－西太平洋

線狀生長的背鰭
排列藍色線條
背部有白色線條

成群待在內灣的平靜海域、潮池的枝狀珊瑚之間。

成魚 八丈島
水深 8m 大小 7cm

天竺鯛科

褐斑帶天竺鯛

Taeniamia fucata
南日本的太平洋沿岸、伊豆群島、小笠原群島、屋久島、琉球群島：台灣、印度－西太平洋

有幾個紅色到褐色的
細長形斑點

常見於內灣性岩礁山側面裂縫、洞穴與潮池內的枝狀珊瑚之間。在珊瑚礁海域，可看見本種與 *Taeniamia lineolata* 一起行動的身影。

幼魚 八丈島
水深 5m 大小 2.5cm

帛琉 水深 5m 大小 6cm

天竺鯛科

黑帶長鰭天竺鯛

Archamia zosterophora
琉球群島：西太平洋、澳洲西北岸

體側有黑色寬帶

成群生活在淺水區的內灣、潮池內珊瑚礁的枝狀珊瑚之間。在大型枝狀珊瑚中，可看見數百隻形成的龐大群體。

天竺鯛科

絲鰭圓天竺鯛

Sphaeramia nematoptera

奄美大島、石垣島、西表島；台灣、東印度－西太平洋

體側中央的線條很寬
臉為黃色

常見於淺灣內、潮池中柱珊瑚屬的枝狀珊瑚間，幼魚棲息在海灣深處、平靜的淺水區。

帛琉　水深 5m　大小 2.5cm

天竺鯛科

環紋圓天竺鯛

Sphaeramia orbicularis

奄美大島、慶良間群島、西表島；台灣、香港、印度－西太平洋

體側中央的線條很細

比起同屬的其他魚種，環紋圓天竺鯛偏好內灣更深處，水深較淺的平靜海域。在日本，這是只能在西表島紅樹林才能發現的稀有種。

帛琉
水深 2m　大小 12cm
水谷知世

天竺鯛科

林氏擬天竺鯛

Pseudamia hayashii

八丈島、靜岡縣富戶、奄美大島、琉球群島；台灣、西太平洋、加羅林群島、薩摩亞群島、澳洲東北岸、亞丁灣

體側有網紋圖案
身體為散發金屬光澤的暗褐色

棲息在岩礁、珊瑚礁之間，偏好岩穴、洞窟等陰暗處，白天無法見到其身影。在八丈島夜間潛水，可經常看見其蹤跡。

八丈島
水深 10m　大小 6cm
石野昇太

伊豆半島
水深 25m 大小 40cm
小林裕

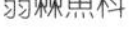

弱棘魚科

日本馬頭魚

Branchiostegus japonicus

茨城縣以南的太平洋沿岸、青森縣津輕海峽～九州的日本海 · 東海沿岸；中國、台灣

眼睛後方有銀白色三角形斑點

棲息在水深 20 ～ 156m 的砂泥底，成群在砂泥底挖掘一個橫向洞穴，平時躲在裡面。雄魚在巢穴四周建立地盤，與數隻雌魚形成後宮結構。

伊江島
水深 55m 大小 15cm
松下滿俊

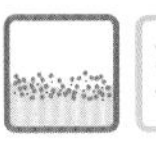

弱棘魚科

馬氏似弱棘魚

Hoplolatilus marcosi

沖繩島；菲律賓群島、帛琉、所羅門群島

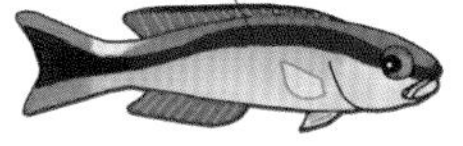
從吻端到尾鰭後緣有一條紅線

棲息在珊瑚礁外緣水深 50m 以深的砂礫底，通常單獨或成對徘徊在由珊瑚礁堆積而成的巢穴上方。

伊江島
水深 55m 大小 15cm
松下滿俊

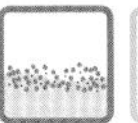

弱棘魚科

奇氏似弱棘魚

Hoplolatilus chlupatyi

沖繩縣伊江島；菲律賓群島

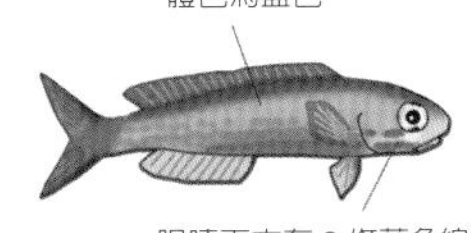
體色為藍色
眼睛下方有 2 條藍色線條

棲息在珊瑚礁外緣，水深 50m 以深的砂礫底，最大的特色是體色可瞬間從藍色轉變爲黃色，因此又稱爲「變色軟棘魚」（changing color tilefish）。

弱棘魚科

似弱棘魚

Hoplolatilus cuniculus

屋久島、吐噶喇群島小寶島、琉球群島、小笠原群島；西太平洋、大溪地、西印度洋

尾鰭為黑色且內凹

在珊瑚礁外緣開闊的砂礫底挖洞做巢，在巢穴上方單獨或成對漂浮。警戒心強，只要有外物靠近就會立刻躲進巢穴裡。

呂宋島 水深 35m 大小 12cm

弱棘魚科

短吻弱棘魚

Malacanthus brevirostris

南日本的太平洋沿岸、屋久島、琉球群島、八丈島、小笠原群島；印度－泛太平洋

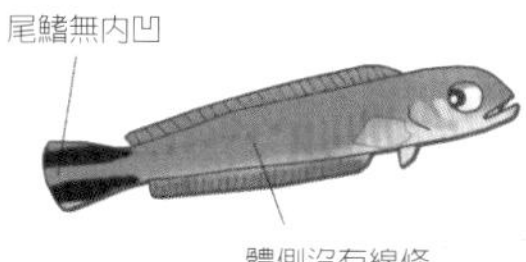
尾鰭無內凹
體側沒有線條

在海水流動順暢的砂底或砂礫底挖洞做巢，在巢穴周邊扭動身體游動。警戒心很強，只要有外物靠近就會立刻躲進巢穴裡。

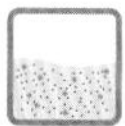

八丈島 水深 30m 大小 16cm

弱棘魚科

側條弱棘魚

Malacanthus latovittatus

相模灣、和歌山縣、高知縣柏島、屋久島、八丈島、琉球群島；印度－太平洋（夏威夷除外）

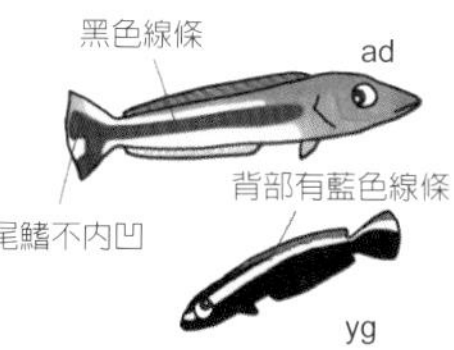
黑色線條
ad
背部有藍色線條
尾鰭不內凹
yg

單獨徘徊在珊瑚礁的珊瑚礫場、砂礫、砂地的中層，幼魚在巢穴上扭動身體，在原地漂浮。

幼魚　八丈島
水深 12m 大小 6cm

帛琉 水深 15m 大小 35cm

八丈島 水深 5m 大小 8cm

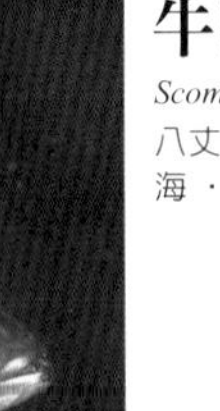

鯥科

牛眼鯥

Scombrops boops

八丈島、北海道～九州的太平洋沿岸、北海道～九州的日本海 ‧ 東海沿岸；朝鮮半島、台灣、馬普托灣

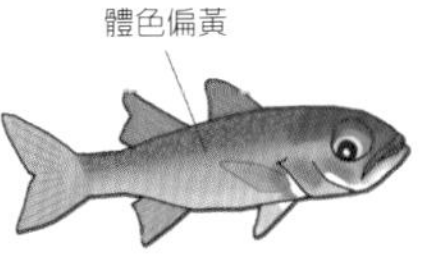
體色偏黃

幼魚棲息在沿岸的淺水區；成魚棲息在水深 200 ～ 700m 的岩礁地區。潛水時只能看見體長 10cm 左右的幼魚，幼魚會在淺水沿岸成群生活，隨著成長往外海的深水區移動。其幼魚和同屬近似種吉氏青鯥的幼魚幾乎相同，不僅外觀一致，就連棲息場域和食性也一模一樣，如今仍無法確認如何分辨。

Column

一生一次的機遇

大海表層和深層的水溫與鹽分濃度截然不同，彼此無法混合，形成獨立潮流。但有時會因為風和海底地形等種種因素影響，深層海水往上湧升至表層，稱為湧升流。

湧升流不只將深層海水帶至表層，就連平時極為罕見的深海魚也會被帶上來。

棲息在 200m 以深的多斑帶粗鰭魚，與棲息在 500m 的月魚即為一例。在伊豆大瀨崎水深 200 ～ 800m 附近生活的多指鞭冠鮟鱇原本是潛水客絕對無法遇到的深海魚，但牠也會隨著湧升流上來，使潛水客有機會一睹廬山真面目，可說是一生一次的難得機遇。

在水面漂游的多斑帶粗鰭魚（攝影　橫川智章）

在水深 1m 附近游泳的月魚幼魚（攝影　鈴木壯一朗）

在水面附近發現的多指鞭冠鮟鱇（攝影　川原晃）

鮣科

虱鮣

Phtheirichthys lineatus

八丈島、茨城縣以南的太平洋沿岸、新潟縣以南的日本海沿岸、九州西岸；朝鮮半島、印度－泛太平洋 · 大西洋的溫暖海域

體側有 2 條白線

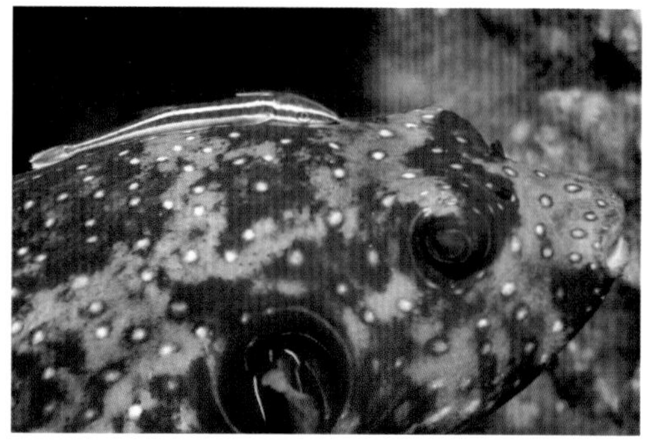

主要附著在外海大型魚類。在八丈島可看見其幼魚附著在無斑箱魨、六斑二齒魨、紋腹叉鼻魨、棘背角箱魨等魨科魚類身上。

八丈島 水深 5m 大小 8cm

鰺科

斐氏鯧鰺

Trachinotus baillonii

新潟縣、長崎縣、八丈島、小笠原群島、南日本的太平洋沿岸、琉球群島；韓國、台灣、中國、印度－太平洋（夏威夷群島、土阿莫土群島以東除外）

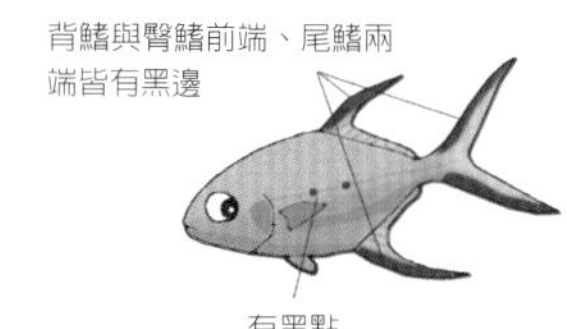
背鰭與臀鰭前端、尾鰭兩
端皆有黑邊
有黑點

偏好會激出白色浪花、波動劇烈的水面附近，亦可在內灣水深較淺的砂岸發現其幼魚和年輕個體。

座間味島
水深 1m 大小 25cm
小林岳志

鰺科

雙帶鰺

Elagatis bipinnulata

體側有 2 條藍色線條

本州、伊豆群島、小笠原群島、屋久島、琉球群島；千島群島南部的太平洋沿岸、朝鮮半島、台灣、全世界的溫帶 · 熱帶海域

成群生活在沿岸潮水流通的岩礁區域，和面向外海的珊瑚礁地區、外海表層等處。偏好水溫較高的地方，只要八丈島附近水溫超過 25℃，就能經常發現其蹤跡；低於 25℃時很難見到。

八丈島
水深 16m 大小 60cm

幼魚 八丈島
水深 17m 大小 3cm

八丈島 水深 8m 大小 70cm

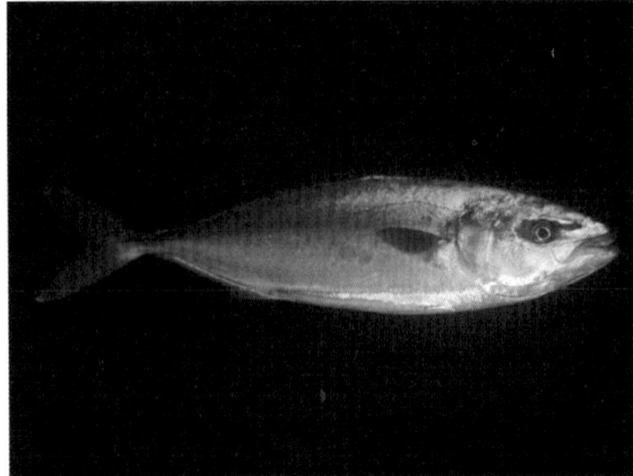

伊豆半島
水深 2m 大小 50cm
大沼久志

鰺科

五條鰤

Seriola quinqueradiata

北海道以南的日本所有海域、屋久島、沖繩縣；朝鮮半島、千島全島南部的太平洋沿岸、日本海北部

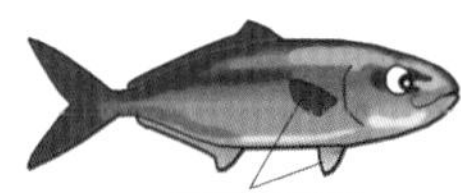

鰭部不偏黃
腹鰭比胸鰭短

生活在沿岸與外海水流順暢的岩礁地區中、底層海域，偏好的水溫比黃尾鰤低，主要棲息在北海道南部到九州水溫較低的地區。成魚在秋冬兩季南下、春夏兩季北上，屬於南北洄游的魚類。五條鰤在日本從仔魚到成魚，各個階段都有不同名稱，在關東稱爲ワカサ→イナダ→ワラサ→ブリ；在關西稱爲ツバス→ハマチ→メジロ→ブリ。日本最近將養殖的五條鰤稱爲ハマチ，藉此與天然生長的五條鰤（ブリ）區隔。

八丈島 水深 40m 大小 1m

鰺科

黃尾鰤

Seriola lalandi

北海道以南的日本所有海域、伊豆群島、小笠原群島、屋久島、奄美大島、沖繩縣；朝鮮半島、千島群島南部的太平洋沿岸、山東半島、日本海北部、印度－泛太平洋、阿根廷、聖赫倫那島

各鰭顏色偏黃
腹鰭比胸鰭長

棲息在沿岸到外海，海水流動順暢的岩礁地區中、底層海域，當八丈島海域的水溫來到略低的 17℃左右時，經常可在淺水區看見其身影。

八丈島 水深 45m 大小 1m

鰺科

杜氏鰤

Seriola dumerili

北海道太平洋沿岸、青森縣以南的所有海域、八丈島、小笠原群島、屋久島、沖繩島；朝鮮半島、中國、台灣、千島群島南部的太平洋沿岸、東太平洋除外的全世界溫 · 熱帶海域

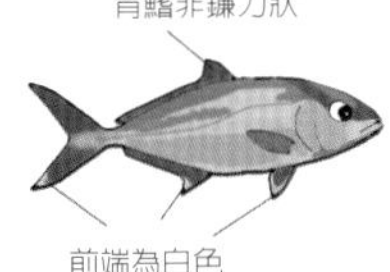

背鰭非鐮刀狀
前端為白色

偏好的水溫環境比長鰭鰤低，成群或單獨生活在沿岸處，水深略深的中、下層海域。從背部看通過眼睛的深色斜線，就像一個「八」字，因此日文取名爲「間八」。

八丈島
水深 18m 大小 50cm

鰺科

長鰭鰤

Seriola rivoliana

鐮刀狀背鰭
前端不是白色

南日本的太平洋沿岸、八丈島、小笠原群島、能登半島、山口縣日本海沿岸、長崎縣、琉球群島；濟州島、台灣、全世界的溫 · 熱帶海域

棲息環境比杜氏鰤偏南，成群或單獨待在外海深水區的中、下層海域。體型愈大的個體，待的海域愈深，喜歡吃魚類和甲殼類。成群追捕小魚的情景十分壯觀。單獨捕食時，牠會先將體色變成獵物難以察覺的黑色，並沿著水底前進。

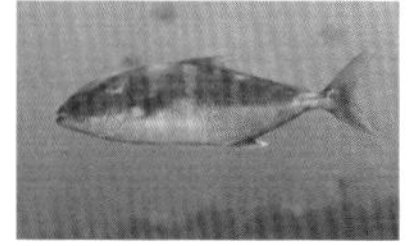

八丈島
水深 15m 大小 60cm

八丈島
水深 8m 大小 40cm 水谷知世

八丈島 水深 45m 大小 90cm

鰺科

六帶鰺

Caranx sexfasciatus

本州的太平洋沿岸、伊豆群島、小笠原群島、若狹灣～山口縣的日本海沿岸、屋久島、琉球群島；朝鮮半島、中國、台灣、印度－泛太平洋

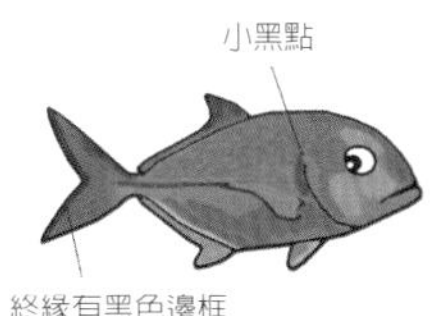
小黑點
尾鰭後緣有黑色邊框

形成龐大群體生活在內灣到沿岸的淺水區，幼魚和體型較小的個體喜歡待在內灣與河口等水深很淺的地方。

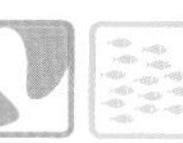

八丈島 水深 5m 大小 20cm

鰺科

浪人鰺

Caranx ignobilis

茨城縣以南的太平洋沿岸、小笠原群島、九州西岸、屋久島、琉球群島；朝鮮半島、中國、台灣、印度－太平洋

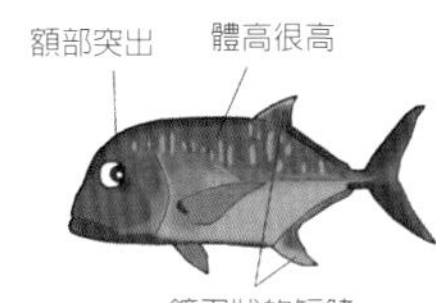
額部突出
體高很高
鐮刀狀的短鰭

幼魚成群生活在內灣與河口等地的砂底，可看見成魚單獨待在海水流通的岩礁地區，與面向外海的珊瑚礁。年紀偏長的單獨個體看起來十分嚴肅，就像日本的浪人武士一樣，因此得名。

帛琉 水深 12m 大小 1.2m

八丈島 水深 25m 大小 50cm

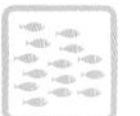

鰺科

闊步鰺

Caranx lugubris

南日本的太平洋沿岸、伊豆群島、小笠原群島、琉球群島；台灣、全世界的熱帶海域

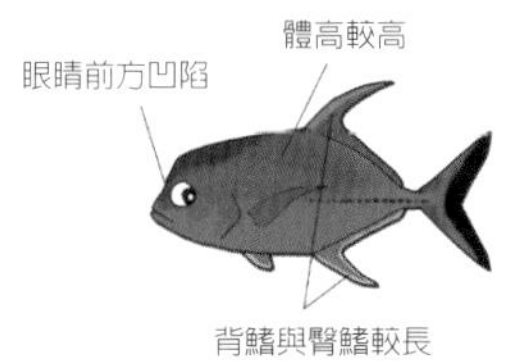
體高較高
眼睛前方凹陷
背鰭與臀鰭較長

形成小群體，生活在海水流動順暢、面向外海的岩礁與珊瑚礁陡坡、斜坡等處。

塞班島 水深 5m 大小 40cm

鰺科

藍鰭鰺

Caranx melampygus

南日本的太平洋沿岸、伊豆群島、小笠原群島、九州西岸、屋久島、琉球群島；台灣、印度－泛太平洋

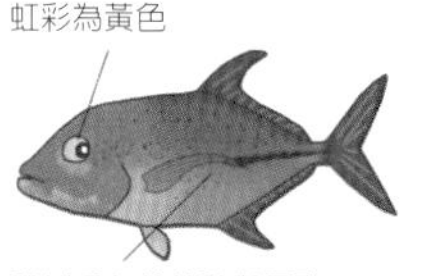
虹彩為黃色
體側遍布著藍點與黑點

單獨或成群生活在珊瑚礁處，可觀察到其跟在大型魚類身邊捕食的情景。照片爲藍鰭鰺跟在尖吻龍占身邊，等著獵物驚慌逃竄的模樣。幼魚大多待在內灣較淺的砂底。

八丈島 水深 14m 大小 40cm

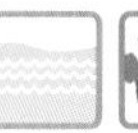

鰺科

直線若鰺

Carangoides orthogrammus

青森縣陸奧灣 · 津輕海峽、南日本的太平洋沿岸、八丈島、小笠原群島、新潟縣以南的日本海沿岸、九州西岸、屋久島、琉球群島；韓國、台灣、印度－泛太平洋

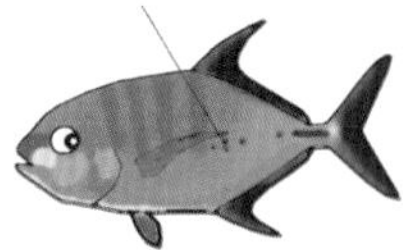
散布著邊緣為黃色的黑點

成群生活在沿岸、略靠近外海，水深約 150m 的海域。偏好高水溫區，在八丈島附近水溫超過 25℃的時期，可頻繁看見其身影。

鰺科

平線若鰺

Carangoides ferdau

南日本的太平洋沿岸、山口縣日本海沿岸、伊豆群島、小笠原群島、琉球群島；朝鮮半島、台灣、中國、印度－太平洋（復活節島除外）

體側為條紋圖案

無鱗的部分為三角形看起來偏白

八丈島 水深 5m 大小 25cm

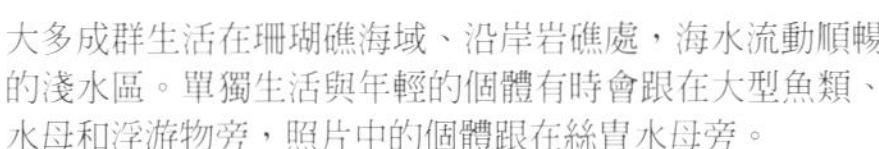

大多成群生活在珊瑚礁海域、沿岸岩礁處，海水流動順暢的淺水區。單獨生活與年輕的個體有時會跟在大型魚類、水母和浮游物旁，照片中的個體跟在絲冑水母旁。

鰺科

黃帶擬鰺

Pseudocaranx dentex

青森縣以南的太平洋沿岸、新潟縣以南的日本海沿岸、九州西岸、伊豆群島、小笠原群島、屋久島、琉球群島；台灣、東太平洋除外的全世界溫帶海域

體側中央有黃色線條

八丈島 水深 12m 大小 35cm

棲息在沿岸到外海，200m 以淺的中、下層海域，體型愈大的個體愈喜歡單獨行動，體型較小的個體過著集體生活。八丈島每年春天就會看到其幼魚跟在青嘴龍占魚、綠蠵龜身邊的情景，有時也會跟著潛水客。

鰺科

白舌尾甲鰺

Uraspis helvola

北海道太平洋沿岸、本州所有海域、伊豆群島、小笠原群島、琉球群島；千島群島南部的太平洋沿岸、朝鮮半島、台灣、紅海、阿拉伯海、夏威夷群島、大西洋

眼睛比白口尾甲鰺大

身上有些地方沒有魚鱗，
光線的反射狀況不一致

八丈島 水深 25m 大小 28cm

成群生活在沿岸到外海的底層海域，分布區域比白口尾甲鰺偏北。由於分布範圍較廣，在珊瑚礁一帶通常與白口尾甲鰺一起行動。

帛琉
水深 15m 大小 20cm
橋本猛

鰺科

白口尾甲鰺

Uraspis uraspis

土佐灣、鹿兒島縣薩摩半島、大隈半島、沖繩島；台灣、中國、印度－西太平洋

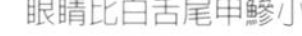
眼睛比白舌尾甲鰺小

沒有鱗片的地方很完整，光
線的反射狀況一致

成群生活在珊瑚礁的沿岸底層，外型很像白舌尾甲鰺，但眼睛比白舌尾甲鰺小，胸鰭下方四周沒有魚鱗。開閃光燈拍攝時，只有無魚鱗的部位會變色，因此很容易從照片判斷魚種。

八丈島 水深 6m 大小 15cm

鰺科

日本竹筴魚

Trachurus japonicus

日本所有海域；朝鮮半島、中國、台灣

腹部有條紋圖案

學名的種小名爲 *japonicus*，因此這是西北太平洋的固有種，亦即日本特有魚種。幼魚會形成龐大群體，在內灣的淺水區生活。在長大的過程中，逐漸從沿岸遷徙至略微靠近外海的中底層海域。成魚從秋到冬季往南移動，春到夏季則北上，朝南北向來回游動。

八丈島
水深 5m 大小 16cm

八丈島 水深 15m 大小 28cm

鰺科

頜圓鰺

Decapterus macarellus

伊豆群島、小笠原群島、津輕海峽、南日本的太平洋沿岸、屋久島、山口縣日本海沿岸、琉球群島；濟州島、中國、台灣、全世界的溫 · 熱帶海域

體側有藍色線條

形成龐大群體，在沿岸淺水區的表層與中層海域洄游。超過 40cm 的大型個體生活在水深 200m 附近的底層，捕食小蝦、花枝類和沙丁魚類等小魚。

烏魴科

日本烏魴

Brama japonica

北海道～土佐灣的太平洋沿岸、北海道～九州的日本海沿岸、伊豆群島、八丈島、小笠原群島、九州－帛琉海脊；朝鮮半島、台灣、彼得大帝灣、北太平洋、東太平洋

頭部明顯突出
縱列鱗數 65 ～ 75

棲息在水深 620m 以淺，最常生活在 250m 以淺海域。照片是冷水團時期受到湧升流影響，被帶到淺水海域的個體。

八丈島
水深 10m 大小 50cm
石野昇太

烏魴科

杜氏烏魴

Brama dussumieri

相模灣～九州的黑潮流域、京都府舞鶴～長崎縣五島列島的對馬暖流海域、八重山群島、九州－帛琉海脊；泛太平洋、印度洋、大西洋

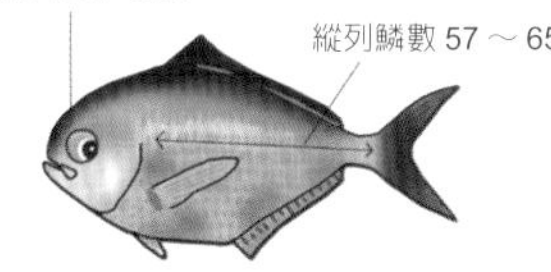
頭部外凸不明顯
縱列鱗數 57 ～ 65

屬於外洋性魚類，棲息在水深 300m 以淺的海域。照片中的個體是經常可在漂流藻等浮游物中見到的幼魚，外型很像同屬近似種小鱗烏魴，但本種的腹部不外凸。幼魚上下尾鰭的前端有暗色部分，往外延伸。

稚魚 八丈島 水面下
大小 10cm

笛鯛科

白斑笛鯛

Lutjanus bohar

南日本的太平洋沿岸、八丈島、小笠原群島、屋久島、琉球群島；台灣、香港、印度－太平洋（夏威夷群島、復活節島除外）

有溝
各鰭偏黑
與身體比例相較，口部相當大
ad
yg
外表偽裝成雀鯛科魚類

在海水流動順暢的岩礁與珊瑚礁外緣的陡坡上，形成大型群體生活。幼魚偽裝成雀鯛科魚類的幼魚。不僅隱身在雀鯛科魚類的幼魚群中，同時也會捕食雀鯛科幼魚。

幼魚 八丈島
水深 8m 大小 4cm

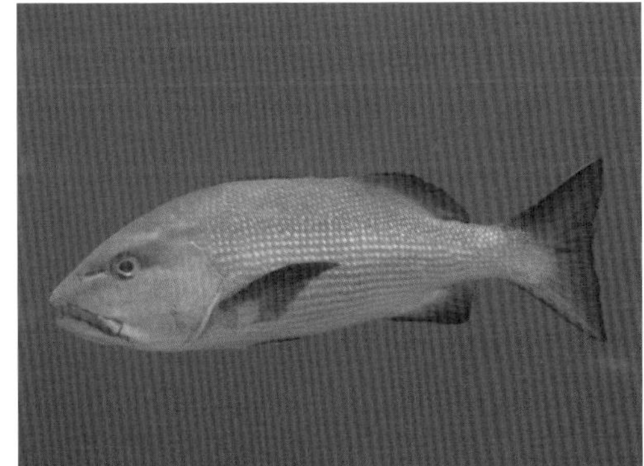

成魚 帛琉
水深 8m 大小 45cm
水谷知世

西表島
水深 12m 大小 30cm
水谷知世

笛鯛科

交叉笛鯛

Lutjanus decussatus

愛媛縣愛南、屋久島、琉球群島；台灣、東印度－西太平洋

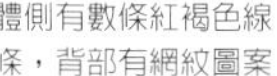

體側有數條紅褐色線
條，背部有網紋圖案

可在海水流通的珊瑚礁外緣斜坡與陡坡側面，發現其單獨生活的模樣。

成魚 八丈島 水深 6m 大小 8cm

笛鯛科

黃足笛鯛

Lutjanus fulvus

南日本的太平洋沿岸、八丈島、小笠原群島、屋久島、琉球群島；台灣、中國、印度－太平洋（皮特肯島、復活節島除外）

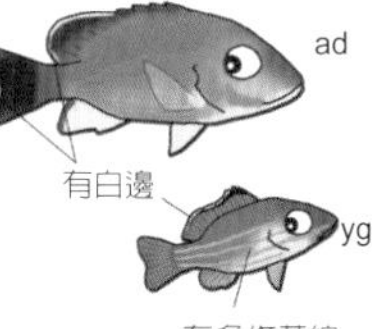
ad
有白邊
yg
有多條黃線

可在岩礁與珊瑚礁外緣小山的四周，發現其身影。幼魚和稚魚生活在河口處的汽水域。每年可在八丈島有湧泉的潮池或淺水區看見黃足笛鯛，但很少遇到成魚。

幼魚 八丈島
水深 2m 大小 3.5cm

八丈島 水深 40m 大小 30cm

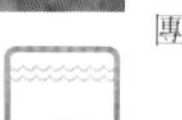

笛鯛科

長絲萊氏笛鯛

Randallichthys filamentosus

伊豆群島、小笠原群島、琉球群島；關島、新喀里多尼亞、馬紹爾群島、庫克群島、社會群島、夏威夷群島

體側上半部偏黃、下半部帶紅紫色
腹鰭下方為黑色

主要棲息在水深 200m 以深的岩礁地區。八丈島進入冷水團時期，長絲萊氏笛鯛有時會往上游至水深 20m 附近。

笛鯛科

藍短鰭笛鯛

Aprion virescens

男女群島、伊豆群島、小笠原群島、伊豆半島～九州的太平洋沿岸、琉球群島；台灣、印度－太平洋（復活節島除外）

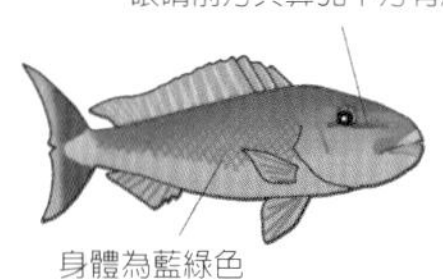
眼睛前方與鼻孔下方有溝
身體為藍綠色

棲息在岩礁、珊瑚礁地區，獨自在中層洄游。屬於肉食性，捕食魚類、甲殼類和花枝。由於體色偏藍，因此得名。

巴榮納岩 水深 12m 大小 60cm

笛鯛科

欖色細齒笛鯛

Aphareus furca

八丈島、小笠原群島、相模灣西岸、土佐灣、琉球群島；台灣、印度－太平洋（復活節島除外）、科科島

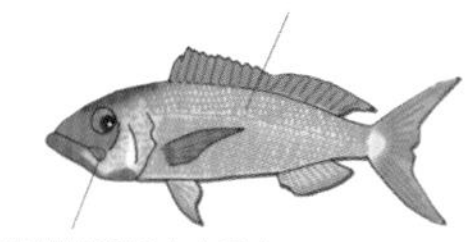
體色從深藍色到深褐色
頜骨後端從眼睛中央下方
或後方開始生長

棲息在岩礁、珊瑚礁地區，在八丈島水溫下降的冷水團時期，可在淺水區發現其蹤影。

八丈島 水深 15m 大小 80cm

笛鯛科

藍色擬烏尾鮗

Paracaesio caerulea

伊豆群島、小笠原群島、神奈川縣三崎、土佐灣、屋久島、琉球群島；台灣

背部為鮮藍色
身體為藍色

主要棲息在水深 100m 以深的岩礁地區，在八丈島進入冷水團時期會往上游至水深較淺的地方，即使如此，潛水客仍無法看見其蹤影。只有極低的機率可以拍到牠的照片。

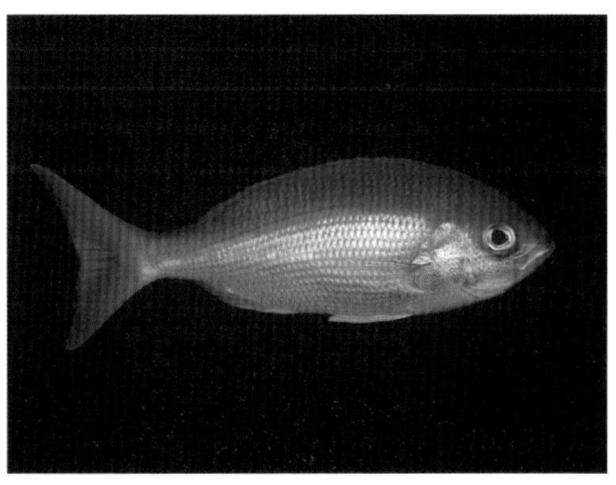

八丈島 水深 60m 大小 30cm

成魚 八丈島 水深 5m 大小 5cm

笛鯛科

隆背笛鯛

Lutjanus gibbus

南日本的太平洋沿岸、伊豆群島、小笠原群島、屋久島、琉球群島；台灣、印度－太平洋（復活節島除外）

尾鰭為黃色
ad
尾鰭根部有一塊黑色區域
yg
偏黑的斑紋

在岩礁與珊瑚礁外緣斜坡的中層，形成龐大群體生活。成魚很難在南日本的太平洋沿岸發現，幼魚則常見於潮池或內灣淺水區，屬於季節性洄游魚。

幼魚 八丈島
水深 5m 大小 2cm

成魚 八丈島 水深 18m 大小 15cm

笛鯛科

四線笛鯛

Lutjanus kasmira

南日本的太平洋沿岸、八丈島、小笠原群島、富山灣、島根縣隱岐、屋久島、琉球群島；台灣、印度－太平洋

有 4 條帶黑邊的藍色線條
背鰭棘數為 10
腹部有藍白色小點排成的線

在岩礁和珊瑚礁水底附近，形成由數十隻到數百隻的大型群體。遇到水溫驟降或身體虛弱等壓力狀態，有時體側會出現黑色斑點。本種的特徵之一是排列在腹部的藍白色斑點，有時此特徵會消失。

八丈島
水深 16m 大小 7cm

幼魚 八丈島
水深 17m 大小 2cm 水谷知世

屋久島
水深 18m 大小 35cm
原崎森

笛鯛科

孟加拉笛鯛

Lutjanus bengalensis

南日本的太平洋沿岸、屋久島、琉球群島；台灣、非洲東岸、紅海～摩鹿加群島（澳洲西岸、北岸除外）

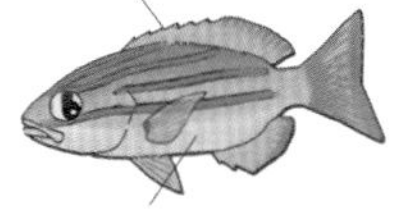

背鰭棘數為 11
腹部沒有藍白色斑點排成的線條

棲息在岩礁、珊瑚礁地區，通常混在四線笛鯛與正笛鯛群裡一起行動。

笛鯛科

川紋笛鯛

Lutjanus sebae

和歌山縣以南的太平洋沿岸、小笠原群島、兵庫縣 ・ 島根縣的日本海沿岸、屋久島、琉球群島；台灣、中國、印度－西太平洋、夏威夷群島

身體上有小字型線條

可在珊瑚礁外緣的砂底與砂礫底，發現其單獨生活的身影。成魚身上的條紋圖案帶淡淡的紅褐色，幼魚會跟在刺冠海膽等海膽類身邊，保護自己。

海膽類

宿霧島
水深 10m 大小 15cm
山梨深雪

笛鯛科

斑點羽鰓笛鯛

Macolor macularis

八丈島、小笠原群島、和歌山縣、高知縣、屋久島、琉球群島；台灣、印度－西太平洋

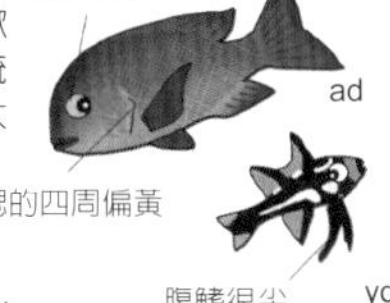
虹彩為黃色
ad
鰓的四周偏黃
yg
腹鰭很尖

在海水流動順暢的珊瑚礁外緣斜坡、陡坡中層海域，形成數十隻到數百隻的群體。可在水底岩石的隱密處、珊瑚礁周邊、柳珊瑚類的側邊，看見幼魚單獨扭動身體游泳的模樣。觀察深度比黑背羽鰓笛鯛更深。

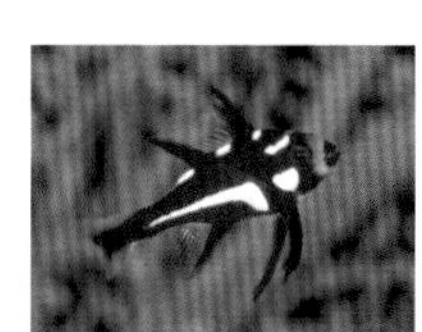
幼魚 八丈島
水深 30m 大小 4cm

成魚 塞班島 水深 25m 大小 45cm

笛鯛科

黑背羽鰓笛鯛

Macolor niger

八丈島、小笠原群島、和歌山縣、高知縣、屋久島、琉球群島；台灣、印度－西太平洋、密克羅尼西亞、薩摩亞群島

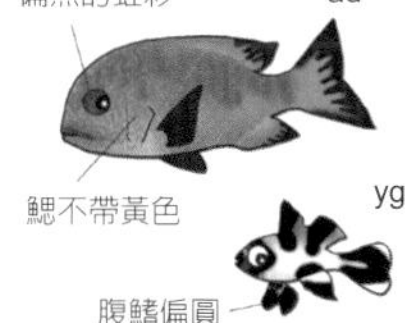
偏黑的虹彩
ad
鰓不帶黃色
yg
腹鰭偏圓

在海水流動順暢的珊瑚礁外緣斜坡、陡坡中層海域，形成數十隻到數百隻的群體。可在水底岩石的隱密處、珊瑚礁周邊，看見幼魚單獨扭動身體游泳的模樣。

幼魚 八丈島
水深 14m 大小 3.5cm

成魚 帛琉
水深 10m 大小 50cm
水谷知世

成魚 八丈島
水深 21m 大小 28cm

笛鯛科

黃擬烏尾鮗

Paracaesio xanthura

南日本的太平洋沿岸、伊豆群島、小笠原群島、山口縣荻、五島群島、屋久島、琉球群島；朝鮮半島、台灣、印度－太平洋（澳洲北岸 · 西北岸、新幾內亞南岸、夏威夷群島、土阿莫土群島以東除外）

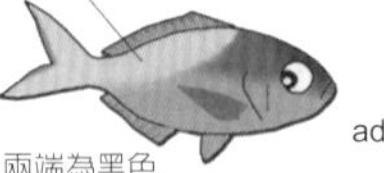
背部到尾鰭有一道黃色寬帶圖案
ad

兩端為黑色
上下邊緣為黃色
yg

棲息在大陸棚上水深 200m 左右的深水區。八丈島進入水溫較低的冷水團時期，可在外海水深較深、海水流通的岩礁處，看到由數十到數百隻黃擬烏尾鮗形成的龐大群體。

幼魚 八丈島
水深 16m 大小 4cm

八丈島 水深 14m 大小 25cm

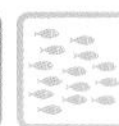

烏尾鮗科

雙帶鱗鰭烏尾鮗

Pterocaesio digramma

若狹灣以南的日本海沿岸、南日本的太平洋沿岸、八丈島、琉球群島；台灣、西太平洋、澳洲西岸

黃色線條較粗，通過側線下方

群聚於海水流動順暢的岩礁與珊瑚礁外緣中層，通常與馬氏鱗鰭烏尾鮗混泳。

八丈島 水深 14m 大小 25cm

烏尾鮗科

馬氏鱗鰭烏尾鮗

Pterocaesio marri

南日本的太平洋沿岸、八丈島、小笠原群島、琉球群島；台灣、印度－西太平洋、薩摩亞群島、馬克薩斯群島

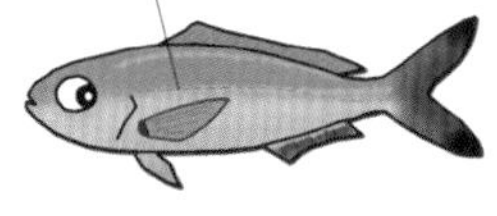
黃色線條較細，沿著側線延伸

群聚於海水流動順暢的岩礁與珊瑚礁外緣中層，通常與雙帶鱗鰭烏尾鮗混泳。

烏尾鮗科

蒂爾鱗鰭烏尾鮗

Pterocaesio tile

八丈島、小笠原群島、三重縣以南的太平洋沿岸、屋久島、琉球群島；台灣、泰國灣、印度－太平洋（夏威夷群島、復活節島除外）

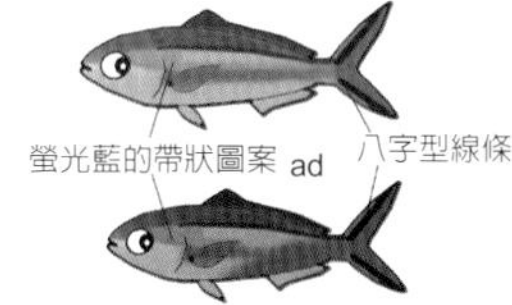
螢光藍的帶狀圖案
ad
八字型線條

var

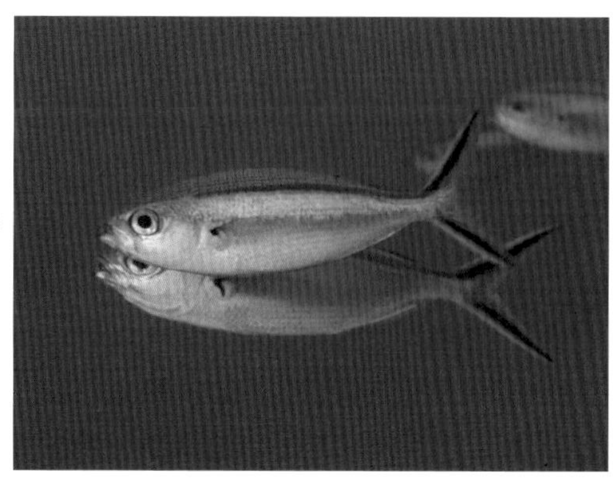

帛琉 水深 16m 大小 26cm

群聚於海水流通的岩礁與珊瑚礁外緣中層，受到海底亮度影響，白天也會改變顏色。亮的時候偏藍，暗的時候偏紅。

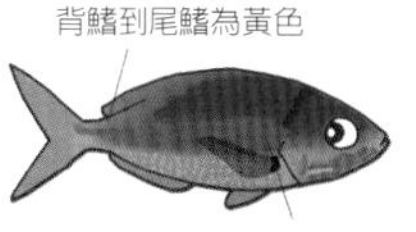

顏色變化 帛琉
水深 14m 大小 26cm

烏尾鮗科

黃藍背烏尾鮗

Caesio teres

南日本的太平洋沿岸、八丈島、小笠原群島、屋久島、琉球群島；台灣、印度－太平洋中部（夏威夷群島除外）

背鰭到尾鰭為黃色
螢光藍

八丈島 水深 17m 大小 25cm

群聚於海水流通的珊瑚礁外緣中層，亦可在南日本沿岸看見幼魚，但機率很低。

幼魚 八丈島
水深 18m 大小 3cm

松鯛科

松鯛

Lobotes surinamensis

八丈島、知床半島周邊的鄂霍次克海、北海道～九州的太平洋沿岸、青森縣～九州的日本海．東海沿岸、琉球群島；朝鮮半島、台灣、中國、太平洋中．西部、印度洋（包含紅海）、大西洋的溫．熱帶海域、地中海、愛琴海

茶褐色體色上有不規則形狀的深色斑點
背鰭．尾鰭．臀鰭的形狀偏圓

八丈島 水面 大小 6cm

棲息在內灣、汽水域等地帶。幼魚和年輕成魚會與漂流物一起在表層漂流，身體有不規則形狀的深色圖案，外型極似枯葉。成魚棲息在外海表層，潛水客很難發現其身影。

八丈島 水深 6m 大小 20cm

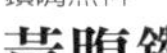

鑽嘴魚科

黃腹鑽嘴魚

Gerres equulus

八丈島、新潟縣佐渡、兵庫縣、山口縣日本海側、九州西岸、南日本的太平洋沿岸、屋久島；朝鮮半島

棲息在內灣、河川、汽水域，可在八丈島發現其單獨行動，1～2月間也會看到由數百隻形成的龐大群體。幼魚常見於春季。沖繩有奧奈鑽嘴魚、小笠原有培根銀鱸、黃腹鑽嘴魚棲息在本島，這三種魚很可能同時存在於八丈島，但很難根據照片鑑定。照片中的幼魚很可能是其他魚種，但從八丈島黃腹鑽嘴魚的棲息狀態來看，判定爲本種幼魚。

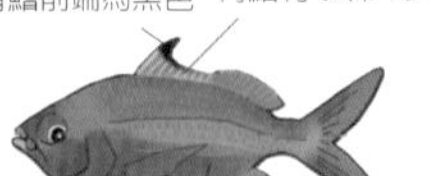
背鰭前端為黑色
背鰭有 9 棘 10 軟條
身體為銀白色

幼魚 八丈島 水深 6m 大小 3cm

成魚 八丈島 水深 18m 大小 30cm

石鱸科

三線磯鱸

Parapristipoma trilineatum

新潟縣～九州南岸的日本海・東海沿岸、宮城縣～九州南岸的太平洋沿岸、伊豆群島、屋久島；朝鮮半島南岸、台灣、中國

背部有 3 條粗線

幼魚成群在內灣淺水區的大葉藻林，與海藻較多的地區游泳。成魚群聚於水深較淺的沿岸地帶。三線磯鱸成群生活時，體側會出現條紋圖案，有些大型個體單獨洄游時，身上不會出現條紋。

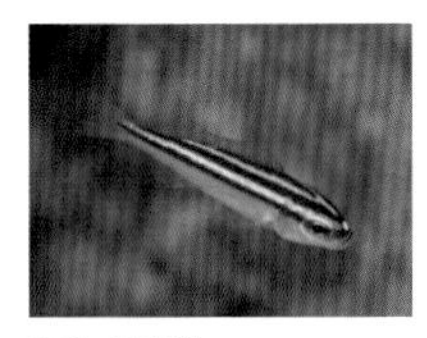

幼魚 八丈島 水深 6m 大小 4cm

成魚 屋久島 水深 20m 大小 70cm 原崎森

石鱸科

斑胡椒鯛

Plectorhinchus chaetodonoides

小笠原群島、靜岡縣伊東、高知縣柏島、錦江灣～琉球群島；台灣、泰國灣、印度－西太平洋

身上散布許多大斑點
ad
腹鰭很大
yg
褐色加上白色圓點圖案

可在面對珊瑚礁外海的斜坡發現成魚蹤跡，幼魚棲息在內灣淺水區，頭部朝下，扭動身體游泳。

幼魚 呂宋島 水深 5m 大小 4cm 水谷知世

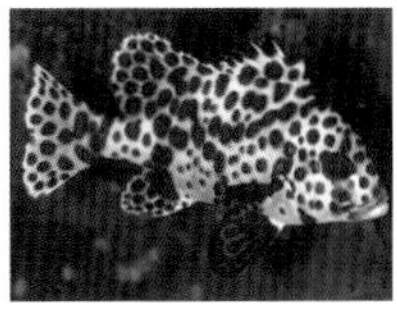

稚魚 屋久島 水深 9m 大小 30cm 原崎森

石鱸科

雷氏胡椒鯛

Plectorhinchus lessonii

南日本的太平洋沿岸、伊豆群島、小笠原群島、琉球群島；台灣、印度－西太平洋

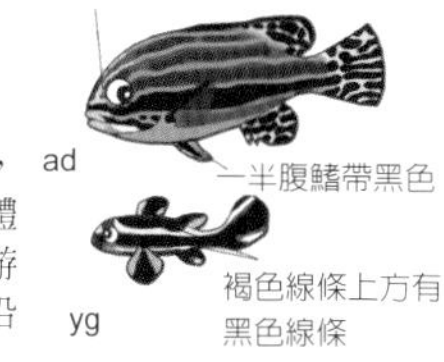

體側上方線條在眼睛前緣結束
ad
一半腹鰭帶黑色
yg
褐色線條上方有
黑色線條

常見於海水流通的珊瑚礁，幼魚在內灣淺水區扭動身體游泳。幼魚屬於季節性洄游魚，偶爾出現在伊豆半島沿岸為止的太平洋海岸。

幼魚 八丈島
水深 8m 大小 3.5cm

幼魚 八丈島
水深 6m 大小 3cm

成魚 八丈島 水深 12m 大小 21cm

石鱸科

條紋胡椒鯛

Plectorhinchus lineatus

小笠原群島、屋久島、琉球群島；台灣、西太平洋、安達曼海

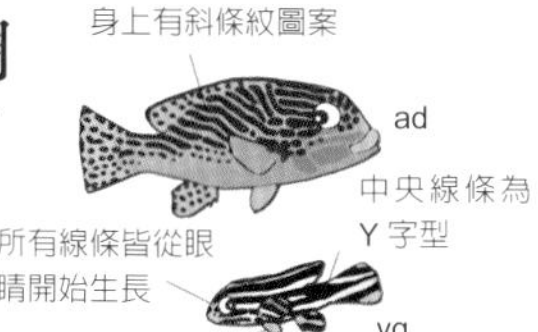

身上有斜條紋圖案
ad
中央線條為
Y 字型
所有線條皆從眼
睛開始生長
yg
腹鰭為黃色

可在淺海的岩礁地區與珊瑚礁外緣的斜坡發現小型群體。幼魚常見於內灣淺水區的岩礁和珊瑚礁，體型愈小的個體，愈會扭動身體游泳。

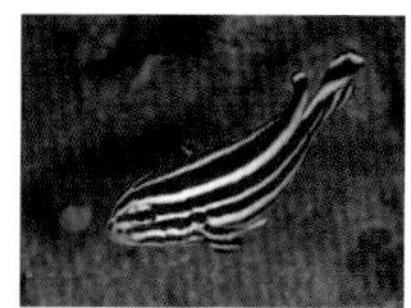

幼魚 屋久島
水深 8m 大小 15cm 原崎森

成魚 帛琉 水深 12m 大小 42cm

石鱸科

條斑胡椒鯛

Plectorhinchus vittatus

南日本的太平洋沿岸、八丈島、屋久島、琉球群島；台灣、中國、印度－西太平洋、馬紹爾群島除外的密克羅尼西亞

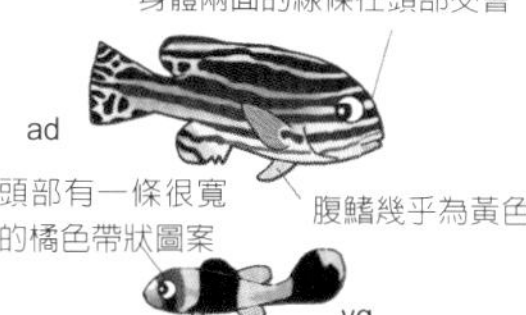

身體兩面的線條在頭部交會
ad
頭部有一條很寬
的橘色帶狀圖案
腹鰭幾乎為黃色
yg

常見於海水流動順暢的珊瑚礁，和面向外海的珊瑚礁陡坡、斜坡上。幼魚會扭動身體游泳，在溫帶海域的岩礁地帶為季節性洄游魚。比起雷氏胡椒鯛與條紋胡椒鯛，本種是發現機率更低的魚種。

幼魚 八丈島
水深 6m 大小 2cm

成魚 屋久島
水深 8m 大小 35cm
原崎森

成魚 八丈島 水深 18m 大小 55cm

石鱸科

暗點胡椒鯛

Plectorhinchus picus

南日本的太平洋沿岸、八丈島、小笠原群島、琉球群島；濟州島、台灣、印度－太平洋中部

ad
遍布許多黑色斑點
各鰭為黑色
黑白雙色熊貓圖案

yg

成魚大多棲息在水深較淺的岩礁壁上的隱密處等，較爲陰暗的地方。幼魚游泳時沉穩地扭動著身體，由於其游泳方式不像魚類，專家認爲這是用來混淆天敵的視線。幼魚在伊豆半島沿岸爲止的太平洋海岸屬於季節性洄游魚，在胡椒鯛屬中，本種是最常見的魚類。

幼魚 八丈島
水深 8m 大小 3cm

成魚 八丈島 水深 16m 大小 45cm

石鱸科

密點少棘胡椒鯛

Diagramma pictum

新潟縣以南的日本海沿岸、茨城縣以南的太平洋沿岸、伊豆群島、小笠原群島、屋久島、琉球群島；濟州島、台灣、中國、泰國灣、印度－西太平洋

身上遍布許多黃色斑點
ad
幾乎所有斑點都為細長形
白色部分帶著黃色
yg

生活在沿岸的淺水區。幼魚有兩種，分別是身上帶著黃色的九州以北種，和身上沒有黃色的琉球群島種。成魚的識別重點不詳，但最近有專家認爲這兩種是不同種的魚類。關於這一點，有待專家日後的研究調查。

稚魚 八丈島
水深 10m 大小 13cm

幼魚 八丈島
水深 8m 大小 3cm

串本
水深 20m 大小 25cm
谷口勝政

石鱸科

黃點胡椒鯛

Plectorhinchus flavomaculatus

八丈島、小笠原群島、紀伊半島、德島縣日和佐、鹿兒島縣笠沙、屋久島、琉球群島；台灣、印度－西太平洋、紅海

棲息在淺海的岩礁與珊瑚礁地帶，廣泛地在串本單獨生活於水深 15～20m 的岩礁區。屬於稀有種。

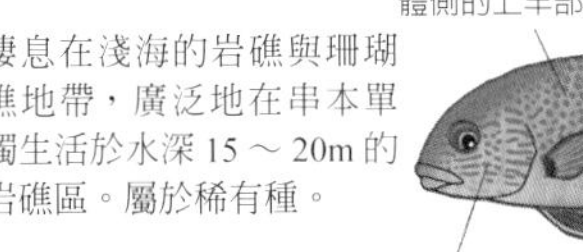

體側的上半部排列著條紋狀斑紋
頭部有多條黃橙色線條

稚魚 八丈島
水深 5m 大小 10cm

終極戰術 PART1

捕食其他魚類的海水魚會運用各種方式狩獵，包括集體追逐圍捕、躲在隱密處埋伏、迅速游過去攻擊等。不過，被捕食的餌也會利用各種方法保護自己，例如潛入沙裡、成群行動擾亂對方、像枯葉一樣游泳，混淆對方的視線等。有些則是體內帶有毒素，避免天敵捕食，四齒魨科就是最好的例子。

話說回來，就算體內帶有毒素，也要等自己被吃下肚之後，毒素才會發揮效果。從這一點來看，似乎不太算是保護自己的方法。

不可思議的是，食魚者就像是天生知道四齒魨有毒似的，牠們從不吃四齒魨。或許是因為在遙遠的過去，牠們的祖先吃了好幾次四齒魨，深受其毒害，從這些經驗與教訓中學習到的智慧，經過長年累月的世代傳承，深深刻印在基因裡，所以牠們對於四齒魨十分警戒。「體內有毒」的防禦戰術經歷無數同伴的犧牲之後，獲得勝利的果實。

遺憾的是，並非所有海中食魚者都知道四齒魨有毒不能吃，四齒魨也不是所向無敵。只要是在頭上游動的生物，無論是什麼都會吃下肚的合齒魚就是四齒魨的天敵。當四齒魨游過眼前，合齒魚會立刻撲向前獵食。

為了因應這種情形，四齒魨還有另一項戰術。當天敵咬住牠，牠會大量吞水使氣囊膨脹，讓身體變大，天敵便無法吞食（照片 1）。

海底有些投機分子將自己假扮成四齒魨，利用這個方式保護自己。舉例來說，橫斑刺鰓鮨偽裝成瓦氏尖鼻魨。有趣的是，瓦氏尖鼻魨的體長只有 8cm 左右，成年的橫斑刺鰓鮨是體長超過 1m 的大型魚類。受到體型影響，牠只能偽裝瓦氏尖鼻魨的幼魚時期。話說回來，鋸尾副革單棘魨從幼魚時期開始，終身都擬態成瓦氏尖鼻魨的模樣（照片 2&3&4）。

無毒魚類為了保護自己偽裝成有毒魚類的擬態種類，稱為貝氏擬態。在昆蟲界中屢見不鮮。

四齒魨犧牲了大量同伴才建立成功的防禦手段，橫斑刺鰓鮨與鋸尾副革單棘魨光靠擬態偽裝保護自己，牠們的防衛策略可說是耍了點小聰明。無論如何，這也是牠們為了活下來而產生的生存智慧。

身體膨脹，讓獵食者無法入口。（照片 1）

瓦氏尖鼻魨（照片 2）

橫斑刺鰓鮨的幼魚（照片 3）

鋸尾副革單棘魨（照片 4）

成魚 屋久島
水深 20m 大小 20cm
原崎森

金線魚科

犬牙錐齒鯛

Pentapodus caninus

屋久島、琉球群島：太平洋中 · 西部的熱帶海域

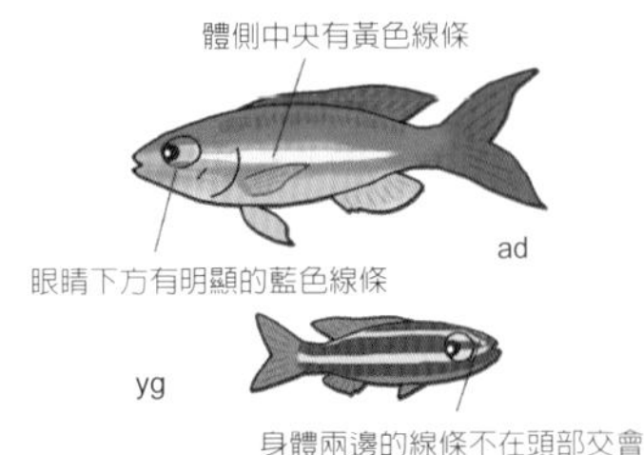

體側中央有黃色線條
ad
眼睛下方有明顯的藍色線條
yg
身體兩邊的線條不在頭部交會

幼魚 屋久島
水深 20m 大小 4cm 原崎森

若魚 屋久島
水深 12m 大小 10cm 原崎森

在珊瑚礁外緣、海水流通的砂礫底與珊瑚礫底的中層，形成小型群體生活。可在海水流動順暢的斜坡水底，看見單獨生活的幼魚。

成魚 屋久島
水深 25m 大小 23cm
原崎森

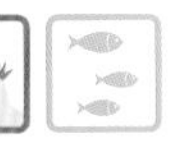

金線魚科

黃帶錐齒鯛

Pentapodus aureofasciatus

八丈島、和歌山縣、高知縣、屋久島、琉球群島：台灣、太平洋中 · 西部的熱帶海域

2 條藍線

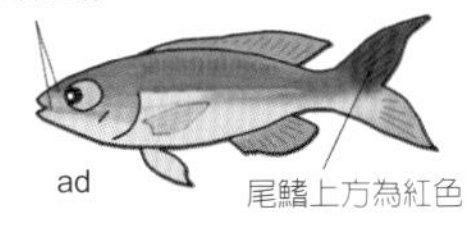

ad
尾鰭上方為紅色

yg
身體兩邊的黃色線條在頭部交會

在略深的珊瑚礁外緣、海水流通的砂礫底與珊瑚礫底的中層，形成小型群體生活。可在海水流動順暢的開闊斜坡水底，看見單獨生活的幼魚。

婚姻色 屋久島
水深 25m 大小 23cm 原崎森

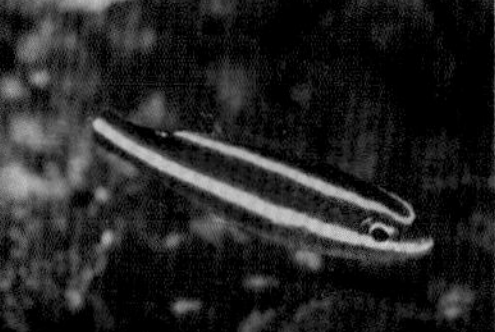

幼魚 八丈島
水深 30m 大小 4cm

幼魚 屋久島
水深 25m 大小 12cm 原崎森

金線魚科

長崎錐齒鯛

Pentapodus nagasakiensis

南日本的太平洋沿岸、八丈島、小笠原群島、屋久島、琉球群島；濟州島、台灣、菲律賓、印尼東部、澳洲西北岸．東北岸

身上有 2 條藍線，中間那條較粗，背部那條較細

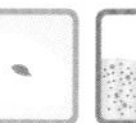

八丈島 水深 32m 大小 4cm

單獨或幾隻成群地生活在岩礁與珊瑚礁四周的砂底。

金線魚科

雙帶眶棘鱸

Scolopsis bilineata

駿河灣～高知縣的太平洋沿岸、八丈島、屋久島、琉球群島；台灣、拉克沙群島、東印度－西太平洋、加羅林群島

2 條線彎曲

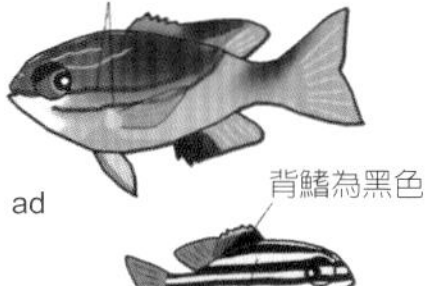
ad

背鰭為黑色

yg

背部有鮮豔的黃色

單獨或幾隻成群地出現在水深 10 ～ 25m，較淺的珊瑚礁。

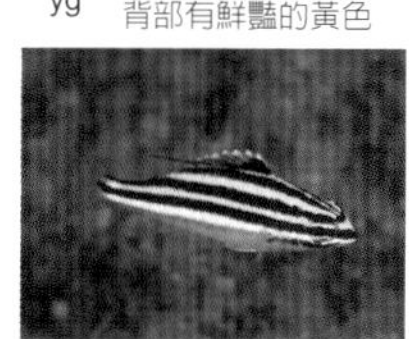
幼魚 八丈島 水深 10m 大小 5cm

成魚 呂宋島 水深 14m 大小 24cm

金線魚科

齒頜眶棘鱸

Scolopsis ciliata

琉球群島；台灣、印度洋東部－太平洋西部的熱帶海域

背部有白色線條

幾隻成群地生活在珊瑚礁周邊的淺砂地，與珊瑚礫海底。

帛琉 水深 9m 大小 21cm

成魚 呂宋島 水深 7m 大小 18cm

金線魚科

三線眶棘鱸

Scolopsis lineata

八丈島、小笠原群島、屋久島、琉球群島；台灣、印度洋東部－太平洋西部的熱帶海域

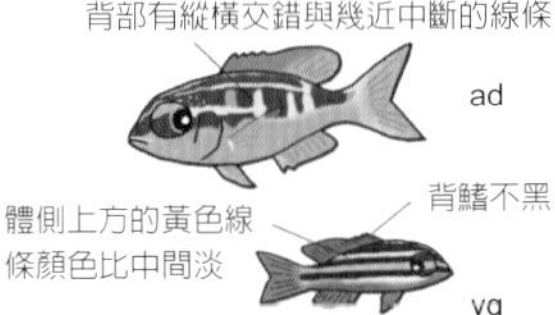
背部有縱橫交錯與幾近中斷的線條
ad
背鰭不黑
體側上方的黃色線條顏色比中間淡
yg

在珊瑚礁與砂底，水深 10～20m 處，形成小型群體生活。可在水深較淺的內灣與海藻林看見單隻幼魚。

幼魚 八丈島
水深 5m 大小 3cm

成魚 西表島
水深 2m 大小 13cm
山梨秀己

金線魚科

珠斑眶棘鱸

Scolopsis margaritifera

琉球群島；台灣、西太平洋

ad
鱗片上有小型斑點
2 條黑線
腹部為黃色
yg

可在內灣砂礫底與砂底等 20m 以淺海域，看見其單獨生活的身影。幼魚常見於水質混濁的內灣淺水區。

幼魚 帛琉
水深 6m 大小 4.5cm

成魚 宿霧島 水深 30m 大小 15cm

金線魚科

欖斑眶棘鱸

Scolopsis xenochroa

八丈島、琉球群島；台灣、印度－西太平洋

黃色～白色斑紋
ad
藍色的細長形斑點
身體後方為黃色
yg
眼睛後方到尾鰭根部有一條白線

單獨或成對洄游於水深較深的珊瑚礁外緣，海水流動順暢的開闊斜坡與砂礫底。

幼魚 八丈島
水深 12m 大小 3.5cm

鯛科

布氏長棘鯛

Argyrops bleekeri

土佐灣、奄美大島、沖繩；濟州島、台灣、中國、印尼、龍目島

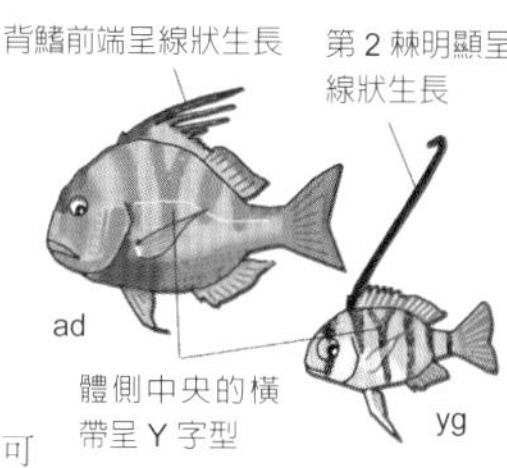
背鰭前端呈線狀生長
第 2 棘明顯呈線狀生長
ad
體側中央的橫帶呈 Y 字型
yg

棲息在珊瑚礁處略深的砂底，可在散布於內灣砂地的塊礁發現幼魚，但機率很低。

奄美大島
水深 17m 大小 15cm
榎本正子

鯛科

真鯛

Pagrus major

北海道所有沿岸～九州南岸的日本海・東海・太平洋沿岸、八丈島、屋久島、沖繩；朝鮮半島、中國、台灣

身上散布藍點
只有上方的邊緣是黑色

幼魚生活在內灣、沿岸的淺砂礫底與砂底，隨著成長會慢慢移往大陸棚水深 30 ～ 200m 的岩礁地區和砂礫底。

幼魚 八丈島
水深 9m 大小 6cm

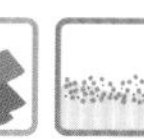
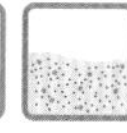

年輕成魚 八丈島
水深 9m 大小 18cm

龍占魚科

單列齒鯛

Monotaxis grandoculis

千葉縣、和歌山縣、八丈島、小笠原群島、屋久島、琉球群島；台灣、印度－太平洋（復活節島除外）

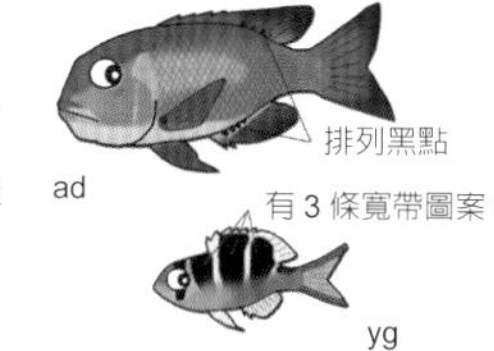
排列黑點
ad
有 3 條寬帶圖案
yg

成群生活在珊瑚礁外緣的斜坡與陡坡中層，幼魚在南日本的太平洋岸屬於季節性洄游魚，每年都會出現。

幼魚 八丈島
水深 10m 大小 9cm

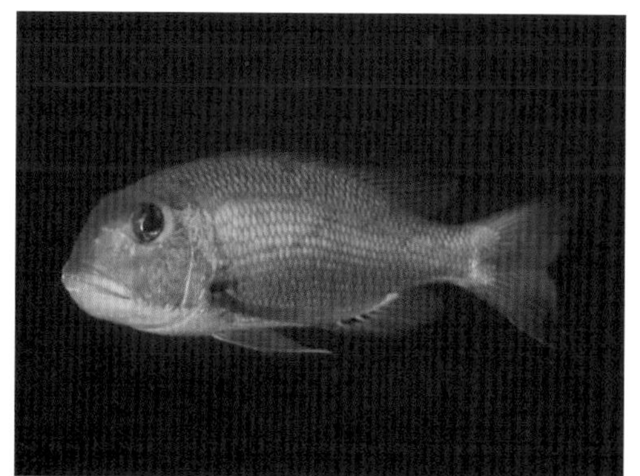

成魚 帛琉 水深 14m 大小 35cm

八丈島 水深 6m 大小 18cm

龍占魚科

金帶齒頜鯛

Gnathodentex aureolineatus

茨城縣以南的日本海沿岸、八丈島、小笠原群島、屋久島、琉球群島；台灣、印度－太平洋（夏威夷群島、復活節島除外）

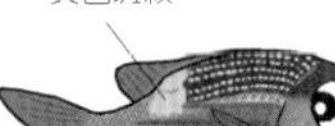

黃色斑紋
腹部有多道褐色線條

由數十隻到數百隻形成龐大群體，徘徊在珊瑚礁上。在個體數較少的地區，通常會與金帶擬鬚鯛這類在水中漂浮的魚類一起混泳。

八丈島 水深 12m 大小 8cm

龍占魚科

灰白鱲

Gymnocranius griseus

青森縣北部～宮城縣、南日本的太平洋沿岸、八丈島、屋久島、新潟縣以南的日本海沿岸、琉球群島；濟州島、台灣、中國、新幾內亞以東除外的西太平洋、澳洲西北岸

帶有不規則且不明顯的條紋圖案

可在岩礁、珊瑚礁周邊的砂底、砂礫底，發現其單獨行動的身影。幼魚經常被誤認爲海藻、枯葉或垃圾。本種會配合周遭環境瞬間改變體色，利用僞裝保護自己。

成魚 八丈島 水深 8m 大小 50cm

龍占魚科

青嘴龍占魚

Lethrinus nebulosus

南日本的太平洋沿岸、伊豆群島、小笠原群島、屋久島、新潟縣以南的日本海沿岸、琉球群島；濟州島、台灣、香港、泰國灣、印度－西太平洋

眼睛下方有 2 ～ 3 條不明顯的帶狀圖案

單獨在岩礁與珊瑚礁四周游泳。在八丈島，經常出現在岩礁周邊有一大片砂底的地方。屬於大型種。

幼魚 八丈島
水深 5m 大小 12cm

龍占魚科

絲棘龍占魚

Lethrinus genivittatus

新潟縣以南的日本海沿岸、九州西岸、南日本的太平洋沿岸、琉球群島；濟州島、台灣、中國、東印度－西太平洋

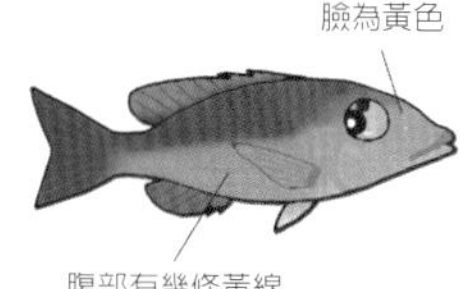
臉為黃色
腹部有幾條黃線

可在岩礁、珊瑚礁周邊的砂底、砂礫底、海藻林等處，發現其單獨行動的身影。幼魚生活在內灣處的淺砂底。在伊豆半島沿岸是極為常見的溫帶種。

八丈島 水深 7m 大小 10cm

沙鮻科

日本沙鮻

Sillago japonica

北海道積丹半島～九州南岸的日本海 · 東海沿岸、北海道襟裳岬～九州南岸的太平洋沿岸；朝鮮半島、中國

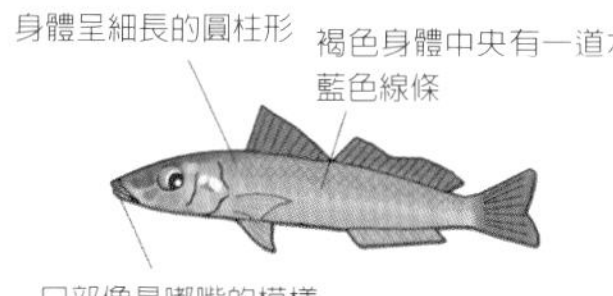
身體呈細長的圓柱形
褐色身體中央有一道水藍色線條
口部像是嘟嘴的模樣

可在沿岸砂底看見成群的本種，當牠感到危險或想獵食沙蠶，會潛入砂中。

伊豆半島
水深 15m 大小 20cm
西村欣也

鬚鯛科

黑斑緋鯉

Upeneus tragula

八丈島、茨城縣～屋久島的太平洋沿岸、福井縣以南的日本海沿岸、九州西岸、琉球群島；台灣、中國、印度－西太平洋

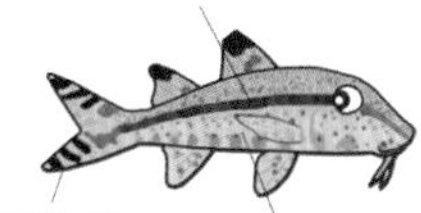
一道褐色線條通過體側中央偏上的部位
黑色條紋圖案
遍布茶褐色斑點

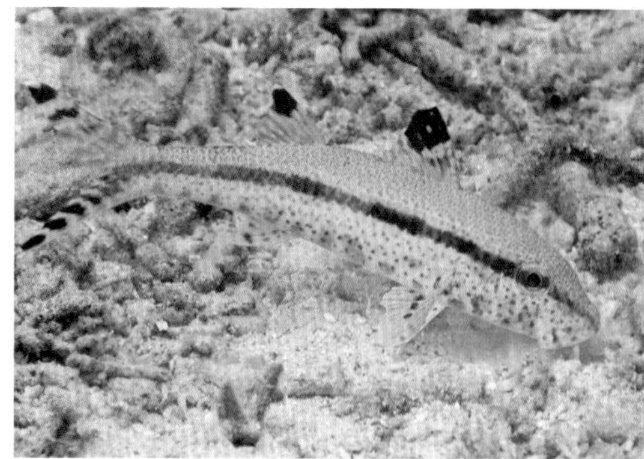

可在淺岩礁周邊砂地，發現其單獨或幾隻成群生活的模樣。潛水客經常看見其將黃色觸鬚伸入砂中，探索小型海中生物的情景。也會與其他鬚鯛或隆頭魚混泳。在琉球群島是少見的溫帶種。

石垣島
水深 8m 大小 20cm
惣道敬子

八丈島 水深 15m 大小 24cm

鬚鯛科

金帶擬鬚鯛

Mulloidichthys vanicolensis

八丈島、小笠原群島、南日本的太平洋沿岸、屋久島、山口縣日本海沿岸、琉球群島；台灣、印度－太平洋（復活節島除外）

體側有 1 條黃線

在淺岩礁、珊瑚礁外緣的斜坡、參雜礫石的砂底，形成大型群體生活。可觀察到單獨或幾隻成群地伸出頷部觸鬚，尋找餌食的模樣。

伊豆大島
水深 15m 大小 4cm
片桐佳江

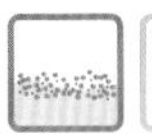

鬚鯛科

鬚海緋鯉

Parupeneus barberinoides

千葉縣～高知縣的太平洋沿岸、伊豆群島、小笠原群島、屋久島、山口縣日本海沿岸、琉球群島；台灣、太平洋中・西部的熱帶海域

身上有不同顏色區塊

可在水深較淺的珊瑚礁外緣砂礫底、粗礫石岸、瓦礫區與海藻林等處，看到幾隻鬚海緋鯉游動的模樣。覓食時會與其他鬚鯛科或隆頭魚等，喜歡相同環境的魚類一起行動。

伊豆半島
水深 14m 大小 20cm
原多加志

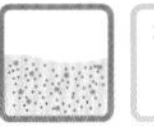

鬚鯛科

紅帶海緋鯉

Parupeneus chrysopleuron

青森縣、南日本的太平洋沿岸、小笠原群島、山口縣以南的日本海沿岸・九州西岸、琉球群島；濟州島、台灣、中國、澳洲西北岸

體側中央上方有一道黃色到橘色線條

腹鰭與臀鰭的條紋圖案

可在岩礁周邊的砂底與砂泥底，觀察到單獨或幾隻成群生活的模樣。棲息平台愈小，成群生活的傾向愈高，可看見本種伸出觸鬚尋找砂中小動物捕食的情景。屬於溫帶種。

鬚鯛科

圓口海緋鯉

Parupeneus cyclostomus

ad
黃色斑紋
yg

伊豆半島東岸～高知縣的太平洋沿岸、八丈島、小笠原群島、屋久島、琉球群島；台灣、印度－太平洋（復活節島除外）

棲息範圍廣泛，可在珊瑚礁到珊瑚礁外緣、砂底等處，看見單獨或幾隻成群的情景。成魚的體色從淺紫色到黃色；年輕個體的體色從黃色、紅褐色變化到黑褐色，體色變化十分劇烈。

黃化種 八丈島
水深 14m 大小 12cm

黑化種 八丈島
水深 12m 大小 7cm

八丈島 水深 15m 大小 25cm

鬚鯛科

七棘海緋鯉

Parupeneus heptacanthus

宮城縣、南日本的太平洋沿岸、山口縣日本海沿岸、琉球群島；濟州島、台灣、印度－西太平洋

體側有紅褐色斑點

可在內灣的砂泥底、砂底與海藻林等環境中，看見數隻成群的模樣。通常與喜歡相同環境的紅帶海緋鯉一起混泳。

八丈島
水深 16m 大小 4cm

鬚鯛科

印度海緋鯉

Parupeneus indicus

南日本的太平洋沿岸、八丈島、屋久島、山口縣以南的日本海沿岸、九州西岸

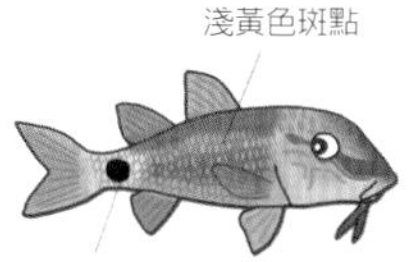
淺黃色斑點
大型黑色斑點

可在岩礁或珊瑚礁周邊的砂底，看見單獨或數隻成群生活的模樣。牠們在砂底與岩礁覓食時，會與喜歡相同環境的其他鬚鯛科或隆頭魚等一起行動。

幼魚 八丈島
水深 5m 大小 6cm

成魚 八丈島
水深 15m 大小 23cm

成魚 八丈島 水深 15m 大小 26cm

鬚鯛科

黑斑海緋鯉

Parupeneus pleurostigma

到高知縣為止的南日本太平洋沿岸、八丈島、小笠原群島、山口縣的日本海沿岸、屋久島、琉球群島；濟州島、台灣、香港、印度－太平洋（復活節島除外）

2 個黑色斑紋

可在淺珊瑚礁外緣的斜坡、參雜礫石的砂底、海藻林，看見單獨或幾隻成群生活的模樣。與其他鬚鯛科或隆頭魚等一起行動覓食。

幼魚 八丈島
水深 6m 大小 5cm

成魚 八丈島 水深 16m 大小 28cm

鬚鯛科

短鬚海緋鯉

Parupeneus ciliatus

南日本～屋久島的太平洋沿岸、八丈島、小笠原群島、山形縣以南的日本海沿岸、琉球群島；濟州島、台灣、印度－太平洋（夏威夷群島、馬紹爾群島、萊恩群島、復活節島除外）

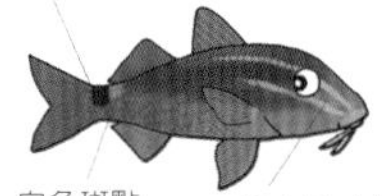
橫跨身體兩側的黑色斑紋
白色斑點
2 條白線（有時會消失）

單獨或幾隻成群地生活在淺岩礁處，在珊瑚礁的個體很少。在不同環境中，有些個體尾鰭根部的鞍狀斑點較薄或較深。

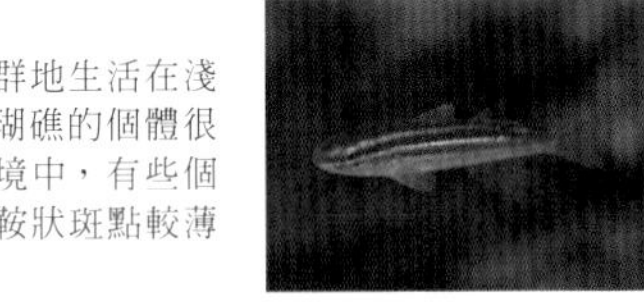

幼魚 八丈島
水深 5m 大小 3cm

成魚 八丈島 水深 25m 大小 30cm

鬚鯛科

大型海緋鯉

Parupeneus spilurus

青森縣以南的太平洋沿岸、八丈島、小笠原群島、屋久島、新潟縣以南的對馬暖流沿岸、琉球群島；濟州島、台灣、印度洋東部－太平洋西部的溫．熱帶海域

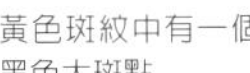
黃色斑紋中有一個黑色大斑點

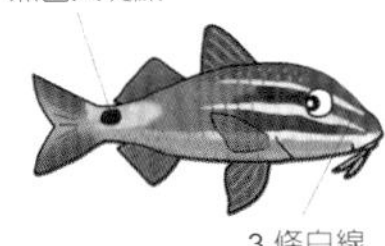
3 條白線

可在海水流動良好的岩礁，看見其單獨或幾隻成群行動的模樣。八丈島進入水溫下降的冷水團時期後，可在海水流通的岩礁地區，水深20m 一帶，發現其與短鬚海緋鯉混泳的情景。屬於稀有種。

幼魚 八丈島
水深 7m 大小 3cm

鬚鯛科

多帶海緋鯉

Parupeneus multifasciatus

南日本的太平洋沿岸、八丈島、小笠原群島、屋久島、山口縣日本海沿岸、九州西岸、琉球群島；濟州島、台灣、東印度－太平洋（復活節島除外）

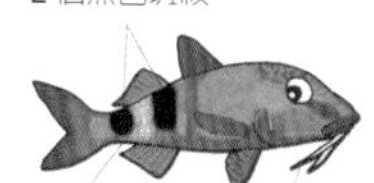
2 個黑色斑紋
黑色斑紋之間為黃色
觸鬚很長

單獨棲息在淺岩礁地帶或珊瑚礁，幼魚會幾隻成群地與覓食中的隆頭魚一起混泳。鬚鯛科特徵之一頷部觸鬚用來尋找小型獵物，發揮天線的作用。

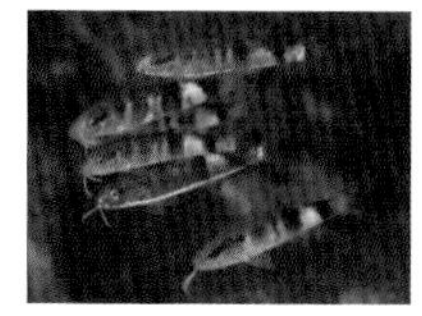

幼魚 八丈島
水深 6m 大小 2.5cm

成魚 八丈島 水深 18m 大小 25cm

擬金眼鯛科

日本擬金眼鯛

Pempheris japonica

茨城縣以南的太平洋沿岸、八丈島、小笠原群島、九州北岸・西北岸；朝鮮半島、台灣

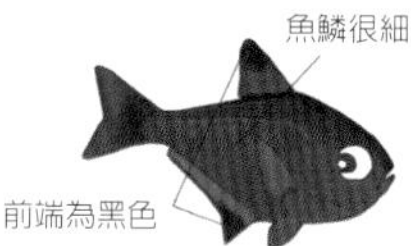
魚鱗很細
前端為黑色

白天待在岩礁與珊瑚礁山的側面、裂縫、洞穴等陰暗處，幾隻成群地生活在一起。晚上出來活動，四處洄游。屬於夜行性魚類。

幼魚 八丈島
水深 5m 大小 2.5cm

成魚 八丈島
水深 10m 大小 16cm

擬金眼鯛科

南方擬金眼鯛

Pempheris schwenkii

福島縣以南的太平洋沿岸、九州北岸・西北岸、琉球群島；台灣、印度－西太平洋

每片魚鱗都很大
胸鰭根部沒有黑色斑點

白天形成大型群體，待在洞窟、大洞穴等光線照不到的陰暗處。屬於夜行性魚類，晚上積極地四處游動。

八丈島 水深 10m 大小 8cm

八丈島 水深 5m 大小 10cm

擬金眼鯛科

暗擬金眼鯛

Pempheris adusta

八丈島、琉球群島

每片魚鱗都很大

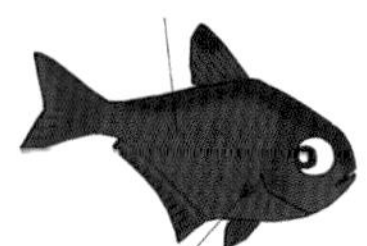
胸鰭根部有黑色斑點

白天成群待在洞窟、大洞穴等光線照不到的陰暗處，通常與數量較多的南方擬金眼鯛混泳。屬於夜行性魚類，晚上出來四處游動。

八丈島 水深 18m 大小 5cm

擬金眼鯛科

雷氏充金眼鯛

Parapriacanthus ransonneti

南日本的太平洋沿岸、八丈島、九州北岸 · 西北岸、琉球群島；濟州島、台灣、印度－西太平洋

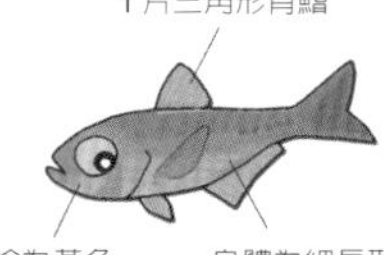
1 片三角形背鰭
臉為黃色
身體為細長形

形成龐大群體，幾乎覆蓋住淺水區的岩礁山或珊瑚礁山。由於外型極似天竺鯛科魚類，一般人容易誤認，不過可從只有 1 片背鰭這一點來辨別。

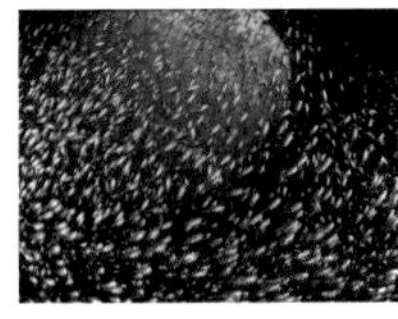

八丈島
水深 12m 大小 4cm

宿霧島 水深 12m 大小 16cm

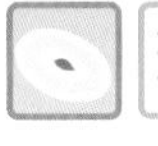

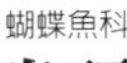

蝴蝶魚科

烏頂蝴蝶魚

Chaetodon adiergastos

和歌山縣以南的太平洋沿岸、琉球群島；濟州島、台灣、菲律賓群島、加里曼丹、蘇拉威西島、澳洲西北岸

多條斜線
眼睛四周為黑色宛如熊貓

可在內灣性的淺珊瑚礁發現其身影，在日本屬於稀有種。警戒心很強。

蝴蝶魚科

銀身蝴蝶魚

Chaetodon argentatus

南日本的太平洋沿岸、八丈島、小笠原群島、屋久島、琉球群島；台灣、印度～馬紹爾群島

偏黑的網紋圖案
頭部的黑色帶狀圖案只到眼睛附近
3 條黑色帶狀圖案

可在八丈島、南日本太平洋岸的淺岩礁發現其蹤影。比起蝴蝶魚科的其他魚種，本種棲息海域偏北。在琉球群島為稀有種。

幼魚 八丈島
水深 7m 大小 3cm

成魚 八丈島 水深 25m 大小 10cm

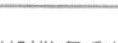

蝴蝶魚科

褐帶少女魚

Coradion altivelis

南日本的太平洋沿岸、伊豆群島、小笠原群島、九州西岸、琉球群島；濟州島、台灣、安達曼海－西太平洋（到澳洲東北岸為止）

2 條線在腹部交會
通過眼睛的線在鰓蓋中止

常見於八丈島水深 30m 左右、海水流動良好的岩礁與珊瑚礁外緣斜坡，幼魚在桶狀海綿等大型海綿中生活。

幼魚 八丈島
水深 32m 大小 2cm

成魚 八丈島 水深 35m 大小 18cm

蝴蝶魚科

金斑少女魚

Coradion chrysozonus

鹿兒島縣甑島、小笠原群島；台灣、南海、安達曼海、西太平洋（到澳洲東北岸為止）

背鰭有眼狀斑
2 條線在腹部交會
通過眼睛的線條穿過鰓蓋直達腹部

棲息在珊瑚礁海域，可在海水流動良好、水深 25m 左右的砂地上分布的塊礁，發現其蹤跡。外型很像同屬的褐帶少女魚，但本種背鰭的眼狀斑不會隨著成長消失，成魚身上依舊存在著眼狀斑。

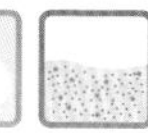

墨寶
水深 10m 大小 13cm
小林岳志

北蘇拉威西島
水深 13m　大小 10cm
宮地淳子

蝴蝶魚科

眼點副蝴蝶魚

Parachaetodon ocellatus

小笠原群島；中國、東印度－西太平洋、巴基斯坦

體型看似三角形

棲息在水深 10 ～ 15m 左右的內灣砂泥底，日本只在小笠原有觀察紀錄，是極為罕見的稀有種。

八丈島　水深 15m　大小 15cm

蝴蝶魚科

揚旛蝴蝶魚

Chaetodon auriga

八丈島、岩手縣、伊勢灣以南的太平洋沿岸、兵庫縣以南的日本海沿岸、九州西岸、屋久島、琉球列島；濟州島、台灣、香港、印度－太平洋、加拉巴哥群島

背鰭後方呈線狀生長
大型黑色斑點

一般常見於岩礁海域與珊瑚礁，在南日本的太平洋岸有時也能發現成魚，某種程度上相當適應溫帶海域。幼魚會隨著海流來到東北沿岸，但不會過冬，屬於季節性迴游魚。

幼魚　八丈島
水深 16m　大小 2cm

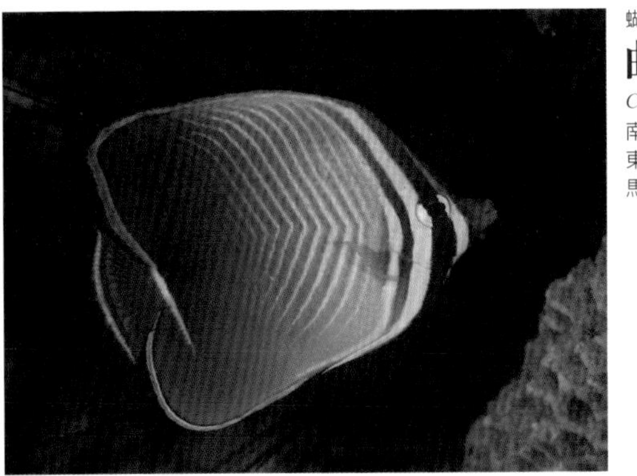

呂宋島　水深 6m　大小 12cm

蝴蝶魚科

曲紋蝴蝶魚

Chaetodon baronessa

南日本的太平洋沿岸、小笠原群島、屋久島、琉球群島；台灣、東印度－西太平洋（科科斯〔基林〕群島以東）、加羅林群島、馬紹爾群島

有許多く字型線條
通過眼睛的線條前後也有線條

常見於珊瑚礁潟湖的淺珊瑚礁。主要食物是鹿角珊瑚屬的珊瑚蟲，對於珊瑚的依賴度很高，生活在珊瑚枝條之間。幼魚在南日本太平洋岸屬於季節性洄游魚，很少洄游至此。

蝴蝶魚科

樸蝴蝶魚

Chaetodon modestus

小笠原群島、宮城縣・茨城縣以南的太平洋沿岸、津輕海峽～九州南岸的日本海・東海沿岸、沖繩島；朝鮮半島、台灣、中國

體側有 2 條寬帶圖案

棲息在水深 56 ～ 195m 的岩礁海域，可於串本內灣水深 20m 以深的砂泥底發現其成對生活的身影。學者根據 Kuiter（2004）的研究，認爲此魚應分類在新的前齒蝴蝶魚屬（Roa）。

串本
水深 25m 大小 10cm
谷口勝政

蝴蝶魚科

耳帶蝴蝶魚

Chaetodon auripes

津輕海峽～九州西岸的對馬暖流沿岸、宮城縣以南的太平洋沿岸、伊豆群島、小笠原群島、屋久島、琉球群島；朝鮮半島、台灣、中國

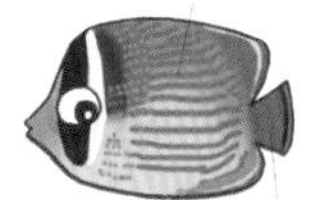
黃色身體上有許多波形線條
尾鰭沒有圖案

一般常見於淺岩礁海域和珊瑚礁，在蝴蝶魚科中，本種與日本蝴蝶魚是最適應北方海域的溫帶種。在琉球群島屬於稀有種。平時成對生活，有時也會形成龐大群體行動。

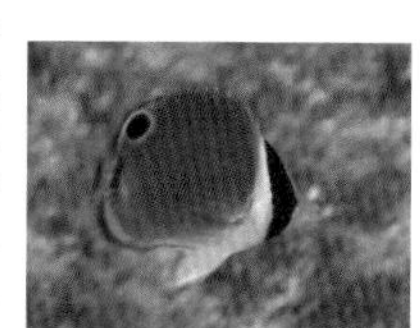

幼魚 八丈島
水深 3m 大小 2.5cm

成魚 八丈島 水深 14m 大小 15cm

蝴蝶魚科

本氏蝴蝶魚

Chaetodon bennetti

南日本的太平洋沿岸、小笠原群島、屋久島、琉球群島；台灣、香港、印度－太平洋（阿拉伯海、夏威夷群島、復活節島除外）

有藍色邊緣的大型黑色眼狀斑
2 條藍色曲線

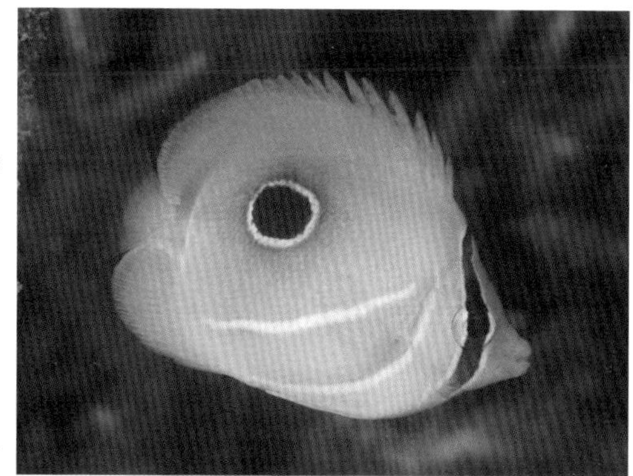

成對或由幾隻形成小群體，生活在內灣一帶，水深較淺的岩礁地區或珊瑚礁。

西表島
水深 5m 大小 5cm
水谷知世

成魚 八丈島
水深 8m 大小 12cm

蝴蝶魚科

胡麻斑蝴蝶魚

Chaetodon citrinellus

南日本的太平洋沿岸、八丈島、小笠原群島、屋久島、琉球群島；台灣、中國、印度－太平洋（馬達加斯加、紅海、阿拉伯海、復活節島除外）

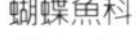

黃色身體排列偏黑色的斑點
黑色邊緣

成對或單獨生活在淺岩礁、珊瑚礁地區，相對上較適應溫帶海域，亦可在南日本沿岸發現成魚的蹤跡。

幼魚 八丈島
水深 5m 大小 3.5cm

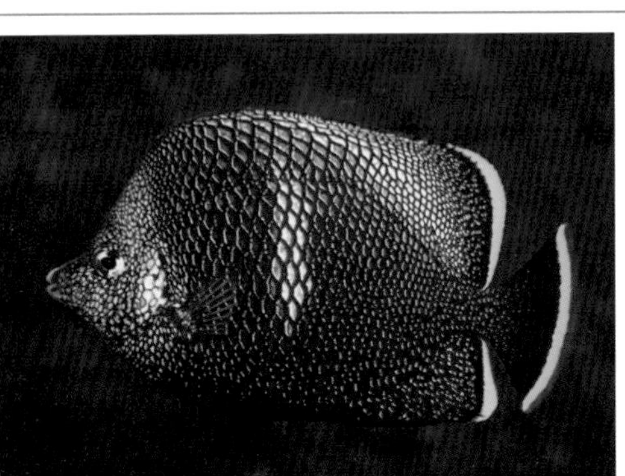

成魚 八丈島 水深 12m 大小 12cm

蝴蝶魚科

繡蝴蝶魚

Chaetodon daedalma

伊豆群島、小笠原群島、相模灣、和歌山縣串本、高知縣柏島、座間味島、沖繩島、南大東島

全身偏黑
各鰭有黃色邊緣

本種是日本固有的蝴蝶魚，大多棲息在小笠原和八丈島，但其他地區十分罕見。在八丈島，全年都能在海水流通的岩礁看見其成雙成對，春季與秋季會形成龐大群體，稱爲「繡蝴蝶魚團」。此時適逢山川氏光鰓雀鯛的繁殖期，學者認爲牠們爲了集體對抗保護卵的山川氏光鰓雀鯛群，才會形成龐大群體，並且有效率地捕食附著在岩壁上的卵。

繡蝴蝶魚團 八丈島
水深 18m

幼魚 八丈島
水深 8m 大小 3.5cm

成魚 八丈島 水深 8m 大小 14cm

蝴蝶魚科

鞍斑蝴蝶魚

Chaetodon ephippium

南日本的太平洋沿岸、八丈島、小笠原群島、屋久島、琉球群島；台灣、東印度－太平洋（復活節島除外）

背鰭後端很長
大型黑色斑紋

常見於水深 15m 以淺，海水平靜的內灣性珊瑚礁。亦可在南日本太平洋岸海灣內或潮池等淺水區發現幼魚。屬於不會過冬的季節性洄游魚。

幼魚 八丈島
水深 5m 大小 2.5cm

蝴蝶魚科

貢氏蝴蝶魚

Chaetodon guentheri

南日本的太平洋沿岸、八丈島、小笠原群島、屋久島、琉球群島；台灣、新幾內亞東部、澳洲東岸

白色身體上排列著黑點
背鰭與臀鰭為黃色

可在水深 30m 左右、略深的珊瑚礁地區發現蹤跡，大多常見於小笠原群島，其他地區屬於稀有種。

八丈島 水深 30m 大小 8cm

蝴蝶魚科

克氏蝴蝶魚

Chaetodon kleinii

南日本的太平洋沿岸、伊豆群島、小笠原群島、屋久島、琉球群島；台灣、中國、印度－太平洋（包含夏威夷群島到薩摩亞群島為止；紅海、阿拉伯海除外）

黃色身體看似有 2 條白色帶狀圖案
沒有黑色部分
腹鰭為黑色

可在岩礁或珊瑚礁淺水區發現單獨或幾隻成群的身影，日本本州中部沿岸為止的海域可看到成魚，十分適應溫帶海域。

幼魚 八丈島
水深 16m 大小 2.5cm

成魚 八丈島 水深 18m 大小 10cm

蝴蝶魚科

月斑蝴蝶魚

Chaetodon lunula

南日本的太平洋沿岸、八丈島、小笠原群島、屋久島、琉球群島；台灣、香港、印度－太平洋（紅海除外）、加拉巴哥群島、科科島

黑色的斜帶圖案

常見於淺水區的岩礁或珊瑚礁，在夏威夷等個體數量較多的地區，可看到由數十隻形成的大型群體一起行動。

幼魚 八丈島
水深 2m 大小 3.5cm

成魚 八丈島 水深 12m 大小 14cm

八丈島 水深 14m 大小 28cm

蝴蝶魚科

紋身蝴蝶魚

Chaetodon lineolatus

南日本的太平洋沿岸、八丈島、小笠原群島、屋久島、琉球群島；台灣、香港、印度－太平洋（復活節島除外）

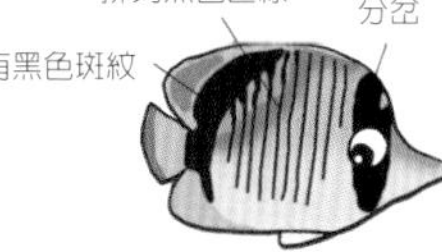
通過眼睛的帶狀圖案在眼睛上方分岔
排列黑色直線
背部有黑色斑紋

在蝴蝶魚科中屬於大型種，常見於岩礁、珊瑚礁與珊瑚礁外緣。在南日本、太平洋岸各地的內灣性淺水區偶爾可以看到幼魚，但不會過冬，屬於季節性迴游魚。

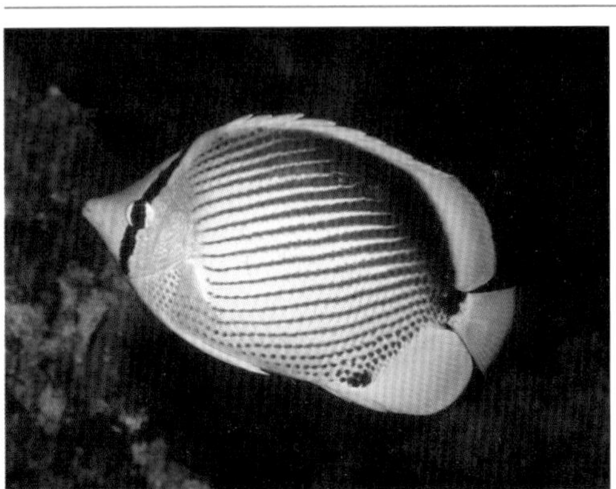

成魚 八丈島 水深 12m 大小 12cm

蝴蝶魚科

黑背蝴蝶魚

Chaetodon melannotus

南日本的太平洋沿岸、伊豆群島、小笠原群島、屋久島、琉球群島；台灣、香港、印度－西太平洋（阿拉伯海除外）、薩摩亞群島、密克羅尼西亞

偏黑的背部
有許多斜線
背部的黑色蔓延至尾鰭根部

常見於淺水區的岩礁與珊瑚礁，成魚吃小型藻類，但幼魚吃珊瑚蟲維生，因此很依賴珊瑚，觀察珊瑚縫隙間即可發現其蹤影。在南日本、太平洋沿岸生長著珊瑚的淺水區，可看到屬於季節性洄游魚的幼魚現身。

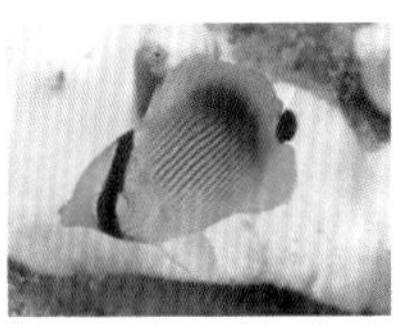

幼魚 八丈島
水深 5m 大小 2cm

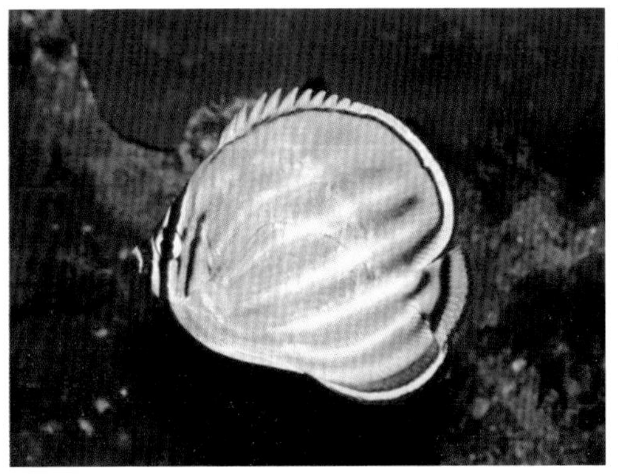

成魚 八丈島 水深 10m 大小 10cm

蝴蝶魚科

華麗蝴蝶魚

Chaetodon ornatissimus

八丈島、小笠原群島、和歌山縣以南的太平洋沿岸、屋久島、琉球群島；台灣、馬爾地夫群島～馬克薩斯群島

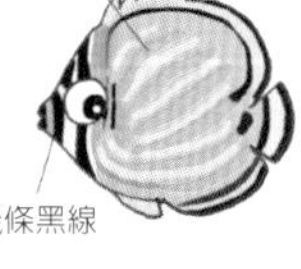
黃色粗線呈扇狀分布
頭部有幾條黑線

一般常見於淺水區的珊瑚礁，十分依賴鹿角珊瑚屬的珊瑚，到了寸步不離的程度。可在南日本的太平洋沿岸，看到屬於季節性洄游魚的幼魚。

幼魚 八丈島
水深 8m 大小 3.5cm

蝴蝶魚科

默氏蝴蝶魚

Chaetodon mertensii

八丈島、小笠原群島、琉球群島；太平洋中．西部（印尼、夏威夷群島、馬克薩斯群島除外）

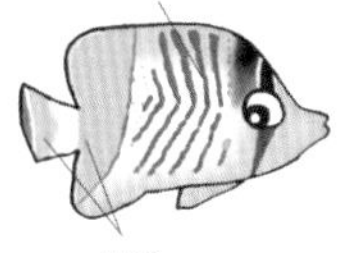
身上排列著く字型線條
黃色

塞班島 水深 15m 大小 8cm

可在海水流通的珊瑚礁外緣斜坡看見其身影，日本常見於小笠原群島，在其他地區則是稀有種。

蝴蝶魚科

紅尾蝴蝶魚

Chaetodon xanthurus

南日本的太平洋沿岸、八丈島、小笠原群島、屋久島、琉球群島；台灣、菲律賓群島、印尼

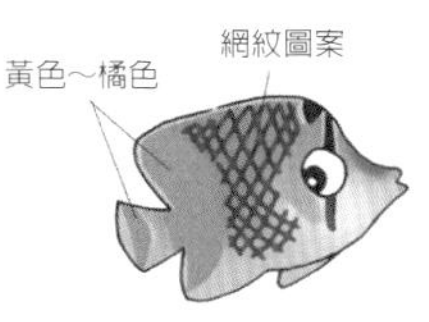
網紋圖案
黃色～橘色

成魚 八丈島 水深 25m 大小 10cm

常見於海水流暢的珊瑚礁，幼魚在南日本的太平洋沿岸屬於季節性洄游魚，可在海灣內的淺水區看見其身影。

幼魚 八丈島
水深 4m 大小 3.5cm

蝴蝶魚科

日本蝴蝶魚

Chaetodon nippon

南日本的太平洋沿岸、伊豆群島、小笠原群島、屋久島；朝鮮半島南岸、台灣、菲律賓群島北部

眼睛附近沒有清晰的線條通過
寬版黑帶圖案

平時可在海水流通的岩礁處發現其身影，在蝴蝶魚科中屬於適應北方海域的溫帶種。在八丈島附近的八丈小島，可看見由數千隻日本蝴蝶魚形成的龐大群體，震撼的場景令人難忘。

八丈島
水深 25m

幼魚 八丈島
水深 25m 大小 2cm

成魚 八丈島 水深 25m 大小 12cm

呂宋島 水深 5m 大小 8cm

蝴蝶魚科

八帶蝴蝶魚

Chaetodon octofasciatus

高知縣柏島、奄美大島；台灣、中國、泰國灣、東印度－西太平洋（新喀里多尼亞、斐濟群島除外）

6～7 道條紋圖案

常見於珊瑚礁潟湖、海藻林、內灣的濁水區等水深較淺的地方。在日本爲稀有種。

八丈島 水深 20m 大小 14cm

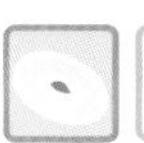

蝴蝶魚科

藍斑蝴蝶魚

Chaetodon plebeius

南日本的太平洋沿岸、伊豆群島、小笠原群島、屋久島、琉球群島；台灣、香港、安達曼海－西太平洋

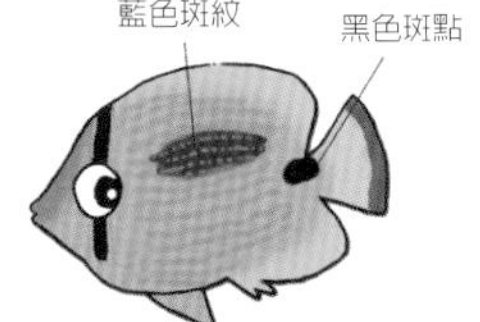
藍色斑紋
黑色斑點

一般常見於水深較淺的珊瑚礁。主要食物是鹿角珊瑚屬的珊瑚蟲，對於珊瑚的依賴度很高。幼魚在南日本太平洋沿岸屬於季節性洄游魚。

八丈島 水深 26m 大小 15cm

蝴蝶魚科

鏡斑蝴蝶魚

Chaetodon speculum

南日本的太平洋沿岸、八丈島、小笠原群島、九州西岸、屋久島、琉球群島；台灣、香港、東印度－西太平洋、薩摩亞群島

黃色身體上有大型黑色斑點

可在水深 30m 以淺的岩礁或海水平靜的潮池內珊瑚礁，發現其身影。通常可在八丈島海水流通的岩礁斜坡觀察到牠們，當地的棲息環境與珊瑚礁截然不同。

蝴蝶魚科

四點蝴蝶魚

Chaetodon quadrimaculatus

靜岡縣富戶、和歌山縣串本、小笠原群島、慶良間群島、八重山群島；台灣、太平洋中央（復活節島除外）

2 個白色斑點
背部為黑色

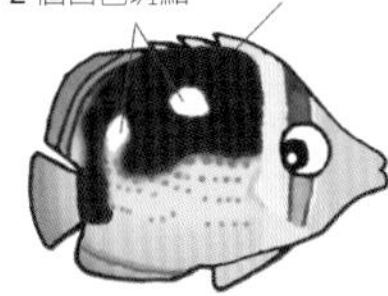

塞班島 水深 5m 大小 8cm

可在珊瑚礁淺水區的礁石斜坡，發現其成對生活的身影。小笠原、塞班島、關島的個體數量較多，在其他地方則爲稀有種。

蝴蝶魚科

雷氏蝴蝶魚

Chaetodon rafflesi

南日本的太平洋沿岸、伊豆群島、屋久島、琉球群島；台灣、東印度－太平洋（到土阿莫土群島為止；澳洲西岸、馬紹爾群島、夏威夷群島、萊恩群島除外）

黃色身體上有網紋圖案
黑色帶狀圖案
清晰的黑色線條

可在淺水區的珊瑚礁，看見其成對生活的情景。在日本爲稀有種。在南日本的太平洋沿岸，幼魚是季節性洄游魚，可在海灣內的淺水區發現牠們。

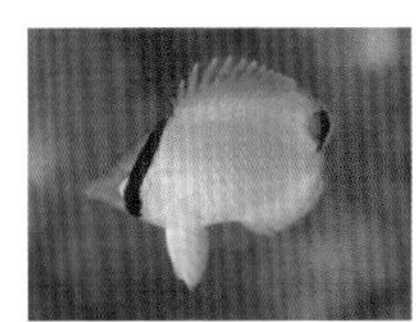

幼魚 八丈島
水深 5m 大小 3.5cm

成魚 帛琉 水深 12m 大小 13cm

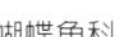

蝴蝶魚科

點斑橫帶蝴蝶魚

Chaetodon punctatofasciatus

八丈島、小笠原群島、紀伊半島、屋久島、琉球群島；台灣、印度～馬紹爾群島

7 道偏黑色的條紋圖案
通過眼睛的線條邊緣逐漸淡出
排列許多小斑點

八丈島 水深 30m 大小 7cm

常見於海水流暢的岩礁、珊瑚礁外緣斜坡，水深 30m 以淺的地方。在日本是極爲稀有的種類，雖然在八丈島的個體量較少，但比較容易見到。

八丈島 水深 13m 大小 10cm

蝴蝶魚科

網紋蝴蝶魚

Chaetodon reticulatus

高知縣柏島、八丈島、小笠原群島、屋久島、琉球群島；台灣、太平洋中 · 西部（印尼西部除外）

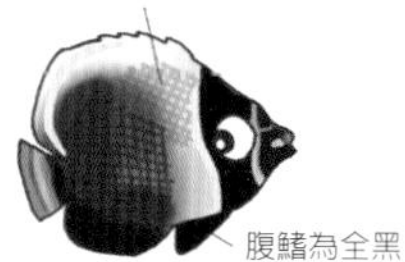
顏色偏黑的身上有網目圖案
腹鰭為全黑

常見於水深 20m 以淺的淺珊瑚礁，一般可在小笠原群島、塞班島、關島發現其身影，在其他地區則為稀有種。

成魚 呂宋島 水深 8m 大小 14cm

蝴蝶魚科

彎月蝴蝶魚

Chaetodon selene

南日本的太平洋沿岸、伊豆大島、沖繩縣伊江島；台灣、大巽他群島東岸～新幾內亞島西岸

背部邊緣有黑色帶狀圖案
白色身體斜向排列著黃色斑點

可在內灣砂泥底附近的珊瑚礁，發現其身影。亦可在南日本太平洋沿岸的淺水區觀察到幼魚，屬於不會過多的季節性洄游魚。

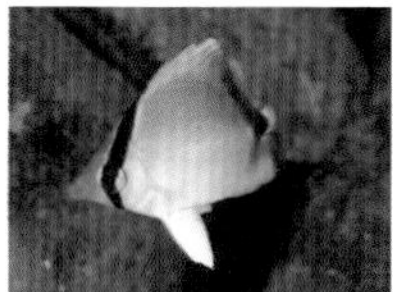

幼魚 呂宋島
水深 5m 大小 3cm

帛琉 水深 10m 大小 14cm

蝴蝶魚科

點綴蝴蝶魚

Chaetodon semeion

和歌山縣、琉球群島；台灣、東印度－太平洋（夏威夷群島、馬克薩斯群島、復活節島除外）

背鰭後端往外延伸
黃色身體上排列著帶黑色的斑點
黑色帶狀圖案

可在海水流通的珊瑚礁外緣發現其身影，由於個體數量較少，通常看見單隻。在日本為稀有種。

蝴蝶魚科

川紋蝴蝶魚

Chaetodon trifascialis

和歌山縣以南的太平洋沿岸、八丈島、小笠原群島、屋久島、琉球群島；台灣、香港、印度－太平洋（到土阿莫土群島為止；夏威夷群島除外）

排列著く字型線條
尾鰭為黑色

珊瑚

成魚 八丈島 水深 13m 大小 10cm

可見於水深較淺的珊瑚礁。主要食物是鹿角珊瑚屬的珊瑚蟲，對於珊瑚的依賴度很高。幼魚獨自隱藏在珊瑚的枝條之間，在南日本、太平洋沿岸珊瑚生長的海域，屬於季節性洄游魚。

幼魚 八丈島
水深 14m 大小 2cm

蝴蝶魚科

弓月蝴蝶魚

Chaetodon lunulatus

南日本的太平洋沿岸、八丈島、小笠原群島、屋久島、琉球群島；東印度－太平洋中 · 西部的熱帶海域

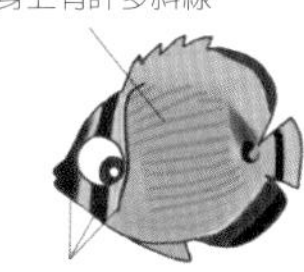
身上有許多斜線
看似有 3 條線的模樣

成魚 帛琉 水深 8m 大小 12cm

可在淺礁池的珊瑚礁發現其身影，主要食物是鹿角珊瑚屬的珊瑚蟲，對於珊瑚的依賴度很高，在珊瑚枝條之間生活。

幼魚 八丈島
水深 5m 大小 3cm

蝴蝶魚科

烏利蝴蝶魚

Chaetodon ulietensis

南日本的太平洋沿岸、伊豆群島、小笠原群島、屋久島、琉球群島；台灣、香港、印度－西太平洋（阿拉伯海除外）、薩摩亞群島、密克羅尼西亞

2 個細長形斑紋
黑色斑點

八丈島 水深 25m 大小 12cm

成對出現在水深 20m 以淺的珊瑚礁外緣，常見於小笠原、塞班島、關島、帛琉等海域，在琉球群島爲稀有種。

八丈島 水深 16m 大小 10cm

蝴蝶魚科

一點蝴蝶魚

Chaetodon unimaculatus

南日本的太平洋沿岸、八丈島、小笠原群島、九州西岸、屋久島、琉球群島；台灣、東印度－太平洋（科科斯〔基林〕群島以東）、加拉巴哥群島

宛如墨水滴落形成
的黑色斑點
邊緣為黑色
黑色線條清晰可見

成對或單獨生活在淺水區的岩礁、珊瑚礁，幼魚在南日本太平洋沿岸各地為季節性洄游魚，遇見機率很高。

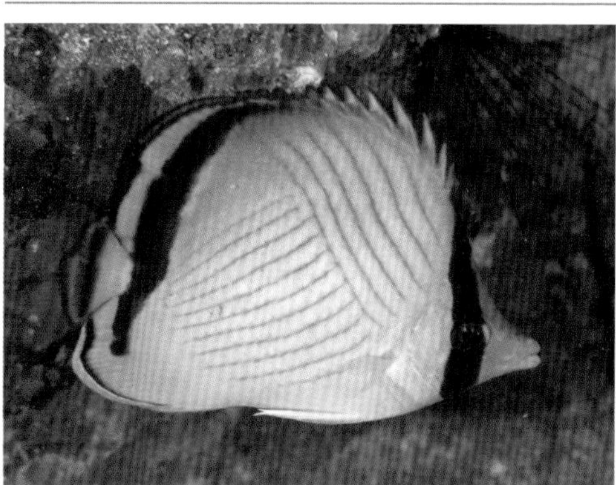

成魚 八丈島 水深 6m 大小 10cm

蝴蝶魚科

飄浮蝴蝶魚

Chaetodon vagabundus

南日本的太平洋沿岸、八丈島、小笠原群島、屋久島、琉球群島；台灣、印度－太平洋（紅海、澳洲西岸、夏威夷群島、馬克薩斯群島以東除外）

黑色帶狀圖案
線條呈入字型交叉

常見於淺水區的珊瑚礁，可在南日本太平洋岸看見幼魚，但不會過多，屬於季節性洄游魚。

幼魚 八丈島
水深 2m 大小 3cm

八丈島 水深 16m 大小 20cm

蝴蝶魚科

魏氏蝴蝶魚

Chaetodon wiebeli

南日本的太平洋沿岸、伊豆群島、山口縣湯玉、九州西岸、屋久島、奄美大島、琉球群島：濟州島、台灣、中國、泰國灣、印尼、菲律賓群島

黃色身體排列著許多斜線
黑色帶狀圖案

可見於海水流通的岩礁和珊瑚礁，在日本為稀有種。

蝴蝶魚科

長吻管嘴魚

Chelmon rostratus

神奈川縣三崎；台灣、印度洋東部－太平洋西部的熱帶海域

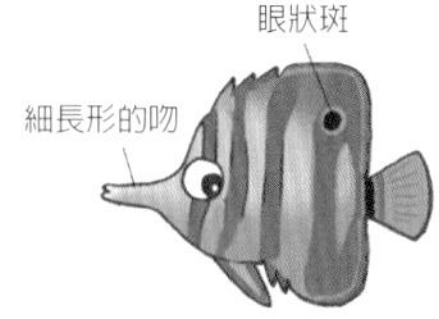
眼狀斑
細長形的吻

常見於內灣處，水深較淺的珊瑚礁、參雜岩礁的砂泥底，在日本爲稀有種。

宿霧島 水深 18m 大小 16cm

蝴蝶魚科

黃鑷口魚

Forcipiger flavissimus

南日本的太平洋沿岸、八丈島、小笠原群島、屋久島、琉球群島；台灣、印度－太平洋

吻部細長

大多躲在淺水區的岩礁、珊瑚礁的裂縫與洞穴，某種程度適應低水溫，亦可在南日本的太平洋岸各地發現成魚。

八丈島 水深 15m 大小 12cm

蝴蝶魚科

長吻鑷口魚

Forcipiger longirostris

小笠原群島、琉球群島；台灣、印度－太平洋（阿拉伯海、復活節島除外）

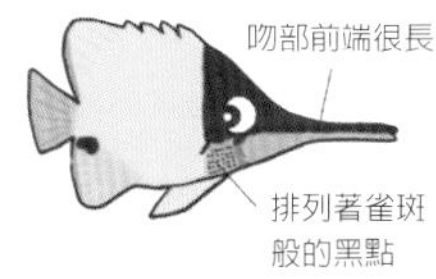
吻部前端很長
排列著雀斑般的黑點

可見於海水流動順暢、水深 20m 左右的珊瑚礁外緣斜坡，共有黑化種與黃色種等兩種顏色類型。日本大多棲息於小笠原，其他地區爲稀有種。

黑化種 塞班島
水深 8m 大小 15cm

塞班島 水深 6m 大小 14cm

蝴蝶魚科

多鱗霞蝶魚

Hemitaurichthys polylepis

南日本的太平洋沿岸、 八丈島、小笠原群島、屋久島、琉球群島；台灣、東印度－太平洋中 ・ 西部的熱帶海域

白色區域看似五角形

八丈島 水深 12m 大小 10cm

在海水流通的珊瑚礁外緣斜坡與陡坡中層，形成龐大群體游動。

蝴蝶魚科

湯氏霞蝶魚

Hemitaurichthys thompsoni

小笠原群島、南鳥島、沖之鳥島、南大東島；太平洋中 ・ 西部的熱帶海域

體色為紅黑色

塞班島 水深 10m 大小 10cm

通常在海水流通的岩礁與珊瑚礁，和多鱗霞蝶魚群一起混泳。可在小笠原群島與南鳥島的馬里亞納群島周邊發現的稀有種。

蝴蝶魚科

白吻雙帶立旗鯛

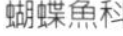

Heniochus acuminatus

青森縣、宮城縣、南日本的太平洋沿岸、八丈島、小笠原群島、富山縣、兵庫縣～九州的日本海 ・ 東海沿岸、屋久島、琉球群島；朝鮮半島、台灣、香港、印度～太平洋（夏威夷群島、馬克薩斯群島、復活節島除外）

黑色橫帶從鰭的前端
偏後方開始出現

八丈島 水深 10m 大小 14cm

成對出現在淺岩礁與珊瑚礁外緣斜坡，幼魚單獨出現在內灣的淺水區。南日本的太平洋沿岸各地可看見幼魚，屬於不會過冬的季節性洄游魚。外型很像多棘立旗鯛，但成對行動的習性與多棘立旗鯛不同。

蝴蝶魚科

多棘立旗鯛

Heniochus diphreutes

南日本的太平洋沿岸、八丈島、小笠原群島、山口縣、長崎縣、屋久島、琉球群島；台灣、中國、夏威夷群島、澳洲西岸・東岸、克馬得群島、印度洋

黑色橫帶從鰭的前端開始出現

八丈島 水深 25m 大小 14cm

可在海水流通的岩礁與珊瑚礁外緣斜坡中層，發現由數十隻以上的多棘立旗鯛形成的群體。外型很像白吻雙帶立旗鯛，但集體行動的習性與白吻雙帶立旗鯛不同。

蝴蝶魚科

三帶立旗鯛

Heniochus chrysostomus

南日本的太平洋沿岸、八丈島、小笠原群島、屋久島、琉球群島；濟州島、台灣、東印度－太平洋（科科斯〔基林〕群島～土阿莫土群島；夏威夷群島除外）

通過眼睛的帶狀圖案直達腹鰭

八丈島 水深 8m 大小 13cm

常見於岩礁和珊瑚礁，幼魚在本州沿岸爲季節性洄游魚。在八丈島可發現其潛藏於小礁側面、岩壁隱密處的情景。

蝴蝶魚科

烏面立旗鯛

Heniochus monoceros

南日本的太平洋沿岸、八丈島、小笠原群島、屋久島、琉球群島；台灣、印度－太平洋（紅海、夏威夷群島、澳洲西岸、馬克薩斯群島、復活節島除外）

通過眼睛的帶狀圖案從背鰭前端開始

帶黃色

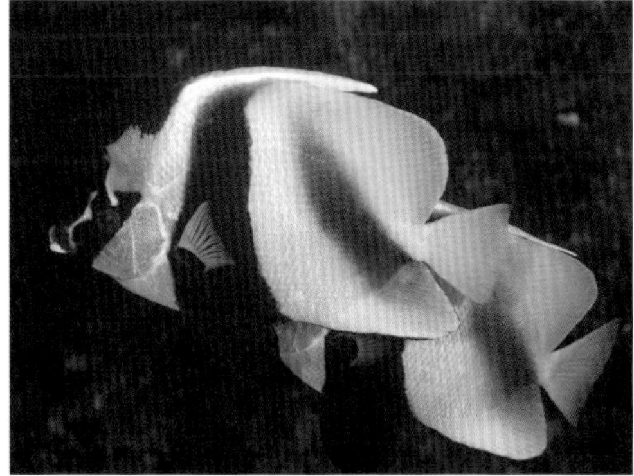

八丈島 水深 18m 大小 20cm

可在海水流通的岩礁與珊瑚礁外緣斜坡發現其身影，通常躲進大岩石的裂縫、凹陷處與洞穴等地方休息。

八丈島　水深 15m　大小 18cm

蝴蝶魚科

單棘立旗鯛

Heniochus singularius

南日本的太平洋沿岸、八丈島、琉球群島；台灣、馬爾地夫群島、東印度－西太平洋、薩摩亞群島、密克羅尼西亞

通過眼睛的線條從眼
睛上方開始

成對出現在水深 25m 以淺的珊瑚礁外緣斜坡，亦可在日本的太平洋沿岸看見幼魚，但屬於不會過冬的季節性洄游魚。

成魚　呂宋島　水深 16m　大小 14cm

蝴蝶魚科

黑身立旗鯛

Heniochus varius

八丈島、小笠原群島、伊東市富戶、和歌山縣串本、琉球群島；台灣、東印度－太平洋（夏威夷群島除外）

八字型白色線條
全身偏黑

可在海水流通的岩礁、珊瑚礁外緣斜坡與陡坡側面的岩石隱密處，發現其身影。

幼魚　八丈島
水深 8m　大小 4cm

成魚　柏島
水深 15m　大小 15cm
西村直樹

蓋刺魚科

藍帶荷包魚

Chaetodontoplus septentrionalis

宮城縣、南日本的太平洋沿岸、小笠原群島、山形縣～九州西岸的日本海．東海沿岸、口永良部島；濟州島、台灣、中國南部、越南

ad
眼睛後方有黃
黃色身體上有藍色條紋圖案
yg
黃色尾鰭

棲息在沖繩以外的南日本岩礁地區，屬於溫帶種。外界以為本種應是一雄多雌的社會結構，但通常只會看到單獨或成對出現。

幼魚　八丈島
水深 10m　大小 2cm

蓋刺魚科

疊波蓋刺魚

Pomacanthus semicirculatus

茨城縣以南的太平洋沿岸、八丈島、小笠原群島、屋久島、琉球群島；中國、台灣、印度－西太平洋、加羅林群島、馬紹爾群島

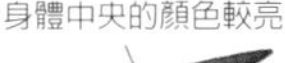
身體中央的顏色較亮

ad
顏色直到尾鰭
遍布許多黑色斑點

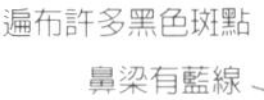
鼻梁有藍線

yg
線條呈く字型彎曲

成魚 八丈島 水深 12m 大小 45cm

常見於八丈島、淺岩礁與珊瑚礁的大型種，外界以爲本種應是一雄多雌的社會結構，但通常只會看到單獨或成對出現。幼魚生活在潮池或礁脈內的淺礁池。

稚魚 八丈島
水深 10m 大小 20cm

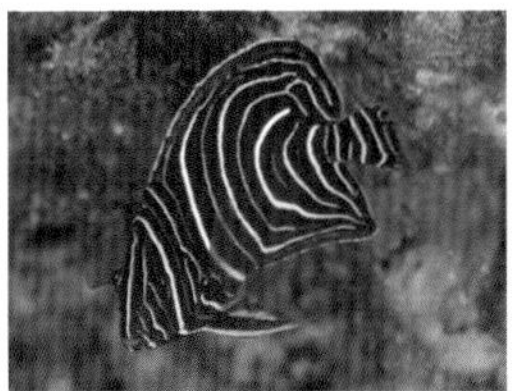

幼魚 八丈島
水深 6m 大小 6cm

蓋刺魚科

條紋蓋刺魚

Pomacanthus imperator

茨城縣以南的太平洋沿岸、伊豆群島、小笠原群島、屋久島、琉球群島；濟州島、台灣、南海、印度－太平洋（復活節島除外）

藍色與黃色條紋圖案

漩渦圖案
白色線條通過
兩眼之間

尾鰭呈透明

成魚 八丈島 水深 14m 大小 35cm

常見於海水流通的淺岩礁，與珊瑚礁外緣斜坡的大型種。雖爲一雄多雌的社會結構，但經常發現其單獨行動的身影。幼魚獨自生活在小礁側面的裂縫、洞穴等陰暗處。

年輕成魚 八丈島
水深 12m 大小 10cm

幼魚 八丈島
水深 10m 大小 7cm

幼魚 八丈島
水深 16m 大小 2cm

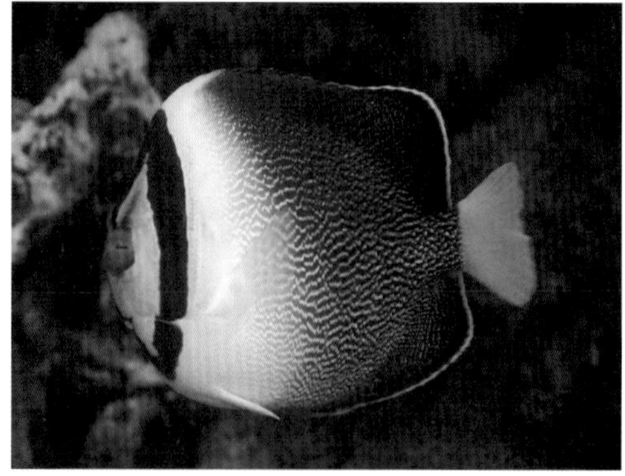

宿霧島 水深 12m 大小 10cm

蓋刺魚科

中白荷包魚

Chaetodontoplus mesoleucus

奄美大島以南的琉球群島；台灣、太平洋西部的熱帶海域

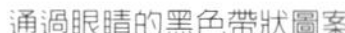

通過眼睛的黑色帶狀圖案
波浪般白色圖案

常見於內灣的淺珊瑚礁，形成一雄多雌的後宮結構。

串本
水深 28m 大小 3cm
鈴木崇弘

蓋刺魚科

暗色荷包魚

Chaetodontoplus niger

小笠原群島、靜岡縣富戶、和歌山縣、高知縣柏島、久米島；中沙群島

體色為均勻的黑色
腹鰭為白色

棲息在岩礁、珊瑚礁海域。在串本，常見於略微昏暗的砂地中，遍布的小礁周邊。本種尚待專家驗證是否屬於荷包魚屬（*Chaetodontoplus*）。稀有種。

串本
水深 25m 大小 15cm
鈴木崇弘

蓋刺魚科

黃頭荷包魚

Chaetodontoplus chrysocephalus

千葉縣館山灣～愛媛縣愛南的太平洋沿岸；台灣、東印度群島

頭部有藍線狀斑紋
身體前方為黃色、後方為黃褐色

棲息在岩礁地區。有些研究學者將本種視爲獨立種，但也有人認爲這是藍帶荷包魚與絲絨荷包魚的雜交個體。

蓋刺魚科

黃顱蓋刺魚

Pomacanthus xanthometopon

和歌山縣串本、沖繩縣阿嘉島、西表島；台灣、馬爾地夫群島、東印度－西太平洋（斐濟島除外）、加羅林群島

黃色面罩
清楚的網目圖案

通常單獨在面向外海，海水流通的珊瑚礁外緣四周游動。在日本極為罕見。

峇里島 水深 18m 大小 40cm

蓋刺魚科

六帶蓋刺魚

Pomacanthus sexstriatus

奄美大島以南的琉球群島；台灣、泰國灣、東印度－西太平洋（蘇門答臘島西岸、澳洲西岸以東；斐濟島除外）

眼睛後方有白線
體側有 5 道帶狀圖案

單獨或成對生活在淺水區珊瑚礁的大型種，警戒心強，一般人無法靠近。

峇里島 水深 20m 大小 40cm

蓋刺魚科

頰刺魚

Genicanthus lamarck

南日本的太平洋沿岸、八丈島、屋久島、琉球群島；台灣、印度－西太平洋（新喀里多尼亞、斐濟島除外）

黑色背鰭
♂
黑色腹鰭（僅限雄魚）
條紋圖案從眼睛後方開始
從眼睛後方到尾鰭下方有一道寬版線條
yg

常見於水深略深，海水流通的岩礁、珊瑚礁外緣斜坡的中層海域。在同一個後宮結構中有兩隻以上的雄魚，屬於少雄多雌的複雜婚姻狀態。

幼魚 八丈島
水深 35m 大小 3cm

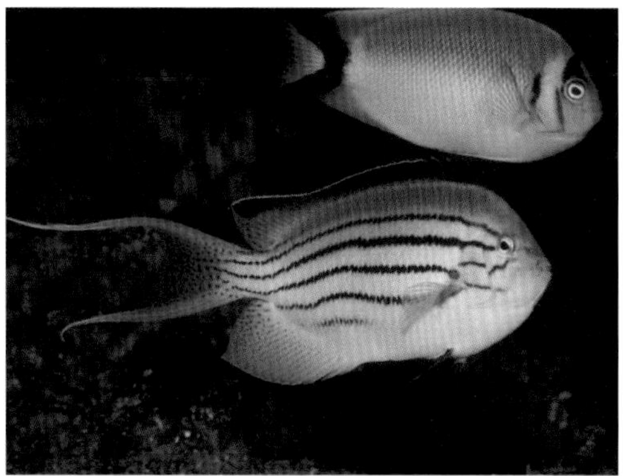

成魚 八丈島
水深 32m 大小 18cm

雄魚 八丈島
水深 36m 大小 18cm

蓋刺魚科

黑紋頰刺魚

Genicanthus melanospilos

伊豆半島、高知縣、八丈島、小笠原群島、屋久島、琉球群島；台灣、印度－西太平洋

頭部到後方有條紋圖案

♂
尾鰭兩端為黑色

♀

常見於水深較深、海水流通的岩礁與珊瑚礁外緣斜坡中層海域，屬於日本數量較少的種類。

雄魚 顏色變化 八丈島
水深 35m 大小 18cm

雌魚 八丈島
水深 30m 大小 16cm

成魚 八丈島
水深 40m 大小 16cm

蓋刺魚科

渡邊頰刺魚

Genicanthus watanabei

八丈島、小笠原群島、屋久島、琉球群島；台灣、太平洋中・西部（印尼、澳洲西岸、夏威夷群島、復活節島除外）

♂
背鰭臀鰭為黑色
腹部有條紋圖案

yg

常見於水深略深、海水流通的岩礁與珊瑚礁外緣斜坡的中層海域。日本常見於小笠原群島，但在其他地區屬於棲息水深較深的稀有種。

幼魚 八丈島
水深 40m 大小 3.5cm

雄魚 小笠原
水深 42m 大小 15cm
南俊夫

蓋刺魚科

塔氏頰刺魚

Genicanthus takeuchii

小笠原群島、南鳥島

背鰭與尾鰭上有黑色圓點圖案

♂
顏色偏黑的石牆圖案
♀
頭部到背部有不規則黑色圖案
yg

日本固有種，而且是只能在小笠原群島近海才能觀察到的地區限定種。常見於水深 40m 以深、海水流動順暢的岩礁斜坡中層海域。

雌魚 小笠原
水深 25m 大小 7cm
南俊夫

幼魚 小笠原
水深 42m 大小 15cm
南俊夫

蓋刺魚科

半紋背頰刺魚

Genicanthus semifasciatus

南日本的太平洋沿岸、伊豆群島、小笠原群島、屋久島、琉球群島；台灣、菲律賓群島

臉部有一道橘色線條延伸到後方
♂
尾鰭根部有一道黑色帶狀圖案
♀
眼睛後方有黑線

常見於水深略深、海水流動順暢的岩礁斜坡中層海域。棲息在琉球群島水深 40m 以深的海域，但數量很少；可在八丈島水深 20m 附近看到較多個體。從夏季到春季，可在水深 40m 以深的深水區看見單隻幼魚。

雄魚 八丈島 水深 25m 大小 18cm

性別轉換中 八丈島
水深 28m 大小 16cm

雌魚 八丈島
水深 20m 大小 16cm

幼魚 八丈島
水深 45m 大小 3cm

蓋刺魚科

斷線刺尻魚

Centropyge interruptus

南日本的太平洋沿岸、伊豆群島、小笠原群島、沖繩縣座間味島；台灣、你好島以西的夏威夷群島

遍布許多藍色斑點
黃色尾鰭

可在海水流通的淺岩礁，發現一雄多雌的魚群。在沖繩很少見，大多棲息在從四國、紀伊半島的南日本沿岸到八丈島、小笠原群島一帶。可算是日本固有種。

雄魚 八丈島 水深 16m 大小 12cm

雌魚 八丈島
水深 10m 大小 10cm

產卵前的情景 八丈島
水深 14m 大小 12cm 10cm

幼魚 八丈島
水深 20m 大小 3cm

雄魚 宿霧島
水深 50m 大小 10cm
山梨秀己

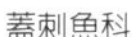

蓋刺魚科

美麗頰刺魚

Genicanthus bellus

琉球群島；印度洋東部～太平洋中・西部的熱帶海域

2 條黃線在尾鰭根部交會
♂

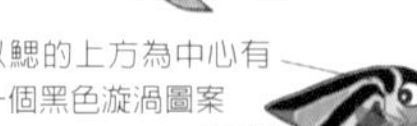
以鰓的上方為中心有一個黑色旋渦圖案
♀

常見於海水流通的珊瑚礁外緣陡坡、水深 40m 以深的中層海域，在日本屬於稀有種。

雌魚 宿霧島
水深 50m 水深 8cm
山梨秀己

成魚 八丈島 水深 45m 大小 28cm

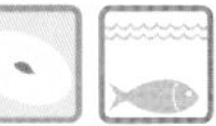

蓋刺魚科

三點阿波魚

Apolemichthys trimaculatus

南日本的太平洋沿岸、伊豆群島、小笠原群島、屋久島、琉球群島；台灣、南海、印度－太平洋、密克羅尼西亞

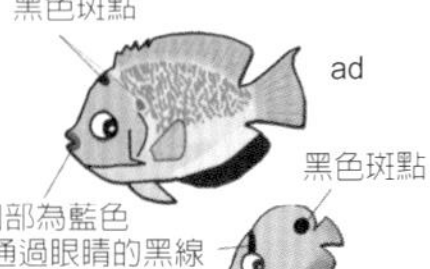
黑色斑點
ad
黑色斑點
口部為藍色
通過眼睛的黑線
yg
鰓上有刺

可在海水流通的岩礁、珊瑚礁外緣的陡坡側面，發現單獨或成對生活的情景。亦可在 20m 左右的淺珊瑚礁看見其身影，在八丈島則偏好海水流動順暢、水深 40m 以深的岩礁斜坡。幼魚的棲息海域更深，很少出現在潛水區域。

幼魚 八丈島
水深 35m 大小 2.5cm

八丈島 水深 25m 大小 10cm

蓋刺魚科

雙棘甲尻魚

Pygoplites diacanthus

伊豆群島、小笠原群島、和歌山縣、屋久島、琉球群島；台灣、印度－西太平洋、密克羅尼西亞、土阿莫土群島

有黑邊的藍色～白色條紋圖案

常見於海水流動良好的海底小山、珊瑚礁外緣陡坡側面與水深略深處，出現在南日本沿岸的幾乎都是幼魚，進入水溫偏低的冬季後就會消失不見，屬於季節性洄游魚。

蓋刺魚科

仙女刺尻魚

Centropyge venusta

伊豆群島、小笠原群島、和歌山縣、屋久島、琉球群島；台灣、菲律賓群島、帛琉群島

頭部與背部為藍色

偏好海水流通的岩礁、珊瑚礁外緣側面的裂縫、洞穴、洞窟等陰暗處，以尾部朝上的方式游泳。建立一雄多雌的後宮結構，警戒心強，一旦有外物靠近就會立刻躲進小山深處。

八丈島 水深 25m 大小 8cm

蓋刺魚科

多帶副鋸刺蓋魚

Paracentropyge multifasciata

八重山群島；印度洋東部～太平洋中 ‧ 西部的熱帶海域

顏色偏褐色的條紋圖案

在珊瑚礁外緣陡坡側面的陰暗處、岩壁天花板等處，游動於海底小山的裂縫之間。雖爲一雄多雌的後宮體制，但通常看見其單獨行動的情景。警戒心強，一旦有外物靠近就會立刻躲起來。

帛琉 水深 16m 大小 7cm

蓋刺魚科

白斑刺尻魚

Centropyge tibicen

南日本的太平洋沿岸、八丈島、小笠原群島、屋久島、琉球群島；台灣、聖誕島以東的東印度－西太平洋、加羅林群島

大型白色斑紋
臀鰭為黃色

可在水深 15m 左右、海水流通的岩礁與珊瑚礁，看見一雄多雌的群體。雌雄的體色完全相同，但雄魚體型較大，四周圍繞幾隻體型較小的雌魚。

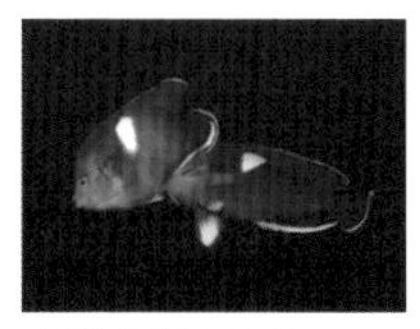

產卵前的情景 八丈島
水深 14m 大小 10cm 8cm

八丈島 水深 20m 大小 8cm

成魚 塞班島 水深 18m 大小 8cm

蓋刺魚科

黃刺刺尻魚

Centropyge flavissima

小笠原群島、慶良間群島；科科斯（基林）群島、聖誕群島、太平洋中央（夏威夷群島除外）

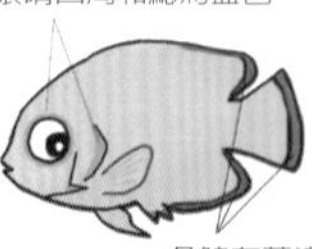
眼睛四周和鰓為藍色
各鰭有藍邊

可在水深較淺的珊瑚礁，發現一雄多雌的社會結構。在日本大多棲息於小笠原群島，在其他地區是極少看見的地區限定種。

幼魚　塞班島
水深 13m 大小 4cm
神村誠一

八丈島 水深 16m 大小 10cm

蓋刺魚科

海氏刺尻魚

Centropyge heraldi

伊豆群島、小笠原群島、和歌山縣、高知縣、屋久島、琉球群島；台灣、新幾內亞島東部、澳洲東北岸、太平洋中央（夏威夷群島除外）

眼睛後方有一個類似眼窩的圖案
身體為黃色

可在淺岩礁、珊瑚礁發現一雄多雌的後宮結構，雄魚和雌魚的體色沒有差異。南日本沿岸可看見的大多是幼魚，屬於季節性洄游魚，進入水溫下降的冬季就會消失。

八丈島 水深 16m 大小 4.5cm

蓋刺魚科

二色刺尻魚

Centropyge bicolor

南日本的太平洋沿岸、八丈島、小笠原群島、屋久島、琉球群島；台灣、東印度－西太平洋、密克羅尼西亞、薩摩亞群島

分成黃色與藍色兩個色塊

常見於內灣處，水深較淺的珊瑚礁。爲一雄多雌的後宮結構。可在南日本沿岸發現其身影，但幾乎都是幼魚，屬於季節性洄游魚，進入水溫下降的冬季就會消失。

蓋刺魚科

鏽紅刺尻魚

Centropyge ferrugata

八丈島、小笠原群島、和歌山縣、高知縣、屋久島、琉球群島；台灣、菲律賓群島

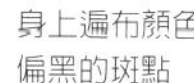

身上遍布顏色偏黑的斑點

尾鰭為紫色，兩端的顏色較深

在水深10～30m、海水流通的岩礁與珊瑚礁，狹小的數公尺範圍內，形成一雄多雌的後宮結構。通常在珊瑚礁與海底小山的縫隙中游動，但警戒心很強，一旦有外物靠近就會立刻躲起來。

產卵前的情景 八丈島 水深15m 大小8cm 6cm 水谷知世

八丈島 水深15m 大小8cm

蓋刺魚科

施氏刺尻魚

Centropyge shepardi

八丈島、小笠原群島；台灣、南沙群島、馬里亞納群島

背部有不規則的條紋圖案

日本棲息在小笠原群島，其他地區十分少見，屬於地區限定種。擁有一雄多雌的後宮結構。

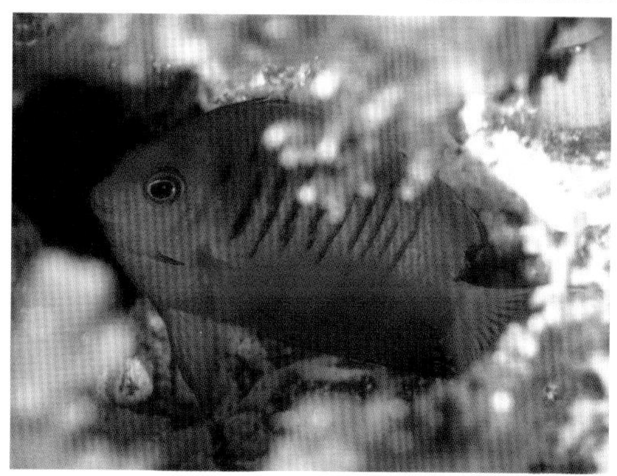

八丈島 水深17m 大小8cm

蓋刺魚科

費氏刺尻魚

Centropyge fisheri

南日本的太平洋沿岸、伊豆群島、小笠原群島、琉球群島；台灣、印度－太平洋（復活節島除外）

尾鰭偏黃色

身體為深藍色

可在水深略深且海水流通的岩礁、珊瑚礁外緣斜坡，看見一雄多雌的後宮結構。警戒心非常強烈。

八丈島 水深28m 大小4cm

八丈島 水深 15m 大小 10cm

蓋刺魚科

福氏刺尻魚

Centropyge vrolikii

南日本的太平洋沿岸、八丈島、小笠原群島、屋久島、琉球群島；台灣、印度－西太平洋（斐濟島除外）、密克羅尼西亞

灰色與黑色色塊的界線模糊

可在淺水區的岩礁、內灣珊瑚礁，發現一雄多雌的後宮結構。在南日本沿岸經常可見幼魚，但屬於季節性洄游魚，進入水溫下降的冬季就會消失。

八丈島 水深 28m 大小 6cm

蓋刺魚科

雙棘刺尻魚

Centropyge bispinosa

八丈島、小笠原群島、和歌山縣串本、琉球群島；台灣、印度－太平洋（夏威夷群島、復活節島除外）

不規則橫帶直達腹部
各鰭為藍色

常見於淺水區珊瑚礁。警戒心相當強，一靠近就會立刻躲進珊瑚礁深處。

帛琉 水深 33m 大小 7cm 若山牧雄

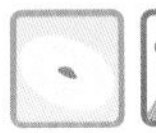

蓋刺魚科

科氏刺尻魚

Centropyge colini

小笠原群島；印度洋東部～太平洋中 · 西部的熱帶海域

從頭部到背鰭為藍色

可在面向外海的陡坡側面洞窟天花板看見其身影，十分討厭光線，一用燈光照射，牠就會躲進小礁深處。在日本是只能在小笠原群島看見的稀有種。

Column

終極戰術 PART2

有一種魚名為裂唇魚，體長只有 8cm 左右。這種魚專吃附著在其他魚類身上的寄生蟲，無論是大型獵食魚類或是體型比自己小的魚，只要看到對方身上有寄生蟲，就會跟著對方，將對方身上所有寄生蟲全部吃光光。由於魚類無法弄掉自己身上的寄生蟲，因此有需要的時候，牠們會游到裂唇魚聚集的地方，也就是清潔站，請裂唇魚幫忙清除寄生蟲。

裂唇魚每天在清潔站徘徊，以擺動尾鰭的獨特泳姿漂浮在水中，等著魚兒造訪。包括掠食性魚類在內，所有魚類都會記住裂唇魚的體色、配色與泳姿，絕對不會侵襲對牠們來說十分重要的魚醫生。

簡單來說，裂唇魚不只利用其獨特的食性保護自己，還確保了穩定無虞的食物來源，這就是最極致的處世之道。

清理金帶擬鬚鯛身體的裂唇魚

事實上在自然界中，也有些魚類向無敵的裂唇魚看齊，效法牠們的處世之道。例如摩鹿加擬岩鰱的幼魚、斑盔魚的幼魚與益田氏狐鯛的幼魚就是最常見的例子。這些魚在幼魚時期的外觀顏色與配色極似裂唇魚，靠著替其他魚類清潔身體過活。

話說回來，不只是有清潔技能的魚會模仿裂唇魚。黑帶橫口鳚與杜氏盾齒鳚等盾齒鳚屬魚類，喜歡吃魚類的表皮和魚鰭。其中外型極似裂唇魚的縱

裂唇魚

縱帶盾齒鳚

帶盾齒鳚簡直就是詐騙集團，牠們先是假裝要幫其他魚類清除身上的寄生蟲，接著冷不防地伸出銳利的牙齒，一口咬下魚的表皮。

各位一定很好奇，縱帶盾齒鳚的幼魚究竟長得什麼模樣？事實上，牠們幼魚時期擬態成漂流藻，在浮游物中過日子。縱帶盾齒鳚終其一生都過著擬態生活。儘管縱帶盾齒鳚很少受到關注，但從年幼到年老都發揮極大的智慧，展現出生存所需的各種技巧。

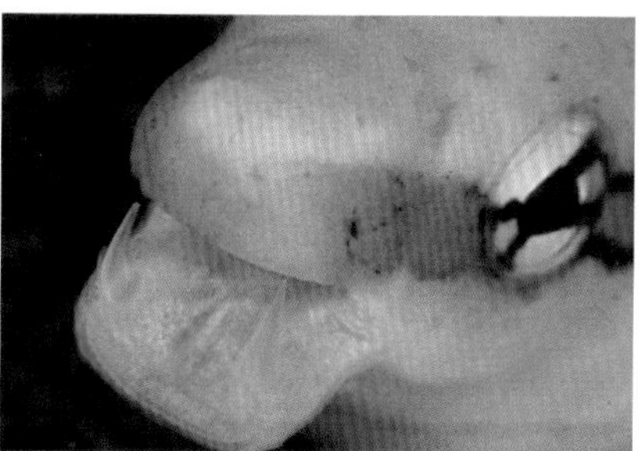
擁有銳利的牙齒（攝影　菅野隆行）

縱帶盾齒鳚的幼魚（攝影　仲谷順五）

成魚 八丈島 水深 30m 大小 35cm

五棘鯛科

尖吻棘鯛

Evistias acutirostris

北海道～新潟縣的日本海沿岸、南日本的太平洋沿岸、八丈島、小笠原群島、沖繩縣伊江島；朝鮮半島、台灣、豪勳爵島、紐西蘭、夏威夷群島

ad
5 條黑帶
背鰭根部有幾個黑色斑點
短鬚
yg
象形文字般的黑色圖案

棲息在海水流通的岩礁斜坡，水深 20 ～ 250m 的海域。年輕個體棲息深度較深，隨著成長逐漸往上擴展生活圈。潛水客經常可在三宅島、八丈島與小笠原群島觀察到成魚。

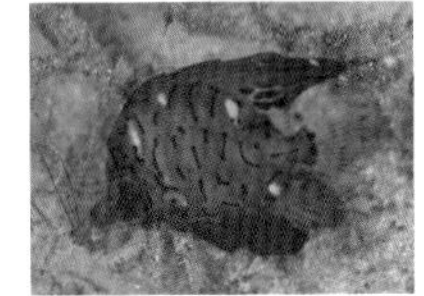

幼魚 柏島
水深 45m 大小 12cm
西村直樹

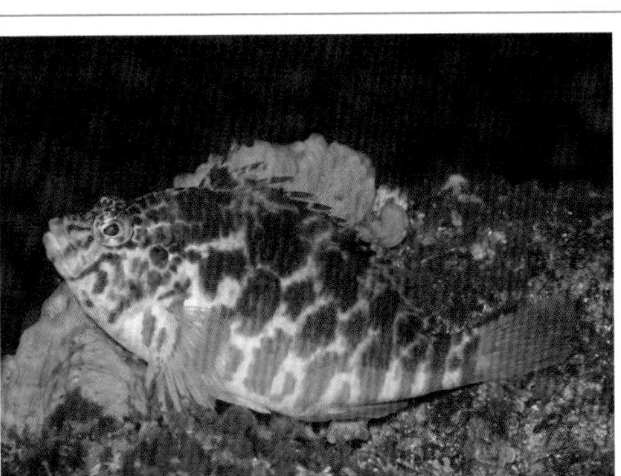

八丈島 水深 14m 大小 10cm

鰯科

斑金鰯

Cirrhitichthys aprinus

南日本的太平洋沿岸、八丈島、屋久島、琉球群島；濟州島、台灣、中國、西太平洋、南非

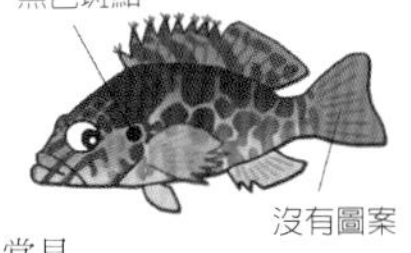
黑色斑點
沒有圖案

大多棲息在溫帶海域，常見於伊豆半島等南日本太平洋沿岸。大多數鰯科魚類生活在珊瑚礁四周，但本種對珊瑚的依賴度很低。可在八丈島水深 20m 左右，海水流動良好，開闊的岩礁石頭上發現其身影。形成一雄多雌的後宮結構，但一般只看到其單獨行動的模樣。

八丈島
水深 12m 大小 10cm

八丈島
水深 8m 大小 8cm

珊瑚

鰯科

尖頭金鰯

Cirrhitichthys oxycephalus

南日本的太平洋沿岸、八丈島、小笠原群島、琉球群島；台灣、印度－西太平洋、加拉巴哥群島、加州灣

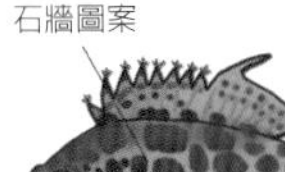
石牆圖案

圓點圖案

常見於淺水區的岩礁山、岩壁、珊瑚礁外緣等處的側面或裂縫，亦可在珊瑚下方發現其身影，但生活上不太依賴珊瑚。

鰯科

鷹金鰯

Cirrhitichthys falco

南日本的太平洋沿岸、八丈島、小笠原群島、屋久島、琉球群島；台灣、印度－太平洋

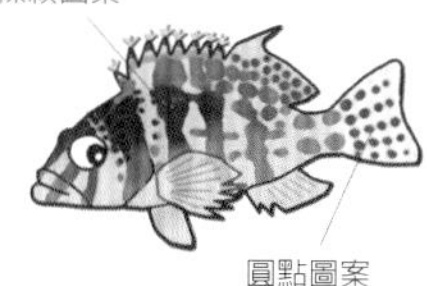

條紋圖案
圓點圖案

可在岩礁山的上方或側邊裂縫、珊瑚礁周邊、珊瑚的上方等處發現其身影，對於珊瑚的依賴程度比尖頭金鰯高。

珊瑚

八丈島 水深 12m 大小 7cm

鰯科

金鰯

Cirrhitichthys aureus

南日本的太平洋沿岸、八丈島、新潟縣佐渡、山口縣日本海沿岸、長崎、屋久島；濟州島、台灣、中國、菲律賓群島、峇里島

背面排列著多條隱約不明的帶狀圖案（有些個體淡到看不出來）
身體為金黃色

形成一雄多雌的後宮結構，但通常在水深略深的岩礁斜坡，看到單獨或成對行動的身影。屬於雌性先熟型，在成長中經歷性別轉換的過程，但有時會因應後宮結構需求，轉成雄性後再轉回雌性。溫帶種。

八丈島 水深 25m 大小 9cm

鰯科

雙斑鈍鰯

Amblycirrhitus bimacula

八丈島、琉球群島、南大東島；台灣、峇里島、大堡礁、馬里亞納群島、夏威夷群島

鰓與尾鰭根部有黑色斑點

隱藏在淺水區的礁山側面、裂縫深處、珊瑚礁周邊小山的裂縫深處。屬於稀有種。

八丈島 水深 8m 大小 6cm

八丈島 水深 6m 大小 8cm

鰯科

哈氏鬚鰯

Cirrhitops hubbardi

八丈島、沖繩群島、宮古群島、小笠原群島；太平洋中・西部的熱帶海域

尾鰭根部有黑色斑紋

常見於海水流通的淺岩礁上方、海底小山的側面、岩壁裂縫等處，在沖繩爲稀有種。

八丈島 水深 5m 大小 16cm

鰯科

翼鰯

Cirrhitus pinnulatus

伊豆半島、八丈島、小笠原群島、屋久島、喜界島、沖繩群島、南大東島；台灣、印度－太平洋

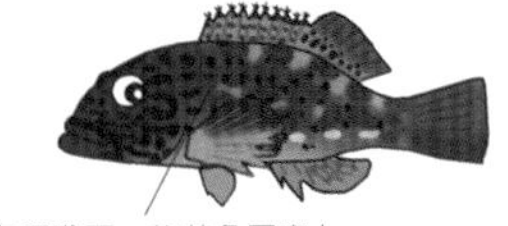

在深淺不一的茶色圖案上，
遍布著褐色斑點

常見於海浪波動劇烈的岩礁、珊瑚礁外緣，在鰯科中屬於大型種。

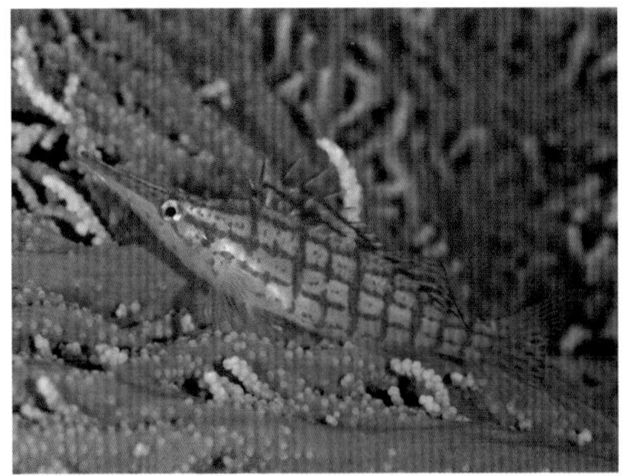

八丈島 水深 45m 大小 9cm

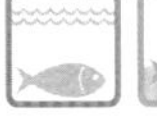

鰯科

尖吻鰯

Oxycirrhites typus

南日本的太平洋沿岸、八丈島、小笠原群島、沖繩縣伊江島；台灣、印度－泛太平洋

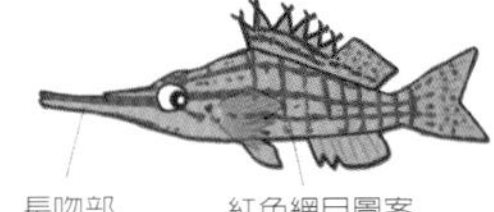

長吻部
紅色網目圖案

貼在水深略深的岩礁斜坡、珊瑚礁外緣斜坡的柳珊瑚類與軟珊瑚類上。

鰯科

盔新鰯

Neocirrhites armatus

八丈島、小笠原群島、南大東島、伊江島、沖繩島；關島、密克羅尼西亞、大堡礁

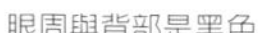
眼周與背部是黑色

身體是紅色

常在淺水區珊瑚礁的枝狀珊瑚縫隙間，看見單獨或成對行動的盔新鰯。在日本的小笠原群島是極爲普遍的常見種，在其他地區十分罕見。

珊瑚

八丈島 水深 10m 大小 4.5cm

鰯科

多棘鯉鰯

Cyprinocirrhites polyactis

千葉縣館山以南土佐灣為止的太平洋沿岸、沖繩縣伊江島；台灣、西太平洋、馬達加斯加、模里西斯群島

身體為有些混濁的橘色

雙叉尾鰭

在水深略深、海水流動良好的岩礁與珊瑚礁外緣斜坡徘徊，在鰯科中，只有本種爲浮游性。

八丈島 水深 30m 大小 11cm

鰯科

副鰯

Paracirrhites arcatus

伊豆群島、小笠原群島、和歌山縣田邊灣、屋久島、奄美大島以南的琉球群島；台灣、印度－太平洋

體背後方有 1 道白色帶狀圖案

看似戴眼鏡的模樣

棲息在海水流動良好的岩礁一帶，散布珊瑚的地區與珊瑚礁外緣的珊瑚。相當依賴枝狀珊瑚，可看見單獨或成對行動的情景。

珊瑚

八丈島 水深 14m 大小 9cm

成魚　八丈島
水深 10m　大小 10cm

珊瑚

鰯科

福氏副鰯

Paracirrhites forsteri

伊豆群島、小笠原群島、和歌山縣以南的太平洋沿岸、屋久島、奄美大島、琉球群島；台灣、印度－太平洋

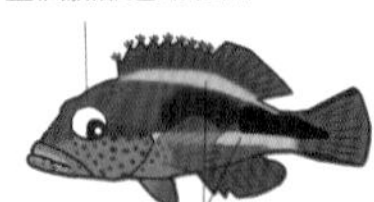
整個臉部遍布紅點
2 條模糊的白線

棲息在海水流通的淺水岩礁一帶，散布珊瑚的地區，或珊瑚礁外緣的珊瑚。相當依賴枝狀珊瑚，可看見單獨或成對行動的情景。成魚與幼魚的顏色不同，這在鰯科中相當少見。

幼魚　八丈島
水深 8m　大小 3cm

成魚　八丈島　水深 10m　大小 28cm

唇指鰯科

花尾唇指鰯

Cheilodactylus zonatus

津輕海峽以南、伊豆群島、小笠原群島、屋久島、沖繩島；台灣、朝鮮半島南岸、香港

斜條紋圖案
白色圓點圖案

在琉球群島除外的南日本沿岸各地岩礁地區，是十分普遍的常見種。喜歡海藻生長的淺水區，以棲息在海底的甲殼類等小型底棲型生物爲食。

年輕成魚　八丈島
水深 1.5m　大小 4cm

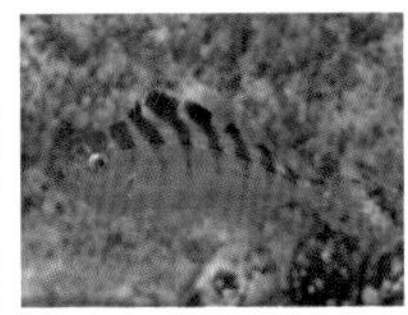

幼魚　八丈島
水深 1m　大小 2cm

成魚　八丈島　水深 10m　大小 26cm

珊瑚

唇指鰯科

斑馬唇指鰯

Cheilodactylus zebra

新潟縣以南的日本海沿岸、南日本的太平洋沿岸、伊豆群島、小笠原群島、奄美大島；台灣

尾鰭上方為黃色
從胸鰭根部開始的 V 字線條

在南日本的太平洋沿岸是極爲普遍的溫帶種，在琉球群島爲稀有種。可在內灣與潮池發現幼魚。在八丈島部分海域，可看見百隻成群的群體在水中懸停或排列於岩礁上。

幼魚　八丈島
水深 6m　大小 3cm

赤刀魚科

背點棘赤刀魚

Acanthocepola limbata

富山灣～九州的日本海 ・ 東海沿岸、相模灣～九州的太平洋沿岸、西表島；朝鮮半島、台灣、中國、波斯灣

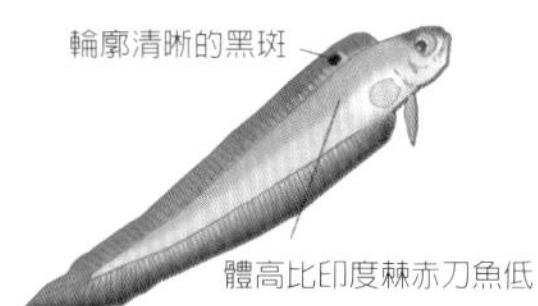
輪廓清晰的黑斑
體高比印度棘赤刀魚低

棲息在水深80～100m的砂泥底，本種會在巢穴周邊挖5～6個半球狀洞穴，巢穴做法相當特別。

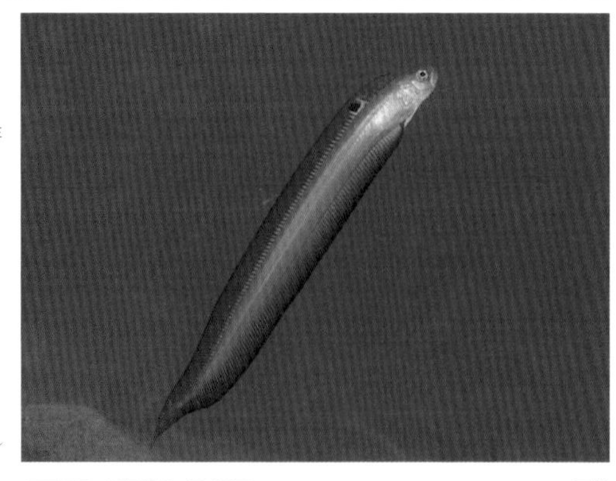

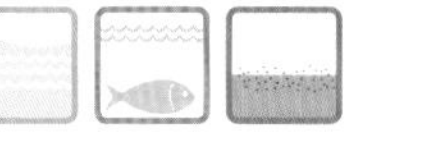

三保
水深 21m 大小 25cm
鐵多加志

赤刀魚科

印度棘赤刀魚

Acanthocepola indica

相模灣、土佐灣、屋久島、東海；台灣、中國、馬德拉斯

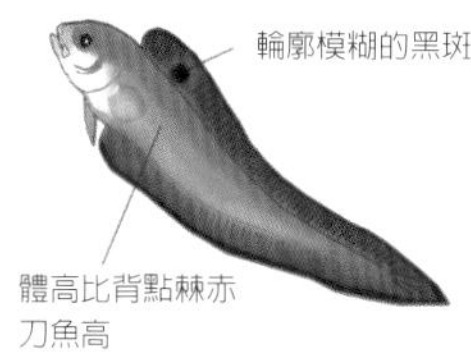
輪廓模糊的黑斑
體高比背點棘赤刀魚高

棲息在水深300m的砂泥底，比起其他赤刀魚科的魚類，本種偏好砂泥勝過軟泥，巢穴呈磨缽狀。

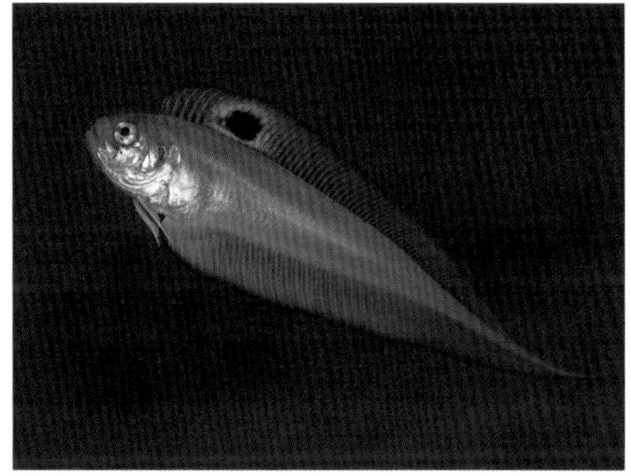

屋久島
水深 16m 大小 12cm
原崎森

海鯽科

喬氏海鮒

Ditrema jordani

千葉縣～三重縣志摩半島的太平洋沿岸、紀伊水道

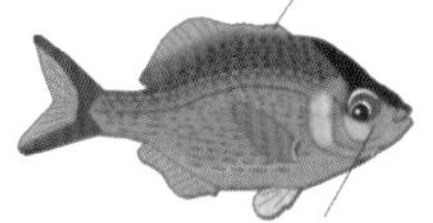
身體為紅銅色 背鰭棘數 9～11
眼睛下方有菱形斑紋

棲息在岩礁地區水深略深的馬尾藻層，在伊豆海洋公園是棲息在水深10m以淺岩礁區的常見種。

  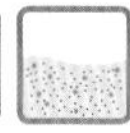 

伊豆半島
水深 6m 大小 15cm
山本敏

產卵前的狀態 伊豆半島
水深 5m 大小 12cm
石田根吉

海鯽科

蘭氏褐海鯽

Neoditrema ransonnetii

北海道～九州的日本海沿岸、北海道～相模灣的太平洋沿岸、大分縣佐伯灣；朝鮮半島

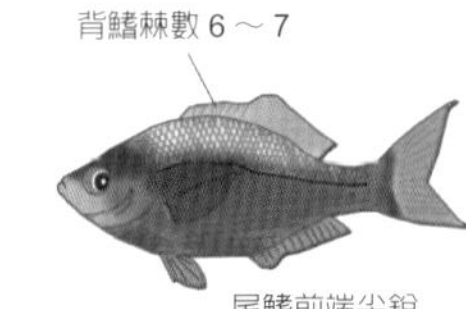
背鰭棘數 6 ～ 7
尾鰭前端尖銳

棲息在淺海岩礁區，白天群聚於水深較淺的岩礁區中層，晚上移動至港內，屬於每天來回移動的生活型態。每年冬天是富戶一帶的交配期，到了 4 月，可看到大腹便便的雌魚成群出現，在群體中產下自己的卵。

伊豆半島
水深 5m 大小 12cm
石田根吉

雄魚 黃色 八丈島
水深 16m 大小 10cm

海葵類

雀鯛科

克氏雙鋸魚

Amphiprion clarkii

千葉縣外房～屋久島的太平洋沿岸、伊豆群島、小笠原群島、九州西北岸、琉球群島；濟州島、台灣、香港、印度－太平洋

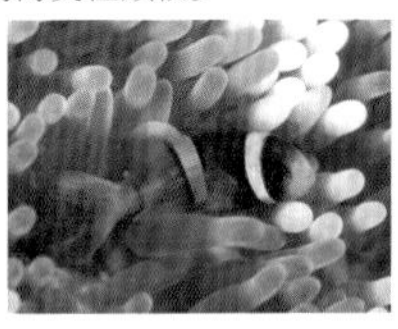
尾鰭為白色
尾鰭為黃色
♀
身上有 2 條白色帶狀圖案
♂

與生長在岩礁珊瑚礁的特定海葵共生，包括奶嘴海葵、漢氏大海葵、多琳巨指海葵、斑花海葵等。相較於其他的小丑魚，本種可以一起生活的海葵種類較多。

雌魚 八丈島
水深 16m 大小 11cm

幼魚 八丈島
水深 16m 大小 2cm

成魚 呂宋島 水深 12m 大小 10cm

雀鯛科

白條雙鋸魚

Amphiprion frenatus

靜岡縣下田、小笠原群島、土佐灣、吐噶喇群島、琉球群島；台灣、南海、泰國灣、菲律賓群島～爪哇島南岸

體側顏色偏黑
♂
眼睛後方有 1 條白色帶狀圖案
鮮豔的橘色
♀

與生長在珊瑚礁的 *Entacmaea ramsayi* 海葵共生。

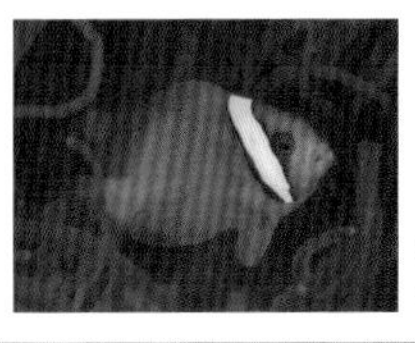

幼魚 宿霧島
水深 14m 大小 7cm

雀鯛科

粉紅雙鋸魚

Amphiprion perideraion

和歌山串本、屋久島、琉球群島；台灣、印度洋東部－太平洋西部的熱帶海域

體背的白色線條未達吻端

鰓部有白色線條

與生長在珊瑚礁的卡克輻花海葵共生。

海葵類

峇里島 水深 6m 大小 6cm

雀鯛科

眼斑雙鋸魚

Amphiprion ocellaris

琉球群島；台灣、印度洋東部－太平洋西部的熱帶海域

身上有 3 條白色帶狀圖案
體側中央的帶狀圖案呈外凸狀

與珊瑚礁的短手大海葵共生，成對與少數的年輕成魚、幼魚一起住在同個海葵中。

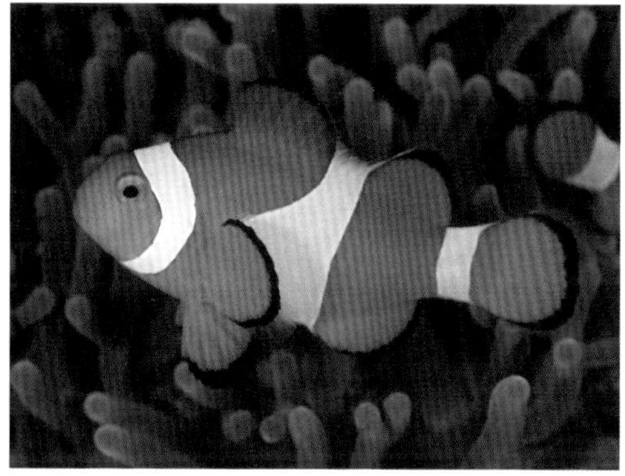

海葵類

呂宋島 水深 12m 大小 6cm

雀鯛科

白背雙鋸魚

Amphiprion sandaracinos

琉球群島；台灣、印度洋東部－太平洋西部的熱帶海域（到索羅門群島為止；南海西北岸、澳洲北岸 ・ 東北岸除外）

體背的白色線條直達吻端
鰓部沒有白色線條

與生長在珊瑚礁的卡克輻花海葵、莫氏列指海葵、壯麗雙輻海葵一起共生。

海葵類

峇里島 水深 6m 大小 6cm

成魚 宿霧島 水深 26m 大小 11cm

雀鯛科

鞍斑雙鋸魚

Amphiprion polymnus

沖繩群島以南的琉球群島；台灣、香港、西太平洋（到索羅門群島為止）

ad
黑色體色
背鰭後方有大型鞍狀白色斑紋
吻端為橘色

yg.ad

與生長在內灣珊瑚礫與參雜小石子的砂底、珊瑚礁外緣砂礫底的漢氏大海葵共生。

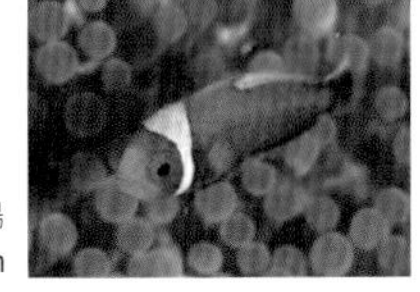
幼魚 宿霧島
水深 26m 大小 2cm

八丈島 水深 6m 大小 4cm

雀鯛科

李氏波光鰓雀鯛

Pomachromis richardsoni

八丈島、和歌山縣串本、福岡縣津屋崎、屋久島、琉球群島；台灣、太平洋

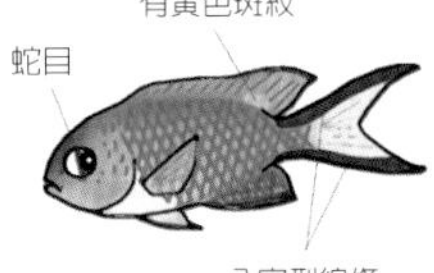
有黃色斑紋
蛇目
八字型線條

群聚於珊瑚礁外緣、水深較淺的小山上，從水底到 1m 以內的中層海域。

成魚 八丈島 水深 20m 大小 16cm

雀鯛科

白斑光鰓雀鯛

Chromis albomaculata

南日本的太平洋沿岸、伊豆群島、小笠原群島、琉球群島；台灣

每片魚鱗閃耀著白色斑點
各鰭前端帶白色
ad

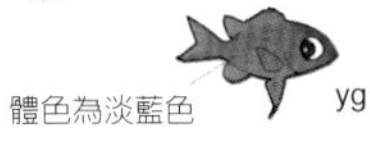
體色為淡藍色
yg

成群生活在海水流通的岩礁中層，在雀鯛科中屬於大型種。幼魚單獨或成群生活在海水流動順暢的礁山側面，或水底附近的低窪處。

幼魚 八丈島
水深 15m 大小 2cm

雀鯛科

大沼氏光鰓雀鯛

Chromis onumai

伊豆大島、八丈島；台灣

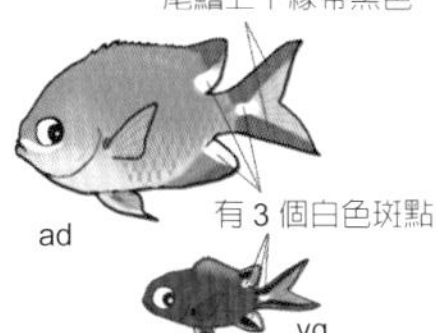
尾鰭上下緣帶黑色
有 3 個白色斑點
ad
yg

只棲息在伊豆群島與台灣的地區限定稀有種，在雀鯛科中屬於大型種。成群生活在水深 40m 以深，海水流通的岩礁中層。有時會與白斑光鰓雀鯛混泳。

幼魚 八丈島
水深 65m 大小 4cm

成魚 八丈島
水深 50m 大小 16cm

雀鯛科

春色光鰓雀鯛

Chromis earina

鹿兒島縣的硫磺島；巴布亞紐幾內亞、萬那杜、斐濟、密克羅尼西亞的普盧瓦特環礁、宿霧島、帛琉與印尼的米蘇爾島和峇里島

體側有細長形斑紋

棲息在外海性珊瑚礁外緣陡坡，水深 60m 以深的海域。亦可在離海底很遠的中層海域，看見成對或數隻成群生活的模樣。幼魚單獨躲在岩石隱密處。

幼魚 伊豆大島
水深 55m 大小 4cm
渡邊美雪

宿霧島 水深 70m 大小 14cm

雀鯛科

銀白光鰓雀鯛

Chromis alpha

琉球群島；呂宋島、塞班島、加里曼丹島、新幾內亞島、澳洲東北岸～社會群島、聖誕島、科科斯（基林）群島

散布黃色斑紋
ad
體高很高，圓弧體型
尾鰭上下緣為黃色
yg
臀鰭有黃色斑紋

成群聚集在水深 12 ～ 95m，海水流通的珊瑚礁外緣斜坡，與陡坡側面的中層海域。幼魚待在比成魚更深的水底，單獨或幾隻成群地待在岩石隱密處。體色依地區不同，有一種身體爲粉紅底色，前方散布黃色斑紋；另一種則是全身看起來像是黑色。

幼魚 呂宋島
水深 55m
大小 2.5cm

成魚 西表島
水深 35m 大小 10cm
水谷知世

成魚 呂宋島
水深 40m 大小 6cm

雀鯛科

三角光鰓雀鯛

Chromis delta

伊豆大島、屋久島、琉球群島；台灣、西太平洋、東印度洋（聖誕島、科科斯〔基林〕群島）

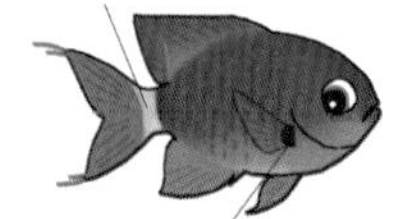
尾鰭根部有一道偏白的帶狀圖案
胸鰭根部有一個大型黑色斑點

常見於水深30m以深，海水流動良好的珊瑚礁外緣開闊斜坡，可發現其單獨或成群聚集的身影。外型很像亮光鰓雀鯛，但本種的腹鰭不帶黃色。

幼魚 八丈島
水深 40m 大小 2.5cm

成魚 八丈島
水深 35m 大小 5cm

雀鯛科

亮光鰓雀鯛

Chromis leucura

伊豆大島、八丈島、屋久島、琉球群島；蘇門答臘島、切斯特菲爾德群島、夏威夷群島、馬克薩斯群島、模里西斯群島、留尼旺島

背鰭的前端為黃色
從尾鰭後方偏後的位置開始轉成白色
有黃色斑點
腹鰭為黃色

單獨或成群聚集於水深30m以深，海水流通的開闊岩礁、珊瑚礁外緣的開闊斜坡。在八丈島是水深40m以深斜坡最常見的魚種。

幼魚 八丈島
水深 40m 大小 2.5cm

成魚 帛琉
水深 12m 大小 8cm

雀鯛科

黃腋光鰓雀鯛

Chromis xanthochira

琉球群島；台灣、香港、西太平洋（到索羅門群島為止）、聖誕島

ad
胸鰭根部周圍有黃色斑紋

yg

可在海水流通的開闊岩礁與珊瑚礁周邊的中層海域，發現小型群體的蹤影。在帛琉外海陸坡的礁坪邊緣，經常可看見20隻左右的群體，但在日本是極少見的魚種。

成魚 帛琉
水深 15m 大小 3cm
惣道敬子

雀鯛科

亞倫氏光鰓雀鯛

Chromis alleni

伊豆群島、小笠原群島、琉球群島；台灣南部

單獨或幾隻成群地出現在海水流通的礁山側面、珊瑚礁外緣的斜坡或陡坡等，光線較為昏暗的地方。

尾鰭前端呈線狀生長

ad
從尾鰭根部開始轉白

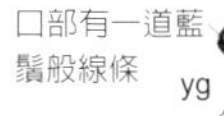
口部有一道藍
鬚般線條

yg
各鰭有藍色邊緣

幼魚 八丈島
水深 12m 大小 3cm

成魚 八丈島
水深 18m 大小 5cm

雀鯛科

短身光鰓雀鯛

Chromis chrysura

南日本的太平洋沿岸、伊豆群島、小笠原群島、屋久島、琉球群島；台灣、模里西斯群島、西太平洋

清晰的魚鱗圖案
從尾鰭根部前方開始
轉成白色
ad
搶眼的藍色螢光線條
yg

成群集結在海水流動良好，水深較淺的開闊岩礁或珊瑚礁中層，在雀鯛科中屬於大型種。可見到幼魚單獨出現在礁山側面或凹陷處。初春時節可在八丈島看到許多幼魚，只要看到幼魚就能感覺到春天的到來。

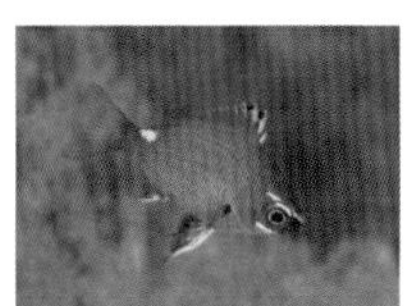

幼魚 八丈島
水深 8m 大小 3cm

成魚 八丈島
水深 15m 大小 15cm

雀鯛科

燕尾光鰓雀鯛

Chromis fumea

秋田縣、南日本的太平洋沿岸、伊豆群島、山口縣、九州西岸、琉球群島；濟州島、台灣、西太平洋的溫・熱帶海域

背鰭前端偏黑
ad
尾鰭有明顯的八字型線條
yg
亮褐色

成群集結在水深 15m 左右的開闊岩礁，與珊瑚礁外緣斜坡的中層海域。由於適應溫帶海域，在南日本太平洋岸是極為普遍的常見種。

幼魚 八丈島
水深 8m 大小 3cm

成魚 八丈島 水深 14m 大小 10cm

成魚 八丈島
水深 40m 大小 12cm

雀鯛科

長臂光鰓雀鯛

Chromis xouthos

靜岡縣富戶、八丈島、高知縣、鹿兒島縣硫磺島、屋久島、沖繩島；西太平洋

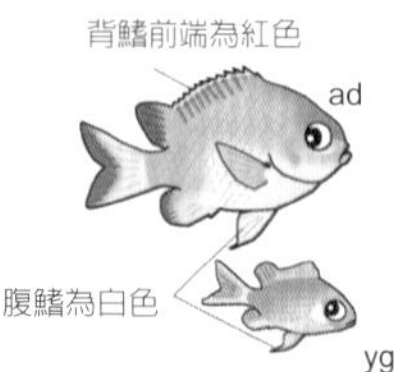
背鰭前端為紅色
ad
腹鰭為白色
yg

可在水深 40m 附近，海水流動順暢的岩礁與珊瑚礁外緣陡坡側面，看見數十隻形成的群體。本種過去一直混在白尾光鰓雀鯛群裡，後來發現這是別種，有學者在 2011 年提議應取另一個新的名稱。本種的棲息海域比白尾光鰓雀鯛偏南。

幼魚 八丈島
水深 35m 大小 6cm

成魚 八丈島 水深 25m 大小 14cm

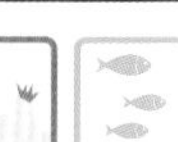

雀鯛科

白尾光鰓雀鯛

Chromis albicauda

南日本的太平洋沿岸、伊豆群島、屋久島；珀尼達島

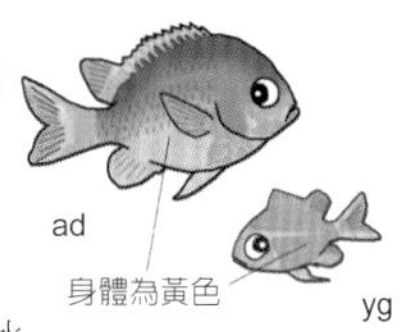
ad
身體為黃色
yg

可在水深 10 ～ 30m、海水流通的砂底處常見的開闊岩礁中層海域，看見單獨或幾隻成群生活的情景。本種過去一直混在長臂光鰓雀鯛群裡，後來發現這是別種，因此在 2011 年更改學名。本種比長臂光鰓雀鯛更適應溫帶海域。

幼魚 八丈島
水深 28m 大小 2.5cm

八丈島 水深 15m 大小 5cm

雀鯛科

雙斑光鰓雀鯛

Chromis margaritifer

南日本的太平洋沿岸、伊豆群島、小笠原群島、屋久島、琉球群島；台灣、東印度洋－太平洋中央（到萊恩群島為止；夏威夷群島除外）

尾鰭前端未呈線狀延伸
ad
從尾鰭根部前方轉變為白色

口部有藍鬚般的線條
yg
各鰭有藍邊

可在海水流通的開闊岩礁、珊瑚礁外緣的開闊斜坡，看見其單獨行動或成群生活的情景。

雀鯛科

尾斑光鰓雀鯛

Chromis notata

青森縣以南、八丈島、小笠原群島、屋久島、琉球群島；朝鮮半島、台灣、中國

ad

體色為深綠色～灰色
背鰭後方的前端呈尖銳狀
yg

在開闊的淺水區岩礁中層海域成群生活，在雀鯛科中，本種適應低水溫，也是日本海唯一過冬的溫帶種。在沖繩爲稀有種。

成魚 八丈島 水深 14m 大小 12cm

幼魚 八丈島
水深 8m 大小 3cm

雀鯛科

山川氏光鰓雀鯛

Chromis yamakawai

南日本的太平洋沿岸、伊豆群島、小笠原群島、島根縣、屋久島、琉球群島；台灣、澳洲東岸～新喀里多尼亞

ad
背鰭的黑色邊緣上排列著藍點
臀鰭前方為黑色
尾鰭為黃色
背鰭前方為黑色
yg

在海水流通、靠近珊瑚礁的開闊岩礁中層海域，形成龐大群體。幼魚在接近水底的礁山四周單獨行動，或形成小團體生活。

婚姻色 八丈島
水深 10m 大小 12cm

幼魚 八丈島
水深 6m 大小 2.5cm

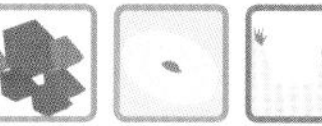

成魚 八丈島
水深 8m 大小 12cm

雀鯛科

捷光鰓雀鯛

Chromis agilis

小笠原群島、琉球群島；印度－太平洋（復活節島除外）

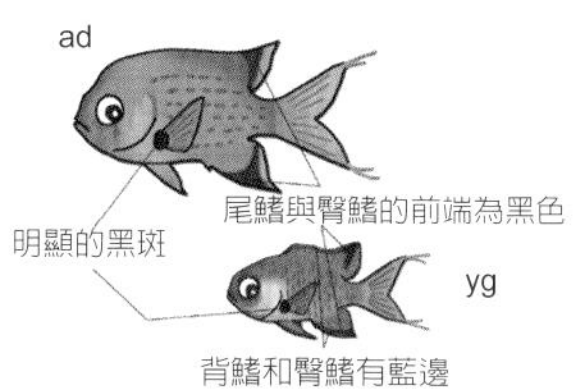
ad
尾鰭與臀鰭的前端為黑色
明顯的黑斑
yg
背鰭和臀鰭有藍邊

常見於水深 3～65m，珊瑚礁外緣的開闊岩礁與珊瑚礁。日本大多棲息在小笠原群島，在其他海域則爲稀有種。本種在塞班島、關島爲常見種。

幼魚 塞班島
水深21m 大小1.5cm
水谷知世

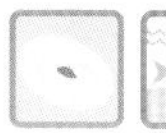

成魚 塞班島 水深 10m 大小 8cm

成魚 八丈島 水深 25m 大小 12cm

雀鯛科

加藤氏光鰓雀鯛

Chromis katoi

八丈島、南日本的太平洋沿岸

背鰭膜為黃色
ad
鼻子前端為扁平狀
體色為黃色
胸鰭根部有黑斑
yg

本種是被誤認爲黃斑光鰓雀鯛 *chromis flavomaculata* 的未記載種。常見於水深 25m 以深、海水流通的岩礁，棲息深度比黃斑光鰓雀鯛深。在八丈島的繁殖期爲初春到春季。

稚魚 八丈島 水深 30m 大小 8cm

幼魚 八丈島 水深 25m 大小 1cm 水谷知世

成魚 八丈島 水深 21m 大小 8cm

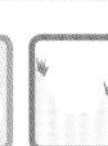

雀鯛科

魏氏光鰓雀鯛

Chromis weberi

南日本的太平洋沿岸、伊豆群島、小笠原群島、屋久島、琉球群島；台灣、香港、印度－西太平洋

體型細長
蛇目
ad
尾鰭前端為黑色
眼睛後方有
1 條黑線
yg

在岩礁山的側面、上方，和珊瑚礁外緣斜坡成群生活。在八丈島與年輕的黃斑光鰓雀鯛群混泳。

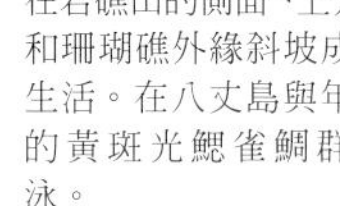

幼魚 八丈島 水深 10m 大小 2.5cm

成魚 宿霧島 水深 8m 大小 12cm

雀鯛科

黃尾光鰓雀鯛

Chromis xanthura

南日本的太平洋沿岸、伊豆群島、小笠原群島、屋久島、琉球群島；台灣、印度－太平洋（夏威夷群島除外）

尾鰭為白色
眼睛後方有八字型線條，前方線條較細
尾鰭上下緣為黃色
背鰭與臀鰭上有黑色斑點
體色為淺藍色

可在海水流通、有多砂堆的開闊岩礁與珊瑚礁周邊中層海域，發現其形成的小型群體。

幼魚 八丈島 水深 12m 大小 2.5cm

雀鯛科

藍綠光鰓雀鯛

Chromis viridis

小笠原群島、高知縣柏島、屋久島、琉球群島；台灣、印度－太平洋（夏威夷群島除外）

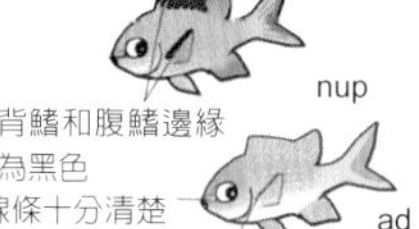

nup
背鰭和腹鰭邊緣為黑色
眼睛前方線條十分清楚
ad
胸鰭根部沒有藍點

成群在內灣淺水區的珊瑚礁與礁池的枝狀珊瑚上行動，只要感到危險就會一起躲進珊瑚縫隙。生活上十分依賴珊瑚。

呂宋島
水深 8m 大小 6cm

婚姻色 慶良間
水深 13m 大小 6cm 村杉暢子

珊瑚

成魚 宿霧島
水深 5m 大小 6cm

雀鯛科

黑鰭光鰓雀鯛

Chromis atripes

伊豆群島、小笠原群島、和歌山縣、高知縣、屋久島、琉球群島；台灣、東印度－西太平洋

背鰭與臀鰭前端帶黑色
蛇目
背鰭前端呈線狀生長

常見於珊瑚礁外緣的小山側面，與岩壁深處等陰暗處。

八丈島 水深 9m 大小 5cm

雀鯛科

卵形光鰓雀鯛

Chromis ovatiformes

南日本的太平洋沿岸、伊豆群島、小笠原群島、屋久島、琉球群島；台灣、馬爾地夫群島

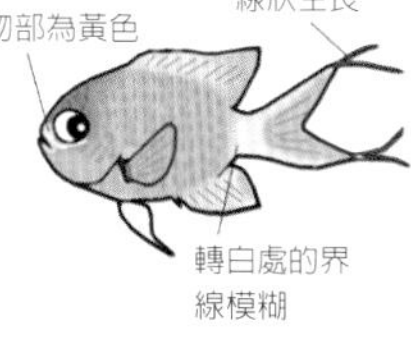

尾鰭前端呈線狀生長
吻部為黃色
轉白處的界線模糊

可在海水流通的岩礁、珊瑚礁外緣斜坡，水深 30m 左右的深水區發現其蹤影。幼魚單獨出現在海底礁山的陰暗處或岩壁的隱蔽處，警戒心很強，一有外物靠近就會躲起來。

幼魚 八丈島
水深 25m 大小 2cm

成魚 八丈島 水深 30m 大小 8cm

成魚 帛琉 水深 6m 大小 8cm

雀鯛科

三葉光鰓雀鯛

Chromis ternatensis

八丈島、和歌山縣以南的太平洋沿岸、屋久島、琉球群島；台灣、印度－太平洋

體背偏黑
蛇目
尾鰭上下緣有黑色線條

在海水流動的珊瑚礁上方，形成龐大群體游動。若闖入群體周遭的珊瑚礁，魚群就會發出「咕嚕咕嚕」的警戒聲恫嚇外來者。

幼魚 八丈島
水深 12m 大小 2cm

成魚 八丈島
水深 8m 大小 6cm

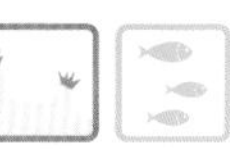

雀鯛科

細鱗光鰓雀鯛

Chromis lepidolepis

南日本的太平洋沿岸、伊豆群島、小笠原群島、屋久島、琉球群島；台灣、香港、印度－太平洋（到萊恩群島為止）

體高較高、體型為橢圓形
眼睛後方沒有黑線

可在岩礁山的上方、側面、礁池、礁石斜坡等鹿角珊瑚群生的地方，發現本種的蹤跡。
八丈島的個體數量較少，通常與絲鰭擬花鮨、山川氏光鰓雀鯛一起，在離礁山有點距離的地方混泳。

幼魚 八丈島
水深 10m 大小 2.5cm

八丈島 水深 6m 大小 4cm

雀鯛科

凡氏光鰓雀鯛

Chromis vanderbilti

南日本的太平洋沿岸、伊豆群島、小笠原群島、屋久島、琉球群島；台灣、太平洋中・西部（澳洲東岸～馬克薩斯群島）

藍點排列成條紋圖案

群聚於水深 5m 左右，珊瑚礁外緣淺水區的礁山上方。

雀鯛科

侏儒光鰓雀鯛

Chromis acares

八丈島、小笠原群島、琉球群島；台灣、馬里亞納群島、夏威夷群島、萊恩群島、珊瑚海、索羅門群島～土阿莫土群島、皮特肯群島

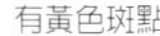

有黃色斑點
藍點排列成線條
臉頰為黃色

成群棲息在水深 5m 左右，珊瑚礁外緣的淺礁山上方。在日本大多生活在小笠原群島，其他地區則爲稀有種。在塞班島、關島是極爲常見的魚種，在八丈島偶爾可觀察到其與凡氏光鰓雀鯛混泳的情景。

八丈島 水深 21m 大小 4cm

雀鯛科

三帶圓雀鯛

Dascyllus aruanus

和歌山縣以南的太平洋沿岸、八丈島、小笠原群島、琉球群島；台灣、印度－太平洋（夏威夷群島與復活節島除外）

ad
腹鰭為黑色
身上有 3 條黑帶
yg

常見於水深 10m 以淺，珊瑚礁中的枝狀珊瑚之間。生活上很依賴珊瑚，形成一雄多雌的後宮結構。在雀鯛科中是少見的雌性先熟型，先發育爲雌性再轉爲雄性。

珊瑚

塞班島 水深 2m 大小 7cm

雀鯛科

網紋圓雀鯛

Dascyllus reticulatus

南日本的太平洋沿岸、伊豆群島、小笠原群島、屋久島、琉球群島；台灣、香港、東印度－太平洋（夏威夷群島除外）

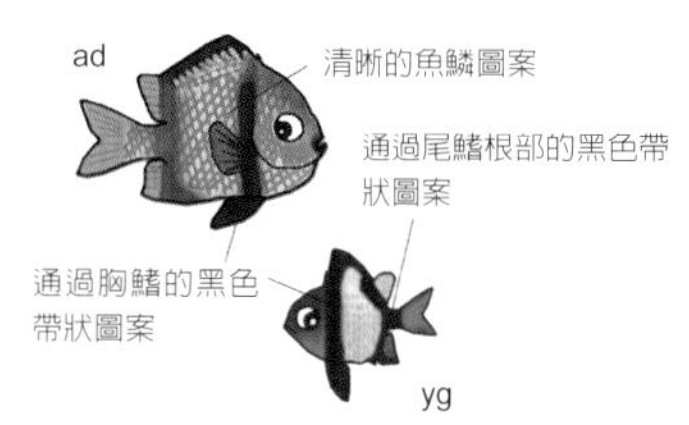
ad
清晰的魚鱗圖案
通過尾鰭根部的黑色帶狀圖案
通過胸鰭的黑色帶狀圖案
yg

常見於海水流暢的岩礁與珊瑚礁，可在枝狀珊瑚周邊觀察到幼魚，感到危險時會躲進珊瑚縫隙間。在八丈島水深 30m 附近的炮仗花珊瑚類周遭，也能發現幼魚。

珊瑚

八丈島 水深 5m 大小 9cm

成魚 八丈島 水深 14m 大小 14cm

雀鯛科

三斑圓雀鯛

Dascyllus trimaculatus

南日本的太平洋沿岸、屋久島、琉球群島；濟州島、台灣、香港、印度－太平洋（夏威夷群島、復活節島除外）

魚鱗圖案明顯
白色斑點
ad
體色為黑色
yg
身體的左右兩側與頭部有白色斑點

常見於生長在淺水區的岩礁、礁池、礁石斜坡的大型海葵四周。本種幼魚和小丑魚一樣，與海葵共生。

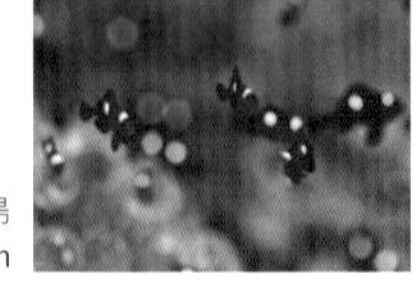

幼魚 八丈島
水深 10m 大小 1.5cm

海葵類

八丈島 水深 2m 大小 10cm

雀鯛科

白帶固曲齒鯛

Plectroglyphidodon leucozonus

八丈島、小笠原群島、千葉縣～高知縣的太平洋沿岸、屋久島、琉球群島；台灣、印度－太平洋（夏威夷群島與復活節島除外）

ad

棲息在波浪明顯的岩礁地區，2m 以淺的淺水海域。在八丈島面向外海的潮池，是十分普遍的常見種。繁殖期爲夏季。

體側中央有一道直達腹部的白色線條

yg

幼魚 八丈島
水深 2m 大小 3.5cm

八丈島 水深 5m 大小 4cm

雀鯛科

明眸固曲齒鯛

Plectroglyphidodon imparipennis

八丈島、小笠原群島、高知縣柏島、琉球群島；台灣、印度－太平洋（馬克薩斯群島與復活節島除外）

背部為綠色
蛇目

棲息在海水流通的珊瑚礁，與珊瑚礁外緣水深 5m 以淺的地區。獨自待在礁山縫隙和珊瑚之間，頻繁游動。警戒心很強，有外物接近就會立刻躲起來。

雀鯛科

珠點固曲齒鯛

Plectroglyphidodon lacrymatus

南日本的太平洋沿岸、八丈島、小笠原群島、屋久島、琉球群島；台灣、印度－太平洋（夏威夷群島與復活節島除外）

虹彩為黃色
ad

身上散布藍色到白色斑點
yg

可在海水流通的礁山上方、淺水區珊瑚礁裡的珊瑚四周，發現其單獨行動的身影。幼魚常見於水深 5m 以淺的粗礫石岸，和珊瑚礫縫隙之間。警戒心很強，有外物接近就會立刻躲起來。

幼魚 八丈島
水深 6m 大小 2cm

珊瑚

成魚 呂宋島 水深 4m 大小 10cm

雀鯛科

迪克氏固曲齒鯛

Plectroglyphidodon dickii

南日本的太平洋沿岸、伊豆群島、小笠原群島、琉球群島；台灣、印度－太平洋（夏威夷群島與復活節島除外）

ad
黑點
黑帶的寬度較窄

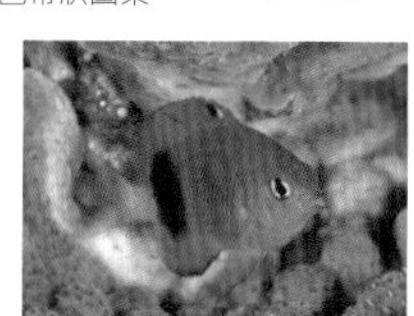
黑色帶狀圖案
yg

在內灣水深較淺的珊瑚礁，優游於枝狀珊瑚的周邊。生活上十分仰賴珊瑚。

幼魚 八丈島
水深 5m 大小 3cm

珊瑚

成魚 八丈島 水深 8m 大小 8cm

雀鯛科

約島固曲齒鯛

Plectroglyphidodon johnstonianus

八丈島、小笠原群島、和歌山縣、高知縣、屋久島、琉球群島；台灣、印度－太平洋（復活節島除外）

ad
虹彩為藍色
黑帶的寬度較寬
yg
從腹部到尾鰭為黃色
沒有黑帶

常見於水深 12m 左右，海水流通的珊瑚礁，和珊瑚礁外緣的珊瑚四周。

幼魚 八丈島
水深 5m 大小 2.5cm

珊瑚

成魚 八丈島 水深 8m 大小 10cm

成魚 石垣島
水深 10m 大小 9cm
惣道敬子

雀鯛科

黑褐新刻齒雀鯛

Neoglyphidodon nigroris

八丈島、小笠原群島、和歌山縣、高知縣、屋久島、琉球群島；台灣、安達曼海、西太平洋

各鰭為黃色
ad
眼睛下方與後方
有偏黑的線條

yg
2 條粗線

常見於淺珊瑚礁與其周邊的岩礁，幼魚偏好內灣與礁池等水深很淺的區域。

幼魚 八丈島
水深 5m 大小 3cm

成魚 宿霧島 水深 5m 大小 16cm

雀鯛科

黑新刻齒雀鯛

Neoglyphidodon melas

八丈島、小笠原群島、屋久島、琉球群島；台灣、印度－西太平洋

體色為接近黑色
的深藍色
ad

口部到背
鰭為黃色
yg

可在偏內灣的淺珊瑚礁，發現其單獨行動的模樣。在小範圍內劃定自己的地盤，在地盤裡生活。幼魚比成魚更偏好淺水區。

幼魚 八丈島
水深 5m 大小 2.5cm

成魚 帛琉 水深 8m 大小 12cm

雀鯛科

黃背寬刻齒雀鯛

Amblyglyphidodon aureus

和歌山縣串本、屋久島、琉球群島；台灣、東印度－西太平洋

體高較高，體型偏圓
ad
各鰭為黃色
身體為鮮豔的黃色

尾鰭上下緣為黃色
yg

常見於珊瑚礁外緣的陡坡側面，成魚大多單獨行動，幼魚則在柳珊瑚類周邊成群生活。雌魚將卵產在柳珊瑚上，由雄魚守護，直到孵化。

幼魚 奄美大島
水深 25m 大小 2cm
余吾涉

雀鯛科

橘鈍寬刻齒雀鯛

Amblyglyphidodon curacao

屋久島、琉球群島；東印度－西太平洋、加勒比海古拉索島

眼睛後方的鱗片很細
ad
尾鰭上下緣有黑邊
yg
體色為均勻的綠褐色到灰色

在水深 15m 以淺的內灣或礁池，長著許多枝狀珊瑚的地區成群地生活。

幼魚 帛琉
水深 12m 大小 2cm

成魚 帛琉 水深 8m 大小 10cm

雀鯛科

白腹寬刻齒雀鯛

Amblyglyphidodon leucogaster

八丈島、高知縣柏島、琉球群島；台灣、印度－西太平洋

ad
腹部後方為黃色
尾鰭與臀鰭一半以上是黑色

尾鰭根部下方為黃色
yg

成群聚集在內灣性珊瑚礁的珊瑚、柳珊瑚類、海羊齒類的周邊。雌魚通常將卵產在死珊瑚上，但有時也會產在活的柳珊瑚類、紅扇珊瑚類等珊瑚下方。

幼魚 帛琉
水深 12m 大小 1.5cm

成魚 呂宋島 水深 10m 大小 12cm

雀鯛科

條紋豆娘魚

Abudefduf vaigiensis

青森縣以南、八丈島、小笠原群島、屋久島、琉球群島；朝鮮半島、台灣、中國、印度－太平洋（復活節島除外）

背部為黃色
ad
尾鰭沒有圖案
最前方的條紋圖案只到胸鰭根部
yg

成群集結在水深 12m 以淺的淺岩礁與珊瑚礁，在中層到表層附近游動。可在極淺的潮池或內灣發現幼魚，小於 3cm 的幼魚附著在表層的漂流藻生活。

幼魚 八丈島
水深 1m 大小 2.5cm

成魚 八丈島
水深 12m 大小 12cm

成魚 西表島
水深 5m 大小 15cm
水谷知世

雀鯛科

密鰓雀鯛

Hemiglyphidodon plagiometopon

琉球群島；台灣、東印度－西太平洋（馬來半島西岸～索羅門群島）

棲息在內灣的珊瑚礁與礁池的淺水區，偏好鹿角軸孔珊瑚等枝狀珊瑚叢生的地方。帶有強烈的地盤性，單獨在海底附近洄游。幼魚和成魚都喜歡相同環境，找到成魚後很容易發現幼魚。

背鰭與臀鰭都很大
ad
有 1 條藍線
yg
體側散布許多藍點

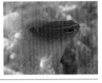

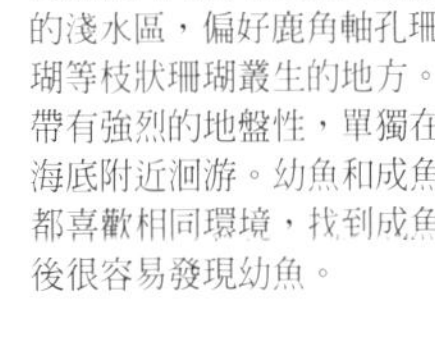

幼魚 帛琉
水深 3m 大小 3cm

八丈島 水深 45m 大小 5cm

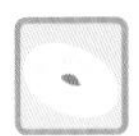

雀鯛科

暗帶刻齒雀鯛

Chrysiptera caeruleolineata

伊豆群島、高知縣、九州西岸、屋久島、琉球群島；西太平洋

通過眼睛上方的藍色粗線
體高較低，身體為細長形

成群生活在海水流通良好的岩礁、珊瑚礁外緣斜坡，水深 25m 以深海域。

成魚 屋久島
水深 3m 大小 6cm
原崎森

雀鯛科

藍刻齒雀鯛

Chrysiptera cyanea

南日本的太平洋沿岸、屋久島、琉球列島；台灣、東印度－西太平洋、加羅林群島

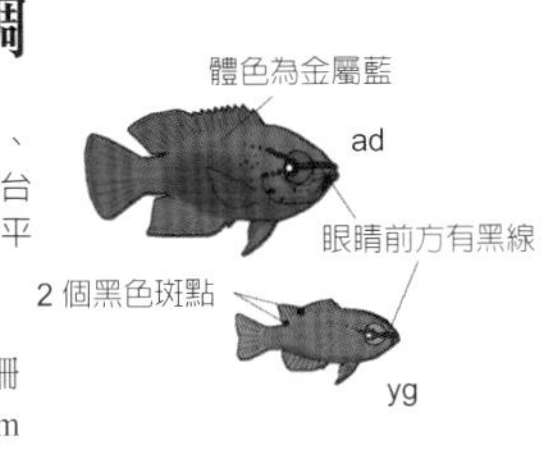
體色為金屬藍
ad
眼睛前方有黑線
2 個黑色斑點
yg

常見於海水流通的珊瑚礁，水深 2 ～ 3m 處。

幼魚 西表島
水深 1m 大小 3cm
常見真紀子

雀鯛科

副刻齒雀鯛

Chrysiptera parasema

伊豆半島西岸、九州西岸、琉球群島；濟州島、西太平洋的熱帶海域

體高較高，體型偏圓

尾鰭根部轉黃區的線條為斜線

常見於內灣與礁池的枝狀珊瑚周邊。

珊瑚

座間味島
水深 5m　大小 4cm
山梨秀己

雀鯛科

史氏刻齒雀鯛

Chrysiptera starcki

南日本的太平洋沿岸、八丈島、小笠原群島、屋久島、琉球群島；台灣、澳洲東岸～羅雅提群島

頭部～背鰭為黃色

鮮豔的藍色

常見於水深較深，開闊的岩礁或珊瑚礁外緣斜坡。

八丈島　水深 21m　大小 6cm

雀鯛科

三帶刻齒雀鯛

Chrysiptera tricincta

南日本的太平洋沿岸、伊豆群島、小笠原群島、屋久島、琉球群島；菲律賓群島中部、澳洲東岸～薩摩亞群島

身上有 3 道黑色帶狀圖案

腹鰭為白色

常見於水深 30m 左右，開闊的岩礁斜坡與砂礫底。在珊瑚礁海域是稀有種。

八丈島　水深 15m　大小 4cm

成魚 呂宋島
水深 5m 大小 6cm
水谷知世

雀鯛科

雷克斯刻齒雀鯛

Chrysiptera rex

南日本的太平洋沿岸、八丈島、屋久島、琉球群島；台灣、西太平洋（到索羅門群島．新喀里多尼亞為止）

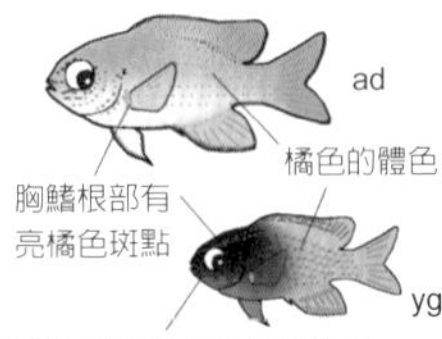
ad
橘色的體色
胸鰭根部有
亮橘色斑點
yg
頭部有許多偏黑的藍色線條

可在水深 6m 以淺，風浪較大的珊瑚礁，發現單獨或幾隻成群行動的模樣。警戒心很強，有外物靠近就會立刻躲進附近的岩石縫隙。

幼魚 八丈島
水深 6m 大小 4cm

雀鯛科

無斑刻齒雀鯛

Chrysiptera unimaculata

千葉縣～屋久島的太平洋沿岸、琉球群島；台灣、印度－西太平洋

背鰭根部有黑斑
ad
鰓附近沒有
鮮黃色部分
yg

常見於水深 2m 以淺的內灣岩礁與珊瑚礁潮間帶。幼魚酷似勃氏刻齒雀鯛，不過本種的鰓附近沒有鮮黃色部分，可從這一點來辨識。在南日本的太平洋岸，本種幼魚是季節性洄游魚，經常與勃氏刻齒雀鯛的幼魚混在一起。

成魚 呂宋島
水深 3m
大小 10cm

稚魚 八丈島
水深 3m
大小 8cm

幼魚 八丈島
水深 3m 大小 2.5cm

雀鯛科

勃氏刻齒雀鯛

Chrysiptera brownriggii

南日本的太平洋沿岸、伊豆群島、小笠原群島、屋久島、琉球群島；台灣、印度－太平洋（夏威夷群島與復活節島除外）

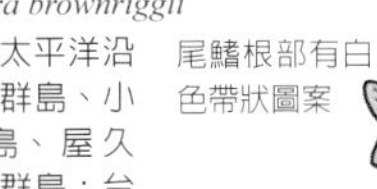
斜斜的白色帶狀圖案
尾鰭根部有白
色帶狀圖案
ad
鰓上有黃色三
角形斑紋

yg
鰓上有比體色還
亮的黃色斑紋

常見於水深 2m 以淺，風浪較大的岩礁與珊瑚礁。

成魚 八丈島
水深 4m 大小 4cm

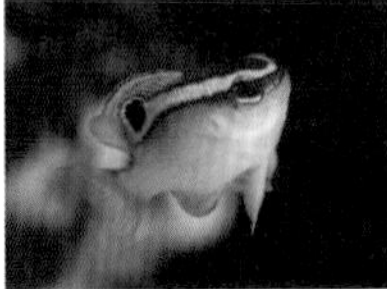

幼魚 八丈島
水深 5m 大小 2.5cm

雀鯛科

藍黑新雀鯛

Neopomacentrus cyanomos

屋久島、琉球群島；台灣、香港、印度～新喀里多尼亞以西的太平洋

大型黑色斑點

尾鰭上下緣偏黑色

在水深較淺的內灣珊瑚礁周邊，礁山側面的陰暗處形成小型群體。

呂宋島
水深 7m　大小 8cm
水谷知世

雀鯛科

頰鱗雀鯛

Pomacentrus lepidogenys

八丈島、和歌山縣、高知縣、屋久島、琉球群島；台灣、印度洋東部－西太平洋的熱帶海域

背鰭到尾鰭為黃色

可在內灣淺水區的珊瑚礁周邊、礁山側面，發現其單獨行動或形成小群體的模樣。

幼魚 慶良間
水深 5m　大小 1.5cm
片桐佳江

成魚　八丈島　水深 6m　大小 5cm

雀鯛科

菲律賓雀鯛

Pomacentrus philippinus

八丈島、屋久島、琉球群島；台灣、印度－西太平洋

背鰭與臀鰭後端為黃色

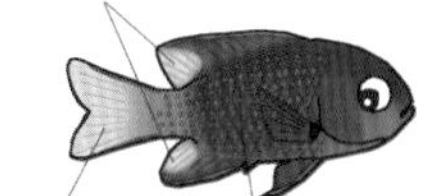

尾鰭為黃色　魚鱗上排列著藍色斑點

單獨出現在水深 12m 以淺的珊瑚礁外緣。

八丈島　水深 8m　大小 7cm

成魚 八丈島 水深 3m 大小 5cm

雀鯛科

白尾雀鯛

Pomacentrus chrysurus

南日本的太平洋沿岸、伊豆群島、小笠原群島、屋久島、琉球群島；台灣、印度－西太平洋

ad
尾鰭根部的色塊界線十分清楚

頭部到背鰭為橘色
yg

常見於珊瑚礁潟湖與內灣 5m 以淺海域，棲息水深相當淺。

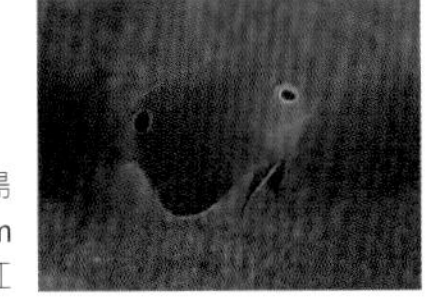
幼魚 呂宋島
水深 3m 大小 2cm
片桐佳江

成魚 八丈島 水深 6m 大小 4cm

雀鯛科

班卡雀鯛

Pomacentrus bankanensis

南日本的太平洋沿岸、伊豆群島、屋久島、琉球群島；朝鮮半島、台灣、東印度－西太平洋

成魚也有眼狀斑
ad
尾鰭根部的色塊界線十分清楚

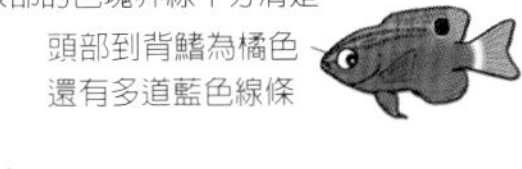
頭部到背鰭為橘色
還有多道藍色線條

常見於水深 12m 以淺的岩礁與珊瑚礁，幼魚通常出現在水深 2m 左右的淺水區。

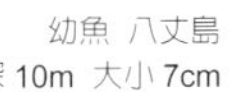

幼魚 八丈島
水深 10m 大小 7cm

成魚 八丈島 水深 15m 大小 6cm

雀鯛科

王子雀鯛

Pomacentrus vaiuli

南日本的太平洋沿岸、伊豆群島、屋久島、琉球群島；台灣、東印度－西太平洋

ad
尾鰭顏色比身體明亮
顏色以漸層方式變化
體側有藍點排列

幼魚 八丈島
水深 12m 大小 3cm

yg

可在 20m 左右的礁山周邊水底，與珊瑚礁外緣小山的四周、斜坡，發現其單獨行動的身影。

雀鯛科

胸斑雀鯛

Pomacentrus alexanderae

屋久島、琉球群島；摩鹿加群島以西的西太平洋

尾鰭後緣沒有黑邊
胸鰭根部有一個大黑點

在偏內灣的珊瑚礁外緣中層海域形成小型群體。

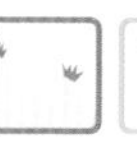

呂宋島 水深 12m 大小 8cm

雀鯛科

黑鰭緣雀鯛

Pomacentrus nigromarginatus

和歌山縣串本、屋久島、琉球群島；台灣、索羅門群島以西的西太平洋

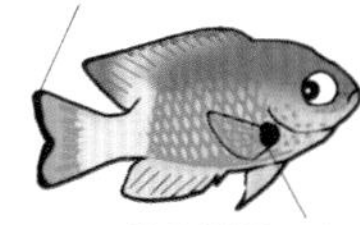
尾鰭後緣有黑邊
胸鰭根部有一個大黑點

可在海水流動順暢的珊瑚礁外緣斜坡、陡坡下方，水深略深的地方發現其蹤跡。

宿霧島 水深 13m 大小 9cm

雀鯛科

霓虹雀鯛

Pomacentrus coelestis

青森縣、新潟縣～長崎縣的日本海．玄海灘沿岸、南日本的太平洋沿岸、伊豆群島、小笠原群島、琉球群島；濟州島、台灣、東印度－太平洋

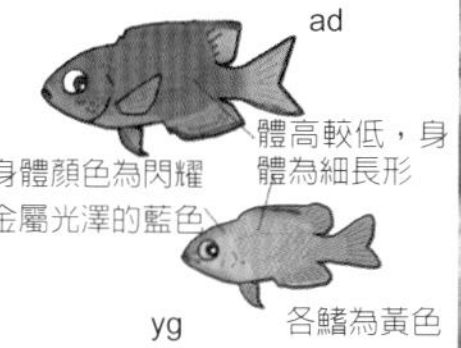
ad
身體顏色為閃耀金屬光澤的藍色
體高較低，身體為細長形
yg
各鰭為黃色

在水深較淺的開闊岩礁，與珊瑚礁周邊的粗礫石岸或斜坡的水底等處，形成小型群體生活。廣泛棲息於南日本的太平洋沿岸，屬於適應溫帶海域的魚種。

婚姻色 八丈島
水深 10m 大小 6cm

幼魚 八丈島
水深 5m 大小 2.5cm

成魚 八丈島 水深 6m 大小 4cm

成魚 石垣島
水深 3m 大小 12cm
片桐佳江

雀鯛科

青玉雀鯛

Pomacentrus pavo

伊豆半島西岸、琉球群島；台灣、印度－太平洋（夏威夷群島、萊恩群島、復活節島除外）

成群聚集在內灣、礁池四周、砂地較多的珊瑚礁側面與上方。

鰓的上半部有黑色斑點
ad
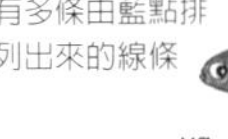

有多條由藍點排列出來的線條
體側有藍點排列
臀鰭為淡黃色
yg

稚魚 帛琉
水深 6m 大小 7cm

幼魚 帛琉
水深 6m 大小 2.5cm

成魚 八丈島
水深 8m 大小 12cm

雀鯛科

長崎雀鯛

Pomacentrus nagasakiensis

南日本的太平洋沿岸、伊豆群島、小笠原群島、九州西岸、屋久島、琉球群島；濟州島、台灣、東印度－西太平洋

常見於水深 15m 左右，砂地較多的內灣岩礁與珊瑚礁外緣。

胸鰭根部有黃色斑點
ad
大型眼狀斑
尾鰭與臀鰭有白色波浪圖案

閃耀金屬光澤的藍色體色
yg

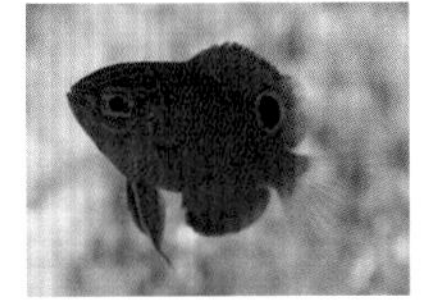

幼魚 八丈島
水深 12m 大小 2cm

帛琉 水深 8m 大小 5cm

珊瑚

雀鯛科

摩鹿加雀鯛

Pomacentrus moluccensis

和歌山縣串本、高知縣柏島、屋久島、琉球群島；台灣、東印度－西太平洋

身體為亮黃色
淺藍色線條

可在淺珊瑚礁的珊瑚周邊看見小型群體，屬於常見種。

雀鯛科

安邦雀鯛

Pomacentrus amboinensis

屋久島、琉球群島；台灣、東印度－太平洋

ad
胸鰭根部有藍點
體色為帶灰色的淺黃色
yg

可在淺水區的珊瑚礁珊瑚四周，發現其單獨行動的身影。

成魚 宿霧島 水深 6m 大小 8cm

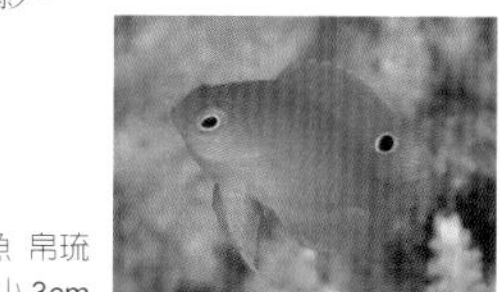

幼魚 帛琉
水深 6m 大小 3cm

雀鯛科

斑棘高身雀鯛

Stegastes obreptus

八丈島、屋久島、琉球群島；台灣、香港、菲律賓群島、爪哇島北岸、希蘭島、馬來半島東南岸、安達曼海、澳洲西岸、斯里蘭卡北岸

白點與黑斑

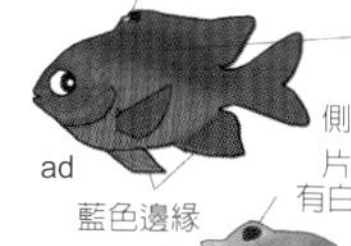
1片
2片
3片
0.5片
側線上方的鱗片有3.5片
ad
藍色邊緣

有白邊的眼狀斑
黃色體色
yg

棲息在水深 10m 以淺的珊瑚礁外緣岩礁，可在潮間帶、潮池等水深極淺的地方發現幼魚。

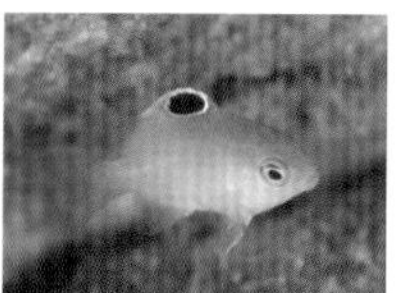

幼魚 八丈島
水深 10m 大小 2.5cm

八丈島 水深 4m 大小 12cm

雀鯛科

藍紋高身雀鯛

Stegastes fasciolatus

八丈島、紀伊、鹿兒島縣屋久島、與論島、奄美大島、琉球群島；台灣、香港、印度－太平洋

背鰭沒有黑斑

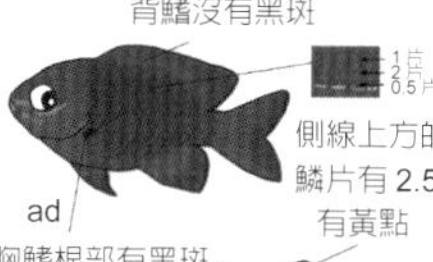
1片
2片
0.5片
側線上方的鱗片有2.5片
ad
有黃點

胸鰭根部有黑斑
yg

棲息在水深 10m 以淺，開闊的岩礁上方或珊瑚礁的礁原上。每隻魚都有自己的地盤，單獨在礁山或珊瑚與珊瑚之間的縫隙游動。

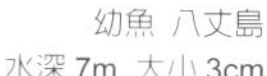

幼魚 八丈島
水深 7m 大小 3cm

八丈島 水深 5m 大小 9cm

成魚 八丈島 水深 8m 大小 10cm

雀鯛科

島嶼高身雀鯛

Stegastes insularis

南日本的太平洋沿岸、八丈島、小笠原群島、琉球群島；聖誕島

ad
1片
2片
0.5片
側線上方的鱗片有2.5片
虹彩為黃色
臀鰭前端有偏黑的帶狀圖案
有藍邊
臀鰭前方有黑色帶狀圖案
yg

棲息在水深 10m 以淺的岩礁，與珊瑚礁的礁台側面。單獨游動在側面陸棚的縫隙。比起同屬近似種藍紋高身雀鯛，本種經常在外游動。

幼魚 八丈島 水深 5m 大小 2cm

成魚 八丈島 水深 12m 大小 14cm

雀鯛科

背斑高身雀鯛

Stegastes altus

南日本的太平洋沿岸、伊豆群島、小笠原群島、九州西北岸、屋久島、琉球群島；濟州島、台灣

背鰭前端有黑色斑點
ad
頭部到背部為綠色
背鰭前端有眼狀斑
yg

常見於水深 10m 以淺的岩礁山周邊，與圓形岩石附近。幼魚比成魚更喜歡淺水區。幼魚的警戒心很強，一有外物接近就會躲起來。溫帶種。在沖繩是極爲稀有的種類。

幼魚 八丈島 水深 5m 大小 2cm

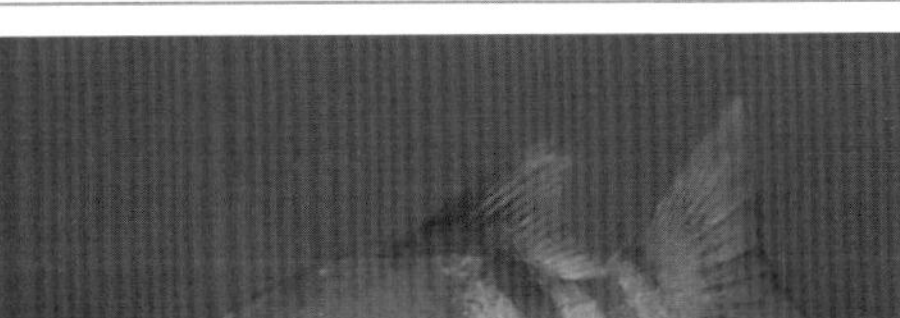

成魚 八丈島 水深 18m 大小 50cm

石鯛科

條石鯛

Oplegnathus fasciatus

日本全區；朝鮮半島、中國、台灣、日本海北部、中途島

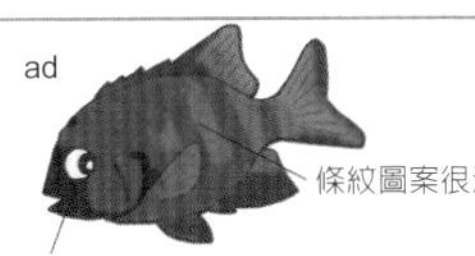

ad
條紋圖案很淡
成熟後吻端變黑

身體為條紋圖案
yg

棲息在淺水區的岩礁地帶，鳥嘴狀的口部十分堅硬，捕食帶硬殼或硬甲的甲殼類、貝類、海膽類等。成魚警戒心強，感到危險就會立刻躲進岩石隱密處、小山裂縫、洞穴等處。另一方面，幼魚好奇心強，會繞著潛水客游。有時遇到有人在做海水浴，甚至會咬人類的腳。口部成熟後四周會變黑，因此在日本俗稱「口黑」。

幼魚 八丈島 水深 7m 大小 12cm

石鯛科

斑石鯛

Oplegnathus punctatus

日本全區；朝鮮半島、中國、台灣、馬里亞納群島、中途島

ad
細石牆圖案（成魚圖案變淡）
隨著成熟吻端愈來愈白
yg

本種棲息場所比條石鯛深，習性與條石鯛幾乎一樣。條石鯛成熟後吻端變黑，本種則是變白。由於這個緣故，在日本稱爲「口白」。

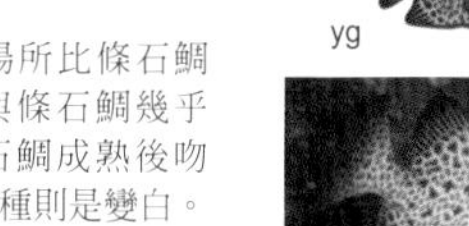

若魚 八丈島
水深 5m 大小 16cm

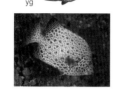

成魚 八丈島 水深 16m 大小 40cm

鮀科

銀腹貪食舵魚

Labracoglossa argentiventris

茨城縣以南的太平洋沿岸、若狹灣以南的日本海沿岸；朝鮮半島

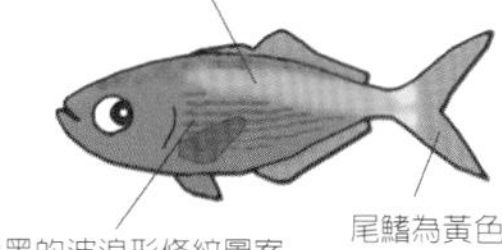
背部有一道寬版黃色線條
尾鰭為黃色
偏黑的波浪形條紋圖案

在海水流通的岩礁中層集結成群，在伊豆半島與伊豆七島是極爲普遍的常見種。

八丈島 水深 12m 大小 20cm

鮀科

南方舵魚

Kyphosus bigibbus

青森縣平館、宮城縣石卷、能登半島～九州的日本海．東海沿岸、南日本的太平洋沿岸、八丈島、屋久島、琉球群島；印度－西太平洋（赤島附近的熱帶海域除外）、拉帕島

吻部較短且鈍
各鰭偏黑

與低鰭舵魚幾乎相同，棲息在淺海的岩礁地區，但較偏好內灣。外型很像低鰭舵魚，可從尾鰭爲黑色與吻部較短且鈍等兩點進行判斷。

八丈島 水深 10m 大小 40cm

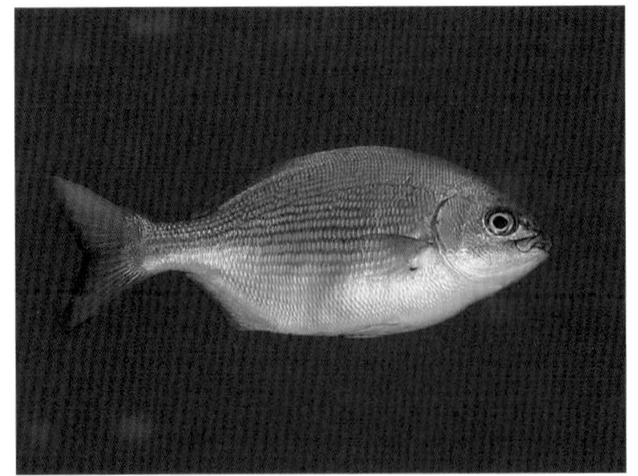

八丈島 水深 6m 大小 36cm

鮀科

低鰭舵魚

Kyphosus vaigiensis

北海道網走、津輕海峽～九州的日本海 ・ 東海沿岸、本州的太平洋沿岸、八丈島、琉球群島；小笠原群島、台灣、中國、印度－太平洋

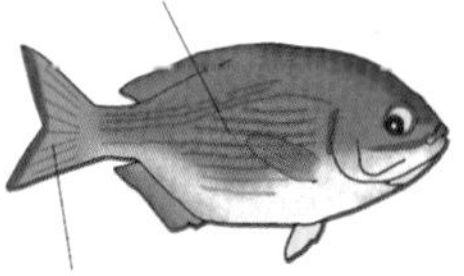
土黃色線條形成直條紋
尾鰭為土黃色

成魚大多棲息在淺海的岩礁地區、波濤洶湧的海岸，幼魚附著在漂流藻等漂流物上。由於體側有 7 條黃線，在伊豆大島稱爲「金七」。進入波濤洶湧的海域，體側就會出現大型白斑，與周遭景緻融爲一體，不容易發現。

在白濁波浪間優游的低鰭舵魚群
水深 2m 大小 35cm

出現白色斑點的低鰭舵魚群
八丈島 水面下 大小 6cm

巴榮納岩 水深 8m 大小 38cm

鮀科

太平洋鮀

Kyphosus pacificus

伊豆群島～琉球群島的黑潮流域、小笠原群島、福岡縣沖之島；太平洋中 ・ 西部（熱帶海域除外）

深色尾鰭
吻部又長又尖
不清晰的細直條紋

棲息在島嶼的岩礁地區，特別常見於巴榮納岩到小笠原群島一帶。在熱帶海域無觀察紀錄。體側沒有明顯線條，因黃化個體出現而聞名。群體中有幾隻會變白或變黑，變化出不同體色。

黃化個體 巴榮納岩
水深 8m 大小 38cm

黑色的顏色變化 巴榮納岩
水深 8m 大小 35cm

白色的顏色變化 巴榮納岩
水深 10m 大小 35cm

鮀科

天竺舵魚

Kyphosus cinerascens

北海道～九州的太平洋．日本海．東海沿岸、八丈島、小笠原群島、琉球群島；濟州島、台灣、中國、印度－太平洋

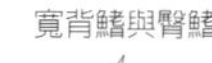
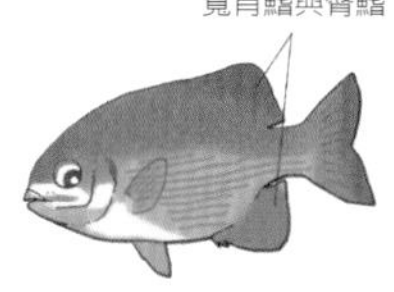
寬背鰭與臀鰭

棲息在淺海的岩礁地區，與低鰭舵魚一樣，進入波濤洶湧的海域，體側也會出現大型白斑。

成魚 八丈島 水深 10m 大小 40cm

幼魚 八丈島
水深 3m 大小 10cm

鮀科

柴魚

Microcanthus strigatus

體側有 5 條
黑色條紋
ad
3 個搶眼的黑斑
yg

青森縣以南的各地沿岸；朝鮮半島、台灣、中國、夏威夷群島、澳洲、新喀里多尼亞、諾福克島

常在海水流通的岩礁區域形成小型群體，幼魚成群集結在內灣或潮池等淺水區。在八丈島，老成的成魚會在水深40m 以深，海水流通的岩礁斜坡，與尖吻棘鯛一起行動。

幼魚 八丈島
水深 2m 大小 4cm
水谷知世

幼魚 八丈島
水深 2m 大小 2cm
水谷知世

成魚 八丈島 水深 3m 大小 12cm

鮀科

黃帶瓜子鱲

Girella mezina

南日本的太平洋沿岸、八丈島、小笠原群島、山口縣日本海沿岸、五島列島、奄美大島、琉球群島；台灣

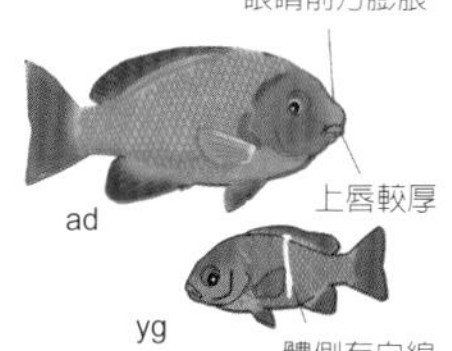

眼睛前方膨脹
上唇較厚
ad
yg
體側有白線

單獨棲息在沿岸的岩礁地區與珊瑚礁外緣，幼魚常見於潮間帶與潮池等淺水區。

幼魚
八丈島
水深 2m 大小 4cm

成魚 八丈島 水深 8m 大小 35cm

成魚 八丈島 水深 6m 大小 30cm

鮀科

小鱗瓜子鱲

Girella leonina

本州的太平洋．日本海．東海沿岸、八丈島、小笠原群島、屋久島、琉球群島；濟州島、台灣、香港、中途島

鰓蓋後緣為黑色
鱗片圖案不明顯

大多棲息在沿岸的岩礁區、波濤洶湧的海岸。日本各地漁夫對本種的稱呼不同，關東稱為「オナガ」、關西稱為「オナガグレ」、八丈島則是「エース」，在日本是很受歡迎的魚。

幼魚
八丈島
水深 2m 大小 6cm

八丈島 水深 5m 大小 35cm

鮀科

瓜子鱲

Girella punctata

北海道～九州的太平洋．日本海．東海沿岸、八丈島、小笠原群島、琉球群島；朝鮮半島、台灣、中國

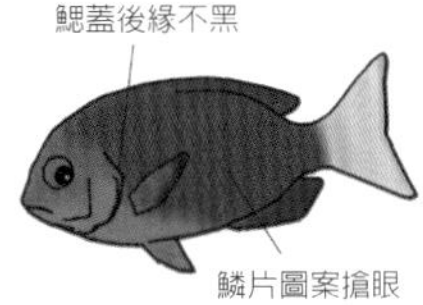
鰓蓋後緣不黑
鱗片圖案搶眼

大多棲息在沿岸的岩礁區、波濤洶湧的海岸，幼魚期待在潮池等淺水海域，隨著成長慢慢往外海移動。深受漁夫喜愛，在關東稱為「クシロ」、在關西叫做「グレ」。

成魚 八丈島
水深 30m 大小 50cm

長鯧科

日本櫛鯧

Hyperoglyphe japonica

北海道～相模灣的太平洋外海、八丈島、和歌山縣串本、山陰外海；北太平洋

成魚棲息在水深 100m 以深的底層，八丈島出現冷水團時，偶爾會游至淺海區。幼魚附著在漂流藻等漂流物上，外型接近同樣附著在漂流藻的同屬近似種刺鯧，但本種體高較低，肩膀沒有黑斑。

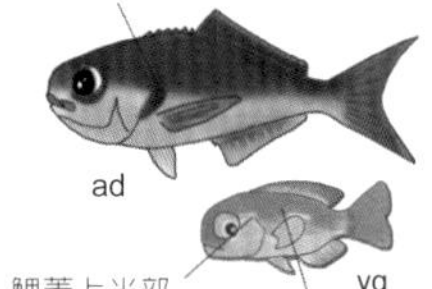
身體偏黑，鰓蓋周邊有深色區塊
ad
yg
鰓蓋上半部
沒有黑斑
體高比刺鯧低

附著在漂流藻的幼魚
串本
水深 2m 大小 1.5cm
鈴木崇弘

雙鰭鯧科

花瓣玉鯧

Psenes pellucidus

釧路～土佐灣的太平洋沿岸、新潟縣佐渡～五島列島的日本海沿岸；濟州島、台灣、太平洋．印度洋．大西洋的溫帶～熱帶海域

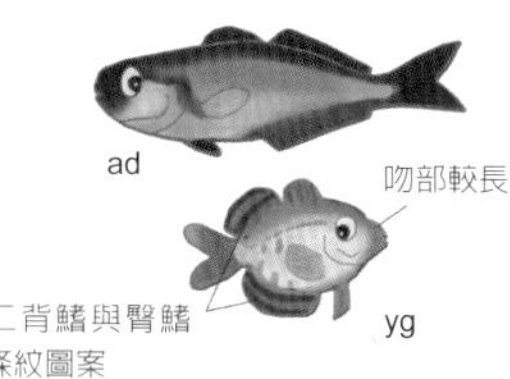
ad
吻部較長
第二背鰭與臀鰭
有條紋圖案
yg

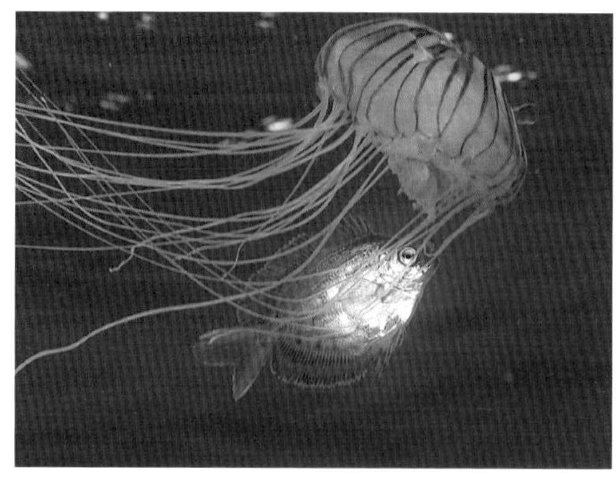

成魚為底棲性，由於捕獲數量較少，至今尚不清楚其生態。幼魚附著水母生活，照片中的個體附著在赤水母身上。

串本
水面下　大小 8cm
鈴木崇弘

隆頭魚科

藍豬齒魚

Choerodon azurio

新潟縣～九州的日本海．東海沿岸、南日本的太平洋沿岸、奄美大島；朝鮮半島、濟州島、台灣、中國

斜向的黑帶與白帶

常見於水深 25m 以深，海水流通的岩礁周邊與有許多砂底的斜坡。一般認為本種為一雄多雌的社會結構，但通常發現牠時都是單獨行動。

幼魚 伊豆大島
水深 35m 大小 4cm

成魚 八丈島 水深 30m 大小 35cm

隆頭魚科

邵氏豬齒魚

Choerodon schoenleinii

沖繩縣；台灣、中國、西太平洋

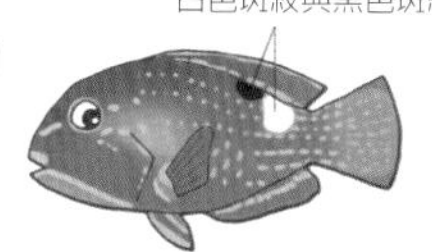
白色斑紋與黑色斑紋

常見於水深 10m 以淺，珊瑚礁周邊的砂礫底。幼魚單獨生活在淺海的海藻林，棲息水深比成魚淺。

稚魚 石垣島
水深 3m 大小 10cm
惣道敬子

成魚 石垣島
水深 18m 大小 32cm
惣道敬子

宿霧島 水深 10m 大小 30cm

隆頭魚科

鞍斑豬齒魚

Choerodon anchorago

小笠原群島、奄美大島、琉球群島；台灣、香港、東印度－西太平洋

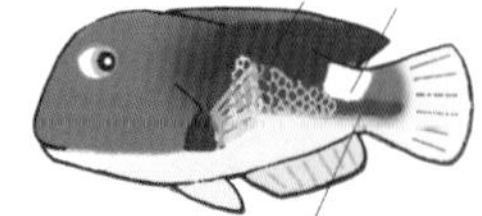
體側後方上半部有黑色區域
白色斑紋
黑色區域一直延伸到尾鰭根部

常見於水深 5 ～ 15m、內灣的淺珊瑚礁與礁池，年輕個體偏好水深 5m 以淺的礁池淺水區。

成魚 八丈島
水深 40m 大小 8cm

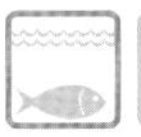

隆頭魚科

雙斑狐鯛

Bodianus bimaculatus

南日本的太平洋沿岸、伊豆群島、小笠原群島、屋久島、沖繩縣；台灣、印度－西太平洋

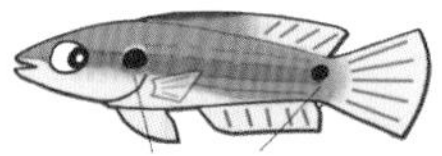
鰓蓋與尾鰭根部有黑色斑點

常見於水深 40m 以深，海水流通的岩礁斜坡和陡坡下方的斜面。一雄多雌集結成群，通常與喜歡相同環境的隆頭魚一起混泳。

幼魚 八丈島
水深 25m 大小 3cm

成魚 八丈島 水深 55m 大小 12cm

隆頭魚科

益田氏狐鯛

Bodianus masudai

靜岡縣伊東市富戶、八丈島、和歌山縣白濱、奄美大島；台灣、新喀里多尼亞、馬里亞納群島

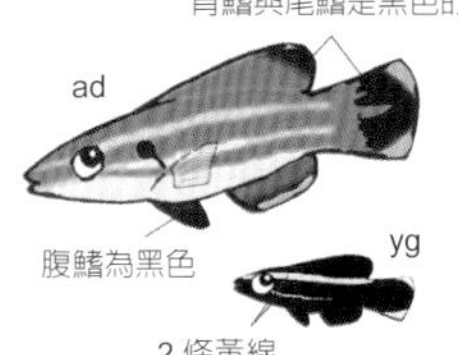
背鰭與尾鰭是黑色的
ad
腹鰭為黑色
yg
2 條黃線

常見於水深 40m 以深，海水流動良好的岩礁斜坡。這是只棲息在限定地區的稀有種。幼魚酷似裂唇魚，會幫其他魚類清潔身體，採取擬態的方式保護自己。

稚魚 八丈島
水深 45m 大小 7cm

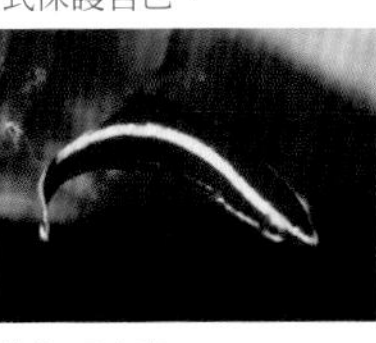
幼魚 八丈島
水深 50m 大小 1.5cm

隆頭魚科

伊津狐鯛

Bodianus izuensis

南日本的太平洋沿岸、伊豆群島；台灣、雪梨灣、新喀里多尼亞

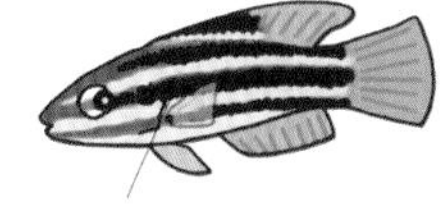
體側有 3 條黑線

常見於水深 30m 以深，海水流通的岩礁斜坡。建立一雄多雌的後宮結構，雌魚通常與其他偏好相同環境的隆頭魚混泳。
適應溫帶海域。

幼魚 八丈島
水深 45m 大小 3cm

成魚 八丈島 水深 45m 大小 12cm

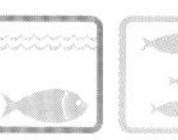

隆頭魚科

網紋狐鯛

Bodianus dictynna

千葉縣館山、八丈島、高知縣柏島、屋久島、琉球群島；濟州島、台灣、印度洋東部－太平洋西部的熱帶海域

ad
腹鰭與臀鰭有黑色斑點
yg
褐色網目圖案

喜歡待在水深 10 ～ 20m 附近的岩礁、珊瑚礁山側面陰暗處，或在陡坡深處沿著小山游動。幼魚貼在陰暗小山側面，或附著在海扇等腔腸動物上生活。

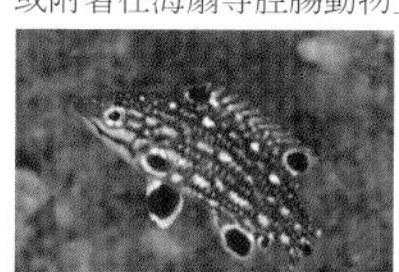
稚魚 八丈島
水深 18m 大小 5cm

幼魚 八丈島
水深 30m 大小 1cm

成魚 八丈島
水深 15m 大小 10cm

隆頭魚科

腋斑狐鯛

Bodianus axillaris

南日本的太平洋沿岸、八丈島、小笠原群島、屋久島、琉球群島；台灣、印度－太平洋（夏威夷群島、復活節島除外）

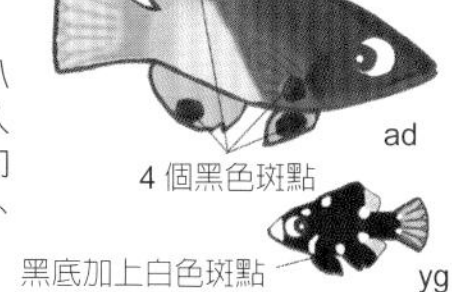
ad
4 個黑色斑點
黑底加上白色斑點
yg

喜歡待在水深 10m 左右的岩礁、珊瑚礁山側面陰暗處，或在陡坡深處沿著小山游動。幼魚的體色與周遭的陰暗環境同化，專家認為這是擬態的結果。本種幼魚與中胸狐鯛的幼魚待在相同環境，外觀也很像，因此經常容易誤認。

幼魚 八丈島
水深 6m 大小 3cm

成魚 八丈島
水深 8m 大小 10cm

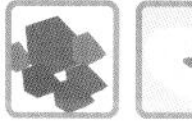

成魚 屋久島
水深 10m 大小 12cm
原崎森

隆頭魚科

中胸狐鯛

Bodianus mesothorax

南日本的太平洋沿岸、八丈島、小笠原群島、屋久島、琉球群島；台灣、印度洋東部－太平洋西部的熱帶海域

明暗區域的界線很清楚
各鰭沒有黑色斑點
ad
黑底加上黃色斑點
yg

喜歡在水深 10m 左右的淺岩礁、珊瑚礁山側面的陰暗處，或在陡坡深處沿著小山游動。

幼魚的體色與周遭的陰暗環境同化，專家認為這是擬態的結果。本種幼魚與腋斑狐鯛的幼魚待在相同環境，外觀也很像，因此經常容易誤認。

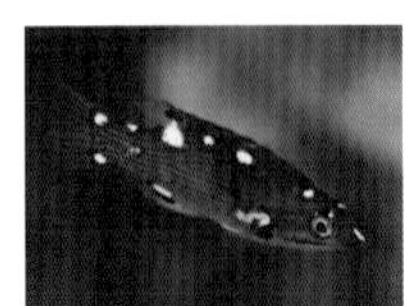

幼魚 八丈島
水深 8m 大小 4cm

成魚 八丈島
水深 40m 大小 10cm

海扇類

隆頭魚科

燕尾狐鯛

Bodianus anthioides

靜岡縣田子、八丈島、屋久島、琉球群島；台灣、印度－太平洋的熱帶海域（夏威夷群島、馬克薩斯群島、復活節島除外）

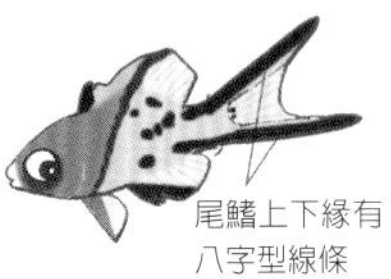
尾鰭上下緣有
八字型線條

常見於水深 20m 以深，海水流通的岩礁斜坡與珊瑚礁外緣斜坡。幼魚通常跟在海扇等腔腸動物旁，隱藏自己的行蹤。

幼魚 八丈島
水深 40m 大小 4cm

幼魚 八丈島
水深 45m 大小 2cm

成魚 八丈島 水深 18m 大小 40cm

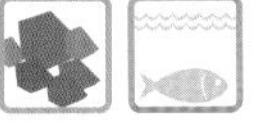

隆頭魚科

黃斑狐鯛

Bodianus perditio

南日本的太平洋沿岸、伊豆群島、小笠原群島、屋久島、琉球群島；台灣、南非．納塔爾～模里西斯群島、澳洲東岸～萬那杜、土阿莫土群島

背部中央有白色斑紋
背鰭前端為黑色
ad
背部後方有黑色區域
yg
體側中央有白線（隨著成長變成只有背部有白點）

常見於海水流通的岩礁斜坡，水深略深處。在八丈島，繁殖期為冬季。平時單獨行動，繁殖期接近傍晚時會形成一雄多雌的後宮結構，在海水流通的深水區成對產卵。春天之後，即可在淺水區的岩礁山側面，看見單獨行動的幼魚。

稚魚 八丈島
水深 15m 大小 5cm

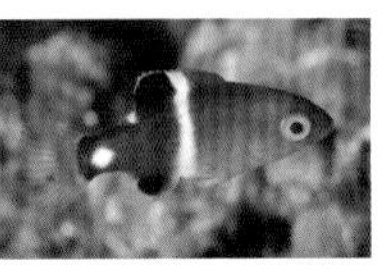

幼魚 八丈島
水深 10m 大小 2cm

隆頭魚科

斜帶狐鯛

Bodianus loxozonus

伊豆群島、小笠原群島、高知縣柏島、屋久島、琉球群島；台灣、太平洋中・西部（夏威夷群島、馬克薩斯群島、復活節島除外）

體背後方到尾鰭終緣下方已有一條黑帶
ad
尾鰭根部有黑帶
腹鰭為黑色
yg

常見於水深 10 ～ 20m 附近，海水流通的岩礁與珊瑚礁外緣斜坡。在日本算是略微罕見的稀有種。

稚魚 八丈島
水深 21m 大小 5cm

幼魚 八丈島
水深 15m 大小 2cm

成魚 屋久島
水深 20m 大小 30cm
原崎森

隆頭魚科

紅點斑狐鯛

Bodianus rubrisos

八丈島、靜岡縣沼津、和歌山縣田邊灣、沖繩島；台灣、峇里島

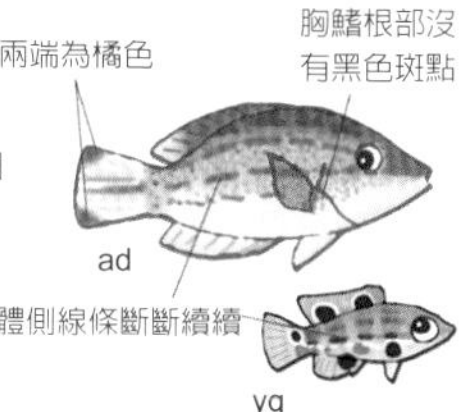
兩端為橘色
胸鰭根部沒有黑色斑點
ad
體側線條斷斷續續
yg

常見於水深 30m 以深，海水流通的岩礁斜坡。平時單獨行動，繁殖期就會建立幾隻成群的小型後宮結構。本種在八丈島的繁殖期爲春季，可頻繁看到成對產卵的景象，但從未觀察到原生雄魚群體產卵的情景。

幼魚 伊豆大島
水深 50m 大小 2.5cm
星野修

成魚 八丈島 水深 35m 大小 25cm

隆頭魚科

點帶狐鯛

Bodianus leucostictus

南日本的太平洋沿岸、伊豆群島、沖繩群島；台灣、留尼旺島、模里西斯群島

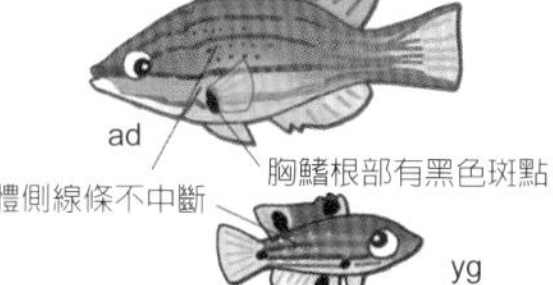
ad
胸鰭根部有黑色斑點
體側線條不中斷
yg

常見於水深 30m 以深，海水流動順暢的岩礁斜坡。這是棲息在限定地區的稀有種。

幼魚 八丈島
水深 55m 大小 2.5cm

成魚 八丈島 水深 50m 大小 18cm

雄魚 八丈島 水深 25m 大小 38cm

隆頭魚科

雙帶狐鯛

Bodianus bilunulatus

南日本的太平洋沿岸、八丈島、小笠原群島、熊本縣天草、屋久島、琉球群島；朝鮮半島、台灣、中國、印度－西太平洋（澳洲北岸、東岸除外）

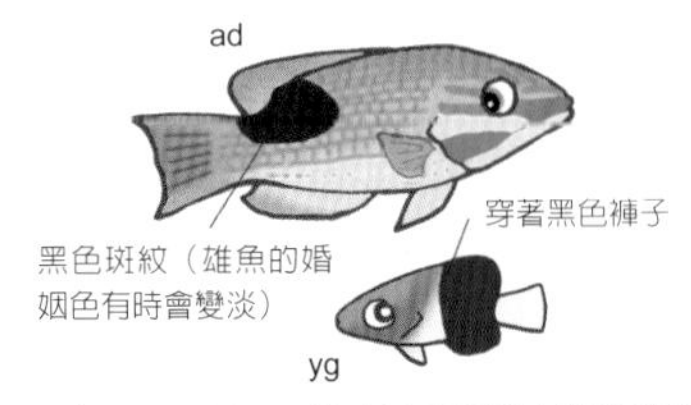
ad
穿著黑色褲子
黑色斑紋（雄魚的婚姻色有時會變淡）
yg

常見於水深 30m 以深，海水流動順暢的岩礁斜坡。繁殖期間雄魚向雌魚求愛時，雄魚背部的黑色斑紋會變淡。

雌魚 八丈島
水深 21m 大小 35cm

稚魚 八丈島
水深 30m 大小 8cm

幼魚 八丈島
水深 15m 大小 2.5cm

Column

顏色與性別

為了一出生就能產卵，隆頭魚科的魚生下來都是雌性。在成長過程中，唯有群體裡最強最大的個體會轉為雄性。一般來說，隆頭魚的雄魚顏色與雌魚截然不同，在成長過程變色。並非所有隆頭魚都會轉換性別，但為了因應性轉換的需求，所有個體出生時都兼具雄魚和雌魚的身體機能。此現象稱為雌雄同體，一開始為雌性，長大後轉為雄性的型態為雌性先熟型。轉換性別的雄魚稱為次生雄魚。

話說回來，雌性先熟型的魚類中，極少部分一出生就是雄魚，鈍頭錦魚就是最好的例子。這類雄魚稱為原生雄魚。

原生雄魚與次生雄魚不同，雌雄身上帶有相同顏色。簡單來說，光從外表看不出性別。為了方便區分，一般將此顏色稱為雌相或始相。有些原生雄魚長大後，身上的色調會轉變成與次生雄魚相同的顏色。此配色稱為雄相或終相。

雌魚和雄魚混在一起的雌相個體群中，雄相個體只有 1 隻。這隻雄相不清楚是原生雄魚還是次生雄魚。

隆頭魚科

尖頭狐鯛

Bodianus oxycephalus

富山縣～長崎縣的日本海沿岸、南日本的太平洋沿岸、伊豆群島、小笠原群島、屋久島、琉球群島；濟州島、台灣

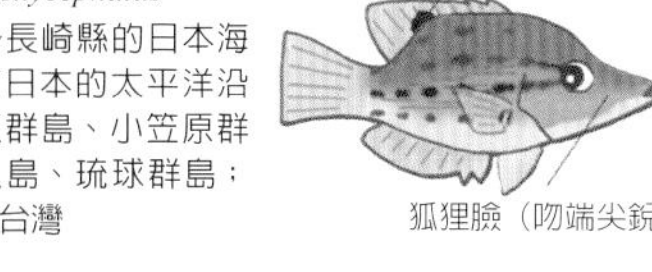
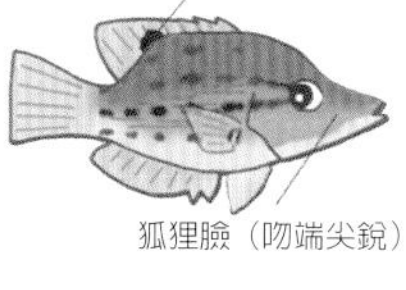
背鰭中央有黑色斑點
狐狸臉（吻端尖銳）

常見於水深 30m 以深，海水流動順暢的岩礁斜坡。在可潛水的水深只能看到雌魚，很少看到雄魚。

雌魚 八丈島
水深 30m 大小 30cm

雄魚 八丈島 水深 30m 大小 35cm

隆頭魚科

金黃突額隆頭魚

Semicossyphus reticulatus

北海道～九州的日本海・東海・太平洋沿岸；朝鮮半島、香港

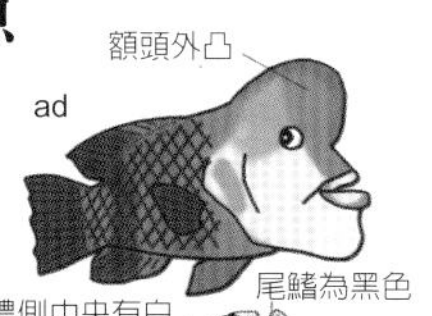
額頭外凸
ad
尾鰭為黑色
體側中央有白色線條
黑色斑點
yg

棲息在 20m 左右的岩礁，形成一雄多雌的後宮結構。溫帶種。在廣泛的地盤中，雌魚各自覓食，雄魚則在地盤內徘徊，因此看似單獨行動。當地盤內有其他雄魚入侵，就會展開爭奪戰，彼此比身體大小、威嚇對方，用頭撞擊對方直到分出勝負。

幼魚 八丈島
水深 12m 大小 3cm

成魚 柏島
水深 20m 大小 70cm
和泉裕二

隆頭魚科

摩鹿加擬岩鱚

Pseudodax moluccanus

南日本的太平洋沿岸、八丈島、小笠原群島、屋久島、琉球群島；台灣、印度－太平洋（夏威夷群島、復活節島除外）

魚鱗一片片地染成褐色
ad
尾鰭根部有黃帶

藍色線條未達尾鰭
yg

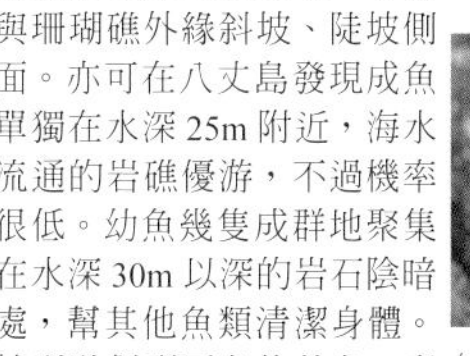

常見於水深 20m 左右，岩礁與珊瑚礁外緣斜坡、陡坡側面。亦可在八丈島發現成魚單獨在水深 25m 附近，海水流通的岩礁優游，不過機率很低。幼魚幾隻成群地聚集在水深 30m 以深的岩石陰暗處，幫其他魚類清潔身體。外型酷似裂唇魚的幼魚，專家認爲本種擬態成裂唇魚。在日本爲稀有種。

幼魚 八丈島
水深 28m 大小 3cm

成魚 八丈島 水深 30m 大小 10cm

雄魚 屋久島
水深 10m 大小 20cm
原崎森

隆頭魚科

黃尾阿南魚

Anampses meleagrides

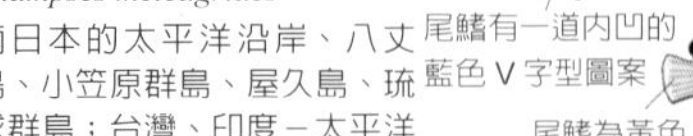
黃色斑點
♂
整齊排列的白點
尾鰭有一道內凹的藍色 V 字型圖案
尾鰭為黃色
♀

南日本的太平洋沿岸、八丈島、小笠原群島、屋久島、琉球群島；台灣、印度－太平洋（夏威夷群島、復活節島除外）

平時常見於水深 10 ～ 20m 附近的珊瑚礁，雄魚與雌魚通常各自在自己的地盤行動，一到繁殖期就會聚集在特定的海底小山上方，形成一雄多雌的後宮結構，成對產卵。雄魚求愛時，頭部的黃色斑點顏色變得更深、更搶眼。

雌魚 八丈島
水深 14m 大小 12cm

幼魚 八丈島
水深 15m 大小 1.5cm

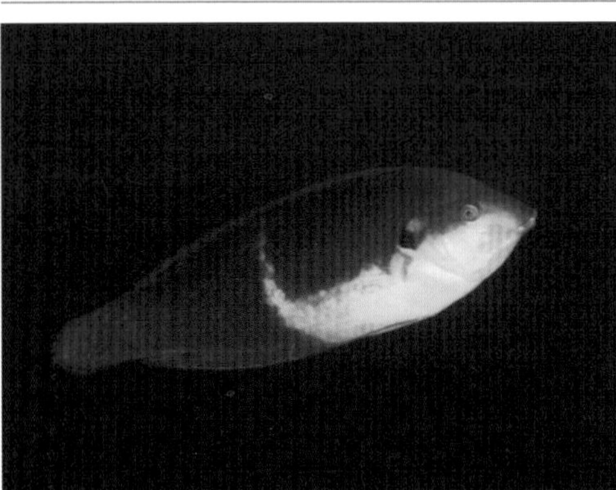

雄魚 八丈島 水深 16m 大小 10cm

隆頭魚科

雙斑阿南魚

Anampses twistii

求愛時，體側會出現黃色線條
♂
頭下半部至腹部是黃色
♀

和歌山縣以南的太平洋沿岸、八丈島、小笠原群島、屋久島、琉球群島；台灣、印度－太平洋（夏威夷群島、馬克薩斯群島、復活節島除外）

平時常見於水深 10 ～ 15m 附近的淺岩礁與珊瑚礁，繁殖期會聚集在特定礁山上，形成一雄多雌的後宮結構，成對產卵。雄魚求愛時，體側會浮起黃色線條，離開雌魚就會消失。

雌魚 八丈島
水深 10m 大小 5cm

幼魚 八丈島
水深 10m 大小 2.5cm

雄魚 屋久島
水深 20m 大小 30cm
原崎森

隆頭魚科

蟲紋阿南魚

Anampses geographicus

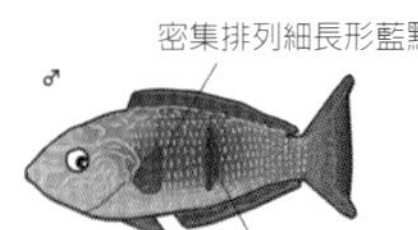
密集排列細長形藍點
♂
斑點狀斑紋
♀
2 個眼狀斑

南日本的太平洋沿岸、八丈島、屋久島、琉球群島；台灣、模里西斯群島、西太平洋

一般常見於水深 10 ～ 20m 附近的珊瑚礁，平時雄魚和雌魚在各自的地盤優游，一到繁殖期就會聚集在特定的海底小山上方，形成一雄多雌的後宮結構，重複成對產卵的過程。雌魚和幼魚經常與偏好相同環境的隆頭魚與鸚哥魚混泳。

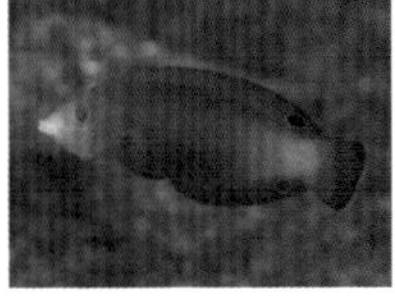

雌魚 八丈島
水深 14m 大小 6cm

隆頭魚科

烏尾阿南魚

Anampses melanurus

南日本的太平洋沿岸、八丈島、小笠原群島、屋久島、琉球群島；台灣、太平洋中．西部（夏威夷群島除外）

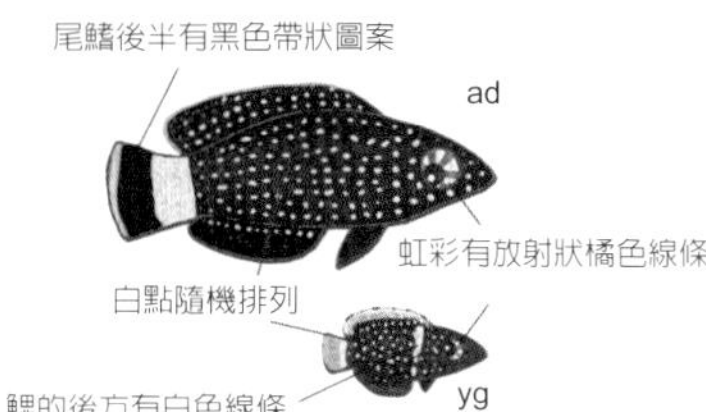
尾鰭後半有黑色帶狀圖案
ad
虹彩有放射狀橘色線條
白點隨機排列
鰓的後方有白色線條
yg

雄魚 八丈島
水深 40m 大小 15cm

常見於水深 30m 以深，海水流動順暢的岩礁與珊瑚礁外緣斜坡。雄魚向雌魚求愛時，會瞬間浮現婚姻色，體側呈黃色。只要離開雌魚，婚姻色就會變淡。幼魚大多單獨生活在海扇旁，在琉球群島為稀有種。

雌魚 八丈島
水深 35m 大小 8cm

雄魚 八丈島
水深 21m 大小 2cm

隆頭魚科

青斑阿南魚

Anampses caeruleopunctatus

南日本的太平洋沿岸、伊豆群島、小笠原群島、九州西部、屋久島、琉球群島；濟州島、台灣、印度－太平洋

雙眼之間有線條
♂
♀
yg
有白色、黑褐色等顏色變化
體側整齊排列著圓點圖案

雄魚 八丈島 水深 10m 大小 30cm

常見於水深 15m 以淺的岩礁與珊瑚礁，雖建立一雄多雌的後宮結構，但雄魚在廣泛的地盤裡洄游，因此看似單獨行動。雌魚在地盤裡覓食。幼魚獨自在水底附近，像是海藻屑般地漂游。由於這種泳姿不像魚，可以躲過天敵捕食。

雌魚 八丈島
水深 8m 大小 15cm

幼魚 顏色變化 八丈島
水深 8m 大小 2cm

幼魚 顏色變化 八丈島
水深 10m 大小 2cm

成魚 八丈島 水深 25m 大小 12cm

隆頭魚科

新幾內亞阿南魚

Anampses neoguinaicus

南日本的太平洋沿岸、八丈島、屋久島、琉球群島；台灣、西太平洋

背部為黑色，腹部為白色
ad
yg
黑色帶狀圖案
整片臀鰭為深藍色

常見於水深 10m 左右的岩礁和珊瑚礁外緣斜坡，在日本爲稀有種。在八丈島水溫較高的時期，可發現其單獨行動的身影。曾有一次在水深 15m 附近，海水流通的岩礁斜坡，觀察到一雄多雌小型後宮結構的紀錄。

幼魚 八丈島
水深 12m 大小 1.5cm

成魚 八丈島 水深 10m 大小 38cm

隆頭魚科

管唇魚

Cheilio inermis

南日本的太平洋沿岸、八丈島、小笠原群島、屋久島、琉球群島；濟州島、台灣、印度－太平洋

體型如金梭魚細長
ad
身體比成魚細長，體色為枯枝或海藻色
yg

常見於淺岩礁與珊瑚礁周邊，砂底較多的環境，平時單獨洄游。體色變化豐富，有偏藍、偏紅與黃色等型態。幼魚偏好海藻、枯葉與垃圾堆積的內灣淺水區，擬態成枯葉與海藻，將自己隱藏起來。

成魚 黃色個體
八丈島 水深 12m 大小 35cm

幼魚 八丈島
水深 10m 大小 4cm

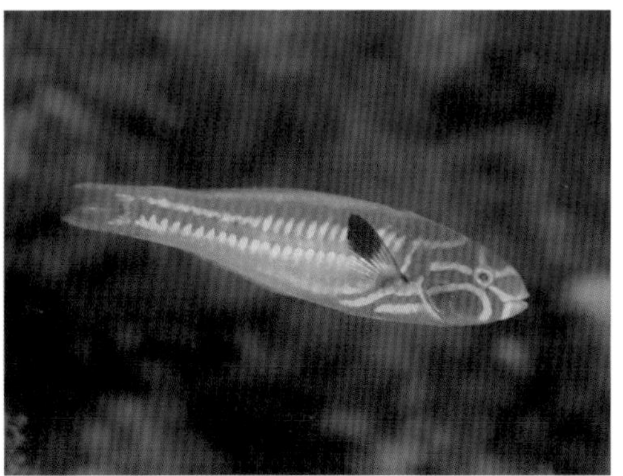

雄魚 八丈島 水深 5m 大小 12cm

隆頭魚科

五帶錦魚

Thalassoma quinquevittatum

南日本的太平洋沿岸、八丈島、小笠原群島、屋久島、琉球群島；台灣、印度－太平洋

♂
大黑點
腹部有 2 條斜線
♀
2 條斜向的橘色線條
yg
唇部上方為褐

常見於水深 10m 以淺，海水流通的岩礁山上方，與珊瑚礁周邊的礁山上。雄魚和雌魚在繁殖期聚集於特定的礁山上方，雄魚在雌魚群上方划動洄游，以此方式求愛，成對產卵。

雌魚 八丈島
水深 5m 大小 7cm

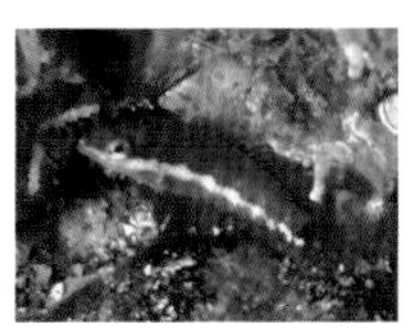

幼魚 八丈島
水深 1m 大小 1.5cm

隆頭魚科

哈氏錦魚

Thalassoma hardwicke

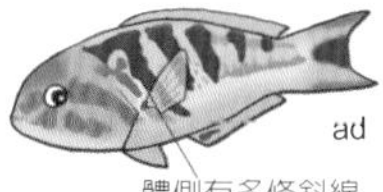
ad
體側有多條斜線

yg

南日本的太平洋沿岸、伊豆群島、小笠原群島、屋久島、琉球群島；台灣、香港、印度－太平洋（夏威夷群島、馬克薩斯群島除外）

雄魚在內灣性淺珊瑚礁、珊瑚上方頻繁洄游，雌魚群在各自的珊瑚上游動。幼魚偶爾出現在南日本的太平洋岸，屬於季節性洄游魚。

雌魚 八丈島
水深 5m 大小 5cm

幼魚 八丈島
水深 3m 大小 2.5cm

雄魚 呂宋島 水深 2m 大小 15cm

隆頭魚科

鈍頭錦魚

Thalassoma amblycephalum

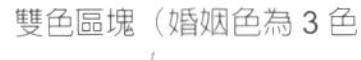
雙色區塊（婚姻色為 3 色）
♂
體背與體側中央有 2 條黑線

♀

南日本的太平洋沿岸、伊豆群島、小笠原群島、九州西部、屋久島、琉球群島；台灣、印度－太平洋（夏威夷群島、復活節島除外）

可在水深 10m 左右的岩礁和珊瑚礁周邊，發現其成群行動的情景。幼魚在相模灣沿岸爲止的太平洋沿岸是季節性洄游魚，十分常見。

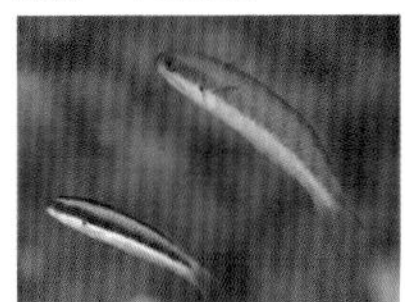

雄魚 雌魚 八丈島
水深 8m 大小 8cm 6cm

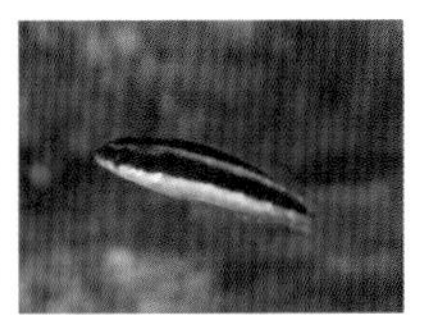

幼魚 八丈島
水深 3m 大小 1.5cm

八丈島 水深 16m 大小 12cm

隆頭魚科

環帶錦魚

Thalassoma cupido

ad
身上有類似橘色骨骼圖案
背鰭上有 3 個黑色斑點

yg
身上有 2 條褐色粗線

青森縣、新潟縣～九州西岸的日本海 · 東海沿岸、茨城縣以南的太平洋沿岸、伊豆群島、小笠原群島、屋久島、琉球群島；朝鮮半島、台灣

一般常見於岩礁山周邊，也很適應溫帶海域。每到繁殖期，大量雄魚和雌魚聚集於特定礁山上，形成龐大群體，集體產卵。雄魚和雌魚的體色沒有差異。

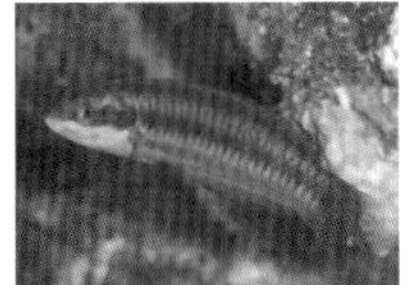

雌魚 八丈島
水深 12m 大小 10cm

幼魚 八丈島
水深 1m 大小 2cm

雄魚 八丈島 水深 12m 大小 12cm

雄魚 八丈島 水深 6m 大小 10cm

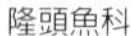

隆頭魚科

雜色尖嘴魚

Gomphosus varius

南日本的太平洋沿岸、伊豆群島、小笠原群島、九州西部、屋久島、琉球群島；台灣、香港、印度－太平洋（斯里蘭卡以東；復活節島除外）

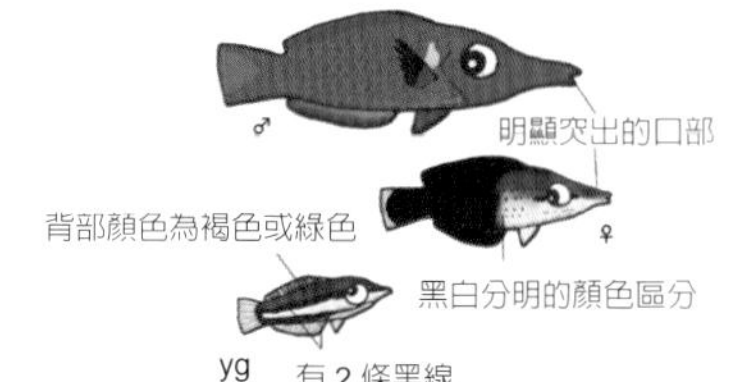
♂
明顯突出的口部
背部顏色為褐色或綠色
♀
黑白分明的顏色區分
yg
有 2 條黑線

頻繁游動於水深 10m 以淺，淺水區的珊瑚礁周邊。幼魚十分依賴珊瑚，生活在枝狀珊瑚的縫隙間。

雌魚 八丈島
水深 6m 大小 6cm

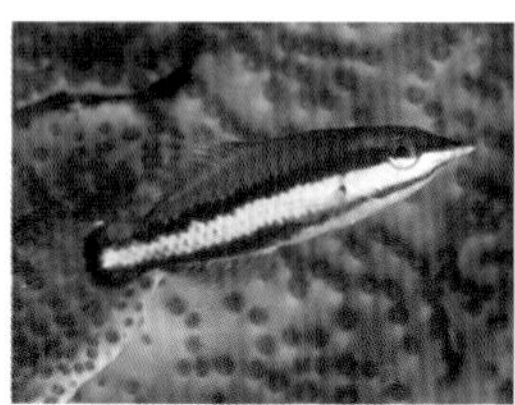

幼魚 顏色變化 八丈島
水深 8m 大小 2cm

幼魚 顏色變化 八丈島
水深 8m 大小 2cm

雄魚 八丈島
水深 2m 大小 12cm

隆頭魚科

詹氏錦魚

Thalassoma jansenii

南日本的太平洋沿岸、八丈島、小笠原群島、屋久島、琉球群島；台灣、印度－西太平洋（馬爾地夫以東；澳洲東北岸～斐濟群島，東加為止除外）

從頭部到背部有一大片顏色偏黑的區域
正常色
3 黑點
小黑點
♀
腹部線條不中斷
唇部上方為白色
yg

常見於水深 10m 以淺，海水流動順暢、波濤洶湧的海岸礁石與珊瑚礁。繁殖期雄魚和雌魚群會聚集在海水流通的礁山上方，雄魚迅速地來回游動於雌魚群上方求愛，重複成對產卵的過程。幼魚通常與五帶錦魚的幼魚混泳，由於雙方的姿態與外型都很類似，很容易混淆。

婚姻色 八丈島
水深 5m 大小 12cm

雌魚 八丈島
水深 5m 大小 4cm

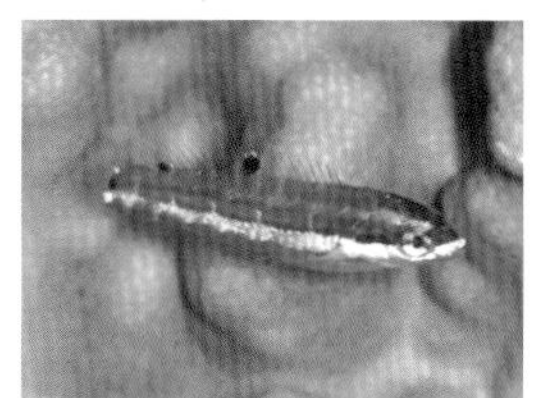

幼魚 石垣島
水深 2m 大小 3cm 惣道敬子

隆頭魚科

三葉錦魚

Thalassoma trilobatum

和歌山縣為止的南日本太平洋沿岸、八丈島、小笠原群島、屋久島、琉球群島；台灣、印度－太平洋（復活節島除外）

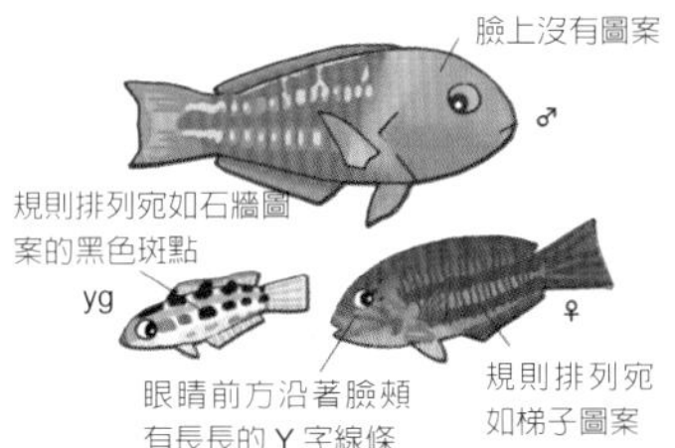
臉上沒有圖案
♂
規則排列宛如石牆圖案的黑色斑點
yg
♀
眼睛前方沿著臉頰有長長的 Y 字線條
規則排列宛如梯子圖案

雄魚 八丈島
水深 6m 大小 30cm

常見於水深 5m 以淺，海水流通且波濤洶湧的海岸與珊瑚礁。繁殖期時雄魚和雌魚群聚集在海水流動順暢的礁山上方，雄魚在雌魚群正上方拍打胸鰭求愛，重複成對產卵的過程。在八丈島曾有一次觀察到數隻原生雄魚集體產卵的情景。

雌魚 八丈島
水深 6m 大小 25cm

稚魚 八丈島
水深 1m 大小 5cm

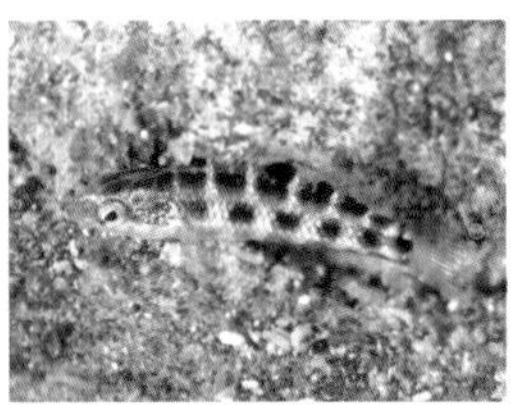

幼魚 八丈島
水深 1m 大小 2cm

隆頭魚科

紫錦魚

Thalassoma purpureum

南日本的太平洋沿岸、九州西部、屋久島、琉球群島；朝鮮半島、台灣、印度－泛太平洋

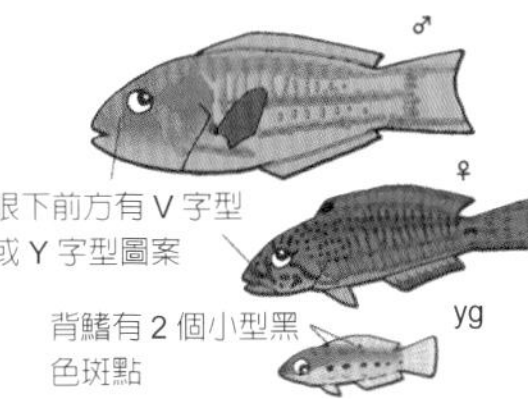
♂
♀
眼下前方有 V 字型或 Y 字型圖案
背鰭有 2 個小型黑色斑點
yg

雄魚 八丈島
水深 5m 大小 32cm

常見於水深 5m 以淺，海水流動良好、波濤洶湧的海岸與珊瑚礁。繁殖期雄魚和雌魚群聚集在海水流動順暢的礁山上方，雄魚在雌魚群上方拍打胸鰭求愛，重複成對產卵的過程。

雌魚 八丈島
水深 6m 大小 23cm

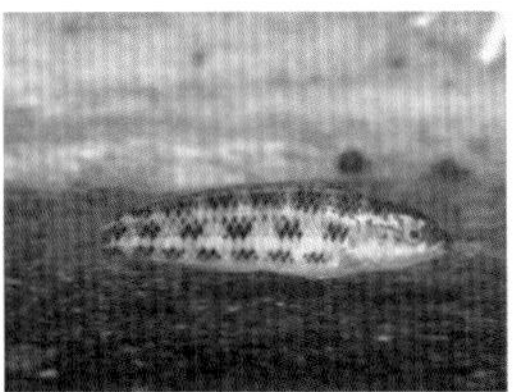

稚魚 八丈島
水深 1m 大小 5cm

幼魚 八丈島
水深 1m 大小 2cm

雄魚 八丈島 水深 12m 大小 15cm

隆頭魚科

新月錦魚

Thalassoma lunare

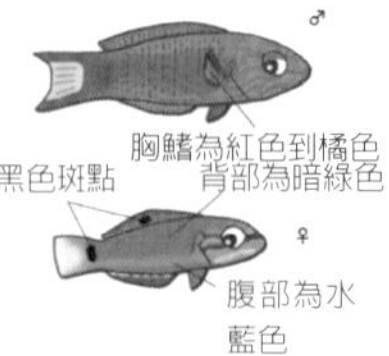

♂
胸鰭為紅色到橘色
背部為暗綠色
黑色斑點
♀
腹部為水藍色

南日本的太平洋沿岸、伊豆群島、小笠原群島、九州西部、屋久島、琉球群島；濟州島、台灣、香港、泰國灣、印度－太平洋（萊恩群島以東、夏威夷群島除外）

忙碌地在岩礁、珊瑚礁四周來回游動的常見種。每到繁殖期，雄魚和雌魚群就會聚集在特定礁山上，雄魚在雌魚群上方徘徊並拍打胸鰭求愛，重複成對產卵的過程。

雌魚 八丈島
水深 12m 大小 12cm

幼魚 八丈島
水深 8m 大小 4cm

雄魚 呂宋島 水深 8m 大小 20cm

隆頭魚科

黑鰭半裸魚

Hemigymnus melapterus

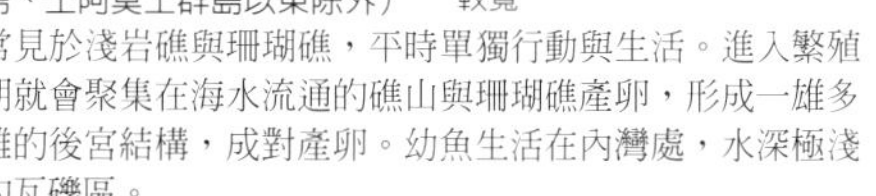

♂
厚唇
雙色色塊
♀
只有鰓後方的白色帶狀圖案較寬
yg

南日本的太平洋沿岸、伊豆群島、小笠原群島、屋久島、琉球群島；台灣、泰國灣、印度－太平洋（夏威夷群島、萊恩群島、土阿莫土群島以東除外）

常見於淺岩礁與珊瑚礁，平時單獨行動與生活。進入繁殖期就會聚集在海水流通的礁山與珊瑚礁產卵，形成一雄多雌的後宮結構，成對產卵。幼魚生活在內灣處，水深極淺的瓦礫區。

雌魚 呂宋島
水深 12m 大小 35cm

幼魚 八丈島
水深 3m 大小 3cm

成魚 八丈島 水深 20m 大小 20cm

隆頭魚科

條紋半裸魚

Hemigymnus fasciatus

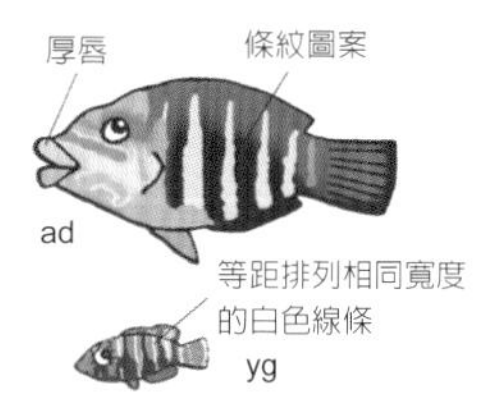

厚唇
條紋圖案
ad
等距排列相同寬度的白色線條
yg

和歌山縣以南的太平洋沿岸、八丈島、小笠原群島、屋久島、琉球群島；台灣、中國、泰國灣、印度－太平洋（夏威夷群島、復活節島除外）

常見於淺岩礁與珊瑚礁，平時單獨行動與生活。在南日本的太平洋沿岸爲季節性洄游魚，偶爾會出現在淺水區的岩礁周邊。

幼魚 八丈島
水深 13m 大小 2cm

隆頭魚科

胸斑錦魚

Thalassoma lutescens

南日本的太平洋沿岸、伊豆群島、小笠原群島、福岡縣日本海沿岸、屋久島、琉球群島；台灣、印度－太平洋

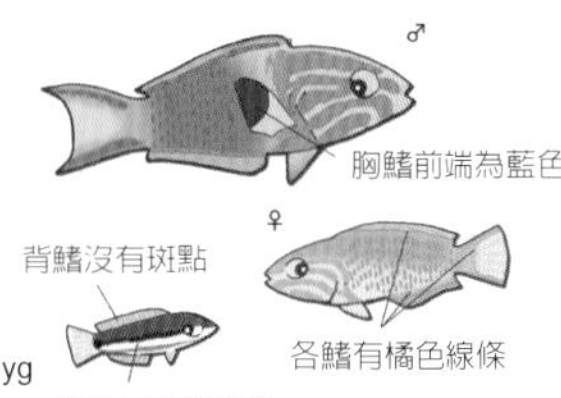
♂
胸鰭前端為藍色
♀
背鰭沒有斑點
各鰭有橘色線條
yg
顏色偏黑的線條

雄魚 八丈島 水深 7m 大小 10cm

忙碌洄游於淺岩礁和珊瑚礁周邊的常見種，棲息水深比新月錦魚淺。繁殖期時，雄魚和雌魚群會聚集在特定礁山上，雄魚在雌魚群上方徘徊並拍打胸鰭求愛，重複成對產卵的過程。

雌魚 八丈島
水深 8m 大小 10cm

稚魚 八丈島
水深 6m 大小 5cm

幼魚 八丈島
水深 8m 大小 3cm

隆頭魚科

長鰭鸚鯛

Pteragogus aurigarius

津輕海峽以南的日本海沿岸、南日本的太平洋沿岸、伊豆群島、九州東海沿岸；朝鮮半島、台灣、中國

前端 2 根呈線狀生長
♂
正常色
♀
不明顯的眼狀斑

婚姻色 八丈島 水深 6m 大小 16cm

普遍常見於淺岩礁海藻林的溫帶種，平時單獨來回游動，進入繁殖期就會在產卵處形成一雄多雌的後宮結構，雄魚向雌魚求愛。採取成對產卵型態，雄魚依序引誘雌魚群產卵。比起其他隆頭魚，本種在伊豆大島的產卵期極晚。

雄魚 八丈島
水深 10m 大小 16cm

雌魚 八丈島
水深 10m 大小 6cm

雄魚 八丈島 水深 10m 大小 23cm

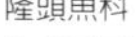

隆頭魚科

紅頭擬隆頭魚

Pseudolabrus eoethinus

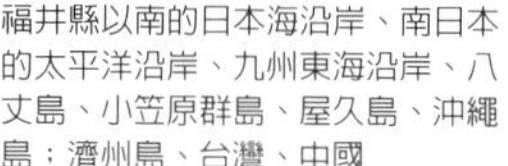

福井縣以南的日本海沿岸、南日本的太平洋沿岸、九州東海沿岸、八丈島、小笠原群島、屋久島、沖繩島；濟州島、台灣、中國

♂
體側沒有白色斑點
♀

平時單獨在水深 20m 以淺，海水流通的岩礁山上方或側面游動。八丈島的繁殖期為冬季，一到繁殖，1 隻次生雄魚與多隻雌魚就會在海水流通的礁山上形成後宮結構。主要為成對產卵，偶爾會加入原生雄魚，形成二對一產卵。

雌魚 八丈島
水深 10m 大小 18cm

幼魚 八丈島
水深 6m 大小 4cm

雄魚 伊豆大島 水深 30m 大小 20cm

隆頭魚科

西氏擬隆頭魚

Pseudolabrus sieboldi

津輕海峽以南的日本海沿岸、南日本的太平洋沿岸、九州東海沿岸、八丈島、屋久島；濟州島、台灣

♂
體側有白色斑點

♀

平時單獨待在水深 30m 以深，海水流通的岩礁斜坡四處游動。棲息海域比紅頭擬隆頭魚北邊。

雌魚 八丈島
水深 18m 大小 8cm

幼魚 八丈島
水深 7m 大小 2.5cm

雄魚 伊豆大島
水深 40m 大小 10cm
星野修

隆頭魚科

青帶蘇彝士隆頭魚

Suezichthys arquatus

靜岡縣富戶、伊豆大島、小笠原群島；澳洲東岸、新喀里多尼亞、紐西蘭

偏白模糊的條紋圖案
♂
頭部到後方有好幾條藍到黑色的線條
♀
3 個黑點

常見於水深 50m 左右，海水流通的岩礁斜坡與砂礫底，形成一雄多雌的小規模後宮結構。屬於稀有種。

雌魚 伊豆大島
水深 40m 大小 10cm
有馬啓人

隆頭魚科

細長蘇彝士隆頭魚

Suezichthys gracilis

青森縣蓮田、富山灣～九州西岸的對馬暖流沿岸、南日本的太平洋沿岸、伊豆大島、小笠原群島、屋久島、沖繩島；朝鮮半島、台灣、中國、澳洲東岸

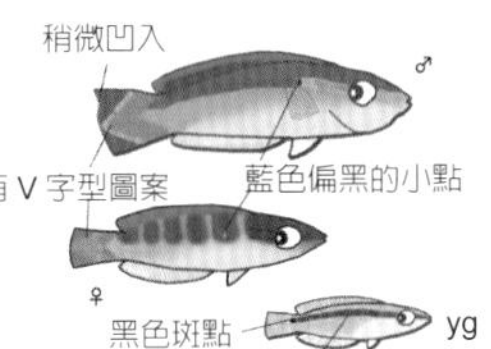
稍微凹入
♂
有V字型圖案
藍色偏黑的小點
♀
黑色斑點
yg
線條如畫弧線般地通過體背

在周遭多為砂底或砂礫底的岩礁地區，形成一雄多雌的小規模後宮結構。感到危險或晚上睡覺時會潛入砂裡。

雌魚 伊豆大島
水深 4m 大小 6cm

幼魚 高知縣土佐清水市
水深 10m 大小 2cm 平田智法

雄魚 伊豆大島 水深 25m 大小 13cm

隆頭魚科

尾點蘇彝士隆頭魚

Suezichthys soelae

伊豆大島、高知縣柏島、奄美大島、沖繩島北谷；澳洲西北岸

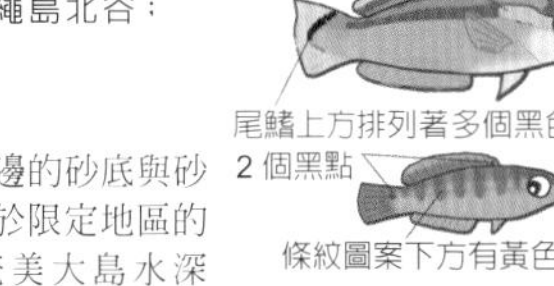
眼睛後方有黃色線條
黑點
♂
尾鰭上方排列著多個黑色斑點
2個黑點
♀
條紋圖案下方有黃色線條

可見於岩礁周邊的砂底與砂礫底，是生長於限定地區的稀有種。在奄美大島水深30m的砂礫底，形成一雄多雌的小規模後宮結構。

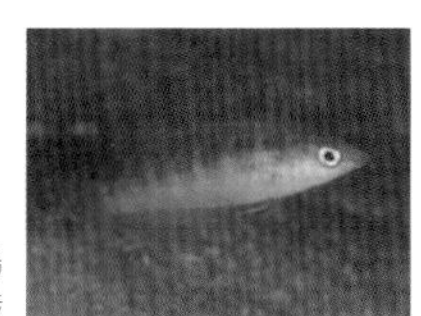

雌魚 奄美大島
水深 31m 大小 5cm 余吾涉

雄魚 奄美大島
水深 30m 大小 12cm 余吾涉

隆頭魚科

曼氏褶唇魚

Labropsis manabei

八丈島、小笠原群島、和歌山縣以南的太平洋沿岸、屋久島、琉球群島；台灣、西太平洋的熱帶海域

魚鱗圖案很明顯
口部呈短筒狀
♂
♀
從吻端延伸出2條線

可在水深6～12m附近的內灣淺珊瑚礁，發現由一隻雄魚和數隻雌魚形成的後宮結構。繁殖時雄魚體側的黃色部分變深，向雌魚求愛，重複成對產卵的過程。

雌魚 屋久島
水深 10m 大小 4.5cm
原崎森

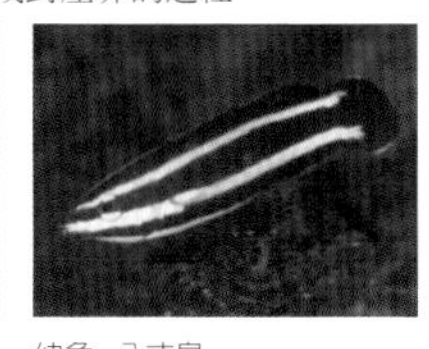

幼魚 八丈島
水深 10m 大小 4cm

雄魚 屋久島
水深 12m 大小 6cm
原崎森

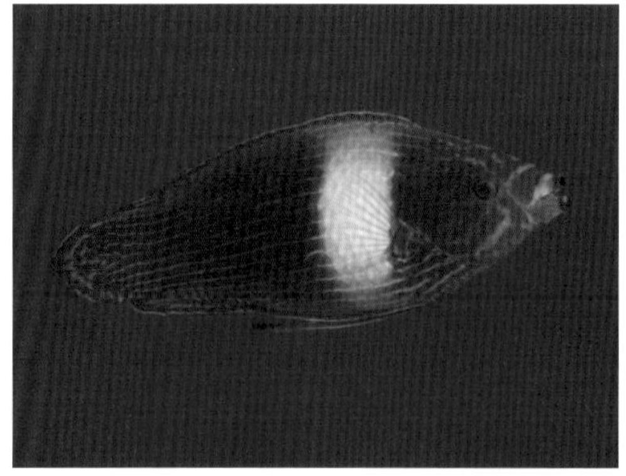

雄魚 宿霧島 水深 6m 大小 15cm

隆頭魚科

單線突唇魚

Labrichthys unilineatus

和歌山縣以南的太平洋沿岸、八丈島、奄美大島、琉球群島；台灣、印度－西太平洋

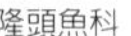

大型黃色斑紋
♂
短筒狀的口部
體側有多條細線
yg
♀
吻端到尾鰭前端有 1 條線

頻繁游動於淺珊瑚礁的枝狀珊瑚間，幼魚在南日本的太平洋沿岸為季節性洄游魚，緊貼著枝狀珊瑚，不會離開。

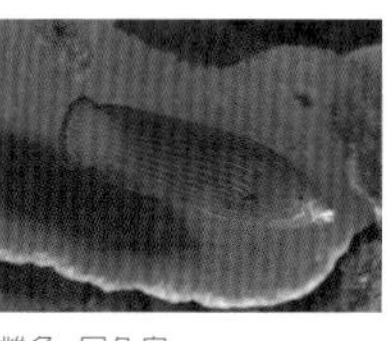

雌魚 屋久島
水深 12m 大小 6cm
原崎森

幼魚 八丈島
水深 5m 大小 2.5cm

雄魚 塞班島 水深 10m 大小 10cm

隆頭魚科

多紋褶唇魚

Labropsis xanthonota

伊豆群島、小笠原群島、屋久島、沖繩縣；台灣、印度－西太平洋

體側排列著黃點
鰓部有黃線
♂
有多條粗細不同的黃線從吻端開始延伸
♀

在水深 15 ～ 20m 左右，海水流通的珊瑚礁外緣斜坡與陡坡側面，形成一雄多雌的後宮結構。在日本為稀有種，通常看到其單獨行動的情景。

雌魚 八丈島
水深 20m 大小 6cm

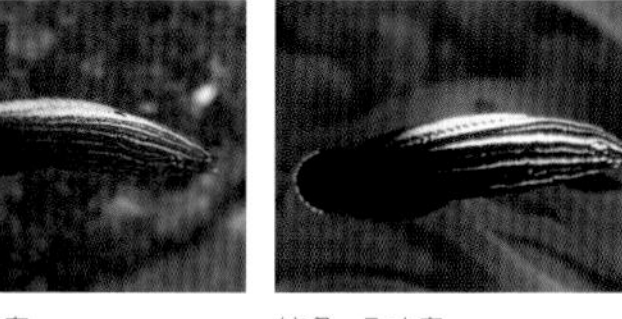

幼魚 八丈島
水深 15m 大小 2.5cm

成魚 八丈島 水深 15m 大小 7cm

隆頭魚科

裂唇魚

Labroides dimidiatus

新潟縣佐渡、能登半島、南日本的太平洋沿岸、伊豆群島、小笠原群島、山口縣荻、九州北岸・西岸、屋久島、琉球群島；濟州島、台灣、中國、印度－太平洋（夏威夷群島、復活節島除外）

黑線往身體後方變寬

ad
藍線通過眼睛上方到達尾鰭

yg

一隻雄魚和多隻雌魚在淺岩礁與珊瑚礁，建立後宮型態生活。在日本為稀有種，通常看到其單獨行動的身影。專吃附著在其他魚類身上的寄生蟲，受惠其獨特食性，有效避免掠食性魚類的侵襲，擁有最極致的防禦策略。

幼魚 八丈島
水深 10m 大小 5cm

隆頭魚科

雙色裂唇魚

Labroides bicolor

伊豆群島、小笠原群島、和歌山縣以南的太平洋沿岸、琉球群島；台灣、印度－太平洋（波斯灣、夏威夷群島、復活節島除外）

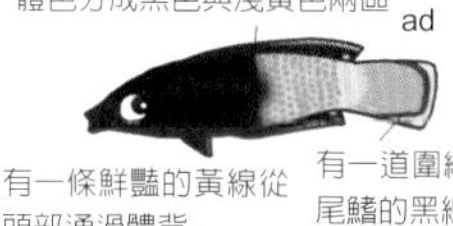
體色分成黑色與淺黃色兩區
ad
有一條鮮豔的黃線從頭部通過體背
有一道圍繞尾鰭的黑線

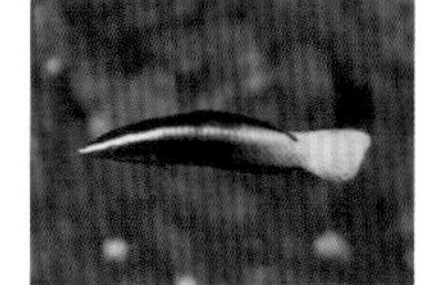
yg

在淺水區的岩礁、珊瑚礁小山側面的陰暗處或洞穴入口附近，劃分勢力範圍。本種偏好的水深比裂唇魚淺，由一隻雄魚和多隻雌魚在狹小地盤中形成小規模後宮型態。也在自己的地盤中，幫其他魚類清潔身體。

成魚 八丈島 水深 18m 大小 14cm

稚魚 八丈島
水深 8m 大小 6cm

幼魚 八丈島
水深 15m 大小 3cm

隆頭魚科

胸斑裂唇魚

Labroides pectoralis

小笠原群島、奄美大島、慶良間群島；台灣、東印度－西太平洋（科科斯〔基林〕群島～新喀里多尼亞）、密克羅尼西亞

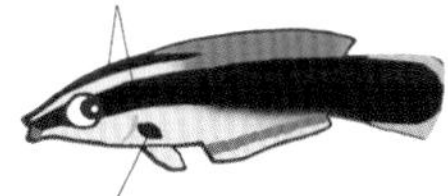
體側和頭部各有一條黑線
胸鰭根部有黑色斑點

常見於海水流動良好的珊瑚礁外緣斜坡與陡坡側面，平時寄生在其他魚類身上，幫對方清除身上的寄生蟲。在狹小的勢力範圍內，形成一雄多雌的小型後宮。本種在自己的地盤擔任魚類清潔員與繁殖，在日本為極稀有種。

塞班島
水深 12m 大小 5cm
水谷知世

隆頭魚科

斑紫胸魚

Stethojulis maculata

三宅島、八丈島、小笠原群島、和歌山縣白濱、琉球群島

♂
宛如滴落在體側的大型黑色圖案

眼睛下方有黃線
♀
yg
體側中央有黑線

棲息在波濤洶湧的淺海岩礁四周，是日本固有種，也是稀有種。在八丈島水深 10m 以淺粗礫石岸周邊與小山上，曾觀察到雄魚在數隻雌魚身邊來回游動的情景。幼魚通常與黑星紫胸魚、三線紫胸魚等魚類的幼魚一起混泳。

雌魚 八丈島
水深 5m 大小 10cm

幼魚 八丈島
水深 2m 大小 4cm

雄魚 八丈島 水深 8m 大小 14cm

雄魚 八丈島 水深 10m 大小 10cm

隆頭魚科

黑星紫胸魚

Stethojulis bandanensis

南日本的太平洋沿岸、八丈島、小笠原群島、屋久島、琉球群島；台灣、香港、東印度－泛太平洋（科科斯〔基林〕群島；夏威夷群島、馬克薩斯群島、復活節島除外）

♂
橘色的月牙狀斑點
♀
黑色斑點
模糊的白色線條
yg

常見於淺岩礁和珊瑚礁，在八丈島的繁殖期爲夏季。雄魚會在雌魚群聚的地方來回游動求愛，主要爲加入原生雄魚的二對一產卵型態，如個體數量過多，原生雄魚的量就會增加，形成群體產卵。

雌魚 八丈島
水深 10m 大小 8cm

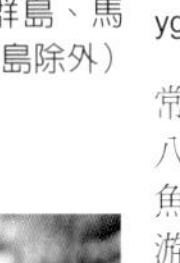

幼魚 八丈島
水深 5m 大小 1.5cm

雄魚 八丈島
水深 3m 大小 13cm

隆頭魚科

三線紫胸魚

Stethojulis trilineata

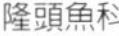

南日本的太平洋沿岸、八丈島、小笠原群島、屋久島、琉球群島；台灣、香港、泰國灣、印度－西太平洋、加羅林群島、薩摩亞

♂
2 條藍線直達尾鰭根部
從頭部延伸出 3 條藍線
♀
背鰭沒有黑點
白線
淡橘色線條
yg

可在水深 3m 以淺，潮汐活動頻繁的岩礁與珊瑚礁處，看到一隻雄魚和多隻雌魚游動的情景。

雌魚 八丈島
水深 3m 大小 10cm

幼魚 伊豆半島
水深 2m 大小 3cm 道羅英夫

雄魚 八丈島
水深 5m 大小 12cm

隆頭魚科

虹紋紫胸魚

Stethojulis strigiventer

相模灣以南的太平洋沿岸、八丈島、小笠原群島、屋久島、琉球群島；台灣、印度－太平洋（夏威夷群島、復活節島除外）

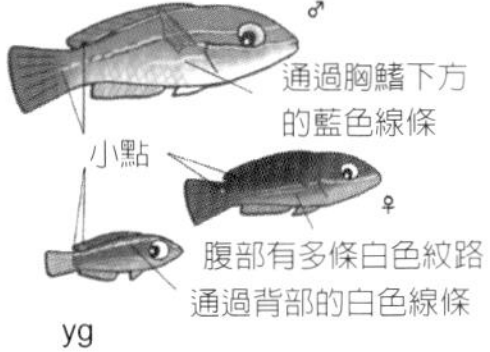

♂
通過胸鰭下方的藍色線條
小點
♀
腹部有多條白色紋路
通過背部的白色線條
yg

可在內灣淺水區的珊瑚礁，發現一隻雄魚和多隻雌魚形成的後宮結構。雌魚通常與偏好相同環境的其他隆頭魚或鸚哥魚混泳。

雌魚 八丈島
水深 5m 大小 10cm

幼魚 八丈島
水深 5m 大小 3cm

隆頭魚科

斷帶紫胸魚

Stethojulis interrupta

新潟縣～鹿兒島的日本海．東海沿岸、南日本的太平洋沿岸、伊豆群島、小笠原群島；濟州島、台灣、中國

♂
橘色斑點
藍線從體側中央直達尾鰭根部
♀
小黑點
體側中央有條偏黑色的線條
yg
清楚的褐色線條

常見於岩礁處淺水區，適應溫帶海域的魚種。在八丈島的繁殖期爲春季，雄魚會在雌魚群聚的地方來回游動求愛，主要爲加入原生雄魚的二對一產卵型態，如個體數量過多，原生雄魚的量就會增加，形成群體產卵。

雄魚 八丈島 水深 7m 大小 10cm

雌魚 八丈島
水深 7m 大小 8cm

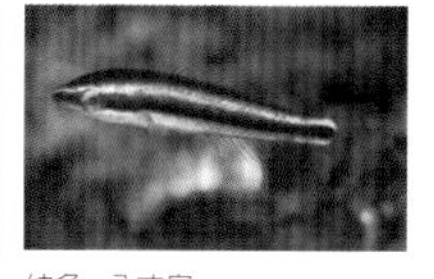

幼魚 八丈島
水深 10m 大小 2cm

隆頭魚科

珠斑大咽齒鯛

Macropharyngodon meleagris

南日本的太平洋沿岸、伊豆群島、小笠原群島、屋久島、琉球群島；台灣、太平洋中．西部的熱帶海域

背鰭前端為紅色
♂
尾鰭為圓點圖案
清楚的眼狀斑
♀
yg
大量不規則黑色斑紋

棲息在岩礁、珊瑚礁的粗礫石岸與開闊斜坡、瓦礫區的常見種，一到繁殖期，一隻雄魚和多隻雌魚就會出現在特定礁山上，成對產卵。幼魚的泳姿像海藻漂浮，專家認爲這是爲了混淆天敵視線。

雄魚 八丈島 水深 12m 大小 9cm

雌魚 八丈島
水深 5m 大小 5cm

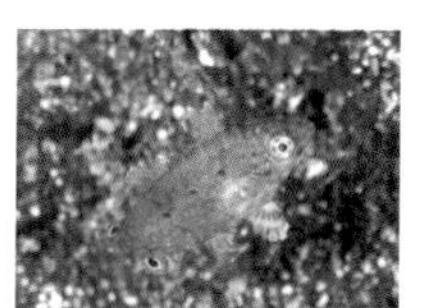

幼魚 八丈島
水深 8m 大小 2cm

隆頭魚科

黑大咽齒鯛

Macropharyngodon negrosensis

南日本的太平洋沿岸、伊豆群島、小笠原群島、屋久島、琉球群島；濟州島、台灣、印度洋東部－太平洋中．西部的熱帶海域

♂
金屬光澤
上下緣偏黑呈コ字型
從背鰭到整個背部
♀

常見於珊瑚礁周邊的砂堆、混雜礫石的砂底、瓦礫區、粗礫石岸等處，幼魚在南日本的太平洋岸是季節性洄游魚。幼魚先是迅速往前游，接著停止，游泳方式很特別。

雄魚 八丈島 水深 12m 大小 10cm

雌魚 八丈島
水深 10m 大小 5cm

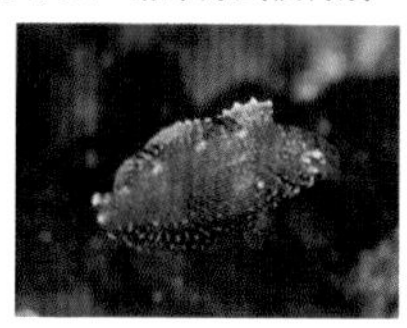

幼魚 八丈島
水深 10m 大小 2.5cm

雄魚 屋久島
水深 12m 大小 15cm
原崎森

隆頭魚科

莫氏大咽齒鯛

Macropharyngodon moyeri

靜岡縣以南的太平洋沿岸、伊豆群島、屋久島、琉球群島；台灣

臉頰為黃色
鰓上有黑點

可在岩礁與珊瑚礁的海藻或海藻林發現其蹤影，不過機率很低。在八丈島的個體數量少，或許因爲這個緣故，通常獨自與近似種隆頭魚混泳。在屋久島可觀察到一雄多雌的後宮結構。

雌魚 八丈島
水深 16m 大小 5cm

雄魚 伊豆大島 水深 25m 大小 12cm

隆頭魚科

長體擬海豬魚

Pseudojuloides elongatus

南日本的太平洋沿岸、伊豆大島、山口縣見島～熊本縣天草；澳洲西岸・東南岸、紐西蘭、諾福克島

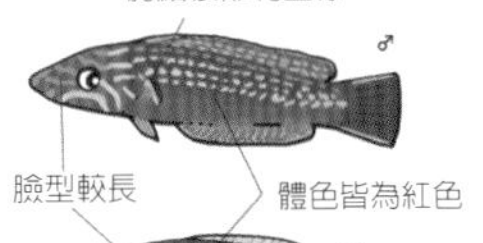
胸鰭根部有藍線
臉型較長
體色皆為紅色

棲息在水深 15m 附近，優美石花菜等海藻類叢生的地方。白天躲在海藻類裡，很難看見其身影，一到下午接近傍晚的時間，雄魚就會浮現婚姻色，游到海藻上。原本躲在海藻裡的雌魚群，看到雄魚就會紛紛現身。

雌魚 伊豆大島
水深 25m 大小 10cm

雄魚 八丈島
水深 35m 大小 8cm

隆頭魚科

細尾擬海豬魚

Pseudojuloides cerasinus

靜岡縣以南的太平洋沿岸、伊豆群島、小笠原群島、屋久島、沖繩縣；台灣、印度－太平洋（土阿莫土群島除外）

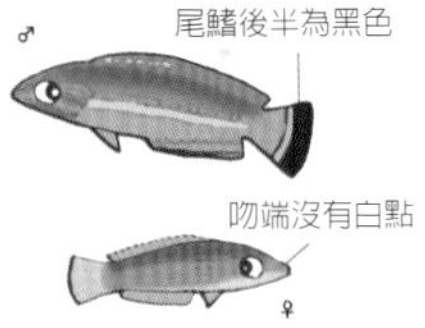
尾鰭後半為黑色
吻端沒有白點

常見於水深 30m 以深的岩礁斜坡，與珊瑚礁外緣的開闊斜坡。建立一雄多雌的後宮結構，與新月絲鰭鸚鯛等喜歡相同環境的隆頭魚類一起混泳。

雌魚 八丈島
水深 30m 大小 6cm

性轉換中 八丈島
水深 30m 大小 7cm 水谷知世

隆頭魚科

斯氏擬海豬魚

Pseudojuloides severnsi

伊豆群島、高知縣、屋久島、沖繩縣；印尼、斯里蘭卡

前方上半部偏黑
♂

吻端到眼睛下方有白色短線條
♀

可在水深 30m 以深，海水流通的珊瑚礁外緣斜坡、開闊的砂礫底與瓦礫區，發現一雄多雌的後宮型態。在日本十分罕見。

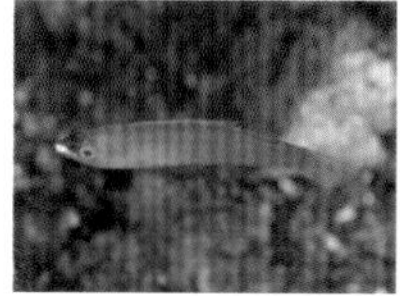

雌魚 八丈島
水深 40m 大小 5cm

雄魚 八丈島 水深 35m 大小 8cm

隆頭魚科

中斑擬海豬魚

Pseudojuloides mesostigma

高知縣柏島、屋久島、沖繩縣；菲律賓群島、巴布亞紐幾內亞 · 米爾恩灣

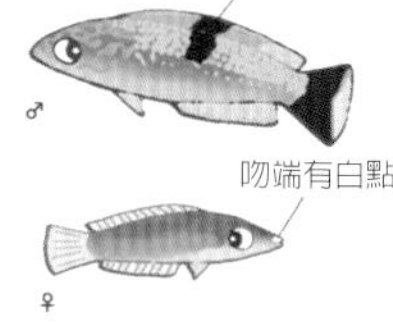
大型黑色斑紋
♂
吻端有白點
♀

可在水深 30m 以深，珊瑚礁的開闊斜坡、參雜小石子的砂礫底發現其蹤影。雌魚群與喜歡相同環境的隆頭魚類混泳，雄魚則在其身邊來回游動。

雌魚 屋久島
水深 45m 大小 7cm 原崎森

雄魚 柏島
水深 40m 大小 18cm
西村直樹

隆頭魚科

阿氏擬海豬魚

Pseudojuloides atavai

小笠原群島；太平洋中部

♂
鰓的後方有白色帶狀圖案
尾鰭為深藍色，有一道藍色 V 字線條

背鰭前端有黑色斑點
♀
藍線從頭部延伸到尾鰭根部角度稍微傾斜

在日本極為罕見，只能在小笠原群島觀察到。在塞班島棲息於水深 15m 左右的珊瑚礁，可看到幾隻雌魚一起行動的情景。平時看不見雄魚，但會在一大清早游到雌魚聚集的地方求愛。

雌魚 塞班島
水深 12m 大小 4cm

雄魚 塞班島
水深 12m 大小 8cm
神村誠一

雄魚 八丈島
水深 5m 大小 15cm

隆頭魚科

項帶海豬魚

Halichoeres scapularis

和歌山縣以南的太平洋沿岸、八丈島、屋久島、琉球群島；台灣、印度－西太平洋

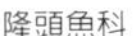

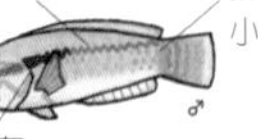

求愛時線條會消失
排列粉紅色小點
♂
體側上方有一道歪斜線條
♀
yg
暗色線條通過體側中心偏上方的位置

常見於淺岩礁與珊瑚礁周邊的砂底，經常在八丈島波濤洶湧的海岸中，廣闊的潮池發現其身影。一隻雄魚和多隻雌魚一同行動。

雌魚 八丈島
水深 5m 大小 10cm

幼魚 八丈島
水深 8m 大小 2cm

雄魚 帛琉 水深 10m 大小 14cm

隆頭魚科

綠鰭海豬魚

Halichoeres marginatus

相模灣以南的太平洋沿岸、八丈島、屋久島、琉球群島；台灣、泰國灣、印度－太平洋（馬克薩斯群島、復活節島除外）

體高較高
♂
綠色線條
背鰭有明顯的眼狀斑
♀
yg
腹鰭為黑色

可在水深 5m 以淺，海浪拍打的珊瑚礁周邊，看到一隻雄魚，和在雄魚身邊各自游動的雌魚群。本種的幼魚很像黑腕海豬魚的幼魚，但本種幼魚喜歡水深極淺的海域，可從棲息狀況來辨識。

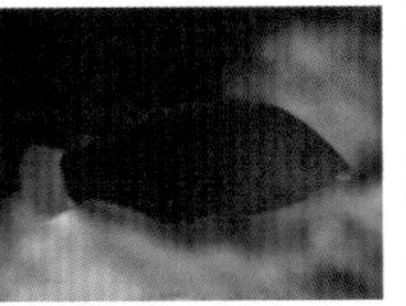

雌魚 帛琉
水深 12m 大小 12cm

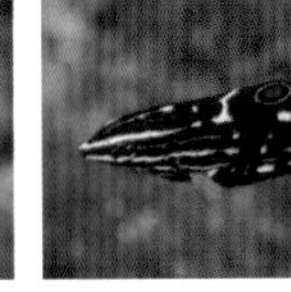

幼魚 八丈島
水深 3m 大小 2cm

成魚 八丈島 水深 14m 大小 12cm

隆頭魚科

黑腕海豬魚

Halichoeres melanochir

南日本的太平洋沿岸、八丈島、九州西岸、屋久島、琉球群島；台灣、中國、印度洋東部－太平洋西部的熱帶海域

ad
腹鰭為橘色
胸鰭根部有黑色斑
背鰭有眼狀斑
yg
尾鰭根部有黑色斑點

常見於岩礁與珊瑚礁周邊的斜坡，一到繁殖期，雄魚群就會在特定地區劃分地盤，但只有最強的雄魚才能確保適合產卵的地方。於是，大量雌魚便會來到最強雄魚的地盤裡，由次生雄魚與雌魚重複成對產卵的過程。

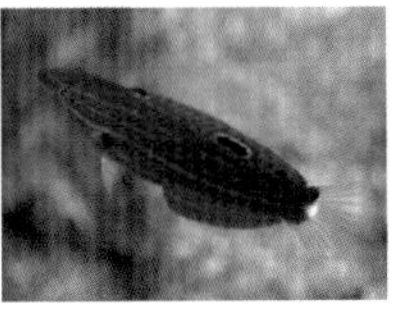

稚魚 八丈島
水深 12m 大小 5cm

幼魚 八丈島
水深 14m 大小 2cm

隆頭魚科

三斑海豬魚

Halichoeres trimaculatus

靜岡縣以南的太平洋沿岸、伊豆群島、屋久島、琉球群島；台灣、中國、東印度－太平洋

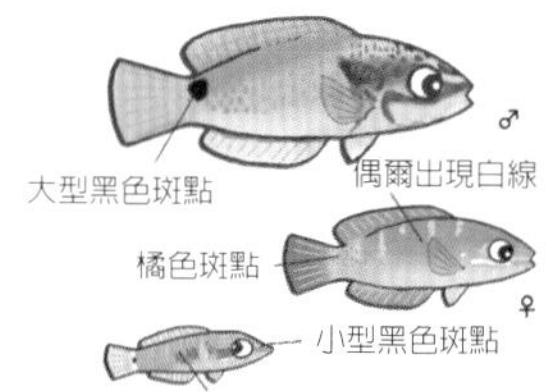

♂
大型黑色斑點
偶爾出現白線
橘色斑點
♀
小型黑色斑點
yg
偶爾出現白線

可在水深 5m 以淺的礁池與珊瑚礁周邊的砂質海底，看見一雄多雌的後宮結構。雌魚尾鰭根部的斑點會因應環境，變成黑色或橘色等各種顏色。

雄魚 八丈島
水深 3m 大小 14cm

雌魚 八丈島
水深 3m 大小 10cm

稚魚 塞班島
水深 1m 大小 6cm

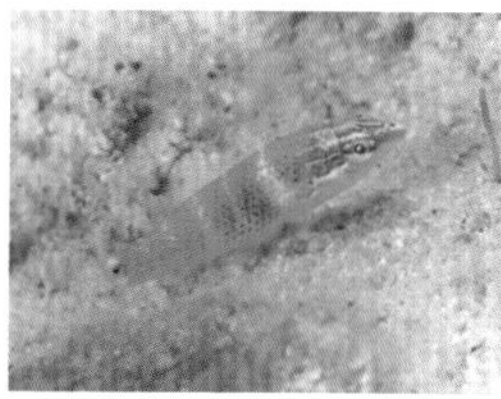

幼魚 塞班島
水深 1m 大小 1.5cm

隆頭魚科

雲斑海豬魚

Halichoeres hortulanus

相模灣以南的太平洋沿岸、伊豆群島、小笠原群島、屋久島、琉球群島；台灣、泰國灣、印度－太平洋（夏威夷群島、復活節島除外）

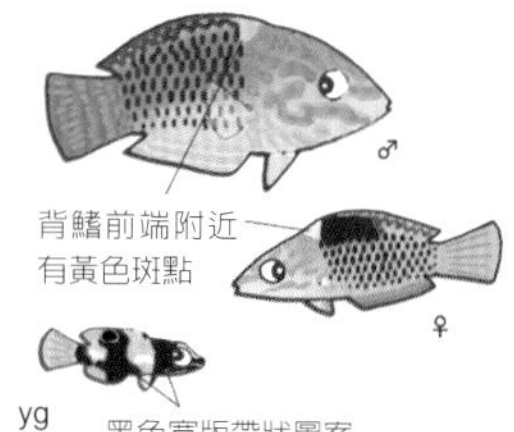

♂
背鰭前端附近
有黃色斑點
♀
yg
黑色寬版帶狀圖案

一般常見於淺珊瑚礁外緣，在南日本的太平洋岸是季節性洄游魚。

雄魚 八丈島 水深 8m 大小 18cm

雌魚 八丈島
水深 10m 大小 12cm

稚魚 八丈島
水深 14m 大小 5cm

幼魚 八丈島
水深 10m 大小 2cm

成魚 呂宋島
水深 10m 大小 8cm
水谷知世

隆頭魚科

黑額海豬魚

Halichoeres prosopeion

和歌山縣串本、屋久島、沖繩縣；台灣、西太平洋、薩摩亞群島

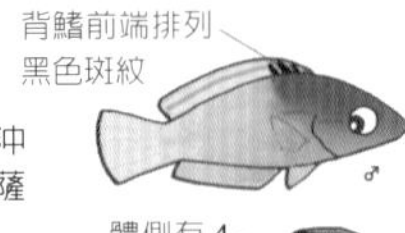
背鰭前端排列
黑色斑紋
體側有 4
條黑線

一般常見於淺珊瑚礁周邊，雄魚和雌魚的體色幾乎沒有差異。繁殖時雄魚和幾隻雌魚會聚集在特定礁山上，重複成對產卵的過程。

稚魚 呂宋島
水深 15m 大小 5cm

幼魚 呂宋島
水深 16m 大小 2.5cm

雄魚 宿霧島
水深 6m 大小 12cm
余吾涉

隆頭魚科

亮海豬魚

Halichoeres leucurus

石垣島、西表島；太平洋西部的熱帶海域

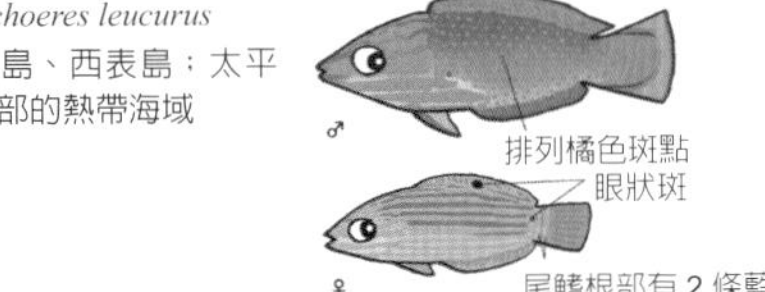
排列橘色斑點
眼狀斑
尾鰭根部有 2 條藍線

可在內灣淺水區的珊瑚礁周邊砂泥底，看見幾隻成群的模樣。建立一雄多雌的小規模後宮型態，但平時各自行動，因此看起像是單獨生活。

雌魚 石垣島
水深 14cm 大小 10cm 惣道敬子

雄魚 八丈島 水深 25m 大小 14cm

隆頭魚科

東方海豬魚

Halichoeres orientalis

靜岡縣以南的太平洋沿岸、伊豆群島、小笠原群島、屋久島、琉球群島；台灣

眼睛前方有 2 條線
眼睛下方的線條斷斷續續
體側有白色條紋圖案

常見於水深 15m 左右，海水流通的岩礁與珊瑚礁外緣斜坡。由一隻雄魚和幾隻雌魚建立後宮，但因爲勢力範圍較大，不容易看出一雄多雌的社會結構。在八丈島的繁殖期爲夏季到秋季，此時雄魚和雌魚群會聚集在地盤內海水流通的地方，成對產卵。

雌魚 八丈島
水深 24m 大小 10cm

幼魚 八丈島
水深 20m 大小 4cm

隆頭魚科

雙斑海豬魚

Halichoeres biocellatus

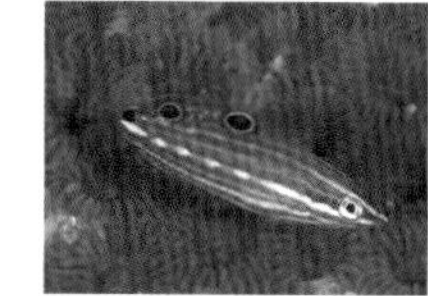

伊豆半島以南的太平洋沿岸、八丈島、小笠原群島、屋久島、琉球群島；台灣、太平洋中・西部的熱帶海域

眼睛前方有 1 條線
眼睛下方的線條直達尾鰭根部
眼睛下方的線條不中斷
♂
♀
yg

常見於水深 15m 左右，海水流通的岩礁與珊瑚礁外緣斜坡。由一隻雄魚和幾隻雌魚建立後宮，但因爲勢力範圍較大，不容易看出一雄多雌的社會結構。繁殖時雄魚和雌魚群會聚集在地盤內海水流通的地方，成對產卵。

雌魚 八丈島 水深 15m 大小 8cm

幼魚 八丈島 水深 18m 大小 3cm

雄魚 八丈島 水深 18m 大小 12cm

隆頭魚科

黑尾海豬魚

Halichoeres melanurus

小笠原群島、和歌山縣串本以南的太平洋沿岸、屋久島、琉球群島；台灣、泰國灣、澳洲北岸、太平洋中・西部（夏威夷群島、萊恩群島、土阿莫土群島以東除外）

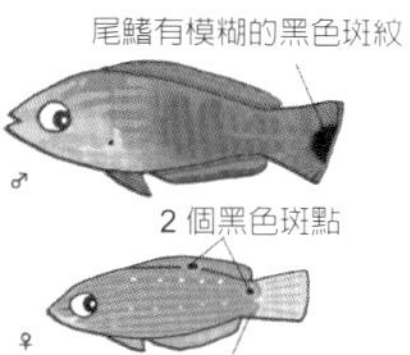

尾鰭有模糊的黑色斑紋
♂
2 個黑色斑點
♀
尾鰭根部有藍色八字線條

可在淺水區的內灣性珊瑚礁周邊，發現一雄多雌成群的情景。幼魚在南日本的太平洋岸屬於季節性洄游魚，很少現身。

雌魚 帛琉
水深 8m 大小 6cm

雄魚 帛琉 水深 8m 大小 10cm

隆頭魚科

棕紋海豬魚

Halichoeres richmondi

小笠原群島、屋久島、西表島；台灣、澳洲北岸、西太平洋、密克羅尼西亞

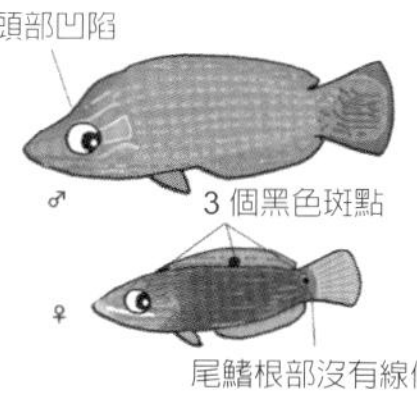

頭部凹陷
♂
3 個黑色斑點
♀
尾鰭根部沒有線條

可在珊瑚礁外緣、航道等海水流通處，發現一隻雄魚和數隻雌魚成群的模樣。在日本很少見。

雌魚 倫貝島
水深 5m 大小 9cm 惣道敬子

雄魚 呂宋島 水深 8m 大小 12cm

雄魚 八丈島 水深 8m 大小 10cm

隆頭魚科

斑點海豬魚

Halichoeres margaritaceus

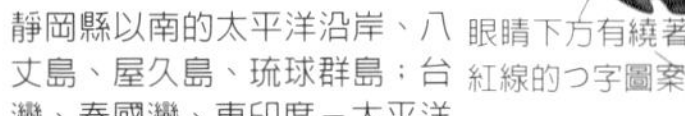

靜岡縣以南的太平洋沿岸、八丈島、屋久島、琉球群島；台灣、泰國灣、東印度－太平洋（科科斯〔基林〕群島以東；夏威夷群島、復活節島除外）

♂
眼睛下方有繞著紅線的つ字圖案
♀
yg
形狀有點不工整，但基本上為つ字圖案

常見於 10m 以淺，珊瑚礁外緣的粗礫石岸、瓦礫區與開闊岩礁帶等處。平時單獨行動，繁殖期形成一雄多雌的後宮結構，成對產卵。幼魚單獨待在岩石凹陷處、紅藻類叢生的地方，安靜地不動，很少出來。

雌魚　八丈島
水深 2m 大小 6cm

幼魚 八丈島
水深 3m 大小 2cm

雄魚 呂宋島 水深 5m 大小 10cm

隆頭魚科

小海豬魚

Halichoeres miniatus

高知縣以布利、種子島、沖繩縣；台灣、西太平洋

♂
環狀線條
黃色的模糊斑紋
♀
腹部有搶眼的筋狀線條

水深 3m 以淺的珊瑚礁外緣粗礫石岸、瓦礫區與開闊岩礁帶等處。平時單獨行動，繁殖期形成一雄多雌的後宮結構，成對產卵。

雌魚 呂宋島
水深 5m 大小 8cm

雄魚 八丈島 水深 20m 大小 12cm

隆頭魚科

金色海豬魚

Halichoeres chrysus

南日本的太平洋沿岸、伊豆群島、屋久島、琉球群島；台灣、西太平洋

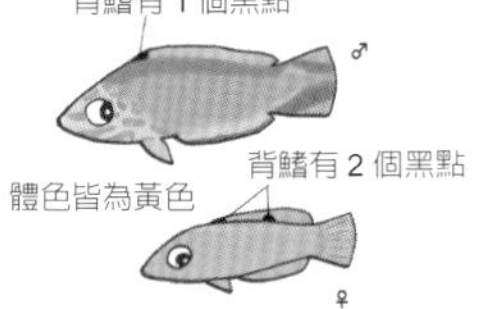

背鰭有 1 個黑點
♂
背鰭有 2 個黑點
體色皆為黃色
♀

常見於水深 10 ～ 25m 附近的珊瑚礁周邊，砂底與砂礫底較多的地方。幼魚在南日本的太平洋沿岸，屬於季節性洄游魚。

雌魚 八丈島
水深 20m 大小 10cm

幼魚 八丈島
水深 18m 大小 2cm

隆頭魚科

珠光海豬魚

Halichoeres argus

屋久島、沖繩縣；台灣、泰國灣、東印度－西太平洋

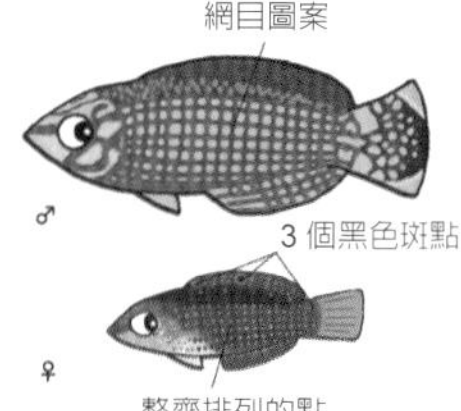
網目圖案
♂
3 個黑色斑點
♀
整齊排列的點

常見於水深 5m 以淺，珊瑚礁的礁池裡。幼魚的體色會配合環境改變，待在大葉藻等海藻類叢生處的幼魚，身體爲綠色；棲息在珊瑚礫周邊的幼魚，身體爲褐色。

雄魚 呂宋島 水深 10m 大小 8cm

雌魚 屋久島
水深 4m 大小 4cm 原崎森

幼魚 石垣島
水深 2m 大小 3cm 惣道敬子

顏色變化 石垣島
水深 2m 大小 3.5cm 惣道敬子

隆頭魚科

雲紋海豬魚

Halichoeres nebulosus

靜岡縣以南的太平洋沿岸、八丈島、屋久島、琉球群島；台灣、香港、泰國灣、印度－西太平洋（索羅門群島、萬那杜除外）

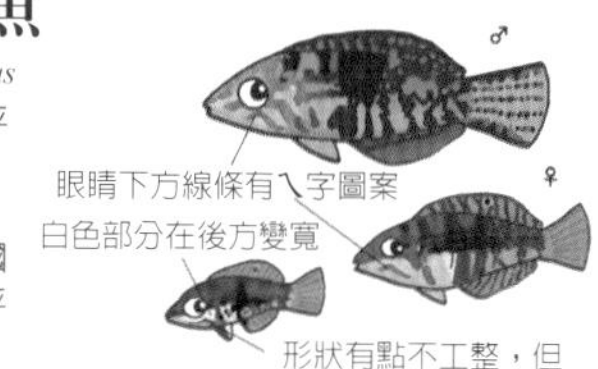
♂
眼睛下方線條有乀字圖案
♀
白色部分在後方變寬
形狀有點不工整，但
基本上為乀字圖案
yg

常見於淺水區的粗礫石岸、瓦礫區和開闊的岩礁帶。平時單獨行動，一到繁殖期就會形成一雄多雌的後宮結構。幼魚獨自生活在岩石凹陷處，或紅藻類叢生的地方，靜靜待著。

雄魚 八丈島 水深 10m 大小 10cm

雌魚 八丈島
水深 14m 大小 7cm

幼魚 屋久島
水深 5m 大小 4cm 原崎森

幼魚 屋久島
水深 3m 大小 2.5cm 原崎森

雄魚 呂宋島 水深 21m 大小 21cm

隆頭魚科

哈氏海豬魚

Halichoeres hartzfeldii

靜岡縣以南的太平洋沿岸、伊豆群島、小笠原群島、沖繩縣；台灣、西太平洋（澳洲沿岸除外）、密克羅尼西亞

背部後方有 3 個黑點
♂
線條通過胸鰭直達尾鰭
♀
yg

在珊瑚礁周邊的砂底與砂礫底，可看見一隻雄魚身邊有幾隻雌魚各自游動。幼魚在南日本太平洋岸是季節性洄游魚。

雌魚 八丈島
水深 10m 大小 10cm
水谷知世

幼魚 八丈島
水深 8m 大小 3cm

雄魚 伊豆大島 水深 16m 大小 21cm

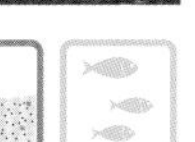

隆頭魚科

花鰭副海豬魚

Parajulis poecilepterus

北海道～九州的所有沿岸、伊豆群島、南大東島；朝鮮半島、台灣、中國

體側中央有點狀線條
黑色斑紋
♂
吻端到尾鰭根部有 1 條線

♀
黑色斑紋

常見於岩礁周邊砂底較多的環境，由一雄多雌形成後宮結構。採成對產卵的方式繁殖，但有時與雌魚相同體色的原生雄魚會偷偷加入，變成二對一的產卵模式。

雌魚 伊豆大島
水深 16m 大小 18cm

幼魚 伊豆大島
水深 16m 大小 4cm

成魚 帛琉
水深 25m 大小 12cm
水谷知世

隆頭魚科

蓋斑海豬魚

Halichoeres melasmapomus

八丈島、小笠原群島、琉球群島；東印度－太平洋中部的熱帶海域

ad
眼睛後方與尾鰭根部有大型眼狀斑

yg

常見於水深 30m 以深，海水流通的珊瑚礁外緣斜坡或陡坡側面。在日本爲稀有種。

稚魚 八丈島
水深 45m 大小 8cm

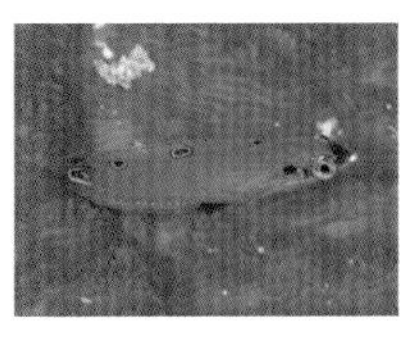
幼魚 八丈島
水深 20m 大小 1.5cm

隆頭魚科

細棘海豬魚

Halichoeres tenuispinis

青森縣～九州西岸的對馬暖流沿岸、南日本的太平洋沿岸、伊豆群島、種子島、喜界島；朝鮮半島、台灣、中國、菲律賓群島

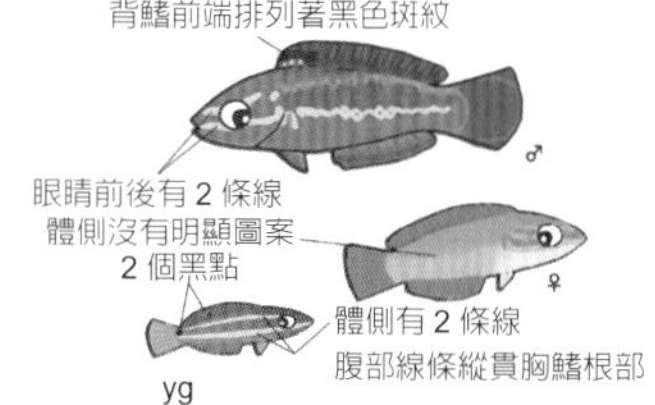
背鰭前端排列著黑色斑紋
♂
眼睛前後有 2 條線
體側沒有明顯圖案
2 個黑點
♀
體側有 2 條線
腹部線條縱貫胸鰭根部
yg

十分適應溫帶海域的魚種，從本州中部到四國、九州等海藻茂密的岩礁處，皆可發現其蹤影。平時各自單獨行動與生活，一到繁殖期就會聚集在特定的產卵場所，由次生雄魚和雌魚成對，加上幾隻原生雄魚進行集體產卵。

婚姻色 伊豆大島 水深 10m 大小 12cm

雄魚 八丈島
水深 10m 大小 12cm

雌魚 八丈島
水深 6m 大小 8cm

幼魚 八丈島
水深 3m 大小 3cm

隆頭魚科

蓋馬氏盔魚

Coris gaimard

南日本的太平洋沿岸、伊豆群島、小笠原群島、屋久島、琉球群島；台灣、東印度－太平洋（科科斯〔基林〕群島以東；馬克薩斯群島、復活節島除外）

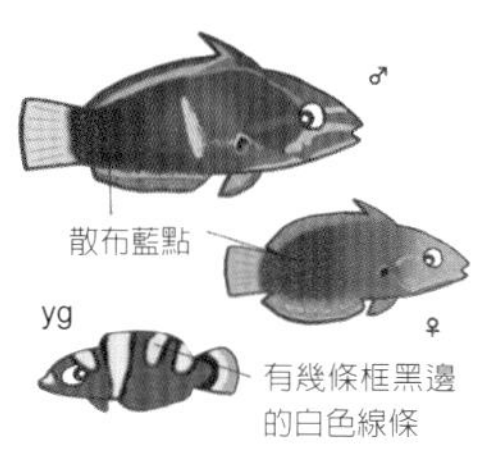
♂
散布藍點
yg
♀
有幾條框黑邊的白色線條

常見於水深 10m 以淺，珊瑚礁外緣斜坡與航道。幼魚靜靜待在珊瑚礁與小山周邊的砂堆，不太游動。幼魚的顏色很鮮豔，與背景的白色砂粒同化，混淆天敵視線。幼魚在南日本的太平洋岸屬於季節性洄游魚，是每年都會現身的常客。

雄魚 塞班島 水深 5m 大小 26cm

雌魚 八丈島
水深 18m 大小 20cm

稚魚 八丈島
水深 16m 大小 5cm

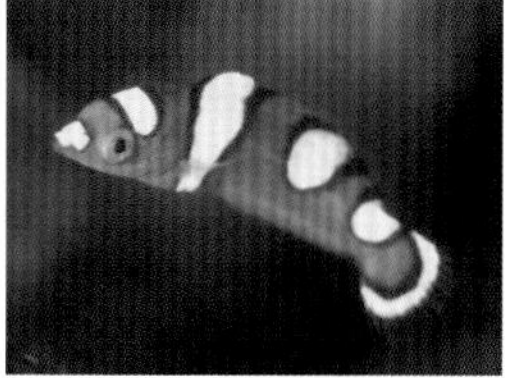

幼魚 八丈島
水深 6m 大小 2cm

成魚 八丈島 水深 25m 大小 40cm

隆頭魚科

紅喉盔魚

Coris aygula

茨城縣以南的太平洋沿岸、伊豆群島、小笠原群島、屋久島、琉球群島；台灣、印度－太平洋（復活節島除外）

突出的頭部
鋸齒狀尾鰭
ad

2 個眼狀斑的下方連接著橘色斑紋
yg

獨自在水深 20m 以淺，海水流通的岩礁山周圍游動。一到繁殖期，一隻雄魚和雌魚群會聚集在海水流動良好的礁山上，接著成對像直升機般上升到水面附近產卵。幼魚在南日本的太平洋岸屬於季節性洄游魚，每年都會出現。

成魚 八丈島
水深 25m 大小 35cm

幼魚 八丈島
水深 16m 大小 2cm

隆頭魚科

斑盔魚

Coris picta

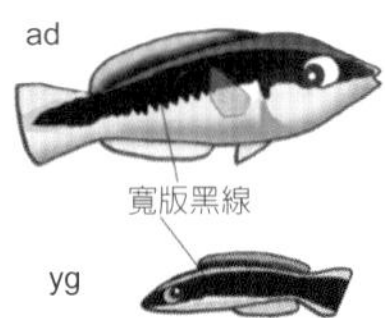
ad
寬版黑線
yg

南日本的太平洋沿岸、伊豆群島、小笠原群島、熊本縣天草、琉球群島；台灣、澳洲東南岸、新喀里多尼亞、紐西蘭北部

常見於水深 20m 以深，海水流通的岩礁與珊瑚礁外緣斜坡，砂底較多的環境。幼魚待在水深略深的岩礁，像裂唇魚一樣幫其他魚類清除寄生蟲。

成魚 八丈島
水深 45m 大小 20cm

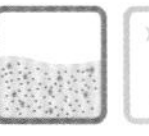
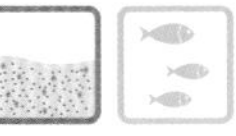

婚姻色 伊豆大島
水深 45m 大小 20cm

幼魚 八丈島
水深 30m 大小 4cm

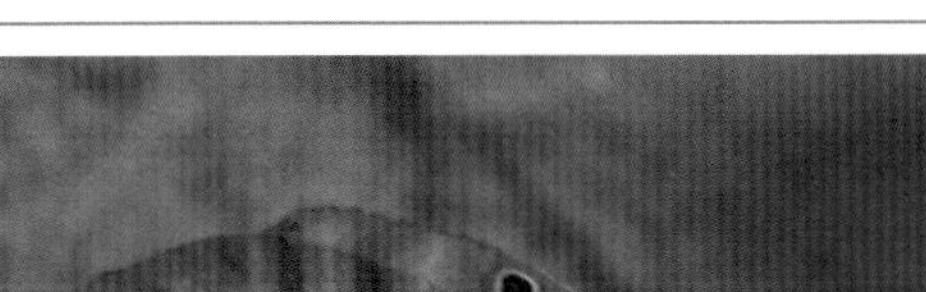

隆頭魚科

巴都盔魚

Coris batuensis

和歌山縣以南的太平洋沿岸、八丈島、小笠原群島、屋久島、琉球群島；印度－西太平洋

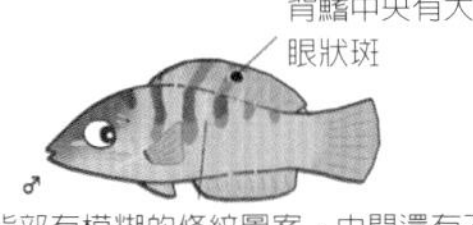
背鰭中央有大眼狀斑
♂

背部有模糊的條紋圖案，中間還有不清楚的白線
身體散布橘點
♀

雄魚 宿霧島 水深 12m 大小 12cm

一般常見於淺水區的珊瑚礁、航道與砂底較多的環境，幼魚在南日本的太平洋沿岸爲季節性洄游魚，獨自在淺珊瑚周邊游動。

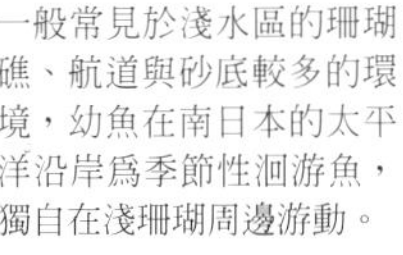

雌魚 宿霧島
水深 6m 大小 4cm

隆頭魚科

背斑盔魚

Coris dorsomacula

相模灣以南的太平洋沿岸、伊豆群島、小笠原群島、屋久島、琉球群島；台灣、東印度－西太平洋（科科斯〔基林〕群島以東）

♂
背鰭前端有黑色與黃色 2 個斑點
體側有細條紋圖案
♀
鰓上有黑點與黃點
yg

常見於岩礁和珊瑚礁，某種程度上適應溫帶海域，因此亦可在伊豆半島沿岸為止的太平洋岸發現其蹤跡。在八丈島內灣的岩礁，和海水流通的岩礁斜坡，淺岸到水深 40m 左右處，也是普遍存在的常見種。繁殖期形成一雄多雌的後宮結構，成對產卵。

雌魚 八丈島
水深 21m 大小 14cm

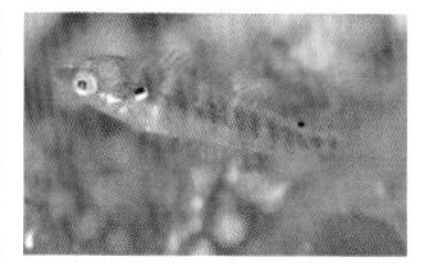

幼魚 八丈島
水深 18m 大小 3cm

雄魚 八丈島 水深 21m 大小 17cm

隆頭魚科

布氏擬盔魚

Pseudocoris bleekeri

八丈島、高知縣柏島、屋久島、琉球群島；台灣、菲律賓群島、峇里島、摩鹿加群島

尾鰭兩端未呈線狀生長
♂ 體側後方有黑色和黃色斑紋

♀
鰓上和尾鰭根部有斑點

可在海水流通的岩礁山側面、珊瑚礁外緣，發現一雄多雌組成的群體。在八丈島通常與絲鰭擬花鮨、山下氏擬盔魚群混泳。

雌魚 八丈島
水深 18m 大小 10cm

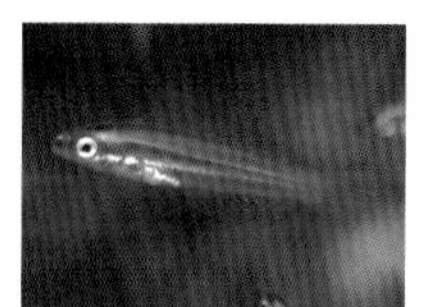

幼魚 八丈島
水深 25m 大小 2cm

雄魚 八丈島
水深 35m 大小 12cm

隆頭魚科

眼斑擬盔魚

Pseudocoris ocellata

駿河灣、相模灣、伊豆大島；台灣

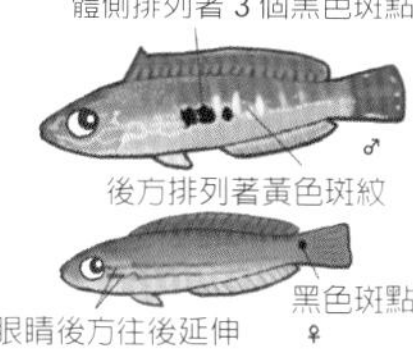
體側排列著 3 個黑色斑點
♂
後方排列著黃色斑紋
黑色斑點
2 條線從眼睛後方往後延伸
♀

可在伊豆大島觀察到本種在岩礁斜坡，與尾斑光鰓雀鯛、霓虹雀鯛混泳的情景。這是只棲息在限定區域的稀有種。還需要對照標本進行驗證，目前還沒有標準和名。

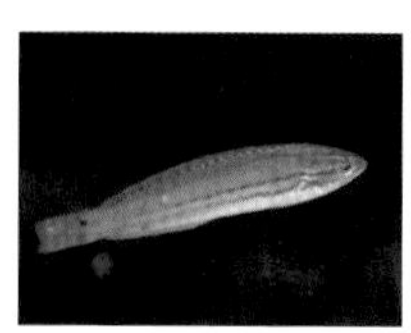

雌魚 伊豆大島
水深 12m 大小 15cm 有馬啓人

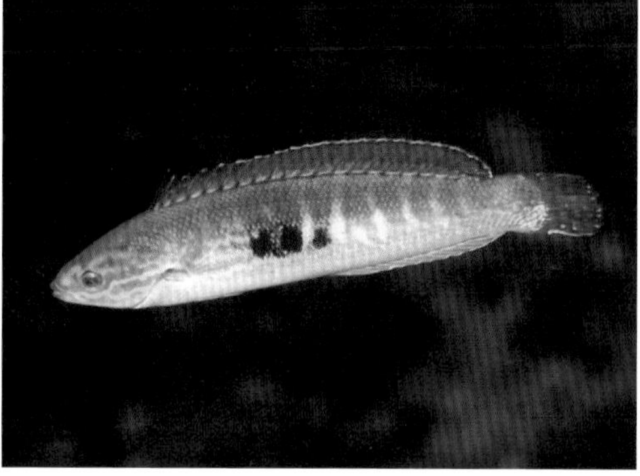

雄魚 伊豆大島
水深 12m 大小 17cm
有馬啓人

雄魚 呂宋島 水深 15m 大小 30cm

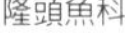

隆頭魚科

狹帶全裸鸚鯛

Hologymnosus doliatus

靜岡縣以南的太平洋沿岸、伊豆群島、小笠原群島、屋久島、琉球群島；台灣、印度－太平洋（馬紹爾群島、夏威夷群島、法屬玻里尼西亞以東除外）

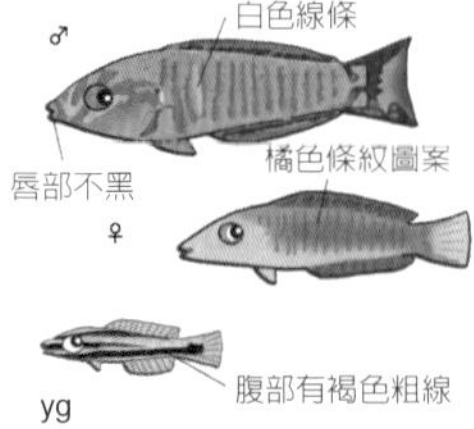

♂
白色線條
脣部不黑
橘色條紋圖案
♀
腹部有褐色粗線
yg

常見於水深 5 ～ 20m 附近，珊瑚礁周邊充滿砂礫底與瓦礫的地方。幼魚通常單獨或幾隻成群地在砂礫底和砂底生活。幼魚體色很容易融入砂礫或砂底的顏色，靜止不動時很難察覺。

雌魚 八丈島
水深 10m 大小 23cm

稚魚 八丈島
水深 12m 大小 9cm

幼魚 八丈島
水深 12m 大小 2.5cm

雄魚 八丈島 水深 14m 大小 10cm

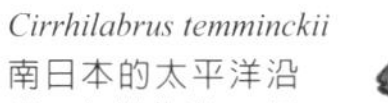

隆頭魚科

丁氏絲鰭鸚鯛

Cirrhilabrus temminckii

南日本的太平洋沿岸、九州北岸・西岸、屋久島、琉球群島；台灣、西太平洋

♂
體側中央一帶偏綠
胸鰭根部沒有斑點或有淡色斑點
黑色斑點中散布著藍色小點
♀
由點排列成的白色線條
許多細線
yg

可在水深 10 ～ 20m 附近的岩礁斜坡，看見幾隻成群生活的模樣。形成一雄多雌的後宮結構，如果雌魚比例偏高，雄魚也會跟著增加。八丈島的繁殖期爲春季到初夏。在琉球群島珊瑚礁海域發現的魚種，和到相模灣沿岸爲止的太平洋岸看見的魚種，仍未確定是否爲同種，必須根據分類學進行詳細調查。

婚姻色 八丈島
水深 14m 大小 10cm

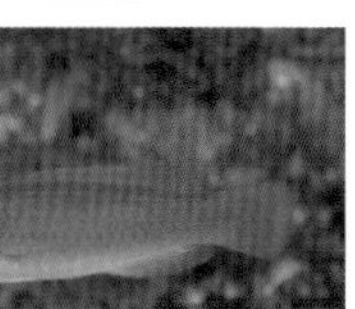

雌魚 八丈島
水深 13m 大小 8cm

幼魚 八丈島
水深 8m 大小 1.5cm

隆頭魚科

黑緣絲鰭鸚鯛

Cirrhilabrus melanomarginatus

伊豆群島、高知縣柏島、屋久島、琉球群島；台灣、菲律賓群島、斐濟群島

背鰭附近排列著橘色斑點

ad
沒有藍邊的黑色斑點
吻端為黃色
yg
體側有 6 ～ 7 條細線

常見於水深 20m 附近，海水流通的岩礁斜坡與珊瑚礁外緣斜坡。由一隻雄魚和數隻雌魚形成小規模後宮結構。

成魚 八丈島
水深 15m 大小 10cm
水谷知世

幼魚 八丈島
水深 15m 大小 2cm

成魚 八丈島 水深 15m 大小 12cm

隆頭魚科

尖尾絲鰭鸚鯛

Cirrhilabrus lanceolatus

伊豆大島、八丈島、高知縣柏島、屋久島、琉球群島

背部排列著偏紅的白色斑點
♂

體側有 3 條白線
尾鰭呈槍狀生長

♀

常見於水深 40m 以深，海水流通的岩礁與珊瑚礁外緣斜坡，是十分罕見的日本固有種。外型類似棲息在新喀里多尼亞、薩摩亞、帛琉、菲律賓海域的玫紋絲隆頭魚，但玫紋絲隆頭魚的腹鰭帶有黑色色塊，臀鰭為鮮豔的黃色；本種的腹鰭為黃色，臀鰭顏色與體色幾乎相同，可由這兩點進行辨識。

雌魚 伊豆大島
水深 55m 大小 7cm

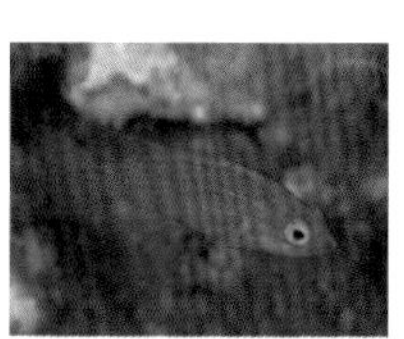

幼魚 伊豆大島
水深 40m 大小 3.5cm 片桐佳江

雄魚 八丈島
水深 70m 大小 12cm

隆頭魚科

絲鰭鸚鯛屬

Cirrhilabrus sp.

伊豆大島 · 高知縣以南

♂
中央的線條呈 S 形彎曲

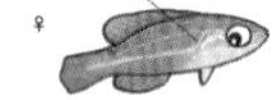
♀

常見於水深 25m 以深，海水流動良好的岩礁與珊瑚礁外緣斜坡。由一雄多雌形成後宮型態，在個體數量較少的地區，常與新月絲鰭鸚鯛等絲鰭鸚鯛屬魚類混泳。

雌魚 奄美大島
水深 30m 大小 5cm
原多加志

雄魚 八丈島
水深 40m 大小 8cm

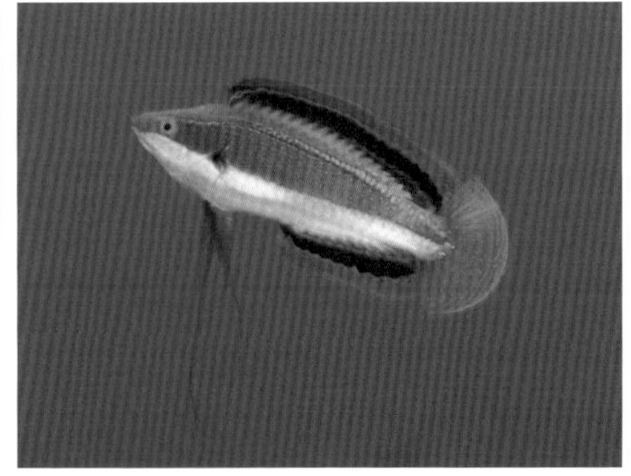

婚姻色 塞班島 水深 12m 大小 6cm

隆頭魚科

凱瑟琳絲鰭鸚鯛

Cirrhilabrus katherinae

伊豆群島、小笠原群島、屋久島、琉球群島；台灣、帛琉群島、馬里亞納群島

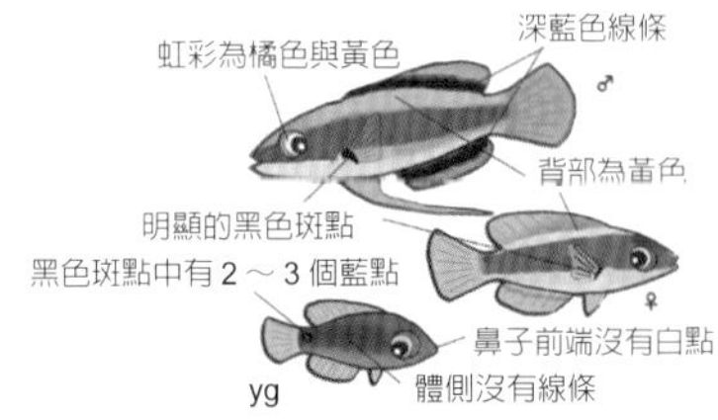

虹彩為橘色與黃色
深藍色線條
♂
背部為黃色
明顯的黑色斑點
黑色斑點中有 2 ～ 3 個藍點
♀
鼻子前端沒有白點
yg
體側沒有線條

常見於海水流動良好的珊瑚礁外緣岩礁與瓦礫區，在日本十分少見，因此大多與絲鰭鸚鯛、藍身絲鰭鸚鯛混泳。本種的婚姻色酷似在琉球群島常見的絲鰭鸚鯛，很容易混淆。本種是在小笠原群島和塞班島極爲普遍的魚種。

雄魚 八丈島
水深 15m 大小 6cm

雌魚 八丈島
水深 15m 大小 5cm

婚姻色 塞班島
水深 12m 大小 6cm

幼魚 塞班島
水深 12m 大小 1cm

無斑紋種 雄魚 八丈島
水深 21m 大小 8cm

隆頭魚科

藍身絲鰭鸚鯛

Cirrhilabrus cyanopleura

南日本的太平洋沿岸、伊豆群島、小笠原群島、屋久島、琉球群島；台灣、東印度－西太平洋的熱帶海域

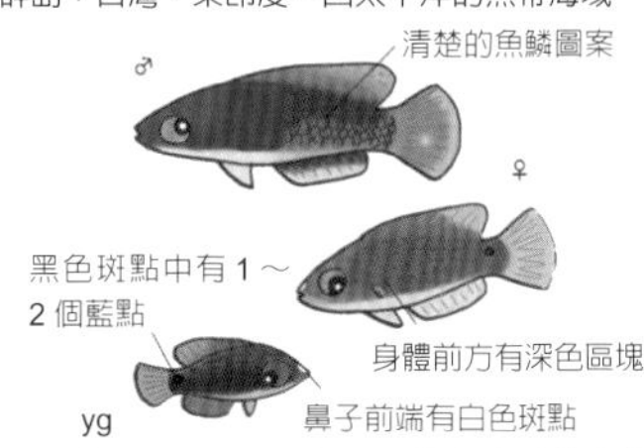

清楚的魚鱗圖案
♂
♀
黑色斑點中有 1 ～
2 個藍點
身體前方有深色區塊
yg
鼻子前端有白色斑點

常見於水深 10 ～ 20m 左右，海水流通的岩礁與珊瑚礁斜坡、砂礫底。雄魚分成體側有黃色斑紋與無黃色斑紋兩種，有黃色斑紋者很可能是別種，需要根據分類學進行詳細驗證。

有斑紋種 雄魚 八丈島
水深 12m 大小 8cm

雌魚 八丈島
水深 16m 大小 2cm

幼魚 八丈島
水深 25m 大小 2cm

隆頭魚科

豔麗絲鰭鸚鯛

Cirrhilabrus exquisitus

靜岡縣以南的太平洋沿岸、伊豆群島、小笠原群島、屋久島、琉球群島；台灣、印度－太平洋（夏威夷群島、復活節島除外）

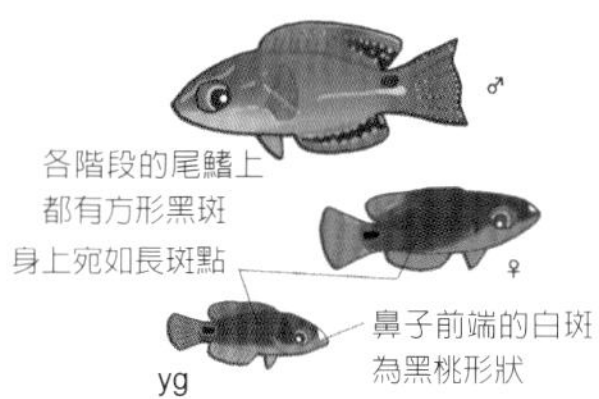
♂
各階段的尾鰭上
都有方形黑斑
身上宛如長斑點
♀
yg
鼻子前端的白斑
為黑桃形狀

大多在水深 10m 左右，海水流通的岩礁和珊瑚礁發現其身影。繁殖時雄魚會在雌魚群之間快速游動求愛。雄魚顯現婚姻色時，尾鰭根部的黑色斑點會消失。

雄魚 八丈島 水深 18m 大小 8cm

婚姻色 八丈島
水深 18m 大小 8cm

雌魚 八丈島
水深 18m 大小 6cm

幼魚 八丈島
水深 16m 大小 2.5cm

隆頭魚科

卡氏絲鰭鸚鯛

Cirrhilabrus katoi

八丈島、靜岡縣富戶、高知縣柏島、鹿兒島縣坊津、屋久島、沖繩縣伊江島

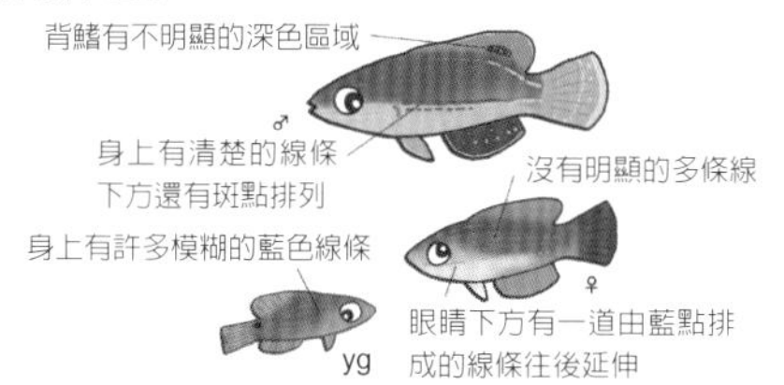
背鰭有不明顯的深色區域
♂
身上有清楚的線條
下方還有斑點排列
沒有明顯的多條線
身上有許多模糊的藍色線條
♀
眼睛下方有一道由藍點排
成的線條往後延伸
yg

可在水深 30m 以深，海水通暢的岩礁斜坡發現幾隻卡氏絲鰭鸚鯛的身影。雖有一雄多雌的後宮結構，但通常與偏好相同環境的新月絲鰭鸚鯛、細尾擬海豬魚混泳。屬於棲息在局部地區的稀有種。

婚姻色 八丈島 水深 45m 大小 12cm

雄魚 八丈島
水深 40m 大小 12cm

雌魚 八丈島
水深 35m 大小 8cm

幼魚 八丈島
水深 30m 大小 4cm

向雌魚求愛時的婚姻色 八丈島
水深 35m 大小 10cm

隆頭魚科

紅緣絲鰭鸚鯛

Cirrhilabrus rubrimarginatus

伊豆群島、和歌山縣的太平洋沿岸、屋久島、琉球群島；台灣、西太平洋

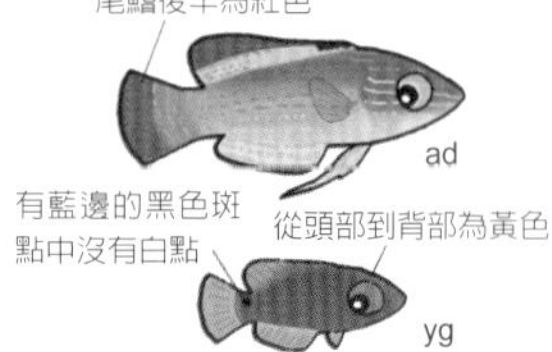

尾鰭後半為紅色
ad
有藍邊的黑色斑
點中沒有白點
從頭部到背部為黃色
yg

可在水深 30m 以深，海水流通的岩礁和珊瑚礁外緣斜坡，發現一雄多雌的後宮結構。繁殖期的雄魚頭部、背鰭和臀鰭會瞬間變白，白色區域也變大，向雌魚求愛，重複成對產卵的過程。雄魚爭奪地盤時的體色近似婚姻色，但會張開各鰭，以壯碩的體型威嚇對方。

雄魚 八丈島
水深 30m 大小 10cm

幼魚 八丈島
水深 40m 大小 3cm

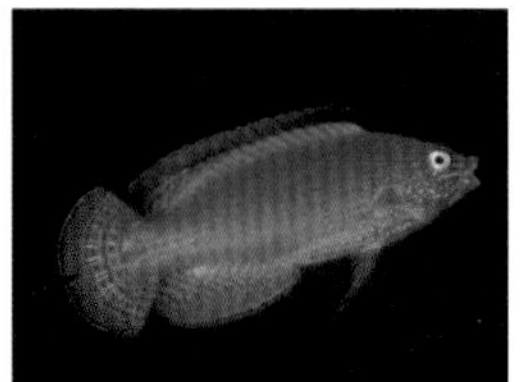

雄魚爭奪地盤時的婚姻色
八丈島 水深 35m 大小 10cm 水谷知世

婚姻色 呂宋島 水深 25m 大小 10cm

隆頭魚科

卡氏副唇魚

Paracheilinus carpenteri

伊豆群島、伊豆半島以南的太平洋沿岸、屋久島、琉球群島；台灣、菲律賓群島、帛琉群島

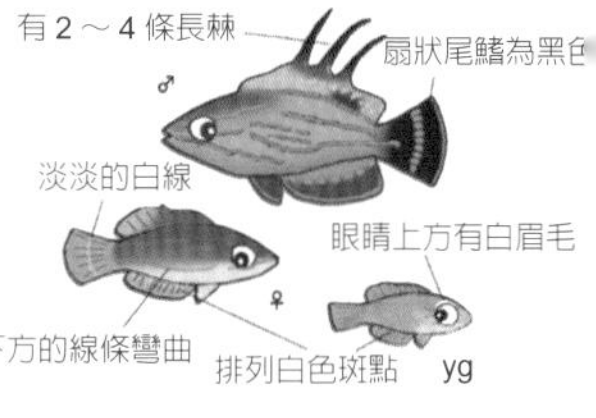

有 2 ～ 4 條長棘
扇狀尾鰭為黑色
♂
淡淡的白線
眼睛上方有白眉毛
♀
體側下方的線條彎曲
排列白色斑點
yg

常見於水深 30m 以深的珊瑚礁外緣斜坡，一雄多雌在參雜砂礫的開闊岩礁集結成群，通常與偏好相同環境的其他隆頭魚一起混泳。繁殖時雄魚會在雌魚面前瞬間張開華麗的背鰭，變換體色求愛。雄魚變換體色的特性也運用在爭奪地盤時，但跟向雌魚求愛不同的是，雄魚不只打開背鰭，還會張開所有的鰭威嚇敵手。

雄魚 八丈島
水深 25m 大小 8cm

雌魚 八丈島
水深 25m 大小 7cm

幼魚 八丈島
水深 10m 大小 2cm

隆頭魚科

環狀鈍頭魚

Cymolutes torquatus

南日本的太平洋沿岸、八丈島、小笠原群島、琉球群島；台灣、印度－太平洋（夏威夷群島、復活節島除外）

側線在體側後半部中段
長臉型與細長體型

常見於內灣性珊瑚礁周邊的海藻林、砂質海底與砂泥質海底。平時獨自生活，將身體彎成 U 字型一動也不動，靜靜地附著在海藻上，看起來就跟海藻一樣。

八丈島
水深 8m　大小 6cm

八丈島　水深 6m　大小 5cm

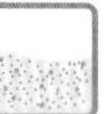

隆頭魚科

黑鰭濕鸚鯛

Wetmorella nigropinnata

八丈島、屋久島、琉球群島；台灣、印度－太平洋（夏威夷群島、復活節島除外）

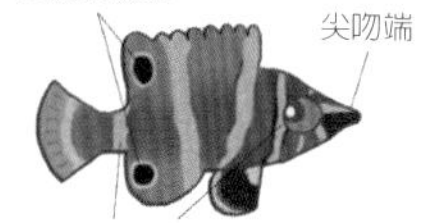
2 個眼狀斑
尖吻端
無論體型大小都有這 2 條線

可見於岩礁、珊瑚礁外緣小山的側面裂縫、岩棚、洞窟等陰暗處，動作緩慢，警戒心強，有外物靠近會立刻躲進小山深處。

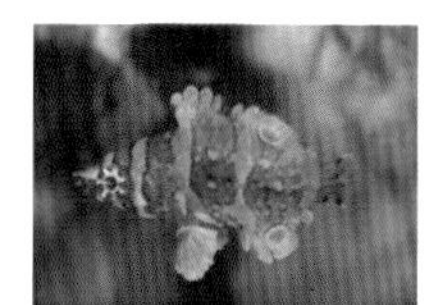
幼魚　八丈島
水深 5m　大小 1.5cm

成魚　八丈島　水深 15m　大小 4cm

隆頭魚科

曲紋唇魚

Cheilinus undulatus

和歌山縣串本、屋久島、琉球群島；台灣、印度－太平洋（萊恩群島、馬克薩斯群島、復活節島除外）

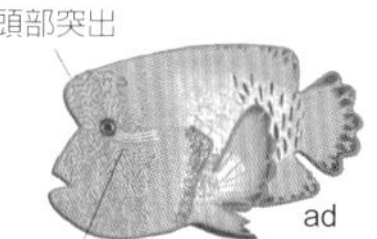
頭部突出
ad
眼睛後方有線條，成魚超過 2 條；幼魚為 2 條
yg

可在珊瑚礁外緣附近，海水流通的地方發現其身影。標準和名「メガネモチノウオ」來自長相看似戴眼鏡的模樣。此外，頭部外突的部分看似拿破崙的軍帽，因此俗稱拿破崙魚。

幼魚　帛琉
水深 5m　大小 4cm

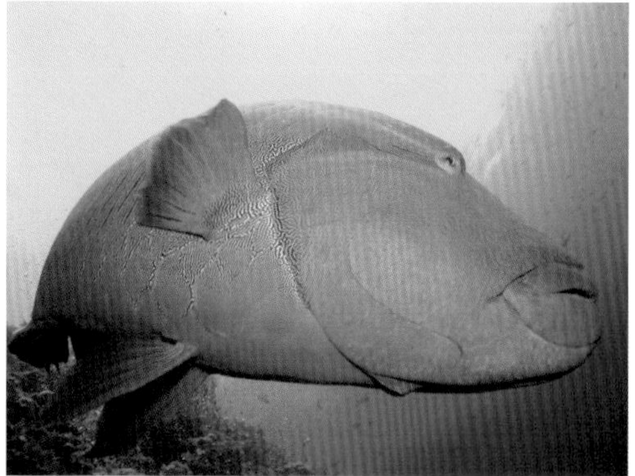
成魚　帛琉
水深 15m　大小 1.2cm
若山牧雄

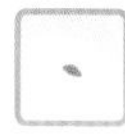

雄魚 八丈島 水深 10m 大小 8cm

隆頭魚科

雙斑尖唇魚

Oxycheilinus bimaculatus

南日本的太平洋沿岸、伊豆群島、小笠原群島、屋久島、琉球群島；台灣、香港、印度－西太平洋、夏威夷群島、馬克薩斯群島

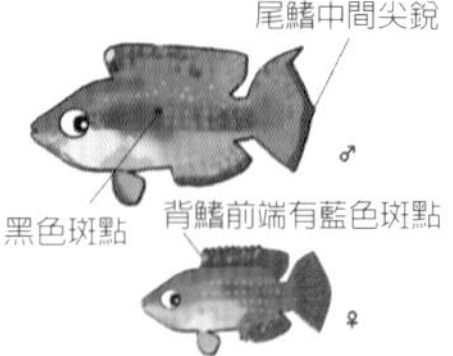

尾鰭中間尖銳
黑色斑點
背鰭前端有藍色斑點

常見於淺岩礁、珊瑚礁的礁池與海藻林，亦適應溫帶海域，在南日本的太平洋沿岸可看見幼魚到成魚等各階段的雙斑尖唇魚。

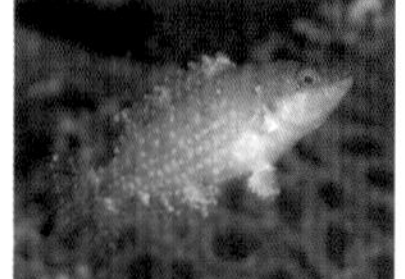

雌魚 八丈島
水深 10m 大小 6cm

八丈島 水深 8m 大小 4.5cm

隆頭魚科

六帶擬唇魚

Pseudocheilinus hexataenia

伊豆半島以南的太平洋沿岸、八丈島、小笠原群島、屋久島、琉球群島；台灣、印度－太平洋（夏威夷群島、皮特肯群島、復活節島除外）

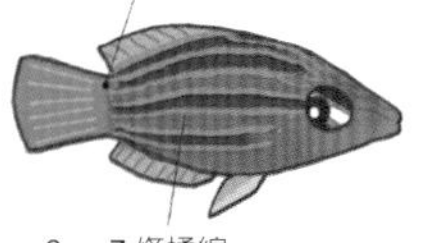

背鰭根部有黑點
6～7 條橘線

平時在淺岩礁、珊瑚礁的珊瑚縫隙、海底小山的裂縫之中優游，不會出來。如果發現一隻，一定能在四周發現幾隻成群的模樣，其中最大的個體爲雄魚。

八丈島 水深 18m 大小 6cm

隆頭魚科

姬擬唇魚

Pseudocheilinus evanidus

伊豆半島以南的太平洋沿岸、八丈島、小笠原群島、屋久島、琉球群島；台灣、印度－太平洋（復活節島除外）

體側沒有明顯線條
眼睛下方有白線

棲息在珊瑚礁，平時不容易見到。在八丈島水深 15m 左右的小山側面與下方等，有砂堆的地方和小山的隱密處，這類光線較暗的地方，可發現其單獨生活的情景。屬於常見種。

隆頭魚科

八帶擬唇魚

Pseudocheilinus octotaenia

八丈島、小笠原群島、高知縣柏島、屋久島、琉球群島；台灣、印度－太平洋（復活節島除外）

尾鰭根部沒有黑點
體側有 7 條線

可見於水深 10 ～ 20m 左右，海水流通的岩礁與珊瑚礁周邊斜坡、砂礫質海底。雄魚分成體側有黃色斑點和無黃色斑點兩種，有黃色斑點者可能為別種，必須根據分類學上的方式進行詳細驗證。

幼魚 八丈島
水深 15m 大小 4cm

成魚 八丈島 水深 15m 大小 8cm

隆頭魚科

眼斑擬唇魚

Pseudocheilinus ocellatus

八丈島、小笠原群島、奄美大島、琉球群島；密克羅尼西亞、珊瑚海～皮特肯群島、威克島、強斯頓環礁

勺子狀線條
搶眼的眼狀斑

常見於水深 25m 以深，海水流通的岩礁與珊瑚礁外緣陡坡的側面。亦可在日本的小笠原群島發現其蹤影，在其他地區十分罕見。

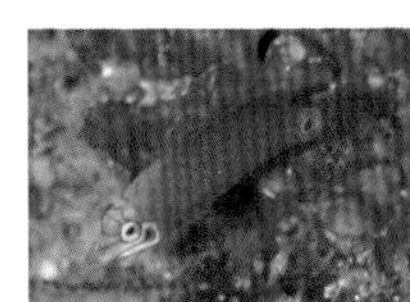

稚魚 八丈島
水深 45m 大小 5cm

成魚 塞班島
水深 30m 大小 9cm

隆頭魚科

四帶擬唇魚

Pseudocheilinus tetrataenia

小笠原群島、奄美大島、琉球群島；太平洋中央（復活節島除外）、新喀里多尼亞、東加、斐濟群島

體側有 4 條線

在珊瑚礁斜坡的裂縫與珊瑚礁下方來回游動，平時很少現身。行動範圍狹小，只要發現一隻，就能在四周發現幾隻個體。其中最大的個體是雄魚，與其他雌魚建立後宮結構。

塞班島 水深 12m 大小 3cm

伊豆半島
水深 20m 大小 3cm
原多加志

隆頭魚科

洛神項鰭魚

Iniistius dea

新潟縣～九州西岸的對馬暖流沿岸、南日本的太平洋沿岸、伊豆群島、小笠原群島、奄美大島、沖繩島；朝鮮半島、台灣、中國、越南、雅加達、澳洲

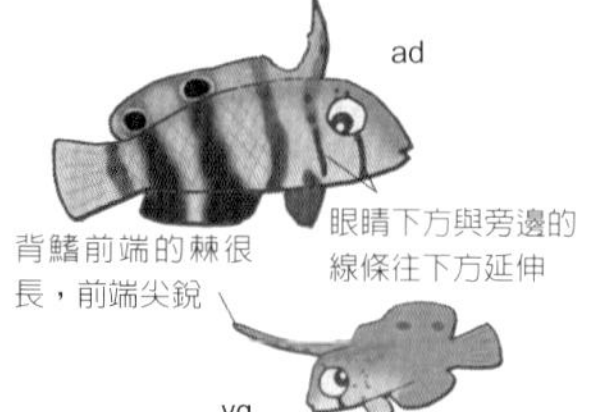
ad
背鰭前端的棘很長，前端尖銳
眼睛下方與旁邊的線條往下方延伸
yg

一雄多雌生活在岩礁周邊的砂底、砂泥底，雖然分布範圍很廣，但在小笠原和海外地區發現的洛神項鰭魚很可能是別種，只有棲息在南日本和台灣的確定爲本種。還需要專家根據分類學進行詳細驗證。

成魚 八丈島
水深 5m 大小 14cm

隆頭魚科

五指項鰭魚

Iniistius pentadactylus

八丈島、小笠原群島、伊豆半島大瀨崎、屋久島、琉球群島；台灣、香港、印度－西太平洋、萊恩群島

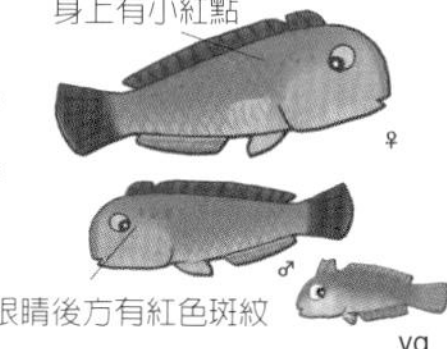
身上有小紅點
♀
♂
眼睛後方有紅色斑紋
yg

可在水深 5m 左右的內灣砂泥海底，發現一雄多雌的後宮結構。幼魚大多待在砂泥質海底略微凹陷的地方不動，看起來就像是掉落海底的海藻片。警戒心強，感到危險時會立刻潛入砂裡逃逸。

幼魚 八丈島
水深 3m 大小 3cm

成魚 八丈島
水深 3m 大小 18cm

隆頭魚科

大鱗似美鰭魚

Navoculoides macrolepidotus

八丈島、小笠原群島、靜岡縣富戶、屋久島、琉球群島；台灣、印度－西太平洋

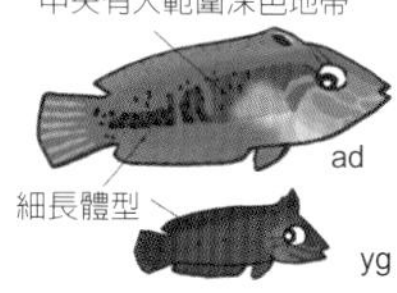
中央有大範圍深色地帶
ad
細長體型
yg
顏色變化從褐色到綠色

常見於內灣性淺岩礁與珊瑚礁的砂底、砂礫底和海藻林，幼魚融入堆積枯葉和海藻的地方，擬態成枯葉和海藻。幼魚在南日本的太平洋岸屬於季節性洄游魚，十分少見。

稚魚 八丈島
水深 10m 大小 8cm

幼魚 八丈島
水深 10m 大小 4cm

隆頭魚科

伸口魚

Epibulus insidiator

八丈島、和歌山縣以南的太平洋沿岸、屋久島、琉球群島；台灣、泰國灣、印度－太平洋（復活節島除外）

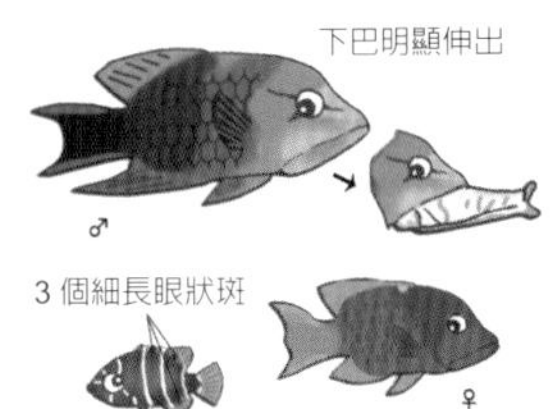
下巴明顯伸出
♂
3 個細長眼狀斑
yg
體側有 3 條線
♀

一般常見於淺水區的珊瑚礁，平時單獨洄游，捕食甲殼類等小動物。繁殖時一隻雄魚會和幾隻雌魚聚集在特定小山的上方，雄魚在上方求愛，吸引雌魚。採成對產卵，體色變化豐富。

雄魚 塞班島 水深 15m 大小 18cm

雌魚 利洛安
水深 15m 大小 16cm

雌魚 口部伸出的狀態 帛琉
水深 10m 大小 15cm

幼魚 八丈島
水深 5m 大小 1.5cm

隆頭魚科

巴父項鰭魚

Iniistius pavo

南日本的太平洋沿岸、伊豆群島、小笠原群島、屋久島、琉球群島；台灣、印度－泛太平洋

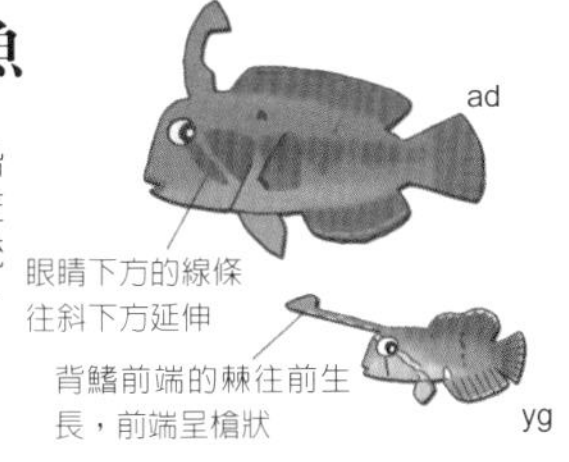
ad
眼睛下方的線條
往斜下方延伸
背鰭前端的棘往前生
長，前端呈槍狀
yg

單獨或幾隻成群地棲息在岩礁、珊瑚礁周邊的砂質海底。超過 20cm 的大型成魚經常出現在八丈島水深 25m 左右，海水流通的砂質海底。幼魚單獨地在砂上，如枯葉般漂動，由於泳姿不像魚類，可藉此混淆天敵的視線。感到危險時會立刻潛入砂裡逃逸。

成魚 八丈島 水深 18m 大小 18cm

條紋種 稚魚 八丈島
水深 18m 大小 10cm

黑色種 稚魚 八丈島
水深 18m 大小 10cm

幼魚 八丈島
水深 15m 大小 3cm

成魚 八丈島
水深 15m 大小 10cm

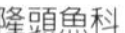

隆頭魚科

斑鰭連鰭唇魚

Xyrichtys sciistius

南日本的太平洋沿岸、伊豆群島、小笠原群島、屋久島、沖繩縣；台灣

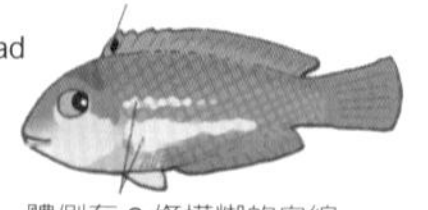
背鰭前端有黑色斑點
ad
體側有 2 條模糊的白線

yg
體背與中央有白色線條

可在岩礁、珊瑚礁周邊的砂質海底，看見一雄多雌組成的後宮結構。幼魚靜靜待在砂上，警戒心很強，感到危險就會潛入砂裡逃逸。

稚魚 八丈島
水深 12m 大小 8cm

婚姻色 八丈島
水深 18m 大小 16cm

幼魚 八丈島
水深 14m 大小 3cm 水谷知世

成魚 八丈島
水深 18m 大小 16cm

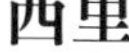

隆頭魚科

西里伯斯項鰭魚

Iniistius celebicus

八丈島、小笠原群島、沖繩縣阿嘉島、沖繩島中部、西表島；台灣、西太平洋、馬紹爾群島、夏威夷群島、薩摩亞群島、庫克群島

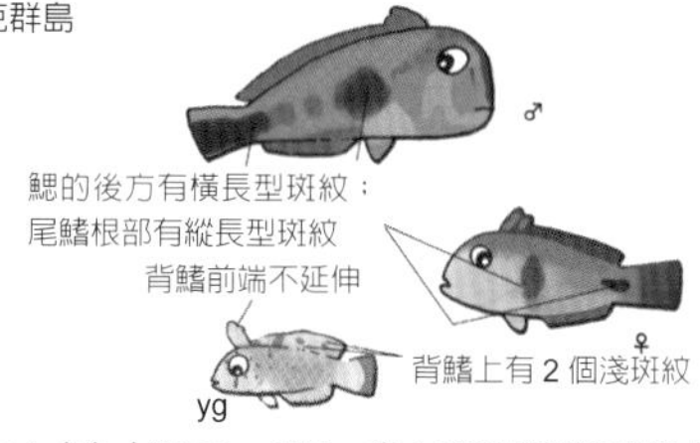
♂
鰓的後方有橫長型斑紋；
尾鰭根部有縱長型斑紋
背鰭前端不延伸
♀
背鰭上有 2 個淺斑紋
yg

可在八丈島水深 20m 以深，海水流通的砂地發現小規模後宮結構。幼魚感到危險時會立刻潛入砂裡。2013 年鹿兒島大學的研究團隊提案標準和名，但追蹤幼魚的成長過後，確認為本種幼魚。

稚魚 八丈島
水深 18m 大小 8cm

幼魚 顏色變化 八丈島
水深 10m 大小 4cm

幼魚 顏色變化 八丈島
水深 10m 大小 2cm

隆頭魚科

帶尾新隆魚

Novaculichthys taeniourus

ad
體側為網目圖案
尾鰭有白色線條
背鰭前端有
2 條長棘
yg

南日本的太平洋沿岸、八丈島、小笠原群島、屋久島、琉球群島；台灣、印度－泛太平洋

在珊瑚礁周邊的砂礫質海底、瓦礫區，優雅地單獨漂游。這種游泳方式可在幼魚身上明顯看到，藉由擬態海藻的方式避免天敵攻擊。幼魚在南日本的太平洋岸屬於季節性洄游魚，每年都會出現。

稚魚　八丈島
水深 10m　大小 8cm

幼魚　八丈島
水深 10m　大小 4cm

成魚　塞班島
水深 3m　大小 18cm

鸚哥魚科

小鼻綠鸚哥魚

Chlorurus microrhinos

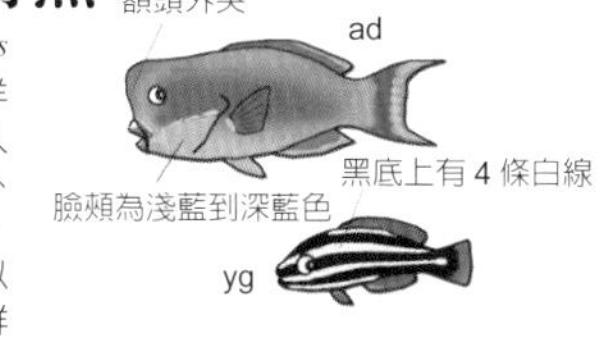
額頭外突
ad
黑底上有 4 條白線
臉頰為淺藍到深藍色
yg

靜岡縣以南的太平洋沿岸、八丈島、屋久島、琉球群島；中國、台灣、太平洋中．西部（小巽他群島以外的印尼、夏威夷群島除外）

在海水流通的珊瑚礁外緣斜坡或陡坡，可看見龐大群體。由一雄多雌組成後宮結構，雄魚和雌魚的體色沒有差異。幼魚在南日本的太平洋岸屬於季節性洄游魚。

幼魚　八丈島
水深 8m　大小 3cm

成魚　帛琉　水深 6m　大小 30cm

鸚哥魚科

纖鸚鯉

Leptoscarus vaigiensis

小笠原群島、和歌山縣以南的太平洋沿岸、琉球群島；台灣、印度－西太平洋、東加群島、庫克群島、社會群島、皮特肯群島、復活節島

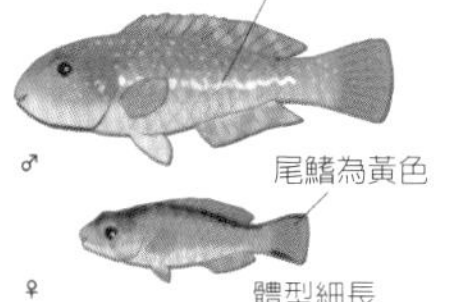
體側中央有白色帶狀圖案
♂
尾鰭為黃色
♀
體型細長

棲息於海藻林區域，喜歡生長著大葉藻林的淺水海域，在日本爲稀有種。雌魚和幼魚們在海藻林中成群行動。

雌魚　民都洛島
水深 5m　大小 10cm
山梨秀己

雄魚　民都洛島
水深 5m　大小 20cm
山梨秀己

雄魚 八丈島 水深 10m 大小 28cm

鸚哥魚科

日本鸚鯉

Calotomus japonicus

南日本的太平洋沿岸、伊豆群島、小笠原群島、兵庫縣～九州西岸的日本海 · 東海沿岸、奄美大島；韓國、台灣

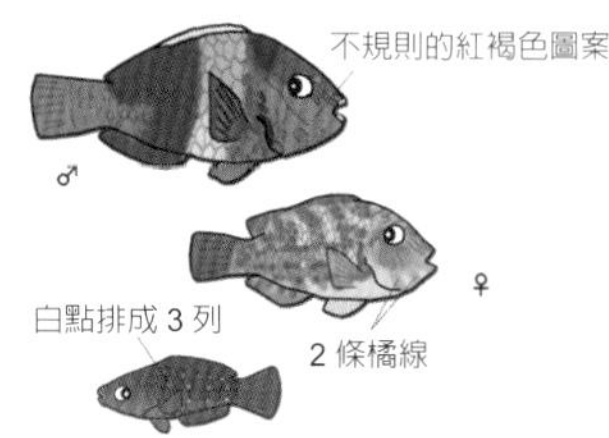
不規則的紅褐色圖案
♂
♀
白點排成 3 列
2 條橘線
yg

可在水深 10m 左右，海藻叢生的岩礁與瓦礫區，發現一隻雄魚和數隻雌魚形成的後宮結構。適應溫帶海域，以海藻爲主食，捕捉甲殼類等底棲動物，屬於雜食性魚類。

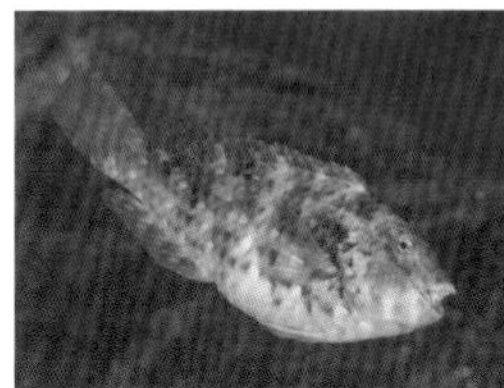

雌魚 八丈島
水深 5m 大小 23cm

稚魚 八丈島
水深 12m 大小 8cm

幼魚 八丈島
水深 12m 大小 2cm

雄魚 屋久島
水深 15m 大小 30cm
原崎森

鸚哥魚科

卡羅鸚鯉

Calotomus carolinus

小笠原群島、屋久島、琉球群島；台灣、印度－太平洋（紅海 · 復活節島除外）、雷維利亞希赫多群島

環繞眼睛的放射狀線條
腹部有等距離排列的白色斑點

♀
yg
體側有等距離排列的白色斑點

棲息在海藻林與瓦礫區，平時雄魚和雌魚看似單獨行動，但繁殖期時會聚集在特定場所產卵。偏好水深 10m 左右的淺水海域，稚魚和幼魚常見於水深 5m 左右的淺水區。

雌魚 八丈島
水深 10m 大小 25cm

稚魚 八丈島
水深 8m 大小 6cm

幼魚 石垣島
水深 5m 大小 3.5cm 惣道敬子

鸚哥魚科

台灣鸚鯉

Calotomus spinidens

八丈島、屋久島、琉球群島；台灣、印度－西太平洋（紅海除外）、密克羅尼西亞、加拉巴哥群島

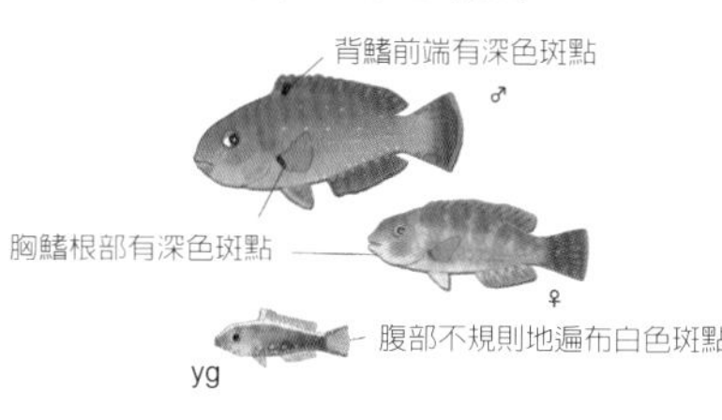
背鰭前端有深色斑點
♂
胸鰭根部有深色斑點
♀
腹部不規則地遍布白色斑點
yg

棲息在岩礁、珊瑚礁地區水深 10m 以淺的海域，常見於海藻林，雄魚的活動範圍比雌魚群大。在屋久島通常與藍頭綠鸚哥魚、鮑氏綠鸚哥魚、史氏鸚哥魚等尺寸相同的其他鸚哥魚類混泳。

雄魚 屋久島
水深 6m 大小 15cm
原崎森

雌魚 屋久島
水深 6m 大小 12cm 原崎森

稚魚 八丈島
水深 2m 大小 6cm

幼魚 八丈島
水深 3m 大小 3cm

鸚哥魚科

黑鸚哥魚

Scarus niger

伊豆半島以南的太平洋沿岸、八丈島、小笠原群島、屋久島、琉球群島；台灣、泰國灣、印度－太平洋（夏威夷群島、復活節島除外）

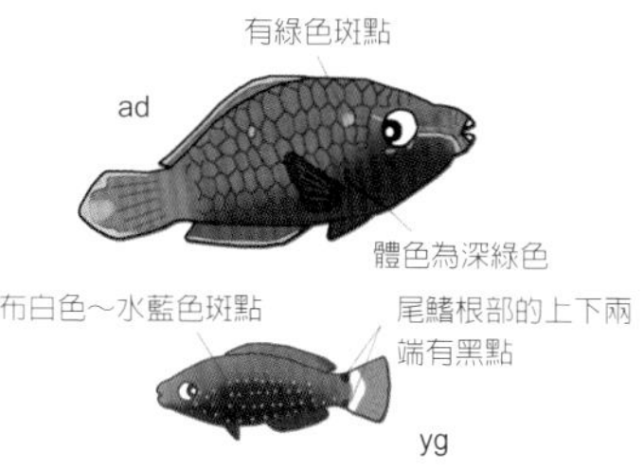
有綠色斑點
ad
體色為深綠色
散布白色～水藍色斑點
尾鰭根部的上下兩端有黑點
yg

成魚 倫貝島
水深 8m 大小 30cm 惣道敬子

在海水流通的珊瑚礁形成小型群體，主要吃附著在珊瑚礁的小型藻類。幼魚在南日本的太平洋岸是季節性洄游魚。

幼魚 八丈島
水深 8m 大小 4cm

幼魚 八丈島
水深 7m 大小 1.5cm

成魚 座間味島 水深 3m 大小 70cm 山梨秀己

鸚哥魚科

雙色鯨鸚哥魚

Cetoscarus bicolor

伊豆群島、和歌山縣以南的太平洋沿岸、屋久島、琉球群島；台灣、印度－太平洋（夏威夷群島、復活節島除外）

臉部四周散布斑點
橘色～粉紅色的線條從口部延伸至腹部

紅色寬帶圖案

可在淺水區的珊瑚礁外緣，發現一隻雄魚和數隻雌魚。警戒心強，很難靠近。幼魚在南日本的太平洋岸為季節性洄游魚，每年都會出現，但很少見。

幼魚 八丈島
水深 7m 大小 3cm

鸚哥魚科

隆頭鸚哥魚

Bolbometopon muricatum

鹿兒島縣笠沙、八重山群島；台灣、印度－太平洋（夏威夷群島除外）

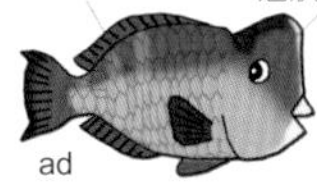
身體皆為深綠色
冠狀的頭部
ad

遍布白點與黑點

yg

成魚 峇里島 水深 12m 大小 1.5m

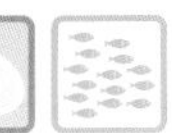

可在海水流通的珊瑚礁外緣斜坡與陡坡發現龐大群體，不過本種在日本的個體數量逐漸減少，因此很難觀察到大規模群體。有些鸚哥魚類以附著在珊瑚上的藻類為食，本種是唯一吃活珊瑚（珊瑚蟲）的魚種。幼魚獨自棲息在內灣性淺珊瑚礁。

幼魚 石垣島
水深 4m 大小 4cm 惣道敬子

鸚哥魚科

史氏鸚哥魚

Scarus schlegeli

小笠原群島、和歌山縣錆浦、高知縣柏島、屋久島、琉球群島；台灣、東印度－太平洋（科科斯〔基林〕群島以東；夏威夷群島．馬克薩斯群島．復活節島除外）

雄魚 屋久島
水深 12m 大小 45cm
原崎森

體側前方的背部有一道淺藍色區域，其後方有一條線
♂
體側有淺色帶狀圖案

♀
身體基本上為茶褐色

棲息在水深 20m 以淺，海水流通的岩礁、珊瑚礁。稚魚與幼魚大多生活在安靜的海灣內。

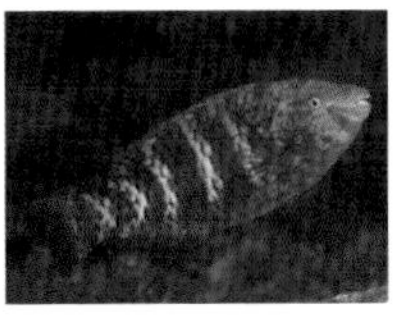

雌魚 屋久島
水深 10m 大小 30cm 原崎森

鸚哥魚科

福氏鸚哥魚

Scarus forsteni

八丈島、小笠原群島、和歌山縣以南的太平洋沿岸、屋久島、琉球群島；台灣、東印度－太平洋（科科斯〔基林〕群島以東；夏威夷群島、復活節島除外）

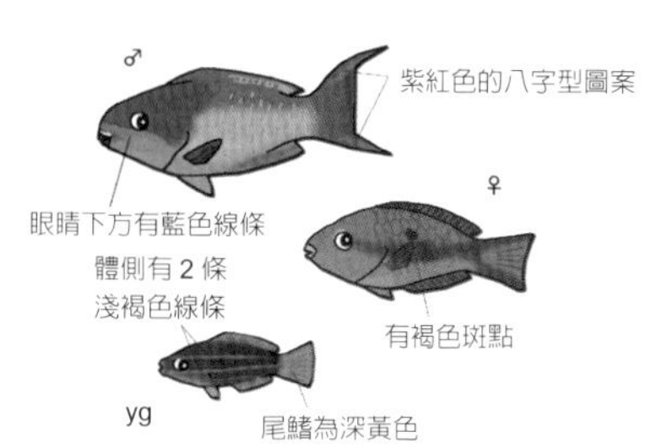
♂
紫紅色的八字型圖案
♀
眼睛下方有藍色線條
體側有 2 條
淺褐色線條
有褐色斑點

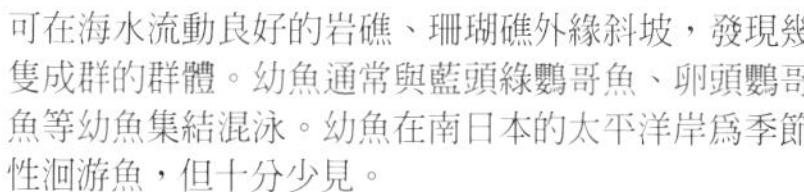
yg
尾鰭為深黃色

雄魚 八丈島 水深 8m 大小 32cm

可在海水流動良好的岩礁、珊瑚礁外緣斜坡，發現幾隻成群的群體。幼魚通常與藍頭綠鸚哥魚、卵頭鸚哥魚等幼魚集結混泳。幼魚在南日本的太平洋岸爲季節性洄游魚，但十分少見。

雌魚 八丈島
水深 8m 大小 28cm

幼魚 八丈島
水深 6m 大小 4cm

鸚哥魚科

藍點鸚哥魚

Scarus ghobban

南日本的太平洋沿岸、伊豆群島、小笠原群島、琉球群島；台灣、中國、泰國灣、印度－太平洋（夏威夷群島、復活節島除外）

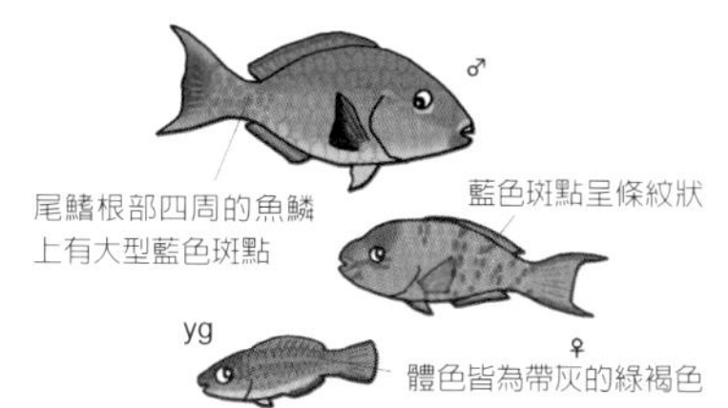
♂
尾鰭根部四周的魚鱗
上有大型藍色斑點
藍色斑點呈條紋狀
yg
♀
體色皆為帶灰的綠褐色

雄魚 八丈島 水深 12m 大小 40cm

可在海水流通的岩礁與珊瑚礁外緣，發現一雄多雌的後宮結構。年輕個體和幼魚集體在內灣性淺水海域生活。

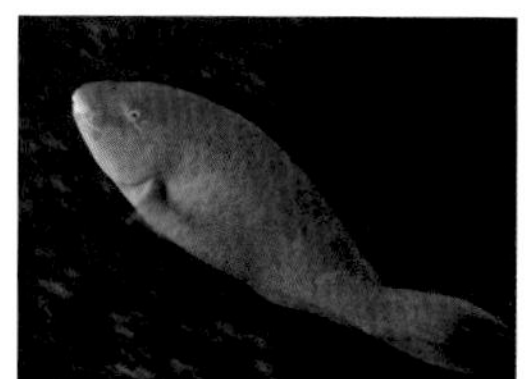

雌魚 八丈島
水深 12m 大小 35cm

幼魚 無線條 八丈島
水深 5m 大小 4cm

幼魚 有線條 八丈島
水深 5m 大小 4cm

雄魚 八丈島
水深 12m 大小 35cm

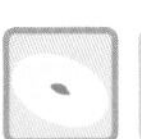

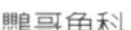

鸚哥魚科

棕吻鸚哥魚

Scarus psittacus

八丈島、和歌山縣錆浦、屋久島、口永良部島、琉球群島；台灣、印度－太平洋（復活節島除外）

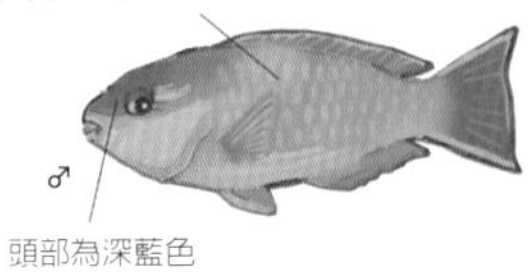
體側中央有一片綠色和粉紅色的大範圍區域
♂
頭部為深藍色

♀
腹鰭為橘色

雌魚 八丈島
水深 10m 大小 25cm

稚魚 八丈島
水深 5m 大小 10cm

棲息在安靜的內灣岩礁，水深 15m 四周的淺珊瑚礁。由一隻雄魚和數隻雌魚成群地在小範圍內洄游。雄魚體側的色塊區域，依個體產生各種變化，有的色塊很大，有的色塊很小。

雌魚 屋久島
水深 6m 大小 30cm
原崎森

鸚哥魚科

鮑氏綠鸚哥魚

Chlorurus bowersi

屋久島、琉球群島；台灣、菲律賓群島、帛琉群島、爪哇島、緬甸、斐濟島

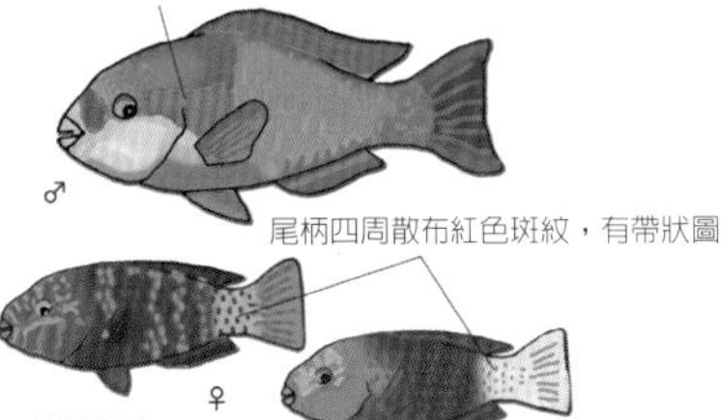
眼睛後方有橘色的梯形斑紋
♂
尾柄四周散布紅色斑紋，有帶狀圖案
♀
帶狀圖案
無帶狀圖案

雌魚 屋久島
水深 8m 大小 25cm 原崎森

雌魚 屋久島
水深 6m 大小 30cm 原崎森

棲息在安靜的內灣岩礁與珊瑚礁地帶。雄魚的活動範圍比其他鸚哥魚類小，體側有帶狀圖案的雌魚酷似史氏鸚哥魚的雌魚，但本種從尾柄四周到後方，顏色偏白。

鸚哥魚科

藍頭綠鸚哥魚

Chlorurus sordidus

八丈島、小笠原群島、駿河灣、高知縣柏島、屋久島、琉球群島；台灣、香港、泰國灣、印度－太平洋

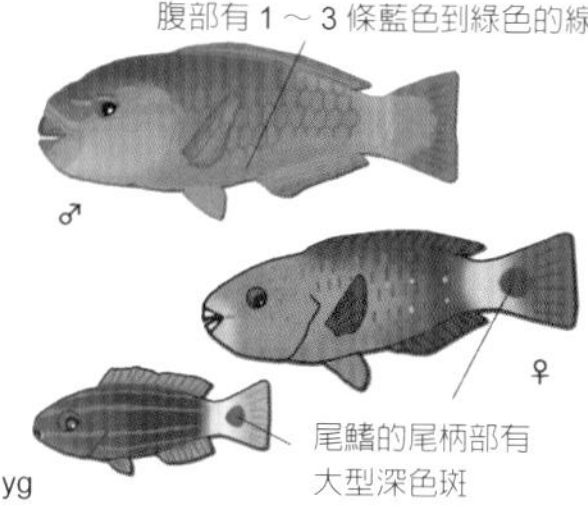
腹部有 1 ～ 3 條藍色到綠色的線
♂
♀
尾鰭的尾柄部有
大型深色斑
yg

雄魚 屋久島
水深 12m 大小 40cm
原崎森

棲息在安靜的內灣岩礁與珊瑚礁地帶，可在海水流通的地方發現雄魚，雄魚的活動範圍很大。

雌魚 屋久島
水深 8m 大小 30cm 原崎森

幼魚 八丈島
水深 5m 大小 4cm

鸚哥魚科

小笠原鸚哥魚

Scarus obishime

八丈島、小笠原群島

體側中央有一條黃色寬帶圖案
♂

體側後方有白色帶狀圖案
♀

雄魚 小笠原
水深 25m 大小 60cm
南俊夫

只能在小笠原群島與八丈島觀察到的地區限定種，偏好水深 20m 以淺、海水流通的岩礁地區。通常是由一隻雄魚與幾隻雌魚組成群體，活動範圍相當廣泛。

雌魚 小笠原
水深 20m 大小 40cm 小林修一

稚魚 八丈島
水深 5m 大小 12cm

雄魚 屋久島
水深 10m 大小 50cm
原崎森

鸚哥魚科

日本綠鸚哥魚

Chlorurus japanensis

屋久島、琉球群島；台灣、菲律賓群島、蘇拉威西島北部、峇里島、帛琉群島、索羅門群島～薩摩亞群島、安達曼群島、留尼旺島

眼睛下方與體側中央有黃色區域
♂
尾鰭為紅色
♀

棲息在內灣的岩礁、珊瑚礁地區，水深 10m 以淺的海域。雄魚的活動範圍很廣，白天在自己的勢力範圍頻繁游動。雌魚的活動範圍很小。

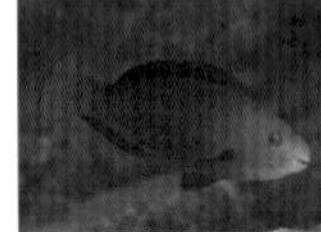

雌魚 屋久島
水深 10m 大小 30cm
原崎森

幼魚 屋久島
水深 6m 大小 4cm
原崎森

雄魚 屋久島
水深 25m 大小 70cm
原崎森

鸚哥魚科

橫紋鸚哥魚

Scarus festivus

小笠原群島、屋久島、琉球群島；台灣、菲律賓群島、帛琉群島、爪哇海、馬紹爾群島、薩摩亞群島、土阿莫土群島、印度洋

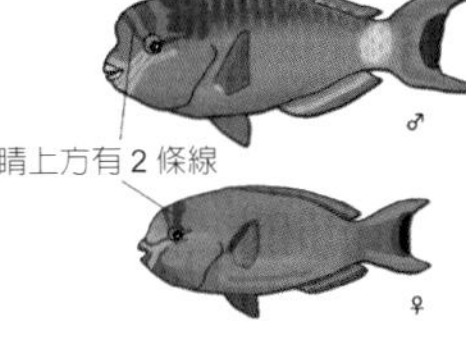
♂
眼睛上方有 2 條線
♀

棲息在水深 15m 以深，海水流通的岩礁、珊瑚礁地區。在鸚哥魚科中，本種偏好水深略深的海域。雄魚的活動範圍相當廣。

雌魚 屋久島
水深 20m 大小 70cm
原崎森

雄魚 石垣島
水深 10m 大小 30cm
惣道敬子

鸚哥魚科

蟲紋鸚哥魚

Scarus globiceps

小笠原群島、和歌山縣錆浦、口永良部島、琉球群島；台灣、印度－太平洋（夏威夷群島 · 土阿莫土群島以東除外）

頭部的綠色色塊從上唇上方開始
♂
尾鰭沒有圖案
身體為綠色～偏黑的深色系
♀
腹部有 2 ～ 3 條線

棲息在水深 10 ～ 15m，遍布小山、海水流通的珊瑚礁外緣。雌魚酷似雜紋鸚哥魚，很可能混淆。現階段本種體色爲綠色到偏黑的深色系，腹鰭的白色線條比雜紋鸚哥魚細。

雌魚 石垣島
水深 8m 大小 25cm
惣道敬子

鸚哥魚科

卵頭鸚哥魚

Scarus ovifrons

八丈島、南日本的太平洋沿岸、屋久島、山口縣～九州西岸；韓國、台灣、香港

額頭外突
♂
有不規則的橘色斑紋
♀
體側有 2 條白線
體側有 2 排白色斑點
yg

雄魚 八丈島 水深 15m 大小 55cm

在水深 15m 附近，海水流通的岩礁，可看見幾隻成群的卵頭鸚哥魚游來游去。經常啃咬岩石，主食爲珊瑚、藻類、甲殼類與底棲生物，屬於雜食性魚類。一旦有外物接近，就會噴出大量的白色石灰質糞便，趁機逃逸。專家認爲這是保護自己不受天敵攻擊的煙霧彈策略。在琉球群島相當稀有，適應溫帶海域。

雌魚 八丈島
水深 10m 大小 35cm

幼魚 八丈島
水深 8m 大小 4cm

鸚哥魚科

紅紫鸚哥魚

Scarus rubroviolaceus

八丈島、小笠原群島、和歌山縣以南的太平洋沿岸、屋久島、琉球群島；台灣、泰國灣、印度－泛太平洋（復活節島除外）

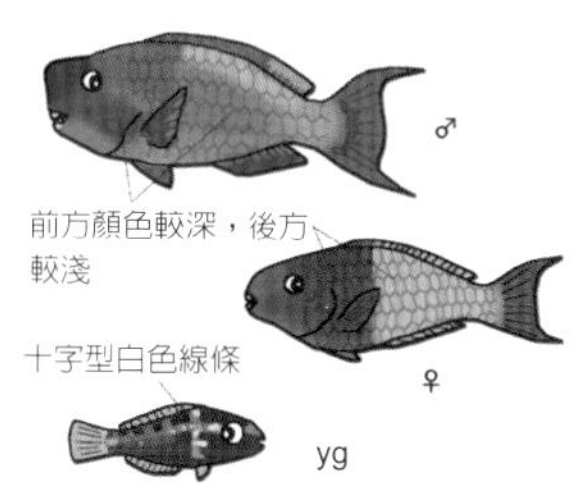
♂
前方顏色較深，後方較淺
♀
十字型白色線條
yg

雄魚 八丈島 水深 16m 大小 35cm

可在海水流通的岩礁與珊瑚礁斜坡，看見一雌多雄成群生活的情景。主要吃附著在珊瑚上的小型藻類，也會捕食甲殼類或底棲動物，屬於雜食性魚類。在珊瑚較少的八丈島爲常見種。

雌魚 八丈島
水深 12m 大小 30cm

幼魚 八丈島
水深 8m 大小 4cm

幼魚 八丈島
水深 6m 大小 2cm

雄魚 屋久島
水深 12m 大小 40cm
原崎森

鸚哥魚科

藍臀鸚哥魚

Scarus chameleon

和歌山縣錆浦、屋久島、琉球群列島；台灣、菲律賓群島、帛琉群島、新幾內亞島東岸、澳洲西北岸～斐濟島

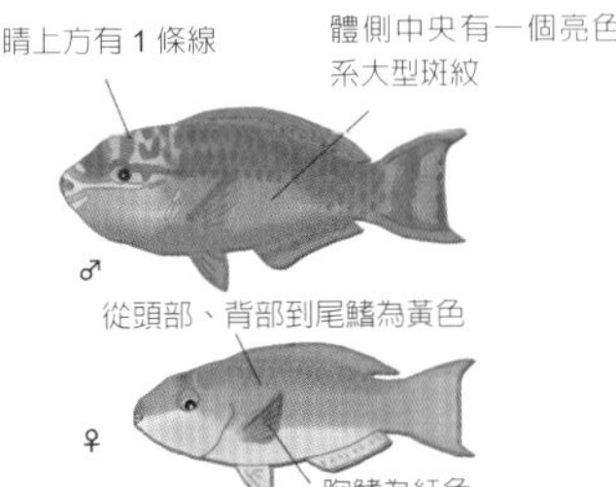
眼睛上方有 1 條線
體側中央有一個亮色系大型斑紋
♂
從頭部、背部到尾鰭為黃色
♀
胸鰭為紅色

雄魚的婚姻色 屋久島
水深 10m 大小 35cm 原崎森

雌魚 屋久島
水深 10m 大小 30cm 原崎森

棲息在水深 15m 以淺，海水流動順暢的岩礁、珊瑚礁地區。如種小名「*chameleon*」所示，體色瞬息萬變。

雄魚 屋久島
水深 5m 大小 40cm
原崎森

鸚哥魚科

網紋鸚哥魚

Scarus frenatus

八丈島、小笠原群島、相模灣、高知縣柏島、屋久島、琉球群島；台灣、中國、泰國灣、印度－太平洋（夏威夷群島．復活節島除外）

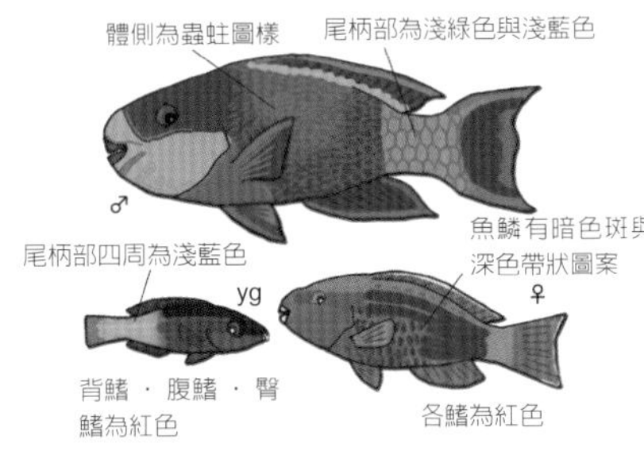
體側為蟲蛀圖樣
尾柄部為淺綠色與淺藍色
♂
魚鱗有暗色斑與深色帶狀圖案
尾柄部四周為淺藍色
yg
♀
背鰭．腹鰭．臀鰭為紅色
各鰭為紅色

雌魚 屋久島
水深 5m 大小 30cm 原崎森

幼魚 八丈島
水深 8m 大小 4cm

棲息在岩礁與珊瑚礁地帶，來回游動於水深 10m 以淺、海浪濺起白色泡沫的碎波帶下。幼魚在八丈島是每年都能見到的季節性洄游魚。

鸚哥魚科

灰尾鸚哥魚

Scarus fuscocaudalis

八丈島、小笠原群島、和歌山縣串本、屋久島、琉球群島；台灣、菲律賓、印尼、新幾內亞島、關島

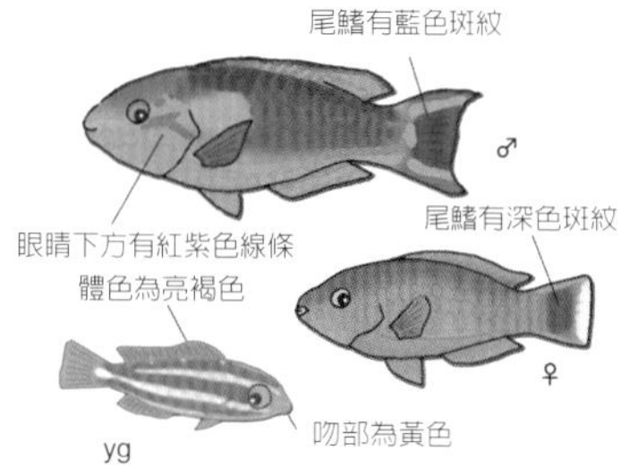

尾鰭有藍色斑紋
♂
眼睛下方有紅紫色線條
尾鰭有深色斑紋
體色為亮褐色
♀
吻部為黃色
yg

雄魚 屋久島
水深 14m 大小 30cm
原崎森

成魚棲息在水深 20m 左右，水深略深的岩礁、珊瑚礁外緣。可在水深較淺的相同環境中，發現稚魚和幼魚。

雌魚 八丈島
水深 30m 大小 20cm 水谷知世

幼魚 八丈島
水深 30m 大小 2.5cm 水谷知世

鸚哥魚科

雜紋鸚哥魚

Scarus rivulatus

八丈島、高知縣以南的太平洋沿岸、屋久島、琉球群島；台灣、泰國灣、西太平洋、加羅林群島、馬紹爾群島、安達曼群島、澳洲西北岸、斯里蘭卡

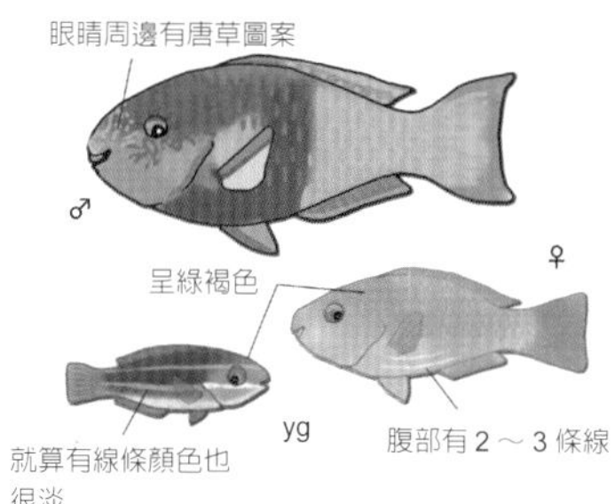

眼睛周邊有唐草圖案
♂
♀
呈綠褐色
yg
腹部有 2 ～ 3 條線
就算有線條顏色也很淡

雄魚 呂宋島
水深 5m 大小 40cm

棲息在安靜的內灣淺水區岩礁、珊瑚礁地帶，繁殖時會往海水流通的地方移動。幼魚體側的線條時而出現、時而消失，體色變化相當明顯。雌魚酷似蟲紋鸚哥魚，很可能混淆。現階段的區分方式是本種體色爲綠褐色，腹部有幾條較粗的線條。

雌魚 呂宋島
水深 5m 大小 35cm

幼魚 八丈島
水深 12m 大小 4cm

雄魚 屋久島
水深 12m 大小 35cm
原崎森

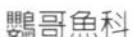

鸚哥魚科

瓜氏鸚哥魚

Scarus quoyi

屋久島、琉球群島；台灣、泰國灣、馬來半島北部、菲律賓群島～蘇拉威西島北部、帛琉群島、小巽他群島、新幾內亞島東部、澳洲東北岸、新赫布里底群島、新喀里多尼亞、安達曼海、斯里蘭卡

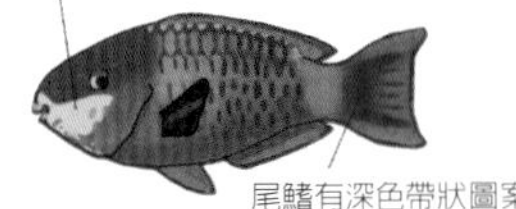

從上唇開始的亮綠色區域
尾鰭有深色帶狀圖案

偏好珊瑚礁地帶水深 15m 以淺，海面相對平靜的內灣。雄魚的活動範圍很大，白天時常到處游動。

雄魚 宿霧島
水深 10m 大小 30cm

鸚哥魚科

新月鸚哥魚

Scarus dimidiatus

屋久島、琉球群島；台灣、泰國灣、小巽他群島、太平洋中．西部（菲律賓群島～薩摩亞群島；夏威夷群島．印尼．新幾內亞島西南岸除外）、安達曼群島、澳洲西岸

前方背部有一片綠色到藍色的斑紋
♂
尾鰭不內凹

體側上方有 3～4 條深色帶狀圖案
♀

棲息在珊瑚礁淺礁池內，有許多枝狀珊瑚的地方。雌魚通常形成小型群體。在日本為稀有種。

雌魚 宿霧島
水深 10m 大小 25cm

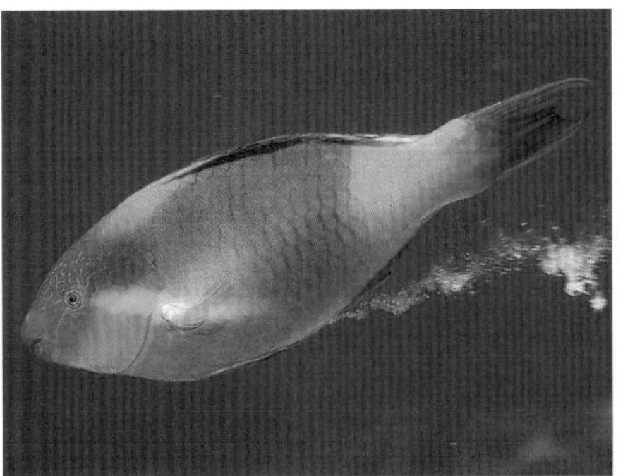

雄魚 阿尼洛
水深 8m 大小 40cm

鸚哥魚科

高鰭鸚哥魚

Scarus hypselopterus

小笠原群島、和歌山縣串本、屋久島、琉球群島；台灣、泰國灣、菲律賓群島～蘇拉威西島．哈馬黑拉島．摩鹿加群島．帛琉群島

眼睛後方有一條藍綠色粗線
♂
尾柄以後為黃色

♀

棲息在岩礁、珊瑚礁地區，水深 15m 以淺的海域。雄魚的行動範圍很廣泛。

雄魚 屋久島
水深 14m 大小 40cm
原崎森

雌魚 屋久島
水深 15m 大小 15cm
原崎森

鸚哥魚科

高翅鸚哥魚

Scarus altipinnis

小笠原群島、高知縣柏島；帛琉群島 · 新幾內亞島東部 · 澳洲東北岸以東的太平洋中 · 西部（夏威夷群島 · 復活節島除外）

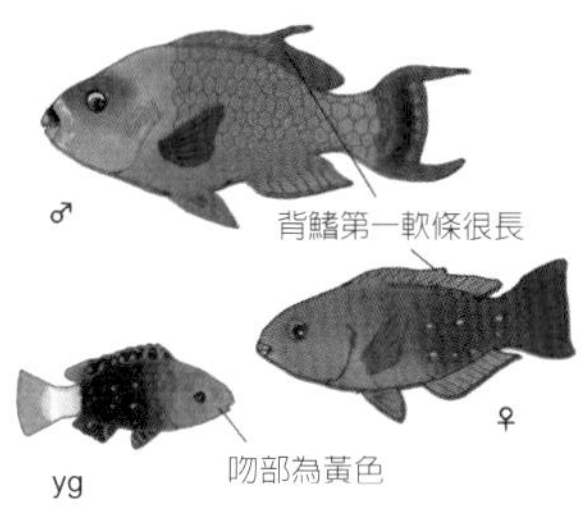
♂
背鰭第一軟條很長
♀
yg
吻部為黃色

雄魚 小笠原
水深 15m 大小 50cm
小林修一

棲息在岩礁、珊瑚礁地帶，水深 30m 以淺海水流通的地方。背鰭中央的軟條呈線狀生長，這是其標準和名的由來。幼魚長得很像綠頜鸚哥魚，本種常見於小笠原，在其他地區看不見，因此在小笠原以外的地區發現的幼魚，通常都是綠頜鸚哥魚的幼魚。

雌魚 小笠原
水深 15m 大小 40cm 小林修一

幼魚 小笠原
水深 20m 大小 5cm 小林修一

鸚哥魚科

綠頜鸚哥魚

Scarus prasiognathos

八丈島、相模灣以南的太平洋沿岸、屋久島、琉球群島；台灣、香港、泰國灣、菲律賓群島～加里曼丹島 · 蘇拉威西島、大巽他群島北岸、馬來半島西岸、俾斯麥群島、帛琉群島、斐濟群島、東印度洋（科科斯〔基林〕群島以東）、馬爾地夫群島

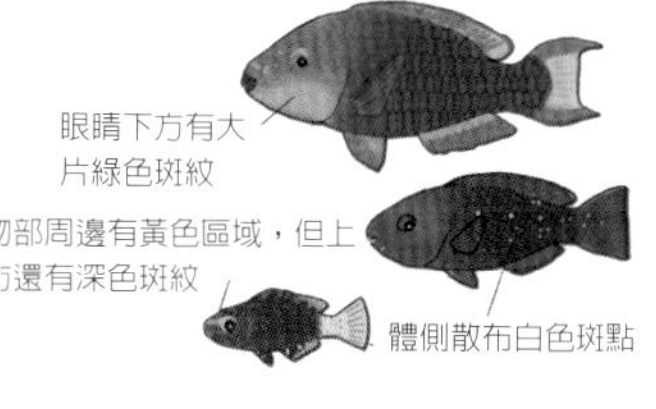
眼睛下方有大片綠色斑紋
吻部周邊有黃色區域，但上方還有深色斑紋
體側散布白色斑點

棲息在岩礁、珊瑚礁地區，水深 20m 以淺海水流通的斜坡。以形成龐大群體聞名。幼魚很像高翅鸚哥魚，但在小笠原以外發現的幼魚大概都是本種。

雄魚 屋久島
水深 8m 大小 1.1m
原崎森

雌魚 屋久島
水深 5m 大小 35cm 原崎森

幼魚 八丈島
水深 12m 大小 4cm

幼魚 八丈島
水深 5m 大小 2cm

杜父魚科

尖頭杜父魚

Vellitor centropomus

青森縣津輕海峽～九州西北岸的日本海沿岸、青森縣～和歌山縣的太平洋沿岸；朝鮮半島

體側有白色斑紋圖案
胸鰭直達臀鰭

南伊勢
水深 8m 大小 4cm
鈴木崇弘

棲息在岩礁的馬尾藻層與大葉藻林，喜歡吃小型甲殼類。雄魚的第一背鰭有明顯的缺刻，有大型生殖突起。照片爲雌魚。

杜父魚科

鱸形鯯杜父魚

Pseudoblennius percoides

青森縣以南、伊豆大島；朝鮮半島

鰓上有黑色斑點
口部呈尖形
體側的不規則條紋未達腹部

伊豆大島 水深 15m 大小 12cm

常見於日本沿岸溫帶海域的大葉藻林與馬尾藻層，是日本固有種。雄魚擁有大型生殖器，與雌魚交配，但雌魚會將卵與精子一起排出，兩者在海水中接觸的瞬間就會受精。雌雄配子先在體內會合再排出的生殖型態相當特別。

圓鰭魚科

雀魚

Lethotremus awae

青森縣以南；千島列島南部、中國

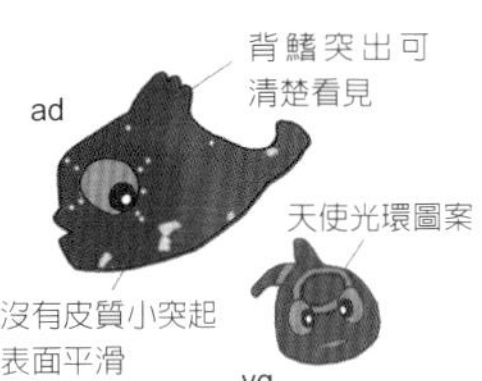

背鰭突出可清楚看見
ad
天使光環圖案
沒有皮質小突起表面平滑
yg

青海島
水深 13m 大小 1.5cm
和泉裕二

棲息在水深 15m 以淺的岩礁與潮池，伊豆半島的 1～3 月，也就是每年水溫最低，降至 13～17℃時，就會附生在耳殼藻或囊藻等海藻類上。

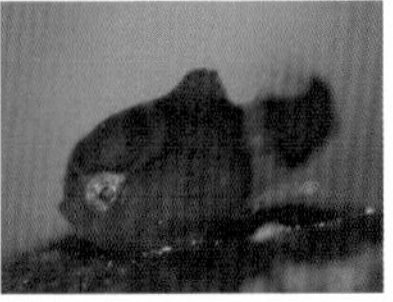

青海島
水深 14m 大小 0.5cm
和泉裕二

圓鰭魚科

白令海圓腹魚

Aptocyclus ventricosus

第一背鰭埋在皮下看起來像是沒有背鰭

北海道、青森縣～島根縣隱岐的日本海沿岸、對馬、青森縣～千葉縣銚子的太平洋沿岸、相模灣；朝鮮半島、千島列島北部、堪察加半島所有沿岸、白令海西部、不列顛哥倫比亞省沿岸

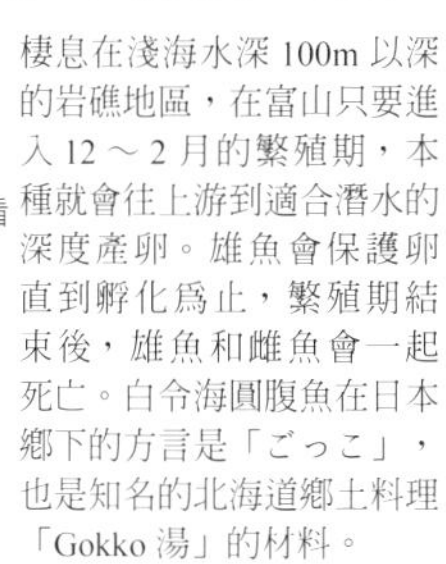

棲息在淺海水深 100m 以深的岩礁地區，在富山只要進入 12 ～ 2 月的繁殖期，本種就會往上游到適合潛水的深度產卵。雄魚會保護卵直到孵化為止，繁殖期結束後，雄魚和雌魚會一起死亡。白令海圓腹魚在日本鄉下的方言是「ごっこ」，也是知名的北海道鄉土料理「Gokko 湯」的材料。

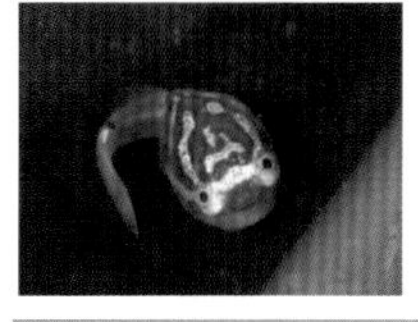

幼魚 函館
水深 4m 大小 3mm 鈴木あやの

成魚 富山縣滑川海岸
水深 8m 大小 30cm
木村昭信

獅子魚科

纖細獅子魚

Liparis punctulatus

津輕海峽、青森縣～長崎縣的日本海沿岸、福島縣～和歌山縣的太平洋沿岸；朝鮮半島東岸～彼得大帝灣

棲息在淺海岩礁，屬於溫帶魚類，偏好冷水，可在伊豆半島看見幼魚。顏色變化多樣，利用發達的腹鰭吸盤吸附在海藻或岩盤的凹陷處，通常靜止不動。

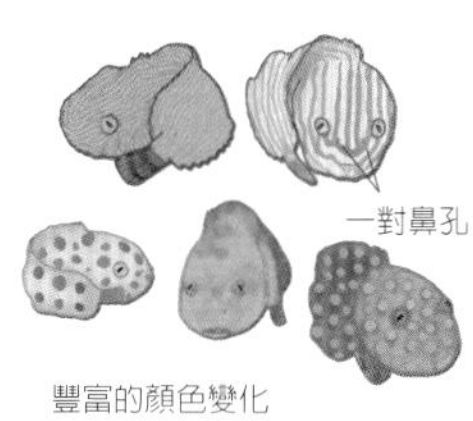
一對鼻孔

豐富的顏色變化

南伊勢
水深 5m 大小 2cm
鈴木崇弘

函館
水深 8m 大小 2cm
鈴木あやの

擬鱸科

美擬鱸

Parapercis pulchella

新潟縣～九州的日本海 · 東海沿岸、南日本的太平洋沿岸、伊豆群島；朝鮮半島、台灣、香港、斯里蘭卡

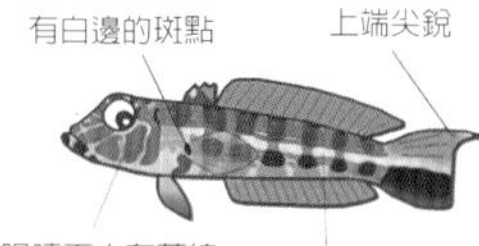
有白邊的斑點
上端尖銳
眼睛下方有藍線
體側中央有一條斷斷續續的白色線條

除了珊瑚礁地區之外，常見於淺水區岩礁周邊的砂礫質海底、砂底與瓦礫區。溫帶種。屬於先雌後雄型，先發育為雌性再轉為雄性。

八丈島 水深 25m 大小 10cm

雄魚 八丈島 水深 5m 大小 12cm

擬鱸科

史氏擬鱸

Parapercis snyderi

南日本的太平洋沿岸、島根縣～九州西岸的日本海 · 東海沿岸、屋久島、慶良間群島；朝鮮半島、台灣、香港、西太平洋

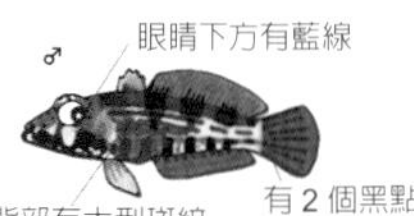

♂
眼睛下方有藍線
背部有大型斑紋
有 2 個黑點

♀

普遍常見於西日本沿岸的溫帶種，可在水深 15m 左右，岩礁周邊的砂礫底與瓦礫區發現其蹤跡。

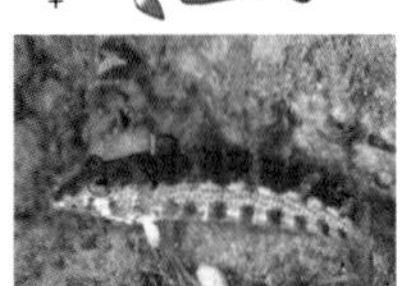

雌魚 八丈島
水深 5m 大小 10cm

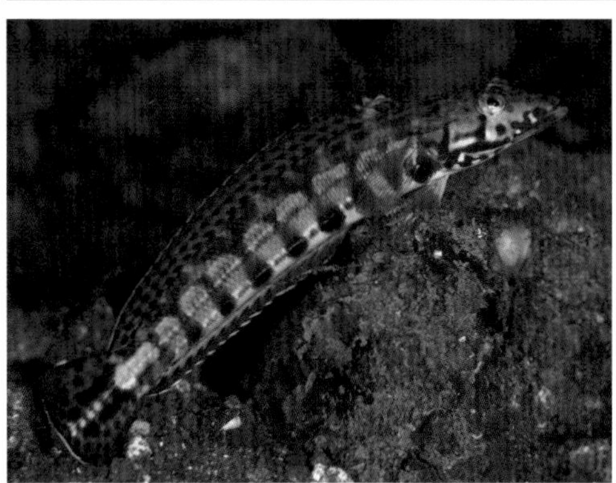

八丈島 水深 26m 大小 20cm

擬鱸科

蒲原氏擬鱸

Parapercis kamoharai

伊豆群島、相模灣以南的太平洋沿岸、屋久島；台灣、香港、蘇拉威西島

前端為尖形
體側有 Y 字與 I 字線條交錯

常見於海水流通的岩礁周邊，或內灣淺水區的砂礫質海底、瓦礫區。在八丈島十分普遍，但在其他地區則很罕見。本種的學名與和名是由日本魚類分類學權威蒲原稔治命名。

奄美大島
水深 10m 大小 15cm
蔦木伸明

擬鱸科

黃紋擬鱸

Parapercis xanthozona

奄美大島、沖繩縣運天港 · 宮古島；台灣、西太平洋、安達曼海、非洲東岸

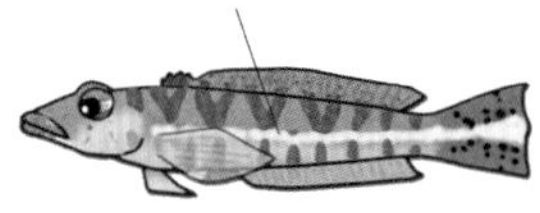

體側中央有白線直達尾鰭後緣

棲息在水深 10～20m 珊瑚礁地區，常見於奄美大島的砂泥質海底。

擬鱸科

雪點擬鱸

Parapercis millepunctata

伊豆群島、小笠原群島、和歌山縣以南的太平洋沿岸、屋久島、琉球群島；台灣、模里西斯、東印度－太平洋（夏威夷群島除外）

黑色斑紋前端有白色斑紋
排列著白色半圓形斑紋

常見於淺水區珊瑚礁周邊的砂礫質海底與瓦礫區。

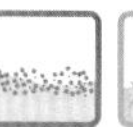

八丈島 水深 10m 大小 21cm

擬鱸科

四斑擬鱸

Parapercis clathrata

八丈島、相模灣以南的太平洋沿岸、屋久島、琉球群島；台灣、越南、印度－西太平洋（安達曼海以東）、密克羅尼西亞、薩摩亞群島

一對有藍邊的眼狀斑
橘色斑紋排成一條線

常見於淺珊瑚礁周邊，海水流通的砂礫底與瓦礫區。偶爾可在南日本的太平洋岸發現幼魚，屬於不會過冬的季節性洄游魚。

八丈島 水深 18m 大小 18cm

擬鱸科

太平洋擬鱸

Parapercis pacifica

伊豆群島、和歌山縣以南的太平洋沿岸、屋久島、琉球群島；台灣、菲律賓群島、印尼、斐濟群島

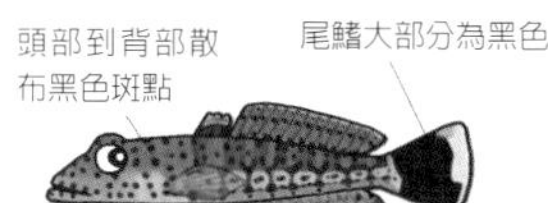
頭部到背部散
布黑色斑點
尾鰭大部分為黑色
腹部排列著鑲黃邊的黑點

常見於內灣淺水區的珊瑚礁周邊，砂質海底與瓦礫區。

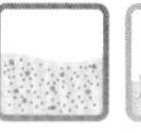

八丈島 水深 5m 大小 12cm

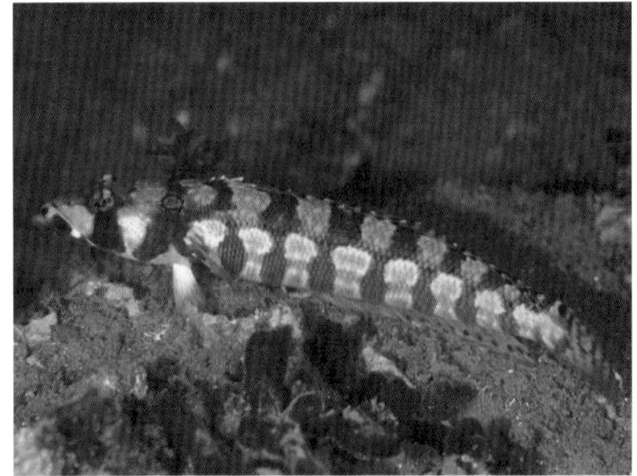

擬鱸科

四棘擬鱸

Parapercis tetracantha

伊豆群島、伊豆半島以南的太平洋沿岸、屋久島、琉球群島；台灣、東印度－西太平洋的熱帶海域

背部條紋和腹部條紋互相交錯
偏黑色的 V 字型帶狀圖案

八丈島 水深 20m 大小 18cm

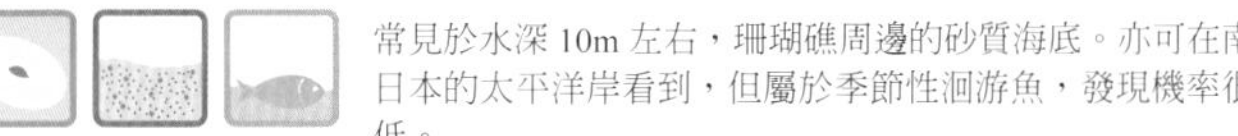

常見於水深 10m 左右，珊瑚礁周邊的砂質海底。亦可在南日本的太平洋岸看到，但屬於季節性洄游魚，發現機率很低。

擬鱸科

多帶擬鱸

Parapercis multiplicata

伊豆群島、小笠原群島、和歌山縣以南的太平洋沿岸、屋久島、琉球群島；台灣、太平洋中西部的熱帶海域

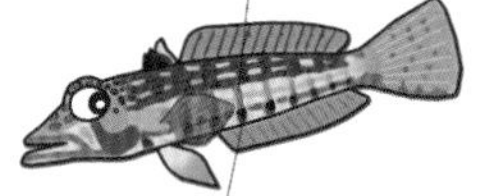
腹部排列著細線條
線條上方排列著模糊的黑色斑點

八丈島 水深 18m 大小 18cm

常見於水深 15m 左右，珊瑚礁周邊海水流通的砂礫質海底。亦可在南日本的太平洋岸發現幼魚，但屬於不會過冬的季節性洄游魚。在八丈島水深 20m 左右海水流通處，圍繞著岩礁的粗砂石堆，偶爾也能看到其身影。

擬鱸科

多橫帶擬鱸

Parapercis multifasciata

茨城縣以南的太平洋沿岸、新潟縣～九州的日本海 · 東海沿岸；朝鮮半島、台灣

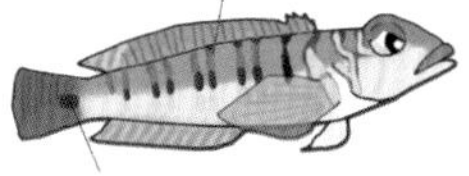
體側有 5 對線條
尾鰭根部有深色斑點

伊豆半島
水深 50m 大小 10cm
蔦木伸明

  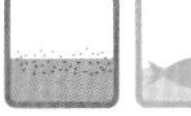 

棲息在水深 100m 左右的大陸棚泥砂質海底，可在伊豆大島與伊豆海洋公園，水深 40m 以深參雜貝殼的砂底發現其行蹤，但在可潛水區域是罕見魚種。

擬鱸科

玫瑰擬鱸

Parapercis schauinslandii

伊豆群島、相模灣以南的太平洋沿岸、琉球群島；台灣、印度－太平洋（復活節島除外）

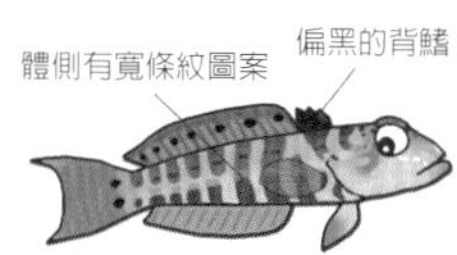

體側有寬條紋圖案
偏黑的背鰭

常見於海水流通的岩礁斜坡，與珊瑚礁外緣的砂礫質海底。通常在水深較深的地方發現其蹤跡，但在八丈島水深 50m 的深水區砂礫底亦可觀察到。

呂宋島 水深 25m 大小 12cm

擬鱸科

紅背擬鱸

Parapercis natator

伊豆群島、小笠原群島、相模灣、屋久島、沖繩群島

有白邊的紅色斑紋
♂
內凹的尾鰭
眼睛位於頭部側面

♀

棲息在水深 15 ～ 60m 的岩礁與珊瑚礁外緣斜坡。由於擬鱸科魚類生活在海底，因此眼睛通常朝上。但只有本種屬於浮游性，在中層海域徘徊，所以眼睛長在側面。

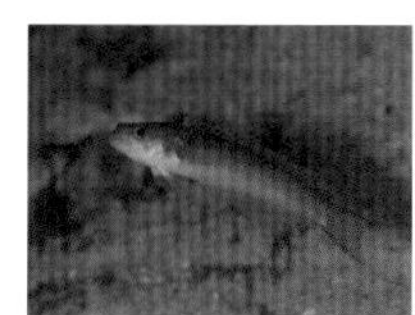

雌魚 屋久島
水深 30m 大小 6cm 原崎森

雄魚 屋久島
水深 30m 大小 6cm
原崎森

絲鰭鱚科

絲鰭鱚

Trichonotus setiger

南日本的太平洋沿岸、八丈島、小笠原群島、九州西岸、屋久島、琉球群島；台灣、香港、留尼旺島、東印度－西太平洋

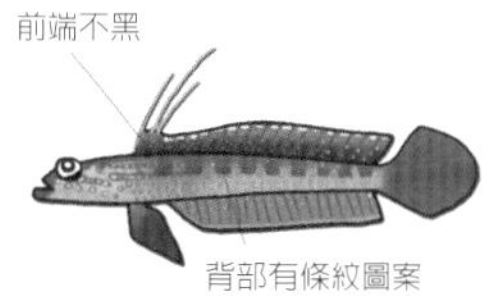

前端不黑
背部有條紋圖案

可在內灣的岩礁周邊砂底或砂礫質海底，發現一雄多雌的後宮型態。
平時靜靜待在砂底上，感到危險立刻潛入砂中逃逸。
雄魚不時往上游，漂浮在水中。

八丈島 水深 5m 大小 18cm

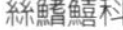

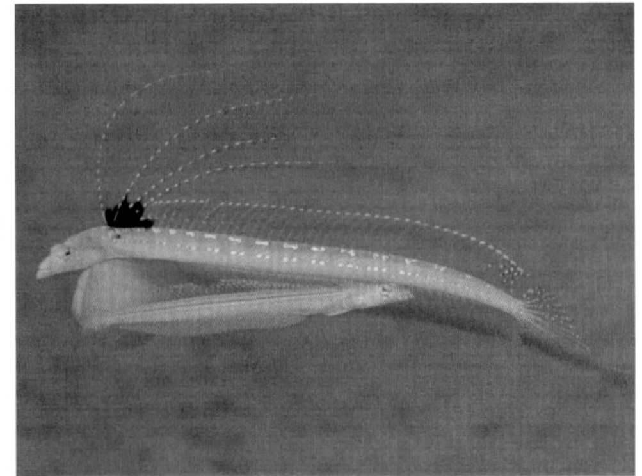

石垣島
水深 10m 大小 12cm
惣道敬子

絲鰭鱚科

美麗絲鰭鱚

Trichonotus elegans

高知縣宿毛、琉球群島；台灣、馬爾地夫群島、西太平洋

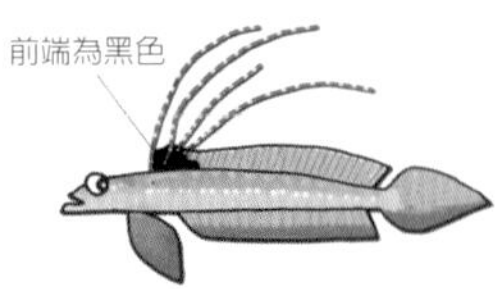
前端為黑色

可在珊瑚礁外緣斜坡的砂質海底，發現一隻雄魚和幾隻雌魚組成的後宮結構。通常在砂底上徘徊漂浮，感到危險會立刻潛入砂中。

屋久島
水深 25m 大小 30cm
原崎森

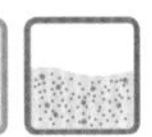

䲢科

雙斑䲢

Uranoscopus bicinctus

富山灣、南日本的太平洋沿岸、琉球群島；朝鮮半島、台灣、南海～澳洲西北岸

有刺
斑紋橫跨身體兩面

平時潛伏於岩礁與珊瑚礁外緣砂底裡，悄悄伸出頭部，以吻部前端的帶狀皮瓣如沙蠶般震動，吸引其他魚類，再趁機張口吞食。

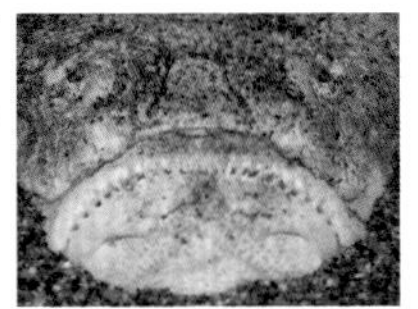

伊豆半島
水深 21m 大小 30cm 原多加志

婚姻色 雄魚 八丈島
水深 5m 大小 7cm

三鰭鳚科

短鱗諾福克鳚

Norfolkia brachylepis

伊豆半島以南的太平洋沿岸、八丈島、小笠原群島、屋久島、奄美大島、琉球群島；台灣、印度－西太平洋（含紅海）、馬紹爾群島

黑色斑點
nup
虹彩有放射狀橘色線條
背鰭到體背有乳白色斜線
ad

獨自潛藏在岩礁、珊瑚礁小山側面、裂縫深處、石頭深處、瓦礫下方等處，在八丈島的繁殖期爲夏季。繁殖期時雄魚一大早就會來到小山側面，身體浮現婚姻色向雌魚求愛。

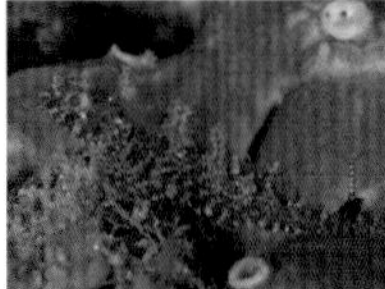

雌魚 八丈島
水深 5m 大小 5cm

三鰭鳚科

溝線突頜三鰭鳚

Ucla xenogrammus

屋久島、奄美大島、琉球群島；東印度－太平洋（到拉帕島為止；夏威夷群島除外）

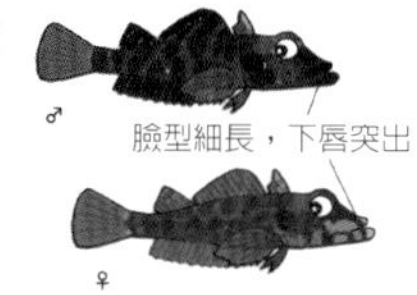
♂
臉型細長，下唇突出

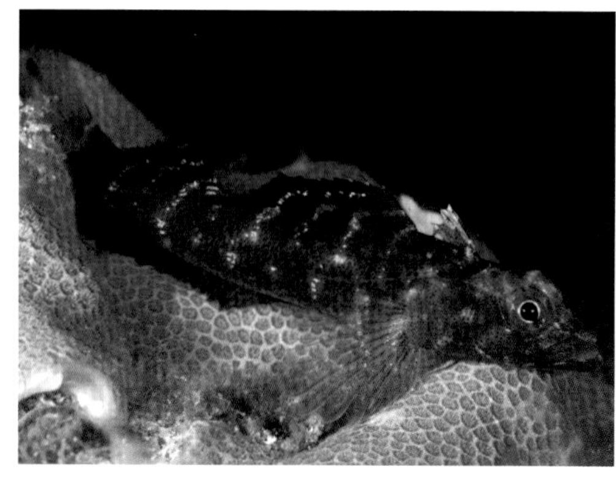

婚姻色 雄魚 屋久島
水深 10m 大小 6cm
原崎森

常見於水深 10m 以淺，內灣的岩礁、珊瑚礁小山側面，偏好扁平的珊瑚而非枝狀珊瑚。在屋久島的繁殖期爲春到初夏。

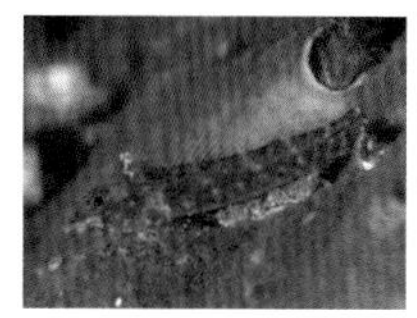

雌魚 屋久島
水深 6m 大小 5cm 原崎森

三鰭鳚科

縱帶彎線鳚

Helcogramma striata

伊豆半島以南的太平洋沿岸、伊豆群島、小笠原群島、屋久島、奄美大島、琉球群島；台灣、香港、東印度－西太平洋、吉爾伯特群島、萊恩群島

紅白分明的條紋圖案

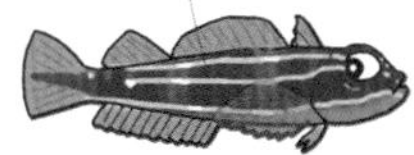

八丈島 水深 12m 大小 6cm

一般常見於水深 10m 左右，海水流通的岩礁與珊瑚礁。在伊豆半島沿岸的太平洋岸屬於季節性洄游魚，可觀察到其身影。不過，本種通常棲息在南方溫暖海域的珊瑚礁地區。

三鰭鳚科

三角彎線鳚

Helcogramma inclinata

八丈島、屋久島、沖繩縣粟國島．石垣島；台灣、巴丹島

除了頭部之外，身體為黑色
nup
與身體相較，頭部比例較大
體側有條紋圖案

ad
尾鰭根部有 H 圖案

婚姻色 雄魚 屋久島
水深 5m 大小 7cm
原崎森

常見於水深 5m 以淺的淺水區岩礁性珊瑚礁，礁山和岩石的側面。在屋久島的繁殖期爲春季。

雌魚 屋久島
水深 5m 大小 6cm 原崎森

婚姻色 雄魚 八丈島 水深 6m 大小 6cm

三鰭鳚科

四國島彎線鳚

Helcogramma nesion

八丈島、小笠原群島、屋久島

眼睛下方的黑色區域
和藍線延伸至鰓蓋
尾鰭前端為黑色
nup
與身體相較，頭部比例比較大
尾鰭根部一帶偏黑
ad
斑紋非明顯的條紋圖案

常見於水深 5m 以淺的淺岩礁山、岩石側面。在八丈島的繁殖期爲春到初夏。繁殖時雄魚身上會變成紅的婚姻色，向雌魚群求愛。

雌魚 八丈島
水深 6m 大小 5cm

幼魚 八丈島
水深 7m 大小 2.5cm

產卵 八丈島
水深 6m 大小 6cm 5cm

婚姻色 雄魚 八丈島
水深 2m 大小 6cm

三鰭鳚科

三宅雙線鳚

Enneapterygius miyakensis

伊豆群島

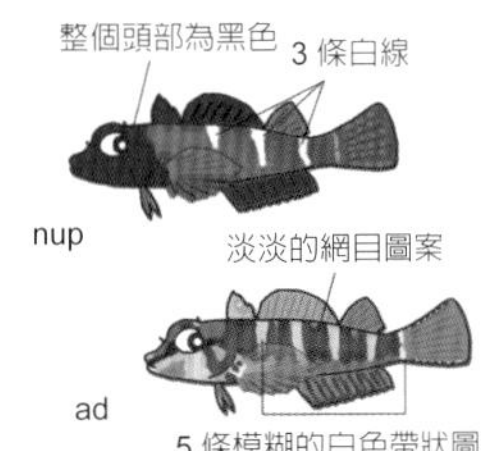
整個頭部為黑色
3 條白線
nup
淡淡的網目圖案
ad
5 條模糊的白色帶狀圖案

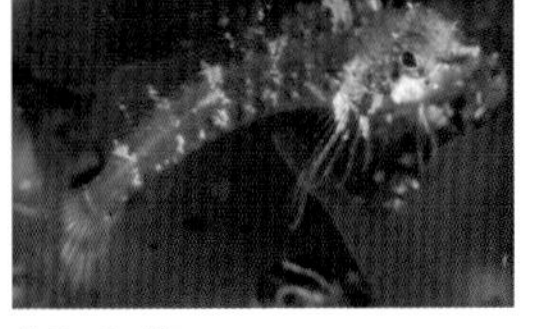

雌魚 八丈島
水深 1m 大小 5cm

幼魚 八丈島
水深 2m 大小 2.5cm

常見於水深 1 ~ 2m 的淺水區，與海浪波動較大的潮池。在八丈島的繁殖期爲初夏。
雄魚在岩石和礁山側面建立地盤，向雌魚求愛。雄魚一直守在卵旁，直到小魚孵出來爲止。

三鰭鳚科

四紋三鰭鳚

Helcogramma fuscipectoris

八丈島、小笠原群島、屋久島、沖繩島；阿森松島、包含紅海在內的印度洋

藍色斑點
nup
口部周邊為黑色
ad
身體帶有透明感，體表還有斷斷續續的透明黃線

常見於波浪強勁的岩礁、珊瑚礁的潮池與潮間帶等處。在八丈島的繁殖期為春季，此時雄魚會來到岸邊淺水區的小山或岩石側面，全身變成婚姻色，向雌魚求愛。

雄魚 八丈島
水深 2m 大小 5cm

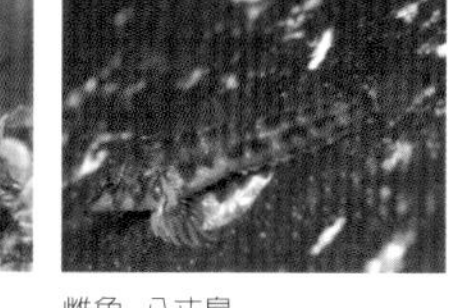
雌魚 八丈島
水深 3m 大小 4cm

婚姻色 八丈島 水深 3m 大小 5cm

三鰭鳚科

彎線鳚屬

Helcogramma sp.

奄美大島以南的琉球群島

各背鰭根部與尾鰭偏紅
從頭身比例來看，頭部偏大 nup

深色線條通過眼睛前方
ad

棲息在珊瑚礁外緣的岩礁，水深 10m 以淺的海域。4～5 月為繁殖期，通常上午才能看到雄魚的婚姻色。

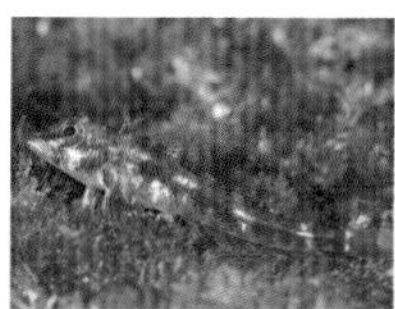
雌魚 沖繩島
水深 6m 大小 4.5cm
片野猛

雄魚的婚姻色 沖繩島
水深 6m 大小 5cm
片野猛

三鰭鳚科

黑尾史氏三鰭鳚

Springerichthys bapturus

北海道～九州的各地沿岸、伊豆群島；濟州島、台灣、馬布島

nup
體側有黃色斑點
尾鰭呈黑色

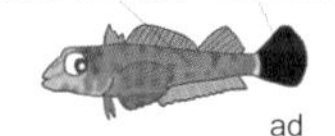
ad

可在水深 10m 以淺，海水流通的岩礁山與岩石側面、岩壁天花板等，略微陰暗的地方。在伊豆半島冬至春天，水溫較低的時期，可觀察到本種的繁殖行為。在琉球群島十分罕見。

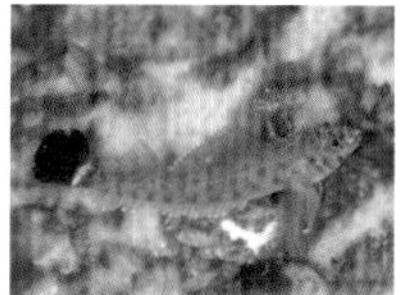
雄魚 八丈島
水深 7m 大小 7cm

雌魚 八丈島
水深 7m 大小 6cm

婚姻色 雄魚 八丈島
水深 7m 大小 7cm

雄魚的婚姻色 屋久島
水深 1m 大小 3cm
原崎森

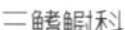

三鰭鳚科

菲律賓雙線鳚

Enneapterygius philippinus

和歌山縣串本、屋久島、琉球群島；台灣、印度－西太平洋（馬斯克林群島以東）、加羅林群島、馬紹爾群島、吉爾伯特群島

nup
第一背鰭比第二背鰭低
ad
體色看似由草綠色小點集結而成

棲息在珊瑚礁的潮間帶與潮池，在海浪濺起白色泡沫的碎波帶附近完全看不到，只待在風平浪靜的潮池裡。屋久島地區的繁殖期爲春季。雄魚的婚姻色通常出現在早上，但一整天都能看見。

雌魚 屋久島
水深 1m 大小 2.5cm
原崎森

雄魚 屋久島
水深 5m 大小 2cm
原崎森

三鰭鳚科

奇異雙線鳚

Enneapterygius mirabilis

屋久島、奄美大島、西表島；印尼東部、新幾內亞島、萬那杜

布滿全身的鞍狀斑紋看似砂粒
腹鰭有條紋圖案
臀鰭有條紋圖案

棲息在珊瑚礁水深 8～37m 處，水深 10m 以淺的安靜海灣內，通常形成舖滿砂粒的岩盤環境。本種體色與砂粒融爲一體，很難發現。

雌魚 屋久島
水深 4m 大小 2cm
原崎森

婚姻色 雄魚 八丈島 水深 15m 大小 4.5cm

三鰭鳚科

隆背雙線鳚

Enneapterygius tutuilae

八丈島、小笠原群島、奄美大島、沖繩縣瀨底島；台灣、印度－太平洋（包含紅海在內，到社會群島為止；夏威夷群島除外）

黑色斑紋
nup
排列黑色斑點
根部為黑色
最前面的背鰭很長很醒目
從背鰭到背部偏白，有不規則圖案
ad

常見於海水流通的岩礁與珊瑚礁外緣斜坡，大多棲息在水深 10～20m 一帶，但也能在水深 30m 的深水區發現其蹤影。八丈島的繁殖期爲春季，此時雄魚體色轉爲婚姻色，在雌魚面前跳來跳去求愛。

雌魚 八丈島
水深 14m 大小 4cm

三鰭鳚科

篩口雙線鳚

Enneapterygius etheostomus

青森縣、新潟縣～九州的日本海．東海沿岸、秋田縣、南日本的太平洋沿岸、屋久島、琉球群島；韓國、台灣、香港

2 條白線
皮瓣呈 2 分岔
背鰭前端呈尖形
nup
2 點連結起來外型類似眼鏡的斑紋
寬版 H 線條角度略微傾斜
♂
♀

可在水深 10m 以淺的岩礁山、岩石側面或砂礫底發現其蹤影，在伊豆半島的繁殖期爲夏季。

雌魚 伊豆半島
水深 2m 大小 4cm
道羅英夫

雄魚 伊豆半島
水深 2m 大小 6cm
道羅英夫

三鰭鳚科

棒狀雙線鳚

Enneapterygius rhabdotus

琉球群島；台灣、西太平洋、社會群島、馬克薩斯群島

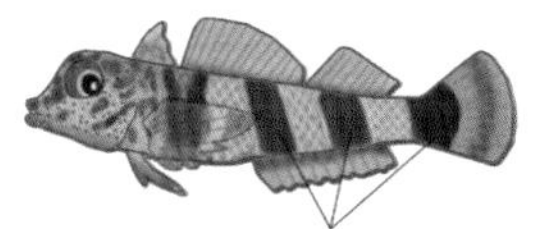
體側後方有 3 道寬版深色帶狀圖案

可在波浪強勁的珊瑚礁外緣，岩礁區域的潮間帶、瓦礫下方、突出的岩石裡面等處，發現其蹤影。屬於稀有種。

沖繩島
水深 2m 大小 2.5cm
片野猛

三鰭鳚科

黃頸雙線鳚

Enneapterygius flavoccipitis

屋久島、加計呂麻島、伊江島、石垣島；台灣、東印度－西太平洋（澳洲西岸～萬那杜）

眼睛後方周邊有綠色斑紋與紅褐色區
nup
尾柄部有黑色帶狀圖案
ad
體側有斜線

可在水深 10m 以淺，海水流通的珊瑚礁外緣礁山裂縫，發現其蹤影。

雄魚 屋久島
水深 10m 大小 3cm
原崎森

雄魚的婚姻色 沖繩島
水深 8m 大小 3.5cm
津波古健

雄魚的婚姻色 沖繩島
水深 1.5m 大小 3.5cm
片野猛

三鰭鳚科

尾斑雙線鳚

Enneapterygius signicauda

沖繩島、伊江島；塔納島、東加群島、薩摩亞群島

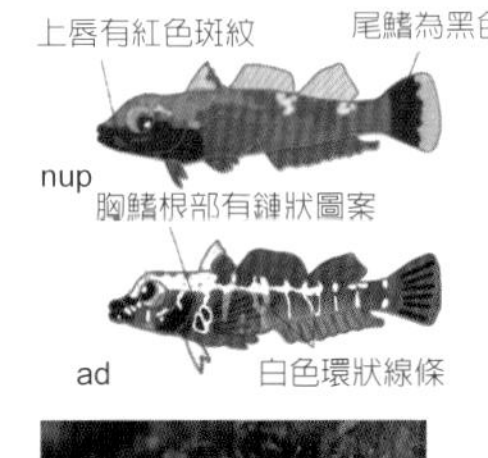
上唇有紅色斑紋
尾鰭為黑色
nup
胸鰭根部有鏈狀圖案
ad
白色環狀線條

棲息在海浪強勁的岩礁，水深 1 ～ 2m 的淺珊瑚礁。常見於退潮時露出岩脈的地區。繁殖期爲 4 ～ 5 月，9 ～ 11 點之間雄魚會浮現出婚姻色，一到下午就看不見雄魚的身影。平時體側背面有連起來的獨特白線，此線會變深或變淡。

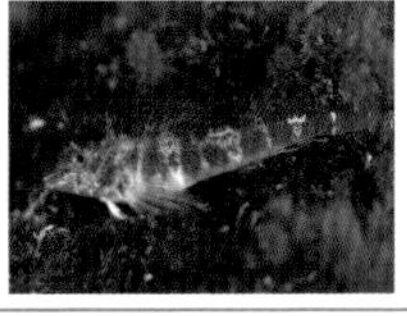
雌魚 沖繩島
水深 20m 大小 3cm
片野猛

雄魚的婚姻色 沖繩島
水深 2m 大小 3cm
片野猛

三鰭鳚科

類雙線鳚

Enneapterygius similis

靜岡縣大瀨崎、和歌山縣串本、琉球群島；西太平洋的熱帶海域、東加群島、薩摩亞群島

第三背鰭到尾鰭的黑色區域呈現傾斜角度
nup
綠色區域的界線分明
鰓後有黑斑
ad

棲息在珊瑚礁外緣的岩礁區潮間帶、潮池等水深 4m 以淺海域，可在突出的小山裂縫或低窪處四周發現其身影，與同屬他種相較，本種偏好明亮的區域。正常體色酷似同屬近似種「雙線鳚屬 sp.2」，但本種體側後方的綠色部分界線分明。

雄魚 沖繩島
水深 2m 大小 3cm
片野猛

雄魚的婚姻色 沖繩島
水深 3m 大小 4cm
片野猛

三鰭鳚科

鵰彎線鳚

Helcogramma aquila

沖永良部島、沖繩本島；菲律賓、馬里亞納群島

眼睛下方的黑色區域
與藍線未達鰓蓋
尾鰭為黑色
nup
眼睛下方與體側前方背面有斑駁圖案
胸鰭根部有
深色斑
ad

棲息在面向海浪強勁的外海的岩礁性珊瑚礁，水深 4m 以淺海域。躲藏在比同屬的尾斑雙線鳚偏好的縫隙更大的裂縫中，可在陽光照射不到的深處發現其蹤影。繁殖期爲 4 ～ 5 月，婚姻色通常在上午時段出現，中午以後消失。平時眼睛下方與頭部四周有蟲蛀般的斑駁圖案，外型與同屬近似種四國島彎線鳚、三角彎線鳚十分相似。

雌魚 沖繩島
水深 3m 大小 3.5cm
片野猛

三鰭鳚科

瀨上雙線鳚

Enneapterygius senoui

伊豆半島、伊豆．小笠原群島

可見於水深 3m 以淺的海底小山與岩石側面，八丈島的繁殖期爲春季。雄魚在岩石側面擁有自己的勢力範圍，此時身上會轉變爲婚姻色，向雌魚求愛。

寬版白帶
nup
臀鰭為黃色
ad
黑色帶狀圖案

雄魚 八丈島
水深 5m 大小 6cm

雌魚 八丈島
水深 5m 大小 5cm

婚姻色 雄魚 八丈島 水深 5m 大小 6cm

三鰭鳚科

銼角彎線鳚

Helcogramma rhinoceros

屋久島、琉球群島；印度洋東部～太平洋西部的熱帶海域

♂
唇部如天狗的鼻子往外延伸
尾鰭根部有 2 個明顯白點
♀
帶有穿透感的身體上有斷斷續續、看起來透明的白色線條

常見於水深 2m 以淺，海浪強勁的岩礁山側面。在屋久島的繁殖期爲初夏。

雌魚 屋久島
水深 3m 大小 3cm 原崎森

雄魚 屋久島
水深 3m 大小 2.5cm 原崎森

婚姻色 屋久島
水深 3m 大小 3cm
原崎森

三鰭鳚科

雙線鳚屬

Enneapterygius sp.1

八丈島

皮瓣為 2 分岔
2 條白線
nup
背鰭前端尖銳
♂
H 形寬線條的角度有些傾斜
有 2 個白點

♀

常見於水深 5m 以淺的內灣性潮間帶與潮池，外型很像篩口雙線鳚，但頭部的感覺孔後方棘數與位置不同，由此斷定很可能是別種。除了外型比篩口雙線鳚小之外，無法靠肉眼或照片判斷。目前正由鹿兒島大學的本村浩之先生等人進行研究。

雌魚 八丈島
水深 10m 大小 3.5cm

雄魚 八丈島
水深 5m 大小 5cm

婚姻色 八丈島 水深 5m 大小 5cm

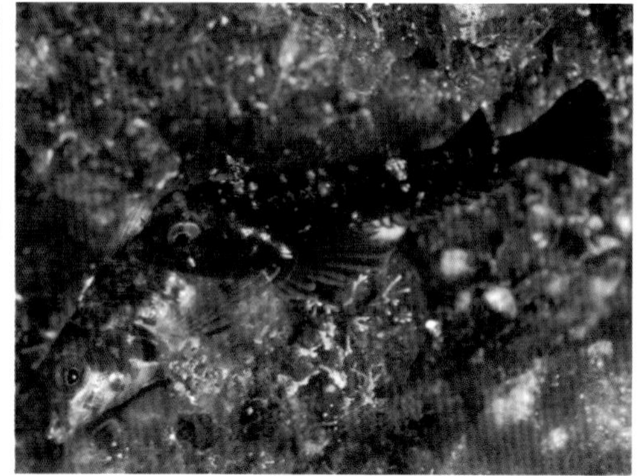

雄魚的婚姻色 八丈島 水深 7m 大小 5cm

三鰭䲁科

雙線䲁屬

Enneapterygius sp.2

八丈島、南日本

全身偏黑
nup
ad
鰓後有黑斑

身體顏色的界線不清楚，呈現漸層的感覺

常見於水深 10m 以淺的淺岩礁，沒有枝條的鹿角珊瑚屬上方，與周邊小山之上。外型近似馬來雙線䲁，但頭部感覺孔的數量不同，可由此判斷為不同種。不過，平時的外觀特徵很難用肉眼辨識區分，只能從雄魚明顯不同的婚姻色判斷。目前正由鹿兒島大學的本村浩之先生等人進行研究。

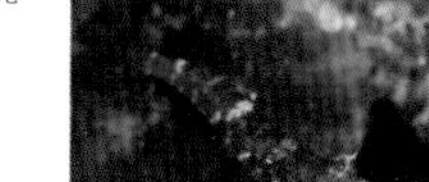

雄魚 八丈島
水深 6m 大小 4cm

雌魚 八丈島
水深 4m 大小 3cm

雄魚 沖繩島
水深 38m 大小 2.5cm
片野猛

三鰭䲁科

雙線䲁屬

Enneapterygius sp.3

沖繩島

第一背鰭很長，外型有如分岔枝條
♂
♀

棲息在珊瑚礁外緣，海水流通的陡坡下，水深 35 ～ 40m 左右的海域。通常待在尺寸略大的瓦礫上方或邊緣。

雌魚 沖繩島
水深 39m 大小 2cm
片野猛

沖繩島
水深 2m 大小 4cm
片野猛

三鰭䲁科

雙線䲁屬

Enneapterygius sp.4

與論島以南的琉球群島

從頭部到體側中央有深褐色鞍狀斑紋
鞍狀深色斑紋與體側的 2 條帶狀圖案在下方形成雙叉

棲息在波浪強勁的珊瑚礁外緣岩礁上，通常待在面向外海的大型礁山側面，水深 3m 左右的地方。繁殖期為 3 ～ 4 月，早上 9 點左右可觀察到雄魚活躍的求愛行為。

三鰭鳚科

紫體雙線鳚

Enneapterygius phoenicosoma

千葉縣以南的太平洋沿岸、九州西岸、大隅群島、琉球群島

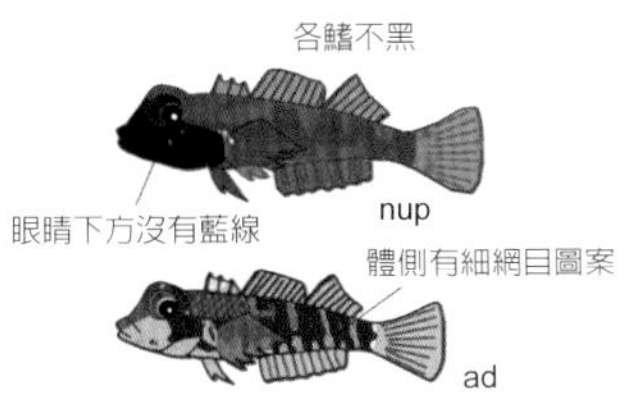
各鰭不黑
眼睛下方沒有藍線
nup
體側有細網目圖案
ad

雄魚 八丈島 水深 5m 大小 4cm

棲息在水深 5m 以淺的淺岩礁區，棲息環境與同屬的四國島彎線鳚相同，加上顏色類似，很容易混淆。2015 年 5 月由鹿兒島大學的本村浩之教授記載新種。

雄魚的婚姻色 伊豆半島
水深 5m 大小 4cm 山本敏

雌魚 伊豆半島
水深 7m 大小 3cm 山本敏

煙管鳚科

穗瓣新熱鳚

Neoclinus bryope

北海道～長崎縣的日本海 · 東海沿岸、南日本的太平洋沿岸、八丈島；朝鮮半島

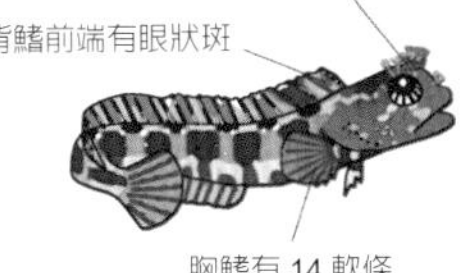
眼上皮瓣排成一列
背鰭前端有眼狀斑
胸鰭有 14 軟條

在潮池與內灣的淺岩礁，利用蛇螺科等穿孔貝的孔、龍介蟲科的孔作爲巢穴。眼睛上方的皮瓣很長。

青海島
水深 3m 大小 6cm
和泉裕二

青海島
水深 3m 大小 5cm 和泉裕二

青海島
水深 2m 大小 6cm 和泉裕二

青海島
水深 2m 大小 7cm 和泉裕二

八丈島 水深 6m 大小 7cm

煙管鳚科

新熱鳚屬

Neoclinus sp.

八丈島、屋久島

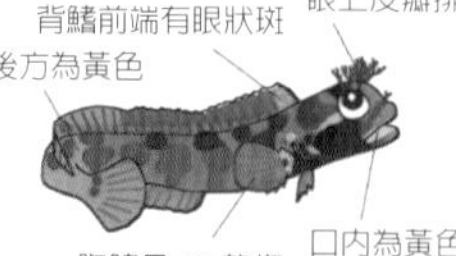

背鰭前端有眼狀斑
後方為黃色
眼上皮瓣排成一列
口內為黃色
胸鰭具 13 軟條

常見於水深 10m 以淺，內灣的淺岩礁區。有時會潛入附著在岩礁的蛇螺孔中，但大多時候以附著在環菊珊瑚上穿孔貝的孔、龍介蟲的孔爲巢穴。眼上皮瓣較長。外型近似日本新熱鳚，但頭部感覺管的數量明顯不同，因此認定爲不同種。

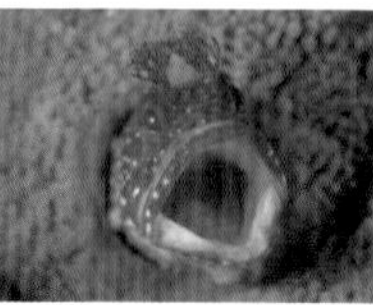

八丈島
水深 6m 大小 7cm

伊豆大島 水深 3m 大小 6cm

珊瑚

煙管鳚科

豐島新熱鳚

Neoclinus toshimaensis

和歌山縣為止的南日本太平洋沿岸、伊豆大島

背鰭前端沒有黑點
頭部後方有皮瓣
胸鰭具 14 軟條
眼上皮瓣為 2～3 排共 9～11 枚，數量相當多。根部很短，分枝眾多，內側皮瓣較短

常見於水深 10m 以淺的內灣岩礁，以附著在環菊珊瑚的穿孔貝，和龍介蟲類的孔爲巢穴。一個環菊珊瑚中，緊鄰棲息著數隻到數十隻本種。
眼上皮瓣較短。

伊豆大島
水深 3m 大小 6cm

伊豆大島 水深 2m 大小 5cm

煙管鳚科

穴居新熱鳚

Neoclinus lacunicola

南日本的太平洋沿岸、伊豆大島、山口縣日本海沿岸

背鰭前端沒有黑點
頭部後方有皮瓣
胸鰭具 13 軟條

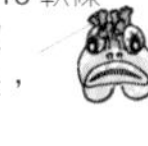
眼上皮瓣 2 排，6～7 枚，數量較少，感覺稀疏。根部較長，高度均等

在海浪稍顯強勁，水深 10m 以淺的淺海區，利用附著在岩礁上方或側面的蛇螺等穿孔貝的孔、龍介蟲的孔作爲巢穴。外型近似豐島新熱鳚，偏好海浪強勁的海域，喜歡在岩石洞穴築巢。眼上皮瓣較短。可從棲息環境與眼上皮瓣的特徵綜合判斷，辨識出本種。

青海島
水深 12m 大小 6cm
和泉裕二

煙管鳚科

岡崎新熱鳚

Neoclinus okazakii

和歌山縣為止的南日本太平洋沿岸、八丈島、沖繩島

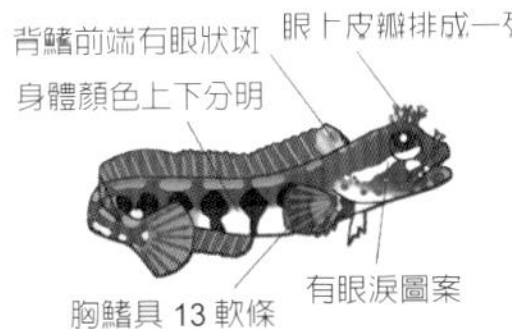
背鰭前端有眼狀斑
眼上皮瓣排成一列
身體顏色上下分明
有眼淚圖案
胸鰭具 13 軟條

在水深 5m 以淺的淺岩礁，利用蛇螺科等穿孔貝的孔，與龍介蟲的孔作為巢穴。與煙管鳚科其他魚類相較，本種較常跑出巢外活動。眼上皮瓣較長。

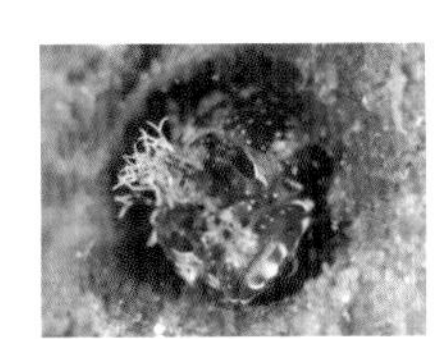
八丈島
水深 5m 大小 5cm

八丈島
水深 5m 大小 5cm

煙管鳚科

日本新熱鳚

Neoclinus chihiroe

八丈島、千葉縣勝浦～和歌山縣田邊灣的太平洋沿岸、富山灣

背鰭前端有眼狀斑
眼上皮瓣排成一列
胸鰭具 13 軟條
鰓上有黑斑

棲息在淺岩礁區，容易與同屬的新熱鳚屬混淆，專家尚未釐清本種生態。照片中的個體很可能是本種，但還需要對照標本進行驗證。

伊豆半島
水深 18m 大小 10cm
中村宏治

煙管鳚科

單線新熱鳚

Neoclinus monogrammus

房總半島南部、伊豆大島

眼上皮瓣 2 對
頭部沒有皮瓣
遍布紅色斑點

常見於房總半島海水流通的岩礁區水深 28m 處，與伊豆大島水深 5m 處。雄魚身體布滿朱紅色斑點，宛如全身濺血一般。雌魚體色有多種顏色變化。眼上皮瓣較短。

雄魚 伊豆大島
水深 12m 大小 8cm

雌魚 伊豆大島
水深 12m 大小 8cm
有馬啓人

八丈島 水深 2m 大小 6cm

煙管鳚科

裸新熱鳚

Neoclinus nudus

八丈島、屋久島、沖繩島；台灣

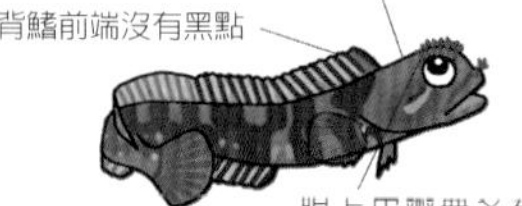
頭部後方沒有皮瓣
背鰭前端沒有黑點
眼上皮瓣眾多有
2～3排

以附著在水深 5m 以淺的淺岩礁之蛇螺科穿孔貝的孔爲巢穴，眼上皮瓣較短。在八丈島可觀察到體色爲黑色與橘色的種。

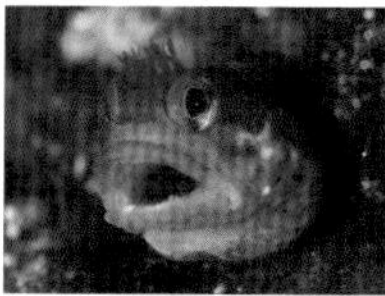
橘色種
八丈島 水深 2m 大小 6cm

黑色種 八丈島
水深 2m 大小 6cm

八丈島 水深 16m 大小 7cm

鳚科

金鰭稀棘鳚

Meiacanthus atrodorsalis

伊豆半島以南的太平洋沿岸、八丈島、屋久島、琉球群島；台灣、太平洋中．西部的熱帶海域

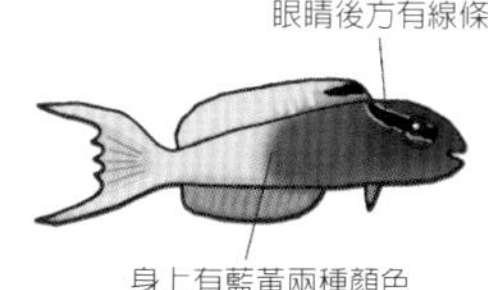
眼睛後方有線條
身上有藍黃兩種顏色

常見於海水流通的淺岩礁區與珊瑚礁，下顎犬齒帶有毒腺，專家認爲本種以此保護自己，避免天敵侵襲。大多數有毒的動物身上顏色都很鮮豔，利用顏色警告天敵。

八丈島 水深 14m 大小 7cm

鳚科

勞旦橫口鳚

Plagiotremus laudandus

相模灣以南的太平洋沿岸、伊豆群島、屋久島、琉球群島；台灣、西太平洋的熱帶海域

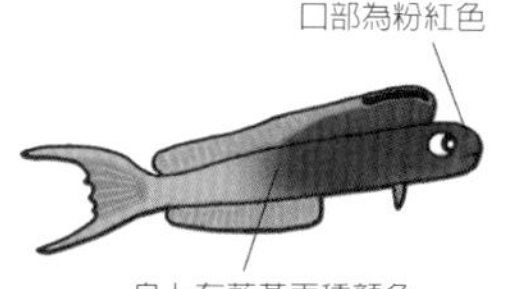
口部為粉紅色
身上有藍黃兩種顏色

常見於海水流通的岩礁與珊瑚礁斜坡，僞裝成有毒牙的金鰭稀棘鳚，藉此保護自己。頻繁游動，屬於肉食性魚類，啃食魚鰭與部分魚皮。

鳚科

淺帶稀棘鳚

Meiacanthus kamoharai

相模灣以南的太平洋沿岸、伊豆群島、屋久島、奄美群島、琉球群島

背鰭有不規則白線

圓形的臉
背部有白線

大多棲息在岩礁區，勝過珊瑚礁。利用藤壺或龍介蟲死後形成的孔，在孔裡產卵，並在一旁保護直到孵化。標準和名是向高知大學魚類學者蒲原稔治致敬。

八丈島 水深 14m 大小 8cm

鳚科

高鰭跳岩鳚

Petroscirtes mitratus

伊豆半島下田、愛媛縣室手、屋久島、琉球群島；台灣、印度－西太平洋的熱帶海域

背鰭前端較長

常見於水深較淺的內灣、礁池內的海藻上。屬於浮游性，依附在棧橋上的海藻、繩索、浮標等，漂浮在水面附近的物體生活。

八丈島 水深 6m 大小 5cm

鳚科

短頭跳岩鳚

Petroscirtes breviceps

北海道～九州的各地沿岸、八丈島、小笠原群島、屋久島、琉球群島；朝鮮半島、台灣、印度－西太平洋的熱帶～溫帶海域

吻端稍微突出
體側有 2 條白線
（受環境影響有些呈條紋圖案）

常見於內灣淺水區的海藻林，通常依附在藻類、海藻、繩索、浮標上。也會依附在漂流藻上，在南日本各地沿岸十分普遍。

保護產在雙殼貝上的卵

八丈島 水深 5m 大小 7cm

石垣島

水深 2m 大小 6cm 惣道敬子

八丈島 水深 1m 大小 6cm

八丈島 水深 5m 大小 8cm

鳚科

史氏跳岩鳚

Petroscirtes springeri

南日本的太平洋沿岸、八丈島、山口縣日本海沿岸；台灣

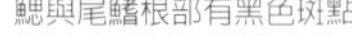

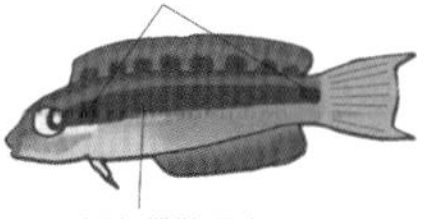

鰓與尾鰭根部有黑色斑點
褐色帶狀圖案

在水深 30m 左右的岩礁斜坡水底附近，頭部朝上徘徊。在八丈島通常與棲息在相同水深的雙斑狐鯛、伊津狐鯛等隆頭魚類混泳。

八丈島 水深 12m 大小 8cm

鳚科

杜氏盾齒鳚

Aspidontus dussumieri

南日本的太平洋沿岸、八丈島、小笠原群島、山口縣日本海沿岸、屋久島、琉球群島；台灣、印度－太平洋的熱帶海域

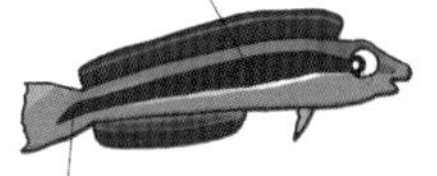

體側有寬線條
線條只到尾鰭中段

通常獨自待在有多種魚齊聚的地方，和其他魚類混泳。屬於肉食性魚類，啃食魚鰭或部分魚皮。咬了別的魚後若遭到追趕，就會立刻躲進小洞，只露出頭觀察狀況。

八丈島 水深 16m 大小 8cm

鳚科

縱帶盾齒鳚

Aspidontus taeniatus

相模灣以南的太平洋沿岸、八丈島、福岡縣日本海沿岸、屋久島、琉球群島；台灣、太平洋中 ‧ 西部的熱帶海域

黑線往後方延伸且愈來愈寬
口部位置在下

擬態成「清潔魚」裂唇魚，只要其他魚類接近，就會啃食魚鰭或部分魚皮。

鳚科

黑帶橫口鳚

體色分為橘色與綠色兩種

Plagiotremus tapeinosoma

體側中央排列著黑色斑點

南日本的太平洋沿岸、八丈島、小笠原群島、屋久島、琉球群島；台灣、印度－太平洋的熱帶～溫帶海域

屬於肉食性魚類，啃食魚鰭或部分魚皮。可能是爲了方便捕食，平時混在花鱸、隆頭魚等魚群中。在八丈島發現的個體會配合周遭魚群改變體色，如果周遭魚群像花鱸般以橘色系居多，本種就會變成橘色；如果是像隆頭魚以綠色系居多，體色就會變成綠色。

橘色種 八丈島
水深 21m 大小 10cm

幼魚 八丈島
水深 18m 大小 3.5cm

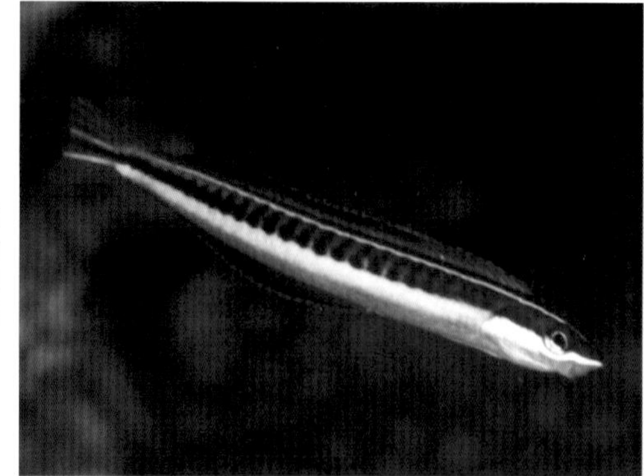

綠色種 八丈島 水深 14m 大小 10cm

鳚科

粗吻橫口鳚

Plagiotremus rhinorhynchos

體側有 2 條藍線

山口縣～福岡縣的日本海沿岸、南日本的太平洋沿岸、八丈島、屋久島、琉球群島；台灣、印度－太平洋的熱帶海域

幼魚擬態成「清潔魚」裂唇魚的幼魚，遇到其他魚類接近，就會啃食魚鰭或部分魚皮。成魚與絲鰭擬花鮨等魚群混泳。

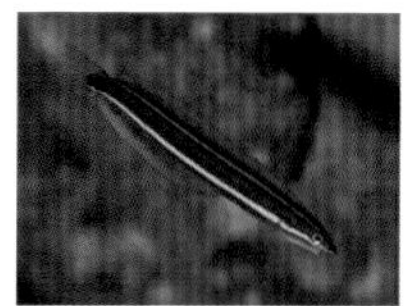

黑色種 八丈島
水深 18m 大小 8cm

幼魚 八丈島
水深 16m 大小 4cm

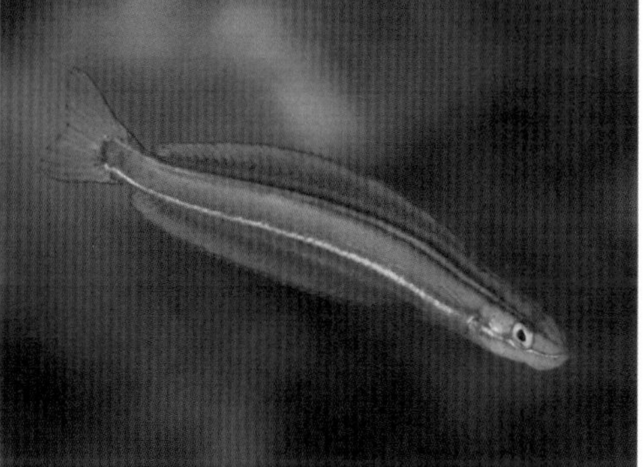

黃色種 八丈島 水深 17m 大小 8cm

鳚科

帶鳚

Xiphasia setifer

北海道臼尻（罕見）、福島縣、千葉縣勝浦～九州南岸的太平洋沿岸、瀨戶內海、島根縣敬川外海、石垣島；朝鮮半島南岸、台灣、廣東省、印度－西太平洋的熱帶～溫帶海域

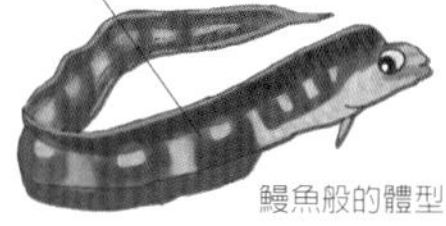
體側有條紋圖案
鰻魚般的體型

棲息在內灣淺水區的砂泥質海底。平時也會潛入砂底，只露出頭部。體型極似鰻魚和星鰻，看不出來是鳚科魚類。在日本爲極稀有種。

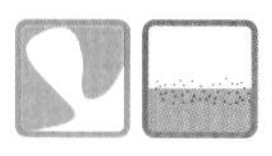

呂宋島
水深 8m 大小 1cm
水谷知世

八丈島 水深 1m 大小 4cm

鳚科

八部副鳚

Parablennius yatabei

八丈島、積丹半島～九州的日本海 ・ 東海沿岸、北海道臼尻到九州的太平洋沿岸、奄美大島；朝鮮半島、中國、台灣

背部有點列狀條紋圖案

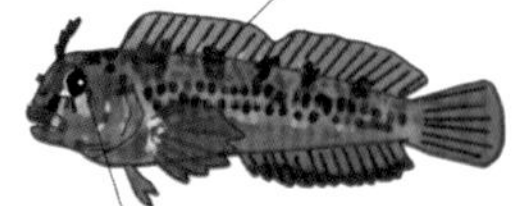

與頭部相較，身體比例較大

棲息在淺岩礁地區、潮池與岩池處。平時躲在小洞穴或藤壺的遺骸裡，只露出頭來。

八丈島 水深 10m 大小 8cm

珊瑚

鳚科

短多鬚鳚

Exallias brevis

八丈島、小笠原群島、和歌山縣以南的太平洋沿岸、琉球群島；台灣、印度－太平洋的熱帶海域

身體有石牆圖案

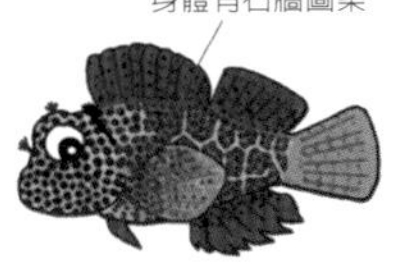

棲息在珊瑚上的種類。可在一株珊瑚上，發現本種單獨或幾隻成群生活的情景。以附著在珊瑚的珪藻類爲食。

幼魚 八丈島
水深 8m 大小 4cm

八丈島 水深 8m 大小 6cm

鳚科

縱帶項鬚鳚

Cirripectes kuwamurai

八丈島、伊豆半島城崎 、和歌山縣白濱 ・ 串本、高知縣柏島、屋久島、琉球群島

體側有 4 ～ 5 條
紅色到橘色的線條

棲息在海浪強勁的岩礁處，通常待在八丈島水深 10m 左右海水流通的小山上，躲進藤壺的遺骸裡。秋季可以觀察到雌魚產卵在藤壺中，由雄魚護卵的情景。

鳚科

頰紋項鬚鳚

Cirripectes castaneus

伊豆群島、小笠原群島、和歌山縣以南的太平洋沿岸、屋久島、琉球群島；台灣、印度－西太平洋的熱帶海域

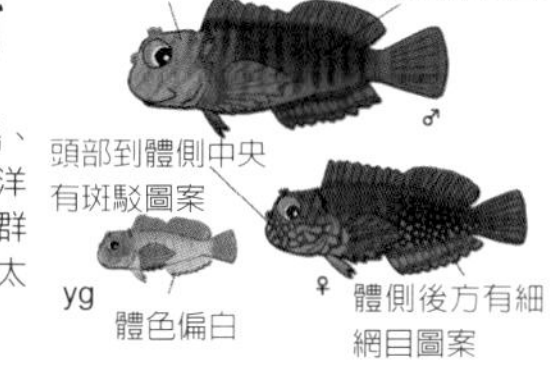
頭部有多條橘色斜線
體側有條紋圖案
♂
頭部到體側中央
有斑駁圖案
yg
體色偏白
♀
體側後方有細
網目圖案

棲息在海浪強勁，水深 5m 以淺的淺岩礁區。雄魚與雌魚的顏色不同，雄魚很容易誤認爲斑頸鬚鳚。本種白天待在淺水區，張開大口啃食附著在石頭上珪藻類。

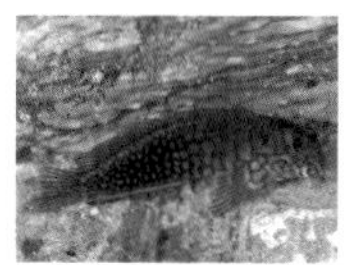
雌魚 伊豆半島
水深 1m 大小 8cm 道羅英夫

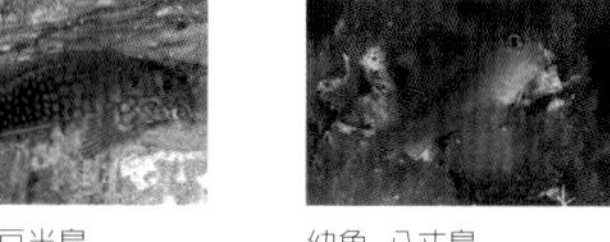
幼魚 八丈島
水深 3m 大小 3cm

雄魚 八丈島 水深 5m 大小 6cm

鳚科

斑頸鬚鳚

Cirripectes quagga

伊豆半島、南鳥島；台灣、印度－太平洋的熱帶海域（包含夏威夷群島）

棲息在海浪強勁，水深 5m 以淺的淺岩礁區。警戒心很強，有外物靠近會立刻躲進小山縫隙。

斑紋沒有邊
ad
鰓蓋上半部的後
方有深色斑
yg
眼睛上下有白色斑紋

幼魚 八丈島
水深 2m 大小 2.5cm

伊豆半島
水深 2m 大小 7cm
道羅英夫

鳚科

暗褐頸鬚鳚

Cirripectes variolosus

小笠原群島、南鳥島；台灣、太平洋中央的熱帶海域（夏威夷群島除外）

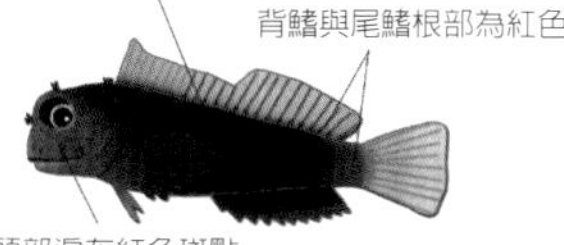
體側偏黑，沒有條紋圖案
背鰭與尾鰭根部為紅色
頭部遍布紅色斑點

棲息在海浪強勁的岩礁區，在日本屬於地區限定種，只能在小笠原群島發現其蹤影。

小笠原
水深 4m 大小 6cm
南俊夫

宮古島
水深 10m 大小 10cm
國廣哲司

鳚科

點斑項鬚鳚

Cirripectes stigmaticus

沖繩群島江島、西表島、宮古島；印度－西太平洋的熱帶海域

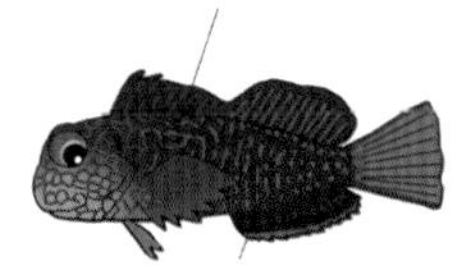
體側中央有紅色斑駁圖案
體側後方遍布紅色斑點

棲息在水深 10 ～ 15m 以淺的珊瑚礁外緣淺水區，以附著在珊瑚周邊的珪藻類為食。

幼魚 宮古島
水深 8m 大小 4cm
國廣哲司

串本
水深 6m 大小 5cm
鈴木崇弘

鳚科

絲鰭頸鬚鳚

Cirripectes filamentosus

和歌山縣串本、屋久島；台灣、印度－西太平洋的熱帶海域（印度、斯里蘭卡、查戈斯群島除外）

虹彩有紅色部分
身體遍布紅色斑點

棲息在礁湖與潮池，水深 20m 以淺的岩礁與珊瑚礁，在日本極為罕見。

八丈島 水面下 大小 10cm

鳚科

暗紋蛙鳚

Istiblennius edentulus

兵庫縣香住～九州南岸的日本海 · 東海沿岸、八丈島、千葉縣勝浦～屋久島的太平洋沿岸；濟州島

頭頂有冠狀皮瓣
眼睛後方有 2 個深色斑

棲息在岩礁區的潮池與潮間帶，普遍常見於八丈島海浪強勁的潮池中。夏季期間可觀察到雌魚產卵在海底小山的縫隙、小型洞穴側面與岩石背面，並由雄魚保護卵直到孵化的情景。會配合周邊環境隨時轉變體色。

八丈島
水面下 大小 10cm

鳚科

紅點真蛙鳚

Blenniella chrysospilos

八丈島、屋久島、琉球群島；印度－太平洋的熱帶海域（夏威夷群島除外）

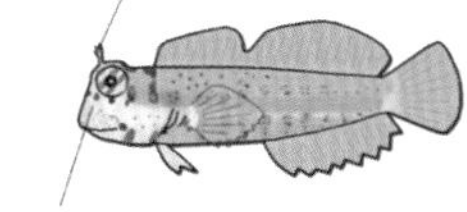
分岔成 3 股的皮瓣
臉上有 4 個斑點

棲息在珊瑚礁的岩礁區，水深 5m 以淺的海域。經常啃食附著在岩石上的珪藻類，警戒心很強，一有動靜就會立刻逃進小洞，只露出臉來。

塞班島 水深 3m 大小 5cm

鳚科

八重山無鬚鳚

Ecsenius yaeyamaensis

八丈島、屋久屋、琉球群島；東印度－西太平洋的熱帶海域

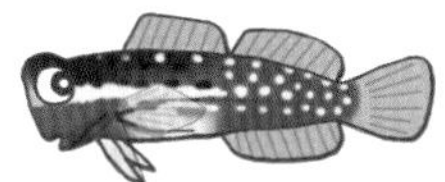
鰓後有細細的
V 字型黑線

常見於內灣珊瑚礁與斜坡的淺水域，輕輕游上岩石與珊瑚上方，積極啃食附著在四周的珪藻。感到危險時會立刻躲進小洞。從洞中露臉的動作十分討喜，是深受潛水客喜愛的魚類。

八丈島 水深 18m 大小 7cm

鳚科

擬鳚

Mimoblennius atrocinctus

八丈島、小笠原群島、和歌山縣田邊灣 ・ 串本、高知縣沖之島、琉球群島；台灣、香港、斯里蘭卡、蘇拉威西島、聖誕島

長長的眼上皮瓣
頭部後方有皮瓣
身體遍布藍色與白色小點

棲息在波濤洶湧的岩礁，水深 5m 以淺海域。在八丈島可於海浪強勁，海水形成白色泡沫的區域，發現本種待在藤壺遺骸中的模樣。

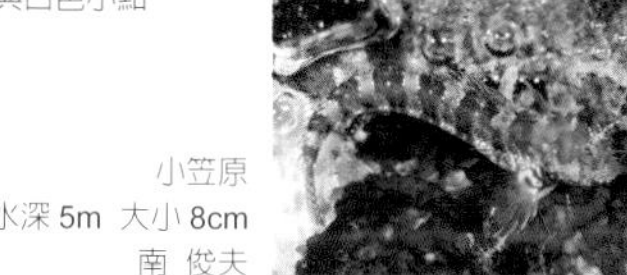

小笠原
水深 5m 大小 8cm
南 俊夫

八丈島 水深 1m 大小 5cm

伊江島
水深 16m 大小 5cm
宮地淳子

鳚科

縫鳳鳚

Crossosalarias macrospilus
琉球群島；西太平洋的熱帶海域

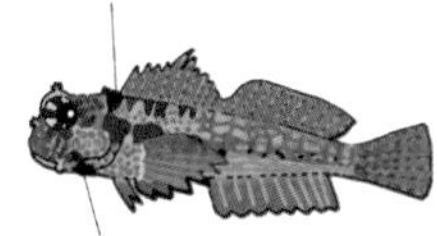
背鰭起始處有黑色皮瓣
腹鰭前方有左右成對的黑斑

可在珊瑚礁水深 15m 左右的砂地上，遍布小山的塊礁發現其身影。

慶良間
水深 5m 大小 4cm
片桐佳江

鳚科

二色無鬚鳚

Ecsenius bicolor
屋久島、琉球群島；台灣、東印度－西太平洋的熱帶海域

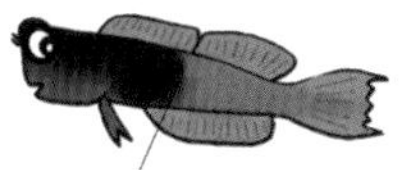
身體有一半為黃色

不斷跳上石頭表面，四處啃食珊瑚周邊的珪藻類。感到危險就會立刻躲進小洞，這是異齒鳚屬特有的行爲反應。本種體色隨時變化，過程中有時腹部會變白。

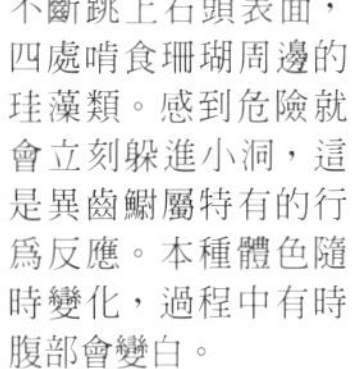

顏色變化 塞班島
水深 7m 大小 4cm

西表島
水深 14m 大小 5cm
宮地淳子

鳚科

眼斑無鬚鳚

Ecsenius oculus
屋久島、琉球群島；台灣、巴丹群島

體側有 2 個一組的黑斑

常見於珊瑚礁外緣，水深 15m 左右的小山上方。完全不遮掩，直接待在小山上，露出全身。

鳚科

金黃無鬚鳚

Ecsenius midas

屋久島、伊江島、宮古群島、西表島；印度－太平洋的熱帶海域

體色為鮮明的黃色到橘色
肛門前有黑斑

在珊瑚礁、珊瑚礁外緣的岩礁，與花鱸混泳。體色爲鮮明的黃色或橘色，可能是擬態成花鱸的結果。感到危險時會躲進附近的巢穴，只露出臉來。

屋久島
水深 25m 大小 7cm
原崎森

鳚科

納氏無鬚鳚

Ecsenius namiyei

伊豆群島、和歌山縣以南的太平洋沿岸、屋久島；濟州島、台灣、西太平洋的熱帶海域

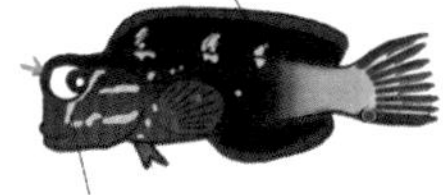
身體 1/3 為黃色
身上通常浮現藍色線條

大多待在石頭上或珊瑚旁，但有時會游開。以藤壺或小洞爲巢穴，感到危險就會躲進去。

八丈島 水深 15m 大小 8cm

鳚科

線紋無鬚鳚

Ecsenius lineatus

伊豆群島、小笠原群島、屋久島、琉球群島；台灣、印度－西太平洋的熱帶海域

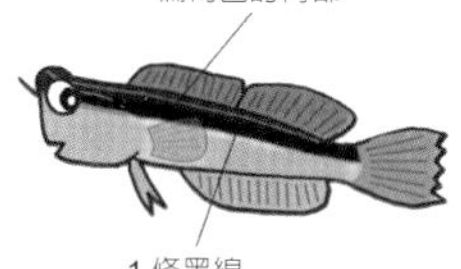
偏褐色的背部
1 條黑線

常見於內灣珊瑚礁，與斜坡處的淺水區。以自然形成的小洞爲巢穴，感到危險就躲進去，只露出頭來。

奄美大島
水深 10m 大小 6cm
余吾涉

八丈島 水深 5m 大小 3cm

喉盤魚科

黑紋錐齒喉盤魚

Conidens laticephalus

南日本的太平洋沿岸、八丈島、長崎縣野母崎、屋久島、奄美大島；台灣

眼睛之間有三角形斑紋

頭部很寬，體型如鮟鱇魚

棲息在岩礁區域，水深未滿 10m 的粗礫下方。

八丈島 水深 1m 大小 2cm

海膽類

喉盤魚科

印度異齒喉盤魚

Pherallodus indicus

千葉縣～愛媛縣的太平洋沿岸、伊豆群島、長崎縣野母崎、男女群島、屋久島、琉球群島；台灣、蘇拉群島、土阿莫土群島、豪勳爵島、亨德森島

吻部到眼睛之間有白色斑紋

常見於淺水區的岩礁、潮池、潮間帶的口鰓海膽和紅藻附近。

南伊勢
水深 8m 大小 4cm
鈴木崇弘

喉盤魚科

日本小姥魚

Aspasma minima

千葉縣～和歌山縣的太平洋沿岸、青森縣深浦、富山灣～長崎縣野母崎的日本海沿岸、愛媛縣宇和海

唇部不超過眼睛前緣

眼下有三角形斑紋

通常附著在岩礁區水深 10m 以淺的紅藻，從紅藻變少的夏季到秋季很難發現其蹤跡。

喉盤魚科

前鰭喉盤魚

Propherallodus briggsi

伊東市富戶、三宅島、男女群島

唇部超過眼睛前緣
左右兩邊的三角形斑紋呈鞍狀連結

可在岩礁區海浪強勁的潮間帶壁面發現其身影，體側中央有獨特的三角形斑紋，隨著年紀增長會變淡。

伊豆半島
水深 1m 大小 2cm
道羅英夫

伊豆半島
水深 1m 大小 2.5cm
道羅英夫

喉盤魚科

黃連鰭喉盤魚

Lepadichthys frenatus

南日本的太平洋沿岸、三宅島、山口縣日本海沿岸、九州西北岸、屋久島、琉球群島；濟州島、馬來西亞、大堡礁南部、豪勳爵島、諾福克島、萬那杜、新喀里多尼亞、斐濟島、皮特肯群島

有一道通過眼睛的深色線條
吻部較長

棲息在岩礁區的潮池、潮間帶粗礫下方，或岩棚縫隙等處。

伊豆半島
水深 2m 大小 6cm
道羅英夫

喉盤魚科

線紋環盤魚

Diademichthys lineatus

南日本的太平洋沿岸、伊豆群島、琉球群島；海南島、印度－西太平洋（到新喀里多尼亞為止）

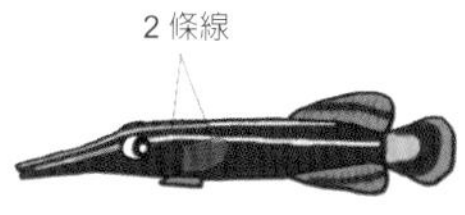
2 條線

在刺冠海膽類的棘間與周邊，漂浮似地游動。大多數喉盤魚平常吸附在石面上，但本種經常游動。

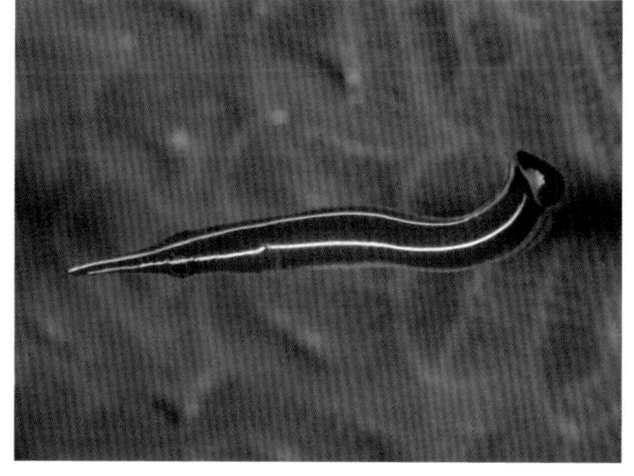

海膽類

八丈島 水深 5m 大小 4cm

喉盤魚科

雙紋連鰭喉盤魚

Lepadichthys lineatus

伊豆大島～宮城縣的太平洋沿岸、沖繩島；東印度－西太平洋、南非

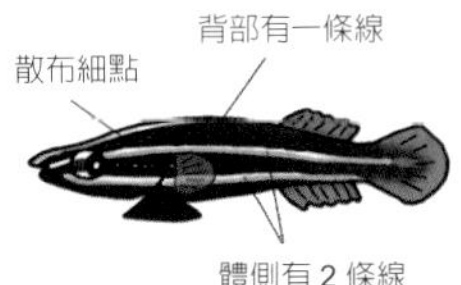
背部有一條線
散布細點
體側有 2 條線

附著在海羊齒的腕臂之間，體色配合海羊齒的顏色，因此很難察覺。待在八丈島的日本海齒花之中，很難觀察到。

八丈島 水深 21m 大小 4cm

海羊齒類

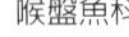

喉盤魚科

貪婪喉盤魚屬

Pherallodichthys sp.

八丈島、伊豆大島、伊勢半島、串本、柏島、屋久島

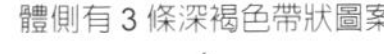
體側有 3 條深褐色帶狀圖案

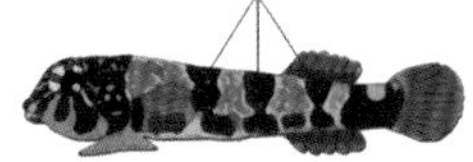
從頭部到體側都有斑駁圖案

常見於海浪強勁的岩礁區，水深 10m 以淺的海域。春季到夏季可觀察到本種捕食三鰭鯯類與雀鯛類附著卵的情景。本種外型很像同屬的貪婪喉盤魚，如今仍是未記載種。

八丈島
水深 2m 大小 3cm
水谷知世

鼠鰤科

暗帶雙線鰤

Diplogrammus xenicus

南日本的太平洋沿岸、屋久島、山口縣日本海沿岸、琉球群島；台灣、澳洲西岸．東岸

常見於水深 10m 以淺，圍繞岩礁的砂底。比起棲息在琉球群島的葛羅姆雙線鰤，本種更適應溫帶海域。

產卵情景 八丈島
水深 13m 大小 7cm 4cm
村杉暢子

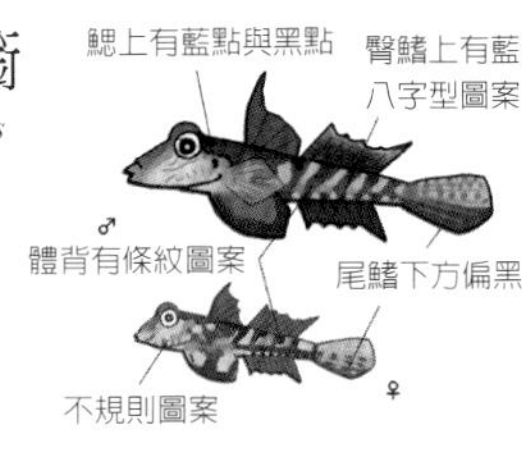
鰓上有藍點與黑點
臀鰭上有藍色八字型圖案
♂
體背有條紋圖案
尾鰭下方偏黑
不規則圖案
♀

雄魚求愛 八丈島
水深 13m 大小 7cm 5cm

鼠鰤科

葛羅姆雙線鰤

Diplogrammus goramensis

八丈島、屋久島、琉球群島；西太平洋

臀鰭上有小點
♂
鰓上即使有黑點也很淡
背部有石墻圖案

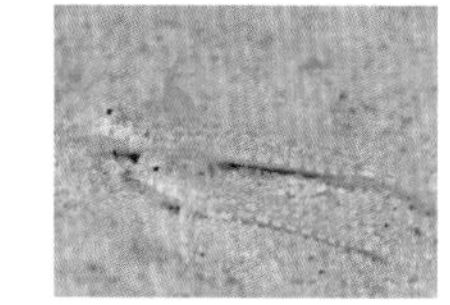

♀
眼睛下方有3個四方形斑紋

常見於水深10m左右的珊瑚礁附近砂底，外型近似暗帶雙線鰤，很難在水中辨別兩者。由於本種大多分布在比暗帶雙線鰤更南方的海域，因此若在琉球群島的珊瑚礁海域發現長相如此的魚類，很可能就是本種。

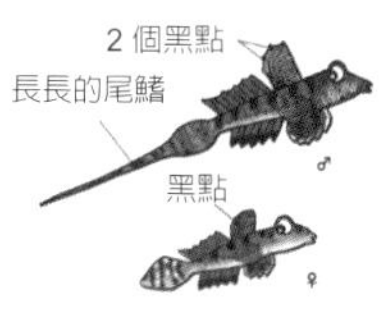

雄魚求愛 石垣島
水深14m 大小7cm 6cm
惣道敬子

雄魚互相威嚇對方 石垣島
水深14m 大小7cm
惣道敬子

鼠鰤科

伊津美尾鰤

Calliurichthys izuensis

三宅島、八丈島、高知縣柏島

2個黑點
長長的尾鰭
♂
黑點
♀

可在水深5～18m，內灣性岩礁周邊的砂泥底與砂底發現其蹤影。在八丈島9～10月為繁殖期，這段期間十分常見。在其他地區相當少見。產卵時本種會成對往上游，雌魚背鰭直立，告訴雄魚自己即將開始產卵，於是雄魚開始射精。

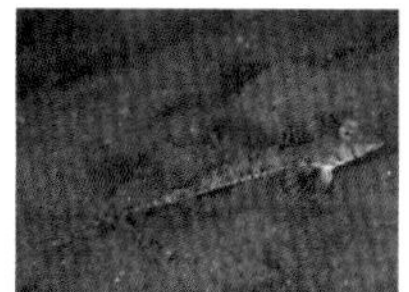

雄魚 八丈島
水深8m 大小18cm

雌魚 八丈島
水深8m 大小15cm

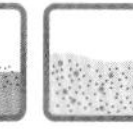

產卵 八丈島
水深8m 大小18cm 15cm

鼠鰤科

珊瑚連鰭鰤

Synchiropus corallinus

南日本的太平洋沿岸、伊豆群島、小笠原群島、琉球群島；澳洲東北岸～新喀里多尼亞、東加、夏威夷群島

♂
橫跨兩側的白色帶狀圖案
偏黑的臀鰭
♀

可見於水深10～15m左右，圍繞岩礁的砂底。本種在八丈島的繁殖期為6～8月，這段期間相當普遍，不過在其他地區很罕見。隨機遍布的白色圖案與砂底的砂粒融為一體，完美地隱藏自己的蹤跡。

產卵的情景 八丈島
水深12m 大小3.5cm 3cm

雄魚求愛 八丈島
水深12m 大小3.5cm

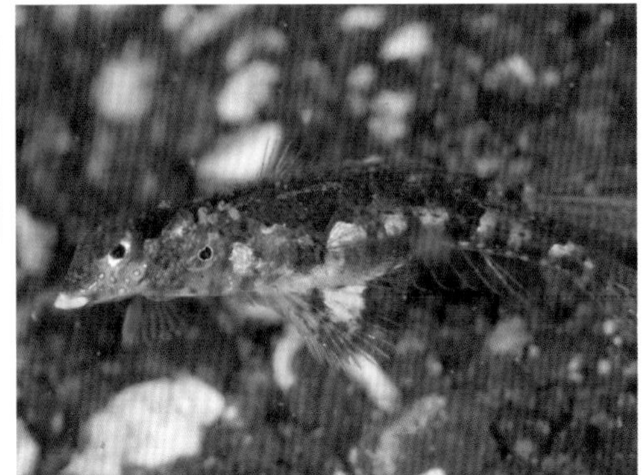

產卵的情景 八丈島
水深 12m 大小 3.5cm 3cm

鼠鰤科

彎棘鰤

Callionymus curvispinis

伊豆半島東岸、伊豆群島、和歌山縣串本、高知縣柏島

背鰭又小又低
臀鰭有線條
♂

藍點沿著腹部排列
♀

出現在水深 10m 左右，圍繞岩礁的砂質海底。棲息在八丈島砂地的基氏小連鰭鰤旁，經常可見本種的身影。本種的個體數量較少。由於本種的外型近似基氏小連鰭鰤，很可能誤認，本種爲稀有種。

雄魚求愛 八丈島
水深 12m 大小 3.5cm

雌魚 八丈島
水深 12m 大小 3cm

成魚 呂宋島
水深 10m 大小 15cm
宮地淳子

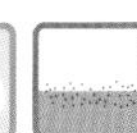

鼠鰤科

指鰭鰤

Dactylopus dactylopus

伊豆半島南岸、愛媛縣室手、琉球群島；台灣、中國、西太平洋（到新幾內亞東部為止；印尼南部除外）

背鰭根部有眼狀斑
ad
腹鰭前端獨立
宛如步行腳
yg

可在淺水區的珊瑚礁周邊砂泥底發現其蹤影，腹鰭前端可像腳一樣移動，在海底走路。在日本爲稀有種。

幼魚 呂宋島
水深 6m 大小 1cm 倉持英治

帛琉
水深 5m 大小 6cm
水谷知世

珊瑚

鼠鰤科

花斑連鰭鰤

Synchiropus splendidus

琉球群島；印度洋東部～太平洋中 · 西部的熱帶海域

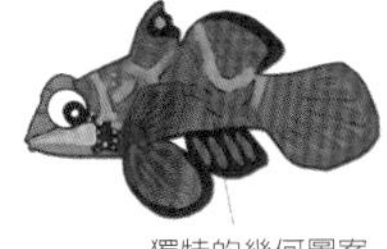

獨特的幾何圖案

出現在珊瑚礁的礁池與內灣淺水區叢生的枝狀珊瑚之間。在特定地方產卵，日落前聚集。成對游至珊瑚枝條上方，接著一起往上游，產卵射精。

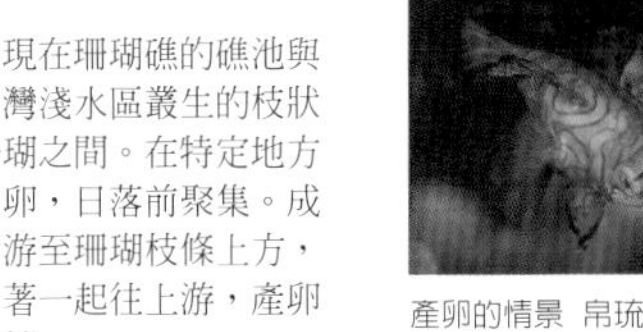

產卵的情景 帛琉
水深 5m 大小 6cm
水谷知世

鼠鰤科

飯島氏新連鰭鰤

Neosynchiropus ijimae

北海道積丹半島、新潟縣～長崎縣的日本海．東海沿岸、南日本的太平洋沿岸、伊豆群島；濟州島

背鰭根部
有大型眼狀斑
♂
許多藍點
模糊的黑色斑紋
（求愛時消失）
♀

常見於淺水區岩礁周邊的砂底，與海藻茂密處。在同屬魚類中，本種最適應溫帶海域。

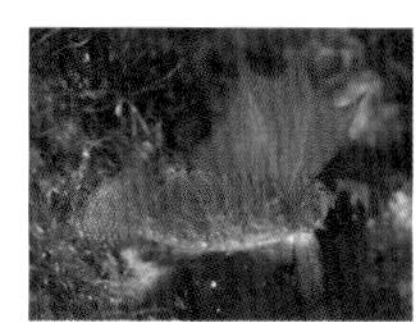

雄魚求愛 伊豆半島
水深 5m 大小 8cm 橋本猛

產卵的情景 伊豆半島
水深 5m 大小 8cm 6cm
橋本猛

鼠鰤科

新連鰭鰤屬

Neosynchiropus sp.

伊豆大島、靜岡縣下田、高知縣動崎、新潟縣佐渡、島根縣隱岐

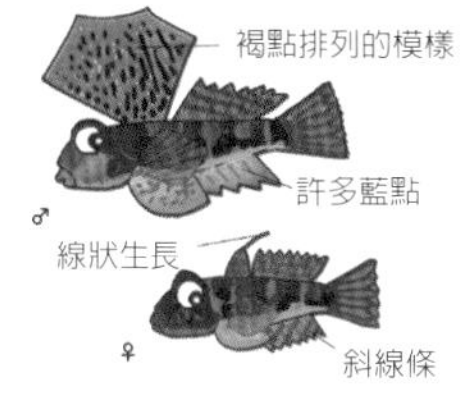

褐點排列的模樣
許多藍點
♂
線狀生長
♀
斜線條

可在水深 20m 左右岩礁周邊的瓦礫區與砂礫底，發現其蹤影。在伊豆大島十分常見，5～7月爲繁殖期，在其他地區十分少見。

雄魚求愛 伊豆大島
水深 20m 大小 10cm

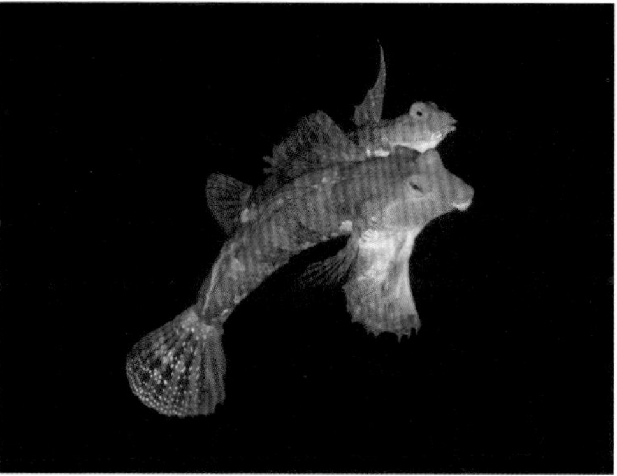

產卵的情景 伊豆大島
水深 20m 大小 10cm 7cm

鼠鰤科

基氏小連鰭鰤

Minysynchiropus kiyoae

南日本的太平洋沿岸、伊豆群島、小笠原群島、屋久島、琉球群島；帛琉群島

背鰭下方有斑點
上方有細長形斑紋
♂
「T」字型斑紋
側線在後方彎曲
有藍點排列
♀

常見於水深 5m 左右，淺水區岩礁的粗礫石岸、岩盤上與砂底。在八丈島，4～6月爲繁殖期。這段時期可觀察到求愛場景、雄魚間的地盤之爭前與日落前的產卵行爲，活動相當頻繁。

產卵的情景 八丈島
水深 6m 大小 4cm 2.5cm

雌魚 八丈島
水深 10m 大小 2.5cm

 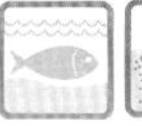 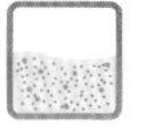

雄魚求愛 八丈島 水深 6m 大小 4cm

雄魚求愛 八丈島
水深 15m 大小 8cm

鼠䲗科

摩氏連鰭䲗

Synchiropus moyeri

南日本的太平洋沿岸、伊豆群島、琉球群島；帛琉群島、澳洲西岸 · 西北岸

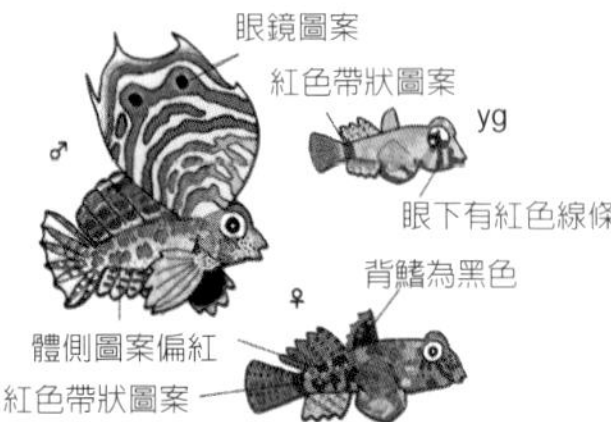
眼鏡圖案
紅色帶狀圖案
yg
♂
眼下有紅色線條
背鰭為黑色
♀
體側圖案偏紅
紅色帶狀圖案

出現在水深 10m 左右的岩礁、珊瑚礁的瓦礫區、堆積在岩石區的砂礫質海底。八丈島的繁殖期爲 7 ～ 9 月，雄魚在日落前依序造訪自己地盤內的雌魚群，求愛產卵。

產卵的情景 八丈島
水深 15m 大小 8cm 6cm

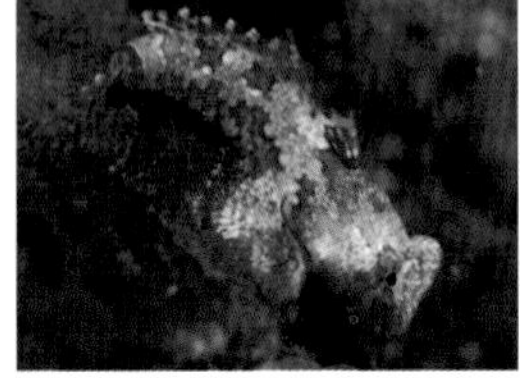
雌魚 八丈島
水深 12m 大小 4cm

幼魚 八丈島
水深 8m 大小 2.5cm 水谷知世

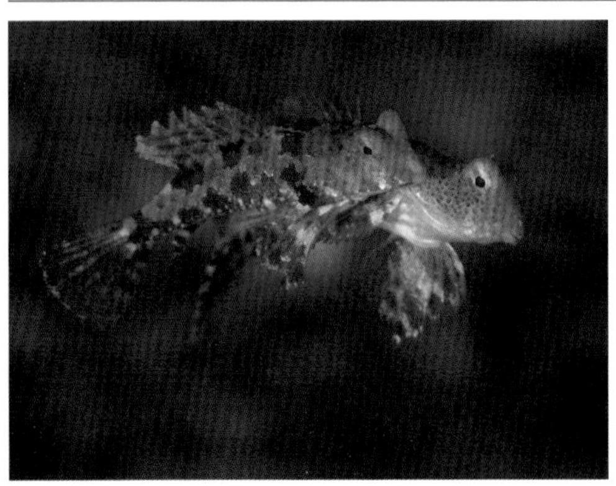
產卵的情景 八丈島 水深 16m 大小 6cm 5cm

鼠䲗科

莫氏連鰭䲗

Synchiropus morrisoni

伊豆群島、高知縣柏島、福岡縣津屋崎、屋久島、琉球群島；濟州島、台灣、太平洋中 · 西部

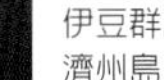

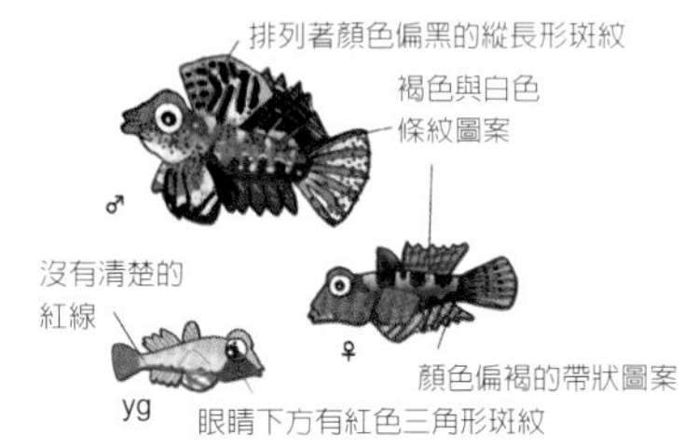
排列著顏色偏黑的縱長形斑紋
褐色與白色
條紋圖案
♂
沒有清楚的
紅線
♀
顏色偏褐的帶狀圖案
yg
眼睛下方有紅色三角形斑紋

出現在水深 10m 左右，圍繞著岩礁的砂礫質海底、瓦礫區與粗礫石岸。八丈島的繁殖期爲 7 ～ 9 月，相較於摩氏連鰭䲗，本種常在海水流通的岩礁產卵。

雄魚求愛 八丈島
水深 16m 大小 6cm

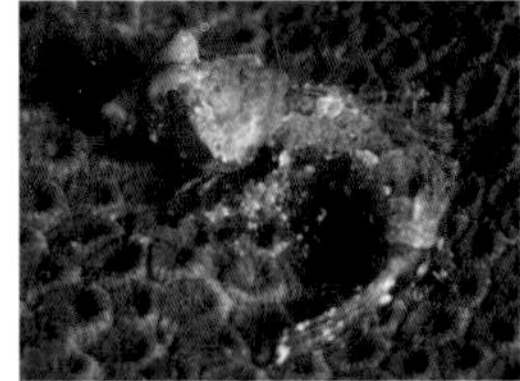
雌魚 八丈島
水深 12m 大小 4cm

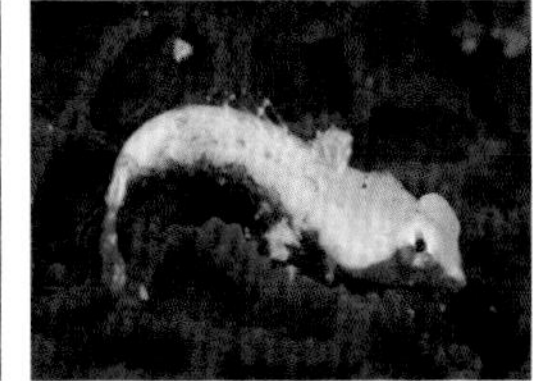
幼魚 八丈島
水深 10m 大小 2cm 水谷知世

鼠䲗科

眼斑連鰭䲗

Synchiropus ocellatus

南日本的太平洋沿岸、伊豆群島、屋久島、琉球群島；濟州島、台灣、越南、東印度－太平洋（澳洲西岸以東；夏威夷群島與復活節島除外）

4 個眼狀斑
♂
棘上有藍色與黑色圖案
身體為褐色
褐色帶狀圖案
♀
眼睛下方有褐線
yg

雄魚求愛 八丈島 水深 5m 大小 8cm

產卵的情景 八丈島
水深 5m 大小 10cm 7cm

雄魚 八丈島
水深 5m 大小 7cm

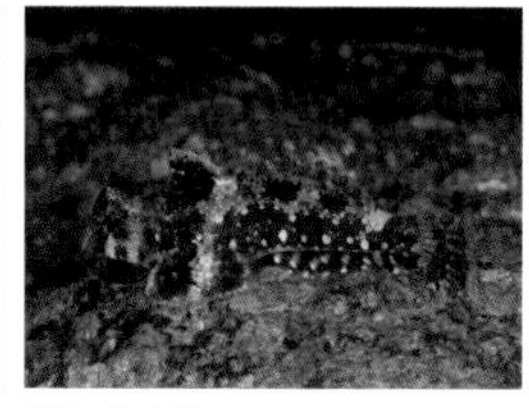

雌魚 八丈島
水深 4m 大小 6cm

幼魚 八丈島
水深 5m 大小 2cm

常見於水深 5m 以淺的淺岩礁、粗礫石岸與瓦礫區，在八丈島的繁殖期爲 10 ～ 11 月。外型極似摩氏連鰭䲗，但可從身體特徵和棲息在水深 5m 以淺的生態辨別。

鰕虎科

沃德范式塘鱧

Valenciennea wardii

千葉縣～愛媛縣的太平洋沿岸、伊豆大島、奄美大島、琉球群島；中國、印度－西太平洋（包含紅海，到新喀里多尼亞為止；赤道附近除外）

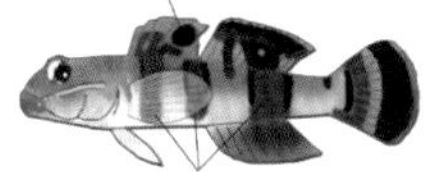
第一背鰭有大型黑斑
體側有 3 條褐色寬帶

棲息在內灣的岩礁。珊瑚礁海域的砂礫質海底、砂泥底，堆積小石與貝殼，製作自己的巢穴。

伊豆半島
水深 22m 大小 12cm
山本敏

八丈島 水深 25m 大小 8cm

鰕虎科

雙帶范式塘鱧

Valenciennea helsdingenii

南日本的太平洋沿岸、八丈島、琉球群島；台灣、香港、印度－西太平洋（包含紅海）、馬克薩斯群島

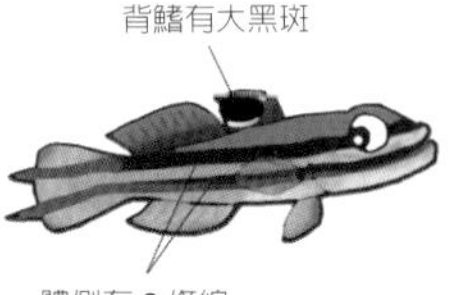
背鰭有大黑斑
體側有 2 條線

單獨或成對出現在岩礁周邊參雜礫石的砂底，和珊瑚礁外緣混雜珊瑚礫的砂底。

成魚 八丈島
水深 2m 大小 12cm

鰕虎科

長鰭范式塘鱧

Valenciennea longipinnis

八丈島、静岡縣西伊豆、和歌山縣、屋久島、琉球群島；西太平洋

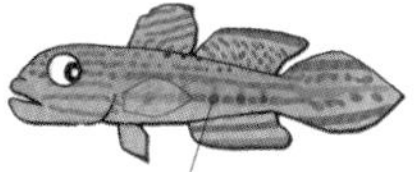
體側有鑰匙孔般的獨特斑點

單獨或成對出現在河口或內灣等淡水匯入的區域，水面平靜且混雜礫石的砂泥底。偶爾可在八丈島海灣內部有湧泉的淺砂泥底，發現其蹤影。

幼魚 八丈島
水深 6m 大小 3cm

八丈島 水深 26m 大小 14cm

  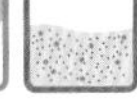

鰕虎科

點帶范式塘鱧

Valenciennea puellaris

南日本的太平洋沿岸、八丈島、小笠原群島、屋久島、琉球群島；台灣、印度－西太平洋（包含紅海在內；波斯灣除外）

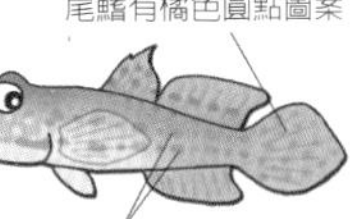
尾鰭有橘色圓點圖案
體側有兩排橘色斑點

單獨或成對出現在內灣性岩礁與珊瑚礁周邊的砂質海底，幼魚在南日本的太平洋岸是季節性洄游魚，很難看見。

鰕虎科

六點范式塘鱧

Valenciennea sexguttata

和歌山縣串本、屋久島、琉球群島；台灣、印度－西太平洋（包含紅海；馬里亞納群島除外）

背鰭前端為黑色

鰓的周邊有藍點圖案

大多常見於水深 10m 以淺的內灣，混雜礫石的砂底和砂泥底。

宿霧島 水深 6m 大小 16cm

鰕虎科

紅帶范式塘鱧

Valenciennea strigata

南日本的太平洋沿岸、伊豆群島、小笠原群島、屋久島、琉球群島；台灣、印度－太平洋（到土阿莫土群島為止；紅海、波斯灣、夏威夷群島除外）

臉部為黃色

眼睛下方有細長線條

單獨或成對出現在內灣性岩礁與珊瑚礁周邊的砂質海底，幼魚在南日本的太平洋岸是季節性洄游魚，很難看見。在八丈島岩礁區發現的個體，頭部的黃色較深，接近橘色；在珊瑚礁發現的個體，頭部的黃色較淺。

   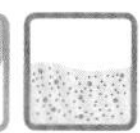

八丈島
水深 12m 大小 12cm 10cm

鰕虎科

橫帶鋸鱗鰕虎

Priolepis cincta

南日本的太平洋沿岸、伊豆群島、小笠原群島、屋久島、琉球群島；台灣、香港、印度－西太平洋（包含紅海）、加羅林群島、鳳凰群島、薩摩亞群島

尾鰭有深色斑點排列成的線

棲息在岩礁、珊瑚礁岩石縫隙、裂縫與珊瑚塊下方，平時靜靜待在側面或天花板，發現隨著海水漂來的浮游生物，就會立刻往上浮捕食。

八丈島 水深 8m 大小 4cm

八丈島 水深 15m 大小 6cm

鰕虎科

明仁鋸鱗鰕虎

Priolepis akihitoi

千葉縣～高知縣的太平洋沿岸、伊豆群島、小笠原群島、長崎縣香燒、西表島；澳洲、新喀里多尼亞

尾鰭上下方有黑色與白色條紋圖案

棲息在岩礁到珊瑚礁岩石縫隙、裂縫與珊瑚塊下方，喜歡待在比同屬的橫帶鋸鱗鰕虎更深的海域。

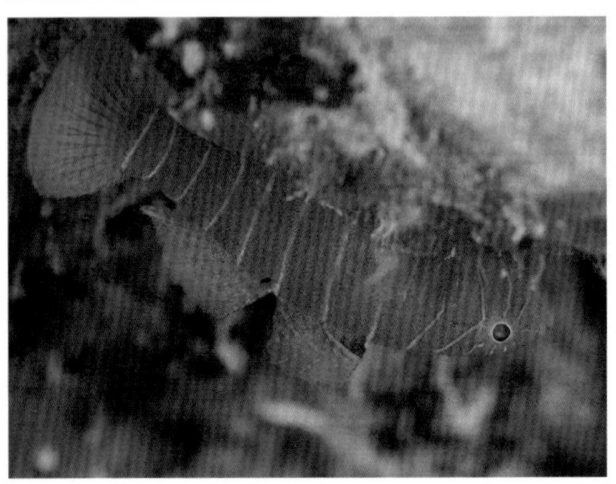

石垣島
水深 36m 大小 4cm
多羅尾拓也

鰕虎科

深水鋸鱗鰕虎

Prioleois profunda

石垣島、西表島；菲律賓群島、泰國灣、蘇拉威西島、婆羅洲、小巽他群島、澳洲、新幾內亞島

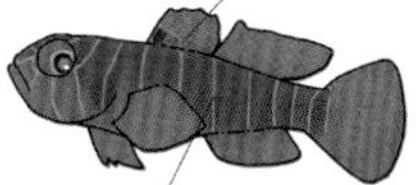
第一背鰭的黑斑上緣白線直
接延伸至體側
體側的白線條很細

棲息在水深略深的珊瑚礁外緣，珊瑚塊與珊瑚礫下方。

呂宋島 水深 6m 大小 2.5cm

鰕虎科

黑肚磯塘鱧

Eviota atriventris

屋久島、久米島、西表島；台灣、西太平洋、澳洲西北部

黑色斑紋上有白線

可在內灣的珊瑚礁周邊瓦礫區、礁山凹洞處，發現幾隻各自行動的情景。

鰕虎科

利安磯塘鱧

Eviota toshiyuki

伊豆群島、小笠原群島、和歌山縣串本、高知縣柏島、屋久島、琉球群島

尾鰭根部中央有深色斑

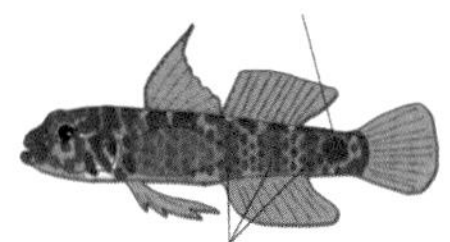
3條深色帶狀圖案

棲息在岩礁、珊瑚礁區的岩石、礁山、珊瑚根與珊瑚礫。

八丈島
水深 10m 大小 2.5cm
石野昇太

鰕虎科

透體磯塘鱧

Eviota pellucida

八丈島、石垣島；馬里亞納群島、吉爾伯特群島、加羅林群島、馬紹爾群島

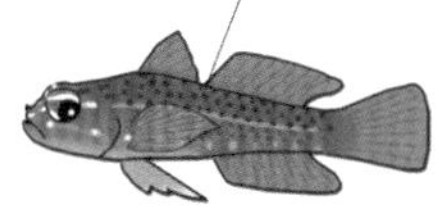
體側整齊排列著紅色斑點

棲息在水深15m左右的岩礁區，可在平坦的鹿角珊瑚四周，發現其身影。

八丈島
水深 6m 大小 2cm
水谷知世

鰕虎科

細斑磯塘鱧

Eviota guttata

南日本的太平洋沿岸、八丈島、小笠原群島、琉球群島；台灣、西太平洋、加羅林群島、薩摩亞群島、西印度洋、紅海

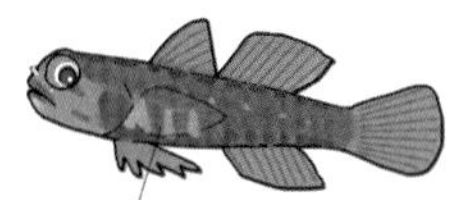
腹部有3個白色斑紋

可在水深10m左右的岩礁，或珊瑚礁岩石上、珊瑚根四周，發現其身影。

八丈島 水深 8m 大小 2cm

奄美大島
水深 4m 大小 2cm
道羅英夫

鰕虎科

隱棘磯塘鱧

Eviota nigrispina

奄美大島、加計呂麻島、座間味島、石垣島、西表島；民都洛島

體側中央為黑色
從眼睛後方延伸的黃色線條

珊瑚

常見於珊瑚礁外緣的淺內灣塊狀珊瑚上。

伊豆大島
水深 48m 大小 3cm
有馬啓人

鰕虎科

今井氏磨塘鱧

Trimma imaii

伊豆大島

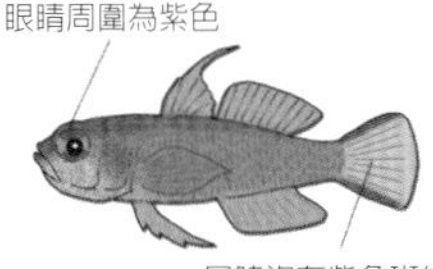

眼睛周圍為紫色
尾鰭沒有紫色斑紋

棲息在海水流通的岩礁，水深 39m 以深的海域。

八丈島 水深 13m 大小 4cm

鰕虎科

沖繩磨塘鱧

Trimma okinawae

南日本的太平洋沿岸、伊豆群島、小笠原群島、九州西岸、屋久島、琉球群島；台灣、西太平洋、澳洲西北岸

眼睛下方有 4 條黃線

常見於岩礁山側面、岩壁天花板附近、珊瑚礁外緣斜坡的礁山和陡坡側面。

八丈島
水深 16m 大小 3.5cm

鰕虎科

大眼磨塘鱧

Trimma macrophthalmum

南日本的太平洋沿岸、伊豆群島、琉球群島；印度 ・ 太平洋

胸鰭根部有 2 個紅色斑點

常見於岩礁山側面、岩壁天花板附近、珊瑚礁外緣斜坡的礁山和陡坡側面。

八丈島 水深 15m 大小 3cm

鰕虎科

橘點磨塘鱧

Trimma annosum

八丈島、靜岡縣浮島、屋久島、奄美大島、西表島；台灣、印度、西太平洋

體側散布橘色斑點

臉上沒有斑點

大多出現在水深 10m 以淺海域，待在內灣性岩礁、陡坡側面的陰暗處。

八丈島 水深 5m 大小 4cm

鰕虎科

諾氏磨塘鱧

Trimma nomurai

沖繩島、水納島、久米島、伊江島、西表島；新喀里多尼亞

胸鰭基底上方有深色斑

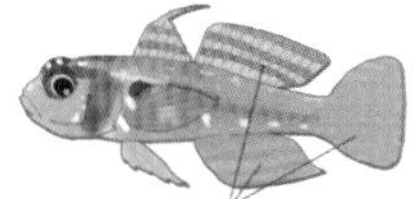

黃色與粉紅色條紋圖案

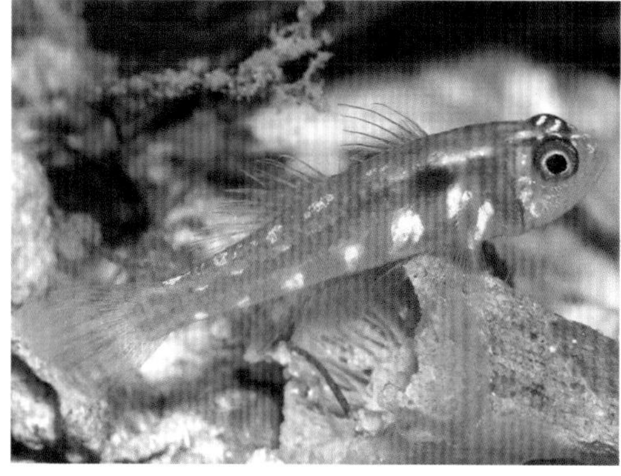

大多單獨待在海水流通的珊瑚礁區，35 ～ 50m 小石子較多的斜坡，或粗礫上方。屬於稀有種。

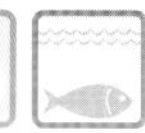

柏島
水深 45m 大小 3cm
松野靖子

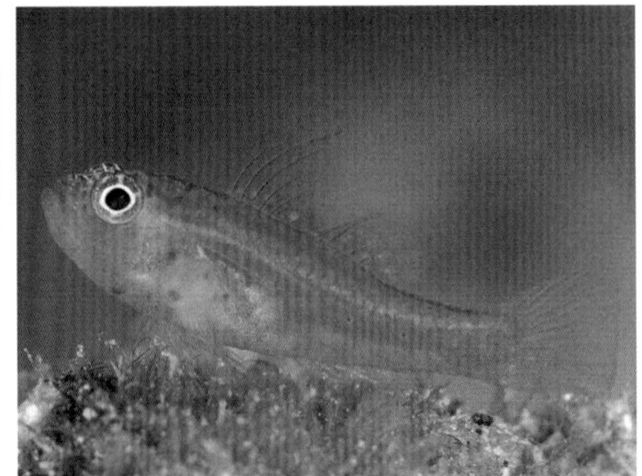

石垣島
水深 25m 大小 2cm
多羅尾拓也

鰕虎科

紅小斑磨塘鱧

Trimma halonevum

高知縣柏島、沖繩島、久米島、伊江島、石垣島、西表島；西太平洋

頭部與體側遍布紅點

可在珊瑚礁外緣、水深 20m 左右混雜砂粒的粗礫石岸、斜坡岩石上方，發現其蹤影。

宿霧島
水深 20m 大小 4cm
松下滿俊

鰕虎科

條紋磨塘鱧

Trimma fasciatum

久米島；帛琉、塞班、宿霧島

體側有 4 道黃色帶狀圖案

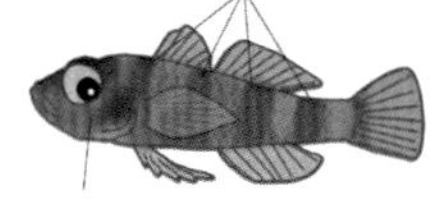
頭部為黃色

棲息在珊瑚礁外緣陡坡的大寬洞深處頂部，本種只能在這類環境中發現，屬於稀有種。

八丈島 水深 18m 大小 3.5cm

鰕虎科

紅磨塘鱧

Trimma caesiura

八丈島、靜岡縣富戶、和歌山縣串本、屋久島、琉球群島；西太平洋

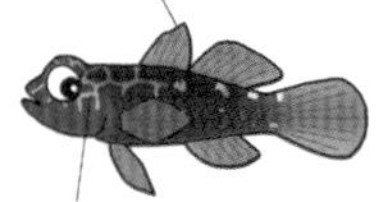
背鰭前端末呈線狀生長
頭部有網目圖案

常見於岩礁、珊瑚礁斜坡、礁山側面或下方、陡坡側面的裂縫等。

鰕虎科

絲背磨塘鱧

Trimma naudei

屋久島、琉球群島；台灣、中國、印度－西太平洋

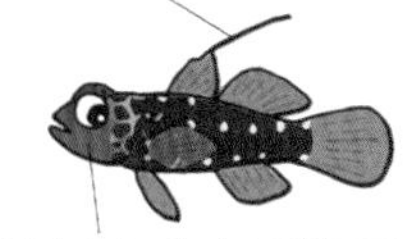
背鰭前端呈線狀生長
臉部為紫色（在水中看似偏黑）

常見於珊瑚礁斜坡、礁山側面或下方、陡坡側面或裂縫等。平時輕觸海底，定期往上游，捕食浮游生物。

呂宋島 水深 15m 大小 3cm

鰕虎科

縱帶磨塘鱧

Trimma grammistes

南日本的太平洋沿岸、伊豆群島、新潟縣～長崎縣的日本海，東海沿岸、屋久島；濟州島、台灣

體側有褐色線條

常見於岩礁山與陡坡側面，是磨塘鱧屬中，唯一適應溫帶海域的種類。

八丈島 水深 16m 大小 3cm

鰕虎科

久藤氏磨塘鱧

Trimma kudoi

伊豆大島、靜岡縣富戶、和歌山縣田邊灣、高知縣柏島、鹿兒島縣錦江灣、沖繩島

虹彩有藍色和紫色圖案
身體為橘色

常見於岩礁、珊瑚礁等水深略深的岩礁裂縫，光線昏暗的地方。日本潛水客暱稱為「流目」，直接沿用成為標準和名。警戒心很強，感到危險會立刻躲進裂縫中。

柏島
水深 23m 大小 3cm
西村欣也

柏島
水深 57m 大小 3cm
蔦木伸明

鰕虎科

松乃井磨塘鱧

Trimma matsunoi

柏島

背部排列著水藍色斑紋
腹部有黃色與水藍色條紋圖案

常見於水深略深的岩礁山側面岩壁、凹陷處、懸崖下的砂底岩場上，2014 年完成新種記載，是只能在柏島發現的地區限定種。

八丈島 水深 40m 大小 3cm

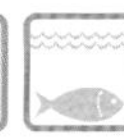

鰕虎科

透明磨塘鱧

Trimma anaima

靜岡縣伊豆半島、和歌山縣串本、八丈島、屋久島、琉球群島；西太平洋

眼睛上方有藍邊

常見於水深略深的岩礁、珊瑚礁外緣斜坡的礁山與陡坡側面。

八丈島 水深 5m 大小 2.5cm

鰕虎科

綠紋磨塘鱧

Trimma maiandros

八丈島、屋久島、寶島、琉球群島；西太平洋、加羅林群島、馬紹爾群島、薩摩亞群島

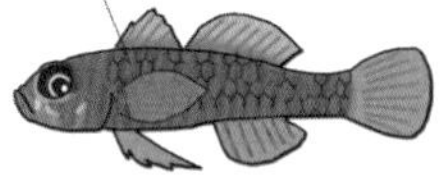
身體底色為藍色加上
橘色塊狀圖案

棲息在水深 6 ～ 25m 珊瑚礁岩石上方與珊瑚周邊，在八丈島可於突出的礁山下方等隱密處發現其蹤跡，但機率很低。

鰕虎科

本氏磨塘鱧

Trimma benjamini

西表島；西太平洋、加羅林群島、馬紹爾群島

眼睛四周有眼鏡狀線條

棲息在珊瑚礁水深 15m 左右的岩石處，或珊瑚周邊。眼睛四周有白色環狀線條，標準和名「メガネベニハゼ」便是取自此特徵。

宿霧島
水深 15m 大小 3cm
宮地淳子

鰕虎科

底斑磨塘鱧

Trimma tevegae

八丈島、和歌山縣串本、高知縣柏島、屋久島、琉球群島；台灣

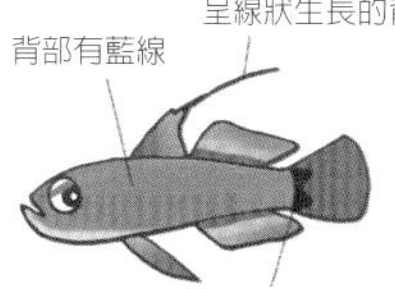
呈線狀生長的背鰭
背部有藍線
尾鰭根部有黑色斑紋

常見於珊瑚礁外緣斜坡、岩礁山側面、岩壁天花板附近、陡坡側面等處。平時腹部朝上，如仰式般漂浮在水中，由於這個緣故，標準和名取為「アオギハゼ」。

八丈島 水深 15m 大小 3cm

鰕虎科

金黃磨塘鱧

Trimma flavatrum

琉球群島；西太平洋、薩摩亞群島

尾鰭上緣與下緣為白色
身體為紅褐色
尾柄附近顏色較暗

可在珊瑚礁的大洞、突出的礁山側面等陰暗處、裂縫內部，發現幾隻成群地漂浮在水中。

石垣島
水深 7m 大小 2.5cm
惣道敬子

伊豆大島
水深 56m 大小 3cm
有馬啓人

鰕虎科

尾斑磨塘鱧

Trimma caudipunctatum

伊豆大島、靜岡縣富戶、高知縣柏島、沖繩縣、久米島；帛琉群島

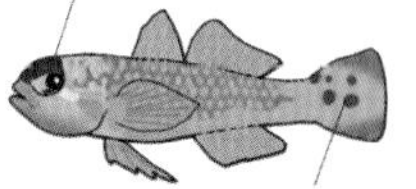

眼睛四周為紫色
尾鰭有紫色斑紋

棲息在海水流通的岩礁，與珊瑚礁外緣水深 40m 以深海域。喜歡待在突出的礁山側面與裂縫等，略微陰暗的地方。生存環境與同屬近似種今井氏磨塘鱧相似，但本種的棲息海域偏南方。

八丈島 水深 15m 大小 3cm

鰕虎科

泰勒氏磨塘鱧

Trimma taylori

靜岡縣大瀨崎、和歌山縣、八丈島、琉球群島；印度－太平洋中央

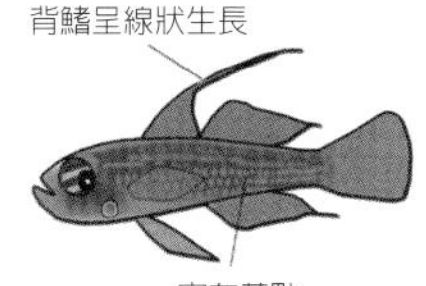

背鰭呈線狀生長
密布黃點

喜歡待在海水流通的岩礁山、珊瑚礁外緣陡坡側面等略微陰暗的地方，以及洞穴、裂縫入口附近，通常幾隻成群地漂浮在水中。

宿霧島
水深 20m 大小 3cm
渡邊美雪

鰕虎科

橘黃磨塘鱧

Trimma milta

高知縣柏島、屋久島、琉球群島；西太平洋、社會群島、澳洲西北岸

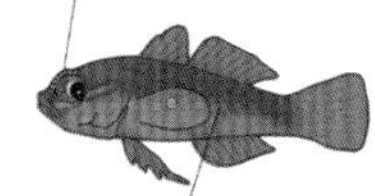

眼睛上方有紅白圖案
身體為橘色

常見於岩礁、珊瑚礁地區外緣、礁山側面的裂縫、低窪處、懸空岩石的天花板。

鰕虎科

斑鰭紡錘鰕虎

Fusigobius signipinnis

屋久島、琉球群島；西太平洋

三角形背鰭前端為橘色與黑色圖案

喜歡待在珊瑚礁瓦礫區、小型砂堆、混雜珊瑚礫的砂質海底，各自散布在海底。日文名為「ヒレフリサンカクハゼ」，取自背鰭搖動的可愛動作。

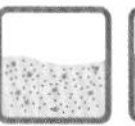

西表島
水深 6m 大小 3cm
水谷知世

鰕虎科

蛇首高鰭鰕虎

Pterogobius elapoides

北海道東南岸～長崎縣的日本海 ・ 東海沿岸、本州的太平洋沿岸；朝鮮半島

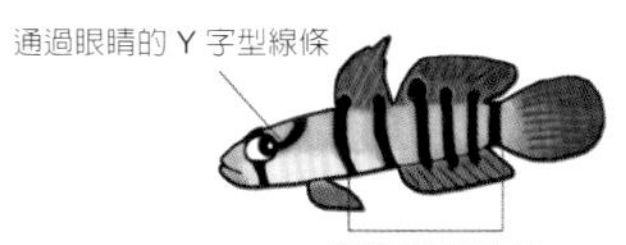
通過眼睛的 Y 字型線條
6 條顏色偏黑的線

成群浮游在內灣的淺岩礁，屬於溫帶種。在太平洋岸出現的個體，體側有 6 條線；在日本海岸發現的個體，體側有 7 條線。

伊豆半島
水深 3m 大小 10cm
道羅英夫

鰕虎科

白帶高鰭鰕虎

Pterogobius zonoleucus

青森縣～鹿兒島縣的日本海 ・ 東海沿岸、南日本的太平洋沿岸；朝鮮半島

體側線條為黃色

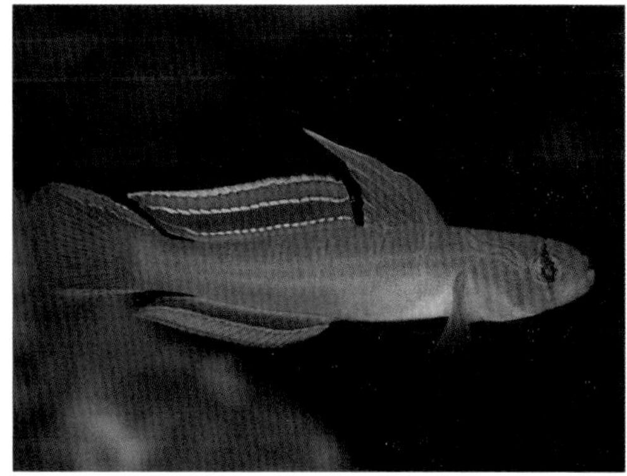

成群浮游在海浪強勁的岩礁海藻林，屬於溫帶種。

青海島
水深 7m 大小 7cm
和泉裕二

呂宋島 水深 10m 大小 10cm

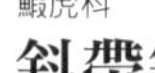

鰕虎科

斜帶鈍塘鱧

Amblyeleotris diagonalis

南日本的太平洋沿岸、屋久島、琉球群島；印度－西太平洋

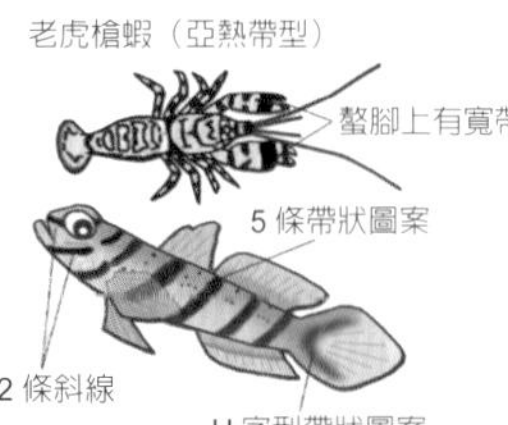
老虎槍蝦（亞熱帶型）
螯腳上有寬帶
5 條帶狀圖案
2 條斜線
U 字型帶狀圖案

常見於內灣、珊瑚礁斜坡、參雜礫石的砂底與砂泥底，主要與老虎槍蝦、其他槍蝦類共生，但在不同地區和環境也可能與其他蝦子共生。老虎槍蝦分成溫帶型、亞熱帶型與熱帶型，本種通常與亞熱帶型、熱帶型共生。

呂宋島
水深 25m 大小 18cm
水谷知世

鰕虎科

福氏鈍塘鱧

Amblyeleotris fontanesii

和歌山縣串本、屋久島、琉球群島；台灣、西太平洋的熱帶海域

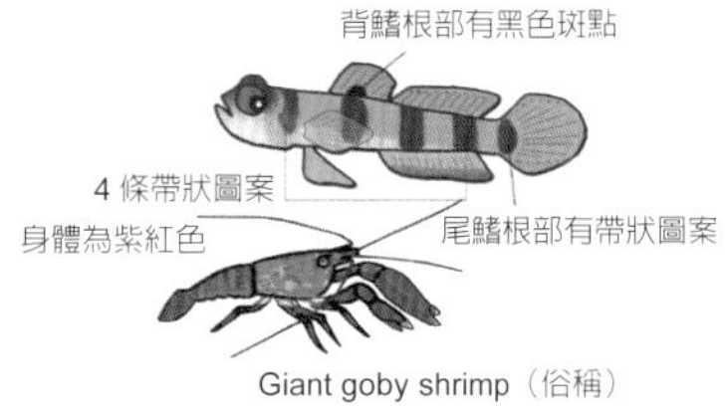
背鰭根部有黑色斑點
4 條帶狀圖案
身體為紫紅色
尾鰭根部有帶狀圖案
Giant goby shrimp（俗稱）

經常單獨待在內灣水深 15 ～ 35m 的砂泥質海底，在鰕虎科中屬於大型種。主要與 Giant goby shrimp 共生。

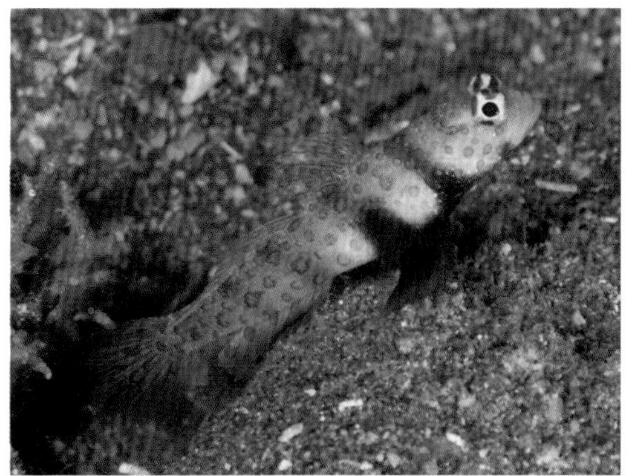

呂宋島 水深 15m 大小 12cm

鰕虎科

斑點鈍塘鱧

Amblyeleotris guttata

南日本的太平洋沿岸、伊豆大島、屋久島、琉球群島；台灣、西太平洋

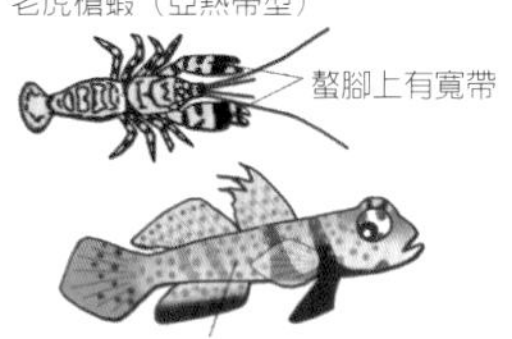
老虎槍蝦（亞熱帶型）
螯腳上有寬帶
全身散布黃色斑點

常見於珊瑚礁斜坡，參雜礫石的砂底，或陡坡下方的砂質海底。主要與 *Alpheus* sp. 和老虎槍蝦（亞熱帶型）共生，但在不同地區和環境也可能與其他蝦子共生。老虎槍蝦分成溫帶型、亞熱帶型與熱帶型，本種通常與亞熱帶型、熱帶型共生。

鰕虎科

日本鈍塘鱧

Amblyeleotris japonica

南日本的太平洋沿岸、伊豆群島、島根縣隱岐、長崎縣東海沿岸、屋久島

老虎槍蝦（溫帶型）
身體為墨色，條紋較粗
眼睛下方沒有線條
烏紗帽外型的背鰭
尾鰭有 U 字型線條
5 條帶狀圖案

常見於內灣、岩礁處混雜礫石的砂底與砂泥底，主要與老虎槍蝦共生，亦有與蘭道氏槍蝦、貪食鼓蝦共生的觀察案例。虎槍蝦分成溫帶型、亞熱帶型與熱帶型，本種通常與溫帶型共生。在八丈島也觀察到與亞熱帶型共生的狀況。

伊豆半島
水深 12m 大小 8cm 豬股裕之

八丈島 水深 15m 大小 15cm

鰕虎科

琉球鈍塘鱧

Amblyeleotris masuii

奄美大島、加計呂麻島、沖繩島、石垣島、西表島

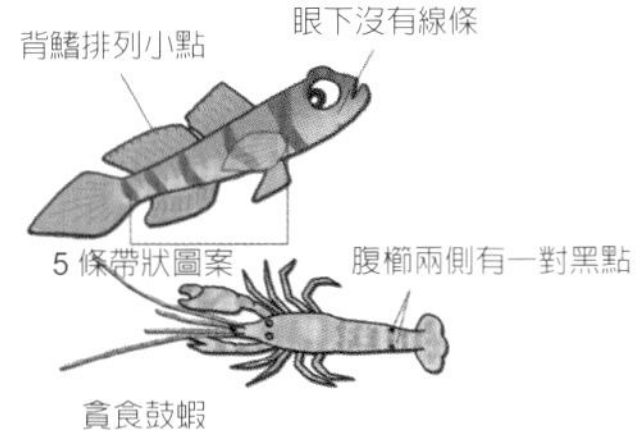
背鰭排列小點
眼下沒有線條
5 條帶狀圖案
腹櫛兩側有一對黑點
貪食鼓蝦

常見於水深 35 ～ 55m，珊瑚礁斜坡混雜礫石的砂質海底。主要與貪食鼓蝦共生，在不同環境中，也會觀察到與 Giant goby shrimp 共生。

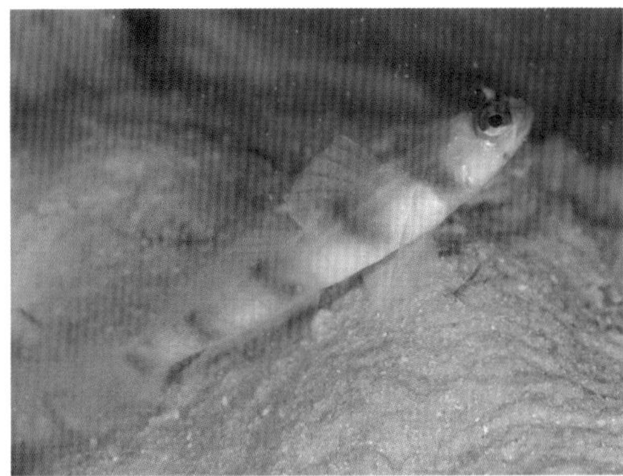

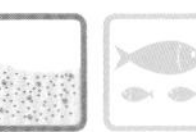
西表島
水深 15m 大小 8cm
水谷知世

鰕虎科

小笠原鈍塘鱧

Amblyeleotris ogasawarensis

伊豆群島、小笠原群島、高知縣、屋久島、琉球群島；西太平洋

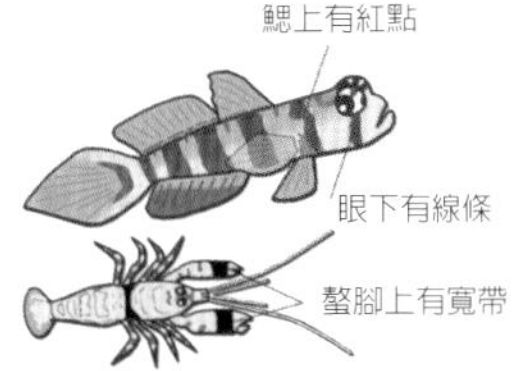
鰓上有紅點
眼下有線條
螯腳上有寬帶
老虎槍蝦（熱帶型）

常見於水深 20 ～ 35m 左右，珊瑚礁混雜礫石的砂質海底。主要與老虎槍蝦和 *Alpheus* sp. 共生，但在不同地區和環境也可能與其他蝦子共生。虎槍蝦分成溫帶型、亞熱帶型與熱帶型，本種通常亞熱帶型或熱帶型共生。

屋久島
水深 12m 大小 5cm
原崎森

呂宋島 水深 15m 大小 12cm

鰕虎科

圓眶鈍塘鱧

Amblyeleotris periophthalma

南日本的太平洋沿岸、伊豆大島、屋久島、琉球群島；台灣、印度－西太平洋

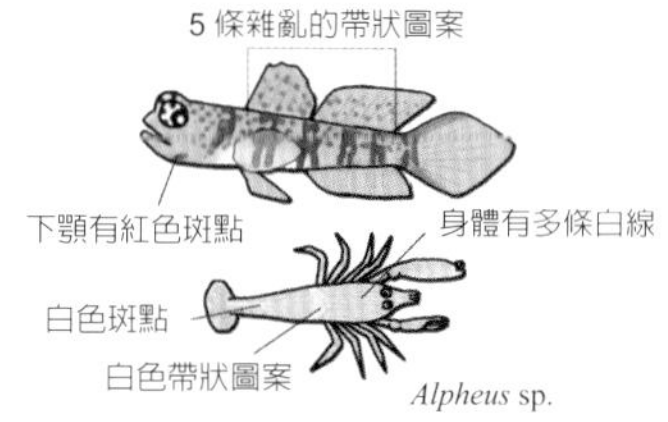
5 條雜亂的帶狀圖案
下顎有紅色斑點
身體有多條白線
白色斑點
白色帶狀圖案
Alpheus sp.

常見於內灣珊瑚礁周邊砂底，與珊瑚礁斜坡混雜礫石的砂質海底。主要與 *Alpheus* sp. 共生，但在不同地區和環境也可能與其他蝦子共生。

八丈島 水深 25m 大小 12cm

鰕虎科

威氏鈍塘鱧

Amblyeleotris wheeleri

南日本的太平洋沿岸、伊豆群島、小笠原群島、屋久島、琉球群島；台灣、印度－西太平洋

6 條顏色鮮豔的紅色寬帶
螯腳根部為橘色
Alpheus sp.2

常見於岩礁周邊的砂底，與珊瑚礁外緣的砂底。主要與 *Alpheus* sp. 共生，亦有與老虎槍蝦、*Alpheus* sp.2 共生的觀察案例。在八丈島皆與 *Alpheus* sp. 共生。

帛琉 水深 10m 大小 15cm

鰕虎科

史氏鈍塘鱧

Amblyeleotris steinitzi

八丈島、屋久島、琉球群島；台灣、印度－西太平洋

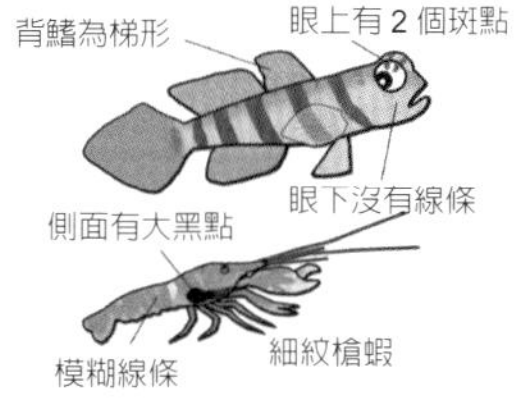
背鰭為梯形
眼上有 2 個斑點
眼下沒有線條
側面有大黑點
模糊線條
細紋槍蝦

常見於內灣的珊瑚礁周邊與珊瑚礁斜坡的砂質海底。主要與細紋槍蝦、老虎槍蝦共生，亦有與 *Alpheus* sp.4、*Alpheus* sp. 共生的觀察案例。在不同地區和環境，也可能與其他蝦子共生。

鰕虎科

蘭道氏鈍塘鱧

Amblyeleotris randalli

琉球群島；台灣、西太平洋

大片圓形背鰭
大型黑色斑點
尾鰭有 4 個斑點
Alpheus sp.

常見於珊瑚礁外緣陡坡，礁山側面隱密處裡，參雜礫石的砂堆。

主要與 *Alpheus* sp.、沒有名字的未記載種共生，但在不同地區和環境也可能與其他蝦子共生。

呂宋島 水深 25m 大小 15cm

鰕虎科

亞諾鈍塘鱧

Amblyeleotris yanoi

伊豆群島、高知縣以南的太平洋沿岸、琉球群島；菲律賓群島、印尼、帛琉群島、馬紹爾群島、斐濟群島

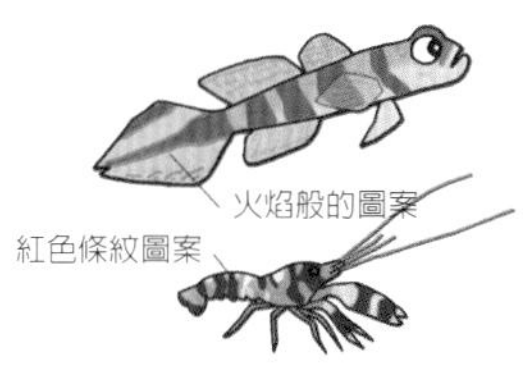
火焰般的圖案
紅色條紋圖案
蘭道氏槍蝦

可見於水深 25 ～ 35m 左右，珊瑚礁區混雜礫石的砂質海底。主要與蘭道氏槍蝦共生。

八丈島 水深 12m 大小 12cm

鰕虎科

黑頭鈍塘鱧

Amblyeleotris melanocephala

高知縣、琉球群島；印尼、菲律賓

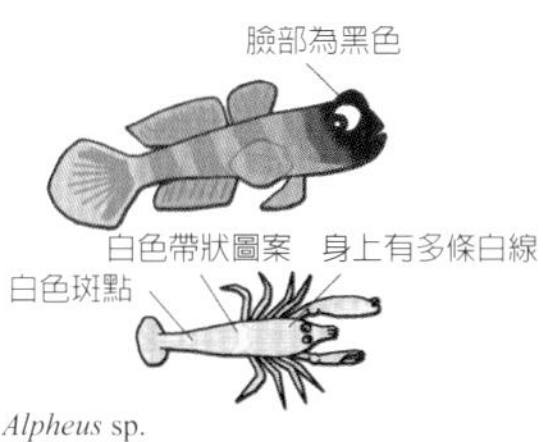
臉部為黑色
白色帶狀圖案
身上有多條白線
白色斑點
Alpheus sp.

可見於水深 20 ～ 50m 左右，內灣處混雜礫石的砂質與砂泥質海底。主要與 *Alpheus* sp. 共生，但在不同地區和環境，也觀察到與蘭道氏槍蝦共生的案例。

柏島
水深 35m 大小 10cm
西村直樹

鰕虎科

華麗鈍鰕虎

Amblygobius decussatus

八重山群島；印度－西太平洋

體側有網目線條
尾鰭根部有橘色斑點

西表島
水深 5m 大小 6cm
水谷知世

單獨或成對地待在內灣的珊瑚礁周邊，混雜礫石的砂泥底，或單純的砂泥質海底。

鰕虎科

鈍鰕虎屬

Amblygobius sp.

八丈島、和歌山縣、屋久島、口永良部島、琉球群島；台灣、西太平洋

2 條線
臉頰線條在鰓附近變成三角形

八丈島 水深 7m 大小 6cm

單獨或成對地待在河川口、內灣的珊瑚礁周邊，混雜礫石的砂泥底，或單純的砂泥質海底。

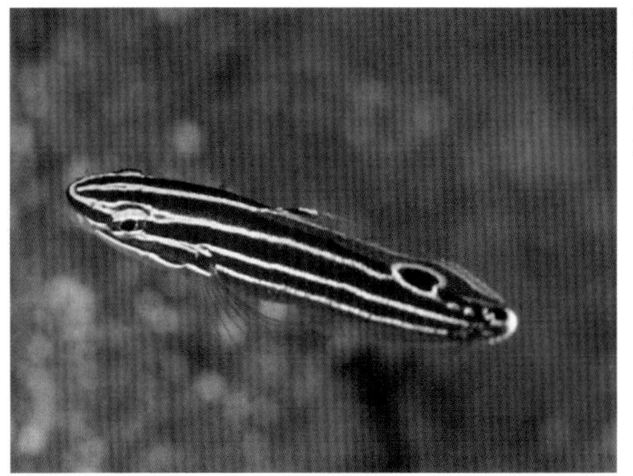

鰕虎科

海氏鈍鰕虎

Koumansetta hectori

八丈島、和歌山縣、琉球群島；台灣、印度－西太平洋（包含紅海）

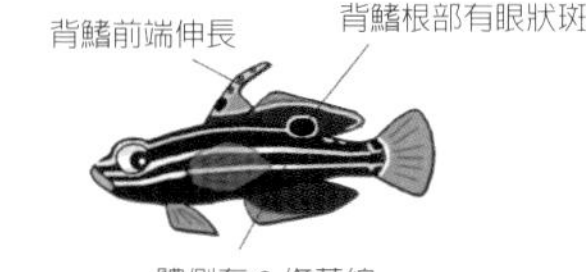
背鰭前端伸長
背鰭根部有眼狀斑
體側有 3 條黃線

八丈島 水深 8m 大小 4cm

單獨在內灣珊瑚礁山周邊、瓦礫區浮游。八丈島只出現過照片中的個體，專家認為該個體可能是在偶然機會下漂流到八丈島，並在此處成長。

鰕虎科

尾斑鈍鰕虎

Amblygobius phalaena

南日本的太平洋沿岸、八丈島、屋久島、琉球群島；台灣、香港、印度－太平洋（紅海、夏威夷群島、復活節島除外）

三角形的背鰭
背鰭與鰓上有黑色斑點
尾鰭有黑色斑點

單獨或成對地出現在珊瑚礁淺水區的砂礫底，或內灣的砂泥底。可在河口汽水域觀察到幼魚，在南日本的太平洋沿岸屬於季節性洄游魚，偶爾才能遇到。

八丈島
水深 6m 大小 10cm

鰕虎科

紅海鈍鰕虎

Amblygobius sphynx

西表島；印度 · 西太平洋

梯形背鰭

尾鰭根部有小黑點

單獨或成對棲息在內灣的砂泥質海底。日本只能在西表島觀察到，屬於稀有種。

  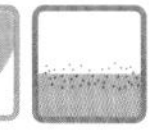

呂宋島 水深 10m 大小 15cm

鰕虎科

黑唇絲鰕虎

Cryptocentrus cinctus

八重山群島；印度 · 西太平洋

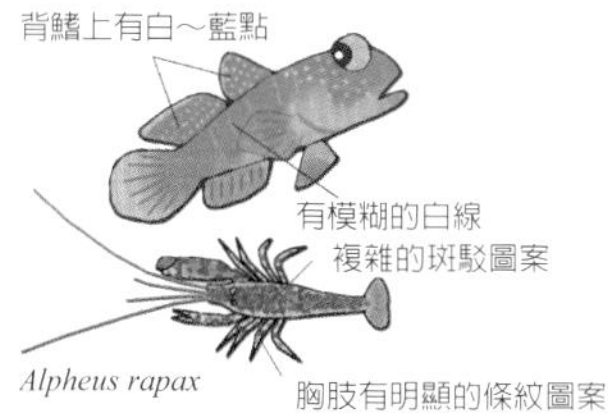
背鰭上有白～藍點
有模糊的白線
複雜的斑駁圖案
Alpheus rapax
胸肢有明顯的條紋圖案

常見於內灣性淺砂底、砂礫底與砂泥底，與 *Alpheus rapax*、*Alpheus* sp.4 等，棲息在內灣砂質海底的槍蝦類共生。

帛琉 水深 16m 大小 6cm

黃化個體 帛琉 水深 15m 大小 7cm

鰕虎科

黑鬍絲鰕虎

Cryptocentrus sericus

奄美大島、琉球群島；中國、安達曼海、澳洲

排列著不規則帶狀圖案
眼下方有 2 個黑色斑點
腹鰭有條紋圖案

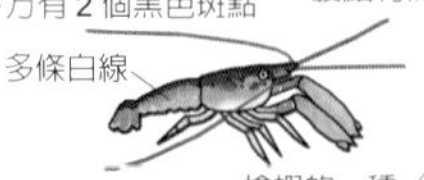
多條白線
槍蝦的一種（俗稱）

常見於內灣的珊瑚礁周邊，混雜礫石的砂底和砂泥底。棲息水深較深，約 10 ～ 50m 處。主要與貪食鼓蝦、槍蝦的一種等棲息在內灣砂底的槍蝦類共生。

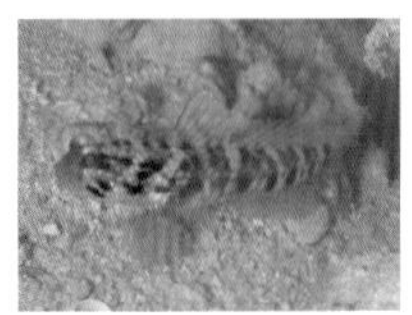

帛琉
水深 15m 大小 7cm

呂宋島 水深 25m 大小 6cm

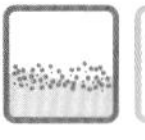

鰕虎科

富山鰕虎屬

Tomiyamichthys sp.

伊豆大島、高知縣、屋久島、琉球群島；婆羅洲、斐濟群島

背鰭有很大的斑駁圖案
紅色條紋圖案
蘭道氏槍蝦

常見於珊瑚礁的斜坡，水深 30m 以深的砂礫底。主要與蘭道氏槍蝦、老虎槍蝦（亞熱帶型、熱帶型）共生。

柏島
水深 7m 大小 10cm
西村直樹

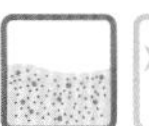

鰕虎科

黃吻連膜鰕虎

Stonogobiops xanthorhinica

南日本的太平洋沿岸、伊豆群島、沖繩縣瀨底島；西太平洋

有一塊延伸至背鰭後方的黑色區域
背鰭不長
紅色條紋圖案
蘭道氏槍蝦

單獨或成對地出現在內灣混雜礫石的砂底與砂泥質海底，主要與蘭道氏槍蝦、老虎槍蝦共生。

倫貝島
水深 25m 大小 4cm 林洋子

鰕虎科

絲鰭連膜鰕虎

Stonogobiops nematodes

南日本的太平洋沿岸、三宅島、琉球群島；西太平洋

很長的背鰭
紅色條紋圖案
蘭道氏槍蝦

可在岩礁、珊瑚礁斜坡、參雜礫石的砂底發現其身影，主要與蘭道氏槍蝦、老虎槍蝦共生。

  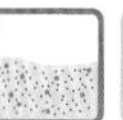 

奄美大島
水深 24m 大小 4cm
倉持佐智子

鰕虎科

五帶連膜鰕虎

Stonogobiops pentafasciata

靜岡縣富戶 · 大瀨崎、高知縣柏島

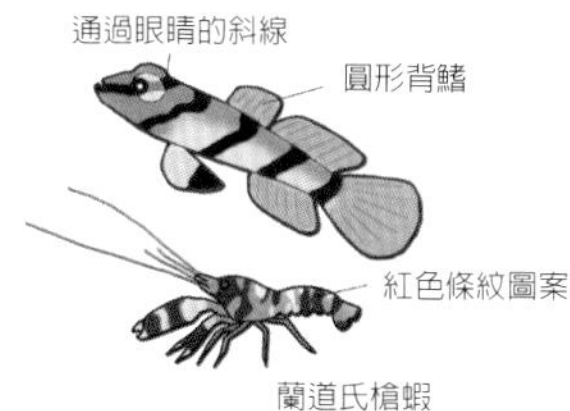
通過眼睛的斜線
圓形背鰭
紅色條紋圖案
蘭道氏槍蝦

常見於海水流通的開闊砂底，是只能在限定地區發現的日本固有種。主要與蘭道氏槍蝦共生，但也有與老虎槍蝦、貪食鼓蝦共生的觀察案例。

柏島
水深 27m 大小 5cm
林洋子

鰕虎科

紅帶連膜鰕虎

Stonogobiops yasha

伊豆群島、高知縣柏島、琉球群島；西太平洋

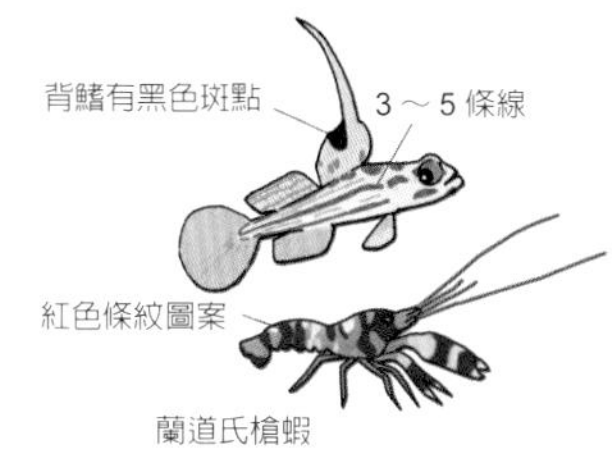
背鰭有黑色斑點
3～5 條線
紅色條紋圖案
蘭道氏槍蝦

單獨或成對出現在內灣處，混雜礫石的砂質海底。主要與蘭道氏槍蝦共生，成對在巢穴上徘徊。

    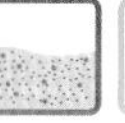

奄美大島
水深 15m 大小 5cm
倉持佐智子

鰕虎科

安貝洛羅梵鰕虎

Vanderhorstia ambanoro

靜岡縣大瀨崎、和歌山縣串本、屋久島、琉球群島；台灣、印度－西太平洋

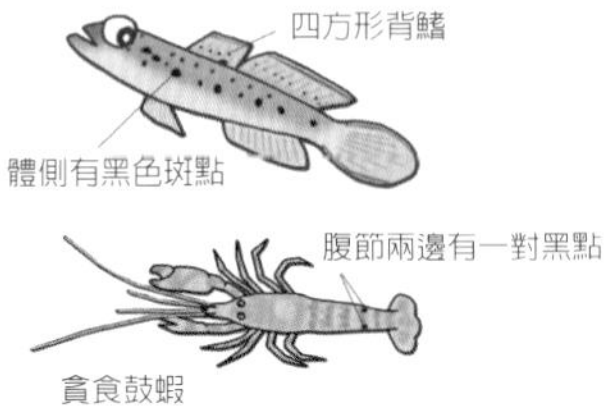
四方形背鰭
體側有黑色斑點
腹節兩邊有一對黑點
貪食鼓蝦

呂宋島
水深 18m 大小 8cm

單獨或成對出現在珊瑚礁內灣砂泥底，與偏好砂泥質海底的槍蝦共生，例如貪食鼓蝦、槍蝦的一種等。

鰕虎科

梵鰕虎屬

Vanderhorstia sp.1

南日本的太平洋沿岸、小笠原群島、屋久島、琉球群島

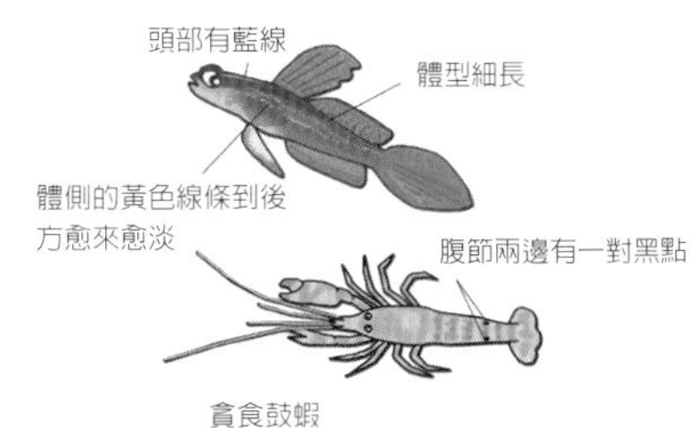
頭部有藍線
體型細長
體側的黃色線條到後方愈來愈淡
腹節兩邊有一對黑點
貪食鼓蝦

屋久島
水深 12m 大小 6m
原崎森

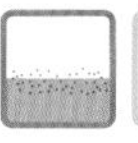

單獨或成對地出現在珊瑚礁內灣的砂泥質海底，與貪食鼓蝦、槍蝦的一種等偏好砂泥底的槍蝦共生。

鰕虎科

梵鰕虎屬

Vanderhorstia sp.2

八丈島、和歌山縣串本、屋久島、琉球群島；婆羅洲、峇里島、塞班島

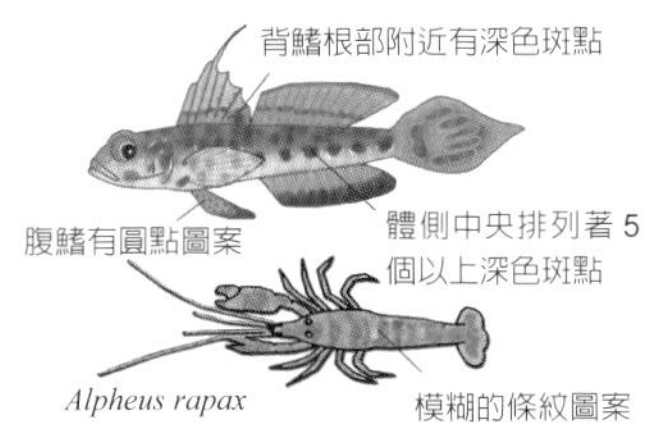
背鰭根部附近有深色斑點
腹鰭有圓點圖案
體側中央排列著 5 個以上深色斑點
Alpheus rapax
模糊的條紋圖案

八丈島 水深 6m 大小 5cm
水谷知世

棲息在內灣、河口處的砂泥底、珊瑚礁海域砂底的海藻林，與貪食鼓蝦、*Alpheus rapax* 共生。在八丈島可於海灣內水深 5m 的砂泥底，發現其蹤跡。

鰕虎科

木埼氏梵鰕虎

Vanderhorstia kizakura

伊豆大島、高知縣柏島、奄美大島、沖繩縣、久米島

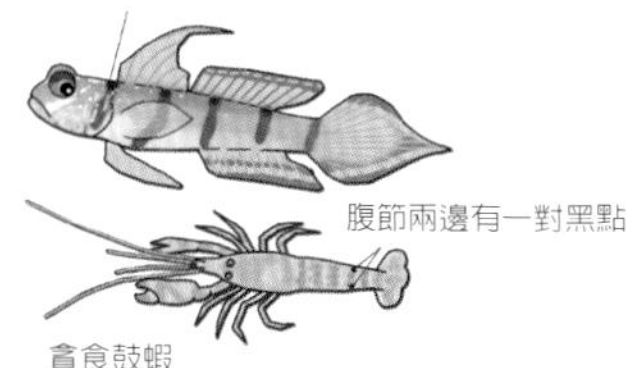
頭部的帶狀圖案上有黃線
腹節兩邊有一對黑點
貪食鼓蝦

棲息在岩礁與珊瑚礁水深 30m 以深的砂底、砂礫質海底，主要與鮮明鼓蝦共生。

柏島
水深 35m 大小 7cm
中野誠志

鰕虎科

紫線帶梵鰕虎

Vanderhorstia cyanolineata

沖繩島、西表島；峇里島

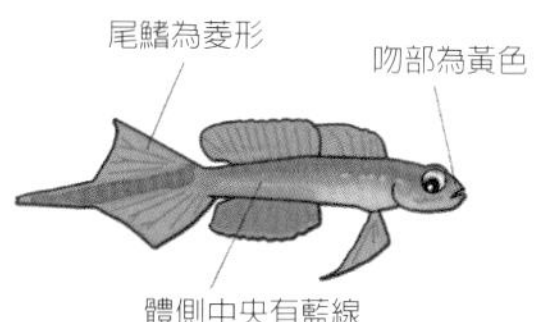
尾鰭為菱形
吻部為黃色
體側中央有藍線

常見於內灣深處，水深略深的泥質海底、砂泥底等環境中。擁有多個巢穴，不清楚是否與槍蝦共生。

沖繩島
水深 36m 大小 3cm
蔦木伸明

鰕虎科

奧奈氏富山鰕虎

Tomiyamichthys oni

南日本的太平洋沿岸、伊豆群島、小笠原群島、島根縣隱岐、長崎縣東海沿岸、琉球群島；西太平洋的熱帶海域

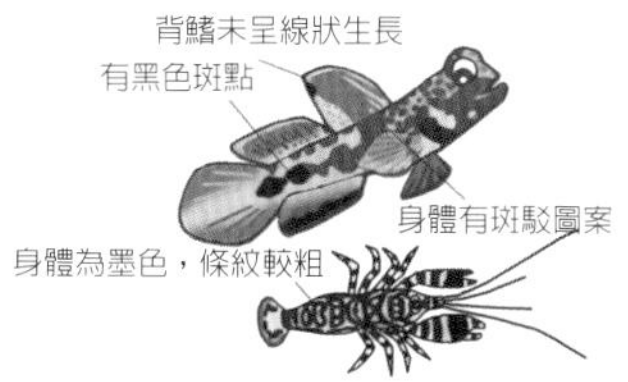
背鰭未呈線狀生長
有黑色斑點
身體有斑駁圖案
身體為墨色，條紋較粗
老虎槍蝦（溫帶型）

棲息在內灣砂底、砂礫底、砂泥底的日本固有種，主要與老虎槍蝦（溫帶型・亞熱帶型）共生。

柏島
水深 15m 大小 12cm
常見真紀子

八丈島 水深 15m 大小 3.5cm

鰕虎科

克氏白頭鰕虎

Latilia klausewitzi

八丈島、和歌山縣串本、屋久島、琉球群島；台灣、西太平洋的熱帶海域

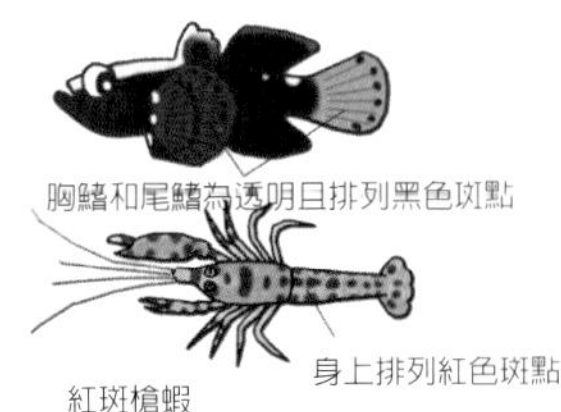
胸鰭和尾鰭為透明且排列黑色斑點
身上排列紅色斑點
紅斑槍蝦

常見於內灣珊瑚礁、珊瑚礁外緣斜坡等，周邊有礁山或岩石圍繞，略顯隱蔽且參雜礫石的砂堆。主要與 Dance-goby shrimp 共生。當槍蝦走出巢穴，本種會在蝦子上方徘徊，做出跳舞的動作。

帛琉 水深 2m 大小 2.5cm

珊瑚

鰕虎科

黃體葉鰕虎

Gobiodon okinawae

和歌山縣以南的南日本太平洋沿岸、琉球群島；印度．太平洋

全身為黃色

單獨或幾隻成群地出現在內灣淺珊瑚礁、礁池等枝狀珊瑚之間。

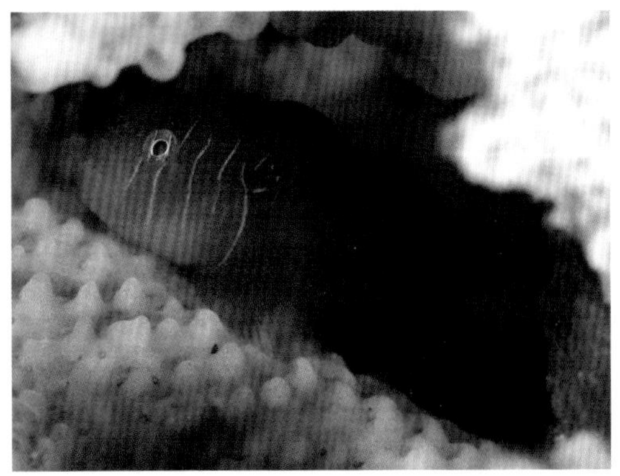

成魚 八丈島 水深 13m 大小 4cm

珊瑚

鰕虎科

五帶葉鰕虎

Gobiodon quinquestrigatus

南日本的太平洋沿岸、八丈島、小笠原群島、屋久島、琉球群島；台灣、印度－西太平洋

5 條水藍色線條

通常在內灣的珊瑚礁、礁池等，鹿角珊瑚類叢生的枝條間，發現成對生活的情景。

幼魚 八丈島
水深 15m 大小 3cm

鰕虎科

腋斑葉鰕虎

Gobiodon axillaris

小笠原群島、和歌山縣以南的太平洋沿岸、屋久島、奄美大島、琉球群島；塞班島、斐濟群島、ソネット島（泰國）

沿著背部邊緣排列著紅色斑點

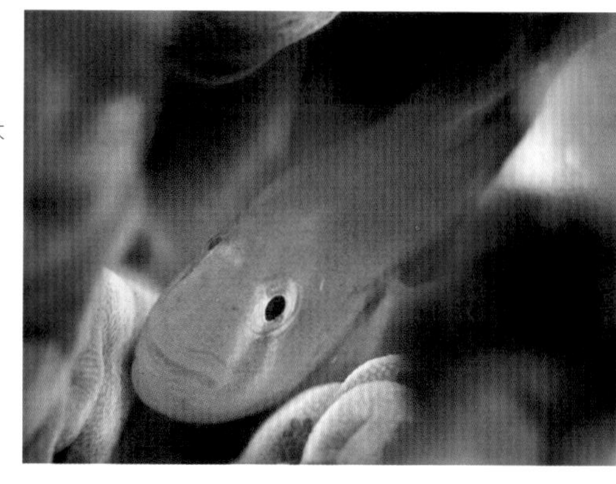

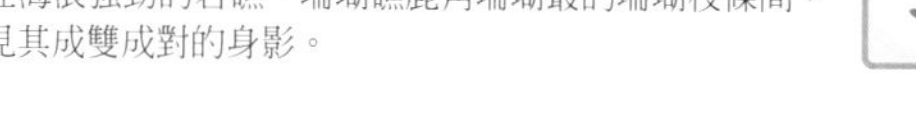

可在海浪強勁的岩礁、珊瑚礁鹿角珊瑚叢的珊瑚枝條間，看見其成雙成對的身影。

珊瑚

八丈島 水深 4m 大小 3cm

鰕虎科

短身裸葉鰕虎

Lubricogobius exiguus

南日本的太平洋沿岸、兵庫縣日本海沿岸、九州西岸；台灣北部、宿霧島、馬布島、蘇拉威西島、峇里島

全身為鮮黃色

單獨或成對出現在水深 15m 左右，內灣的砂泥質海底。以藤壺或雙殼貝的殼為巢穴，生活在其中，但最近發現本種也經常利用空罐或空瓶。

伊豆半島
水深 15m 大小 2.5cm
倉持英治

鰕虎科

琉球群島裸葉鰕虎

Lubricogobius dinah

沖繩島、石垣島；巴布亞紐幾內亞

背部為白色

單獨或成對地出現在水深 35m 以深，珊瑚礁外緣陡坡下方的砂礫質海底。

沖繩本島
水深 18m 大小 3cm
田崎庸一

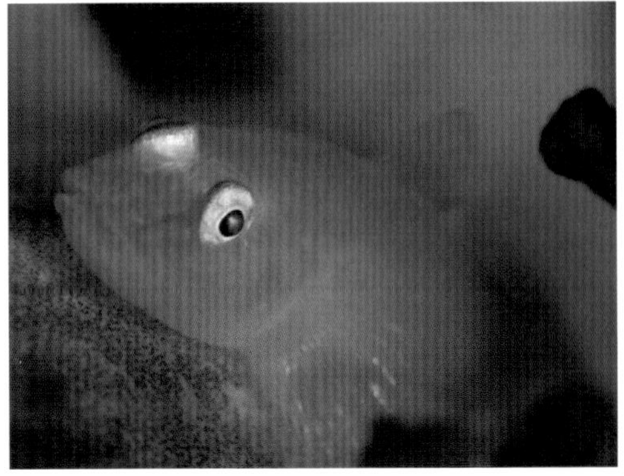

八丈島 水深 30m 大小 3cm

軟珊瑚類

鰕虎科

飽氏腹瓢鰕虎

Pleurosicya boldinghi

南日本的太平洋沿岸、伊豆群島、久米島；新幾內亞島、澳洲西岸、索馬利亞、蒙巴薩

眼睛到口部有一條紅線

頭部較大

在岩礁、珊瑚礁外緣斜坡的棘穗軟珊瑚叢，可發現單獨或成對附生其中的情景。由於棘穗軟珊瑚棲息在八丈島水深 30m 附近海域，因此本種一直給人深海鰕虎的印象。

八丈島 水深 17m 大小 3cm

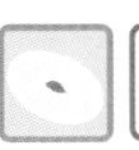

宿主廣泛

鰕虎科

莫三比克腹瓢鰕虎

Pleurosicya mossambica

南日本的太平洋沿岸、伊豆群島、屋久島、琉球群島；台灣、印度－西太平洋（包含紅海）

顏色偏黑的斑點

尾鰭沒有圖案

附生在岩礁斜坡、礁山周邊與珊瑚礁四周的軟珊瑚類、海綿類、海藻、珊瑚等處，附生的宿主十分廣泛。

八丈島 水深 15m 大小 2.5cm

珊瑚

軟珊瑚類

鰕虎科

米氏腹瓢鰕虎

Pleurosicya micheli

南日本的太平洋沿岸、八丈島、屋久島、琉球群島；台灣、西太平洋、夏威夷群島、塞席爾島

橘色線條
線條從尾鰭中心偏下方通過

附生於岩礁、珊瑚礁的鹿角珊瑚類、環菊珊瑚類等非枝狀珊瑚。在八丈島，有時也會附生在番紅硨磲與長硨磲蛤的軟體部分。

八丈島
水深 12m 大小 2cm

鰕虎科

粗唇腹瓢鰕虎

Pleurosicya labiata

八丈島、和歌山串本、高知縣柏島、西表島；菲律賓群島、印尼、澳洲、斯里蘭卡

全身遍布顏色偏黑的小點

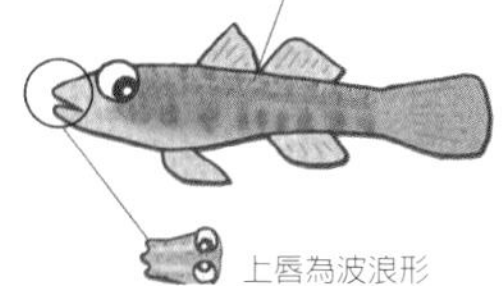
上唇為波浪形

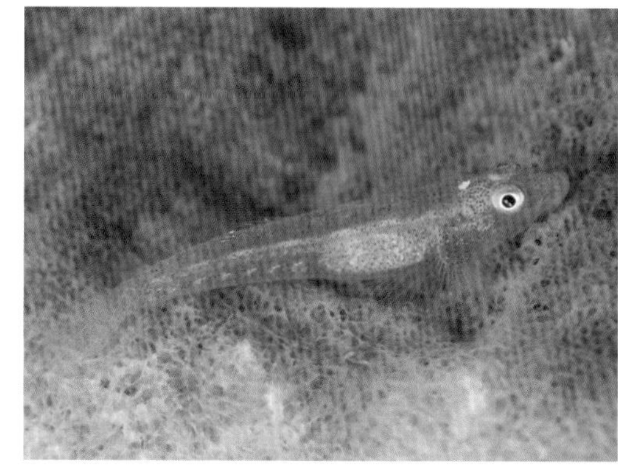

八丈島 水深 15m 大小 3cm

附生在岩礁或珊瑚礁外緣斜坡，外形像壺的桶狀海綿類。

海綿

鰕虎科

勇氏珊瑚鰕虎

Bryaninops yongei

南日本的太平洋沿岸、八丈島、屋久島、琉球群島；濟州島、台灣、印度－西太平洋

粗短體型　尾鰭下方帶有些許顏色

八丈島 水深 25m 大小 2.5cm

單獨或成對附生在海水流通的岩礁，或珊瑚礁外緣斜坡上的線珊瑚類。

海柳類

鰕虎科

狹鰓珊瑚鰕虎

Bryaninops amplus

南日本的太平洋沿岸、八丈島、小笠原群島、屋久島、琉球群島；太平洋中 ‧ 西部

臉型細長

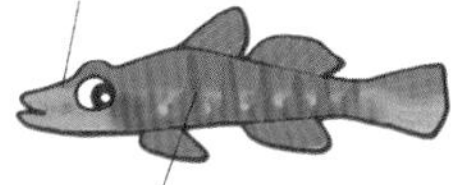

從背鰭下方開始的 6 條橫線

八丈島 水深 27m 大小 4cm

單獨或附生在海水流通的岩礁、珊瑚礁外緣斜坡或陡坡上的鞭海柳珊瑚。在八丈島，只附生在白鞭珊瑚上。

柳珊瑚類

慶良間
水深 8m 大小 2cm
片桐佳江

珊瑚

鰕虎科

漂游珊瑚鰕虎

Bryaninops natans

屋久島、琉球群島；台灣、印度－太平洋（包含紅海）

眼睛為紅色

可在內灣的珊瑚礁與礁池的枝狀鹿角珊瑚上方，看到幾隻本種徘徊漂浮。
感到危險時會一起降落在珊瑚枝條前端。

柏島
水深 9m 大小 2.5cm
村杉暢子

鰕虎科

格氏異翼鰕虎

Discordipinna griessingeri

和歌山縣串本、高知縣柏島、屋久島、琉球群島；印度－太平洋（包含紅海）

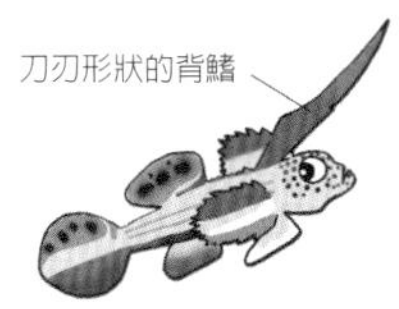
刀刃形狀的背鰭

在淺珊瑚礁的死珊瑚片與珊瑚礫堆積而成的瓦礫區生活，白天看不見其身影，接近傍晚時就能從珊瑚礫間發現行蹤。

柏島
水深 40m 大小 4cm
渡邊美雪

鰕虎科

長絲異翼鰕虎

Discordipinna filamentosa

高知縣柏島、久米島、沖繩本島；婆羅洲

斑紋沒有邊緣
背鰭明顯往前方延伸
體側有 3 條倒 T 字型帶狀圖案

棲息在岩礁、珊瑚礁外緣、水深 40m 以深的懸崖下方、砂底與珊瑚礫，拍動胸鰭漂浮移動的泳姿相當特別。通常待在大型岩石或珊瑚礫石旁，很少活動。

鰕虎科

美麗鰕虎屬

Tryssogobius sp.

八重山群島

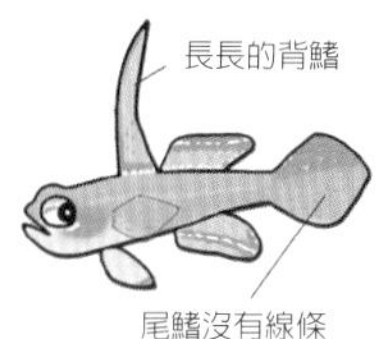
長長的背鰭
尾鰭沒有線條

常見於珊瑚礁斜坡的礫石，或參雜死珊瑚的砂泥底與礫石區。屬於棲息在水深 45 ～ 55m 深水區的種類。

西表島
水深 35m 大小 3.5cm
水谷知世

凹尾塘鱧科

絲鰭線塘鱧

Nemateleotris magnifica

南日本的太平洋沿岸、伊豆群島、小笠原群島、屋久島、琉球群島；台灣、印度－太平洋（紅海除外）

背鰭很長很尖
體色分成橘色和偏白色兩個區塊

成對出現在海水流通的岩礁斜坡與珊瑚礁斜坡，年輕個體習慣集體行動，在八丈島可觀察到超過 30 隻形成的群體。在水底建構小型巢穴，感到危險時會立刻躲進去。

八丈島 水深 18m 大小 6cm

凹尾塘鱧科

華麗線塘鱧

Nemateleotris decora

伊豆群島、靜岡縣富戶、高知縣柏島、屋久島、琉球群島；台灣、印度－西太平洋（模里西斯群島以東）

前端不尖
身體分成紫色與黃色兩個區塊

可在水深 40m 以深，海水流動順暢的岩礁斜坡、珊瑚礁外緣斜坡、砂礫質海底發現其成對行動的情景。

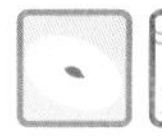

八丈島 水深 50m 大小 6cm

八丈島 水深 55m 大小 6cm

凹尾塘鱧科

赫氏線塘鱧

Nemateleotris helfrichi

八丈島、小笠原群島、高知縣柏島、奄美大島、八重山群島；太平洋中 · 西部（到土阿莫土群島為止；夏威夷群島除外）

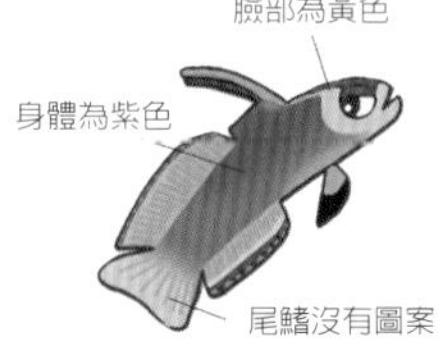
臉部為黃色
身體為紫色
尾鰭沒有圖案

成對出現在水深 40m 以深的珊瑚礁外緣斜坡與砂礫質海底，擁有小型巢穴，平時在巢穴附近徘徊，一感到危險就躲進去。日本多棲息在小笠原，其他地區相當少見。

成魚 八丈島 水深 10m 大小 8cm

凹尾塘鱧科

黑尾凹尾塘鱧

Ptereleotris evides

南日本的太平洋沿岸、八丈島、小笠原群島、屋久島、琉球群島；台灣、印度－西太平洋（包含紅海、到南方群島為止；夏威夷群島除外）

身體分成黑色與偏白色兩大區塊
ad

尾鰭根部有黑色斑點
yg

可在海水流通的岩礁斜坡、砂礫質海底與珊瑚礁外緣上方，發現其成對出現的身影。幼魚形成龐大群體生活。許多幼魚漂流到南日本的太平洋岸各地，屬於季節性洄游魚。

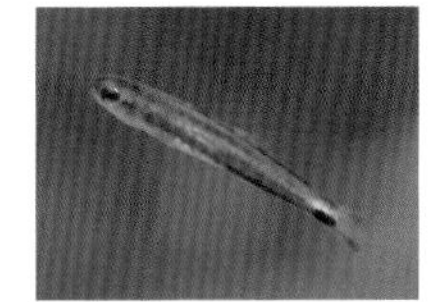

幼魚 八丈島
水深 8m 大小 3cm

呂宋島 水深 40m 大小 12cm

凹尾塘鱧科

縱帶凹尾塘鱧

Ptereleotris grammica

伊豆大島、靜岡縣富戶、高知縣柏島、屋久島、琉球群島；菲律賓群島、印尼、新幾內亞島、新不列顛島

背鰭呈線狀生長
體側中央有黃色線條

可在水深 40m 以深，海水流通的岩礁斜坡、珊瑚礁斜坡、砂礫底與砂底等處，發現其成對行動的身影。

凹尾塘鱧科

絲尾凹尾塘鱧

Ptereleotris hanae

南日本的太平洋沿岸、伊豆群島、富山灣、九州西岸 ・ 西北岸、屋久島；朝鮮半島、薩摩亞群島

尾鰭前端呈線狀生長
下頷有皮瓣

成對出現在淺岩礁、珊瑚礁附近的砂礫質海底與砂泥質海底，大多利用日本鈍塘鱧與槍蝦共生的巢穴。專家認為本種應該是與日本鈍塘鱧一樣，讓槍蝦幫忙把風，遇到危險可以提早察覺。溫帶種。

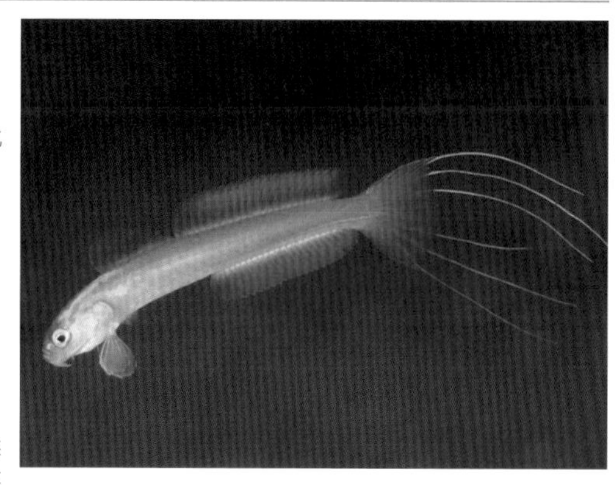

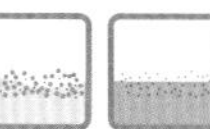

伊豆大島
水深 25m 大小 15cm
林洋子

凹尾塘鱧科

細鱗凹尾塘鱧

Ptereleotris microlepis

南日本的太平洋沿岸、伊豆群島、屋久島、琉球群島；台灣、印度－西太平洋（包含紅海、到土阿莫土群島為止；夏威夷群島除外）

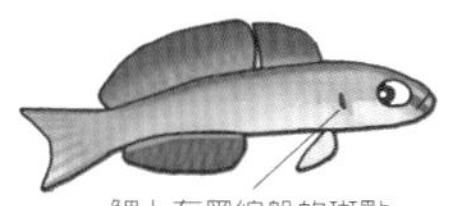
鰓上有黑線般的斑點

可在內灣的淺珊瑚礁、混雜珊瑚礁的砂礫底、砂泥底等處，發現其成雙成對的模樣。年輕個體會集結成群，與黑尾凹尾塘鱧、尾斑凹尾塘鱧的幼魚混泳。

八丈島 水深 5m 大小 7cm

凹尾塘鱧科

尾斑凹尾塘鱧

Ptereleotris heteroptera

南日本的太平洋沿岸、伊豆群島、小笠原群島、屋久島、琉球群島；濟州島、台灣、印度－西太平洋（包含紅海、夏威夷群島，到馬克薩斯群島為止）

尾鰭上有大型黑色斑紋

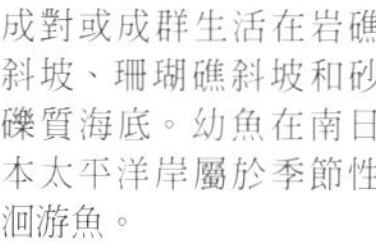

成對或成群生活在岩礁斜坡、珊瑚礁斜坡和砂礫質海底。幼魚在南日本太平洋岸屬於季節性洄游魚。

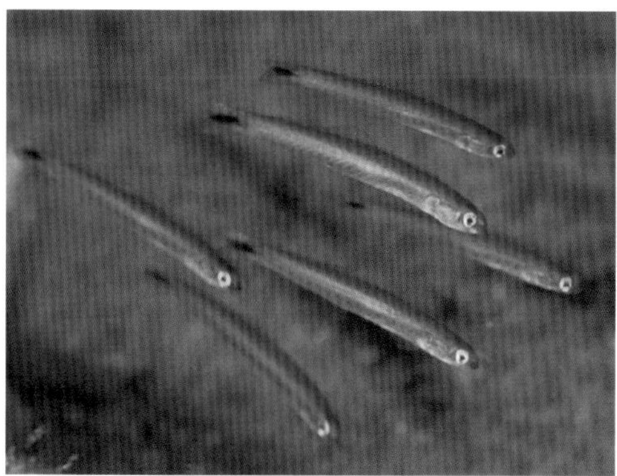

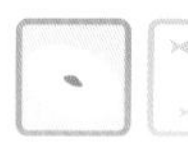
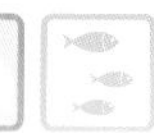

八丈島 水深 25m 大小 3cm

凹尾塘鱧科

成魚 八丈島 水深 6m 大小 6cm

凹尾塘鱧科

斑馬鰭塘鱧

Ptereleotris zebra

南日本的太平洋沿岸、八丈島、小笠原群島、琉球群島；台灣、印度～太平洋（包含紅海，到馬克薩斯群島為止；夏威夷群島除外）

成對生活在海水流通的淺岩礁外緣上，幼魚成群行動。幼魚在南日本的太平洋岸屬於季節性洄游魚，觀察到的數量很多。

體側有粉紅色條紋圖案
頷部有皮瓣

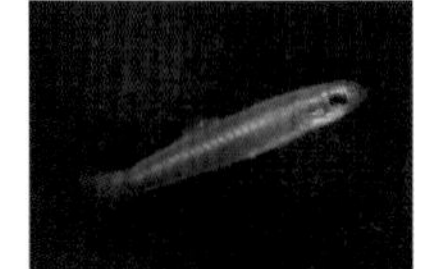

幼魚 八丈島
水深 5m 大小 2.5cm

白鯧科

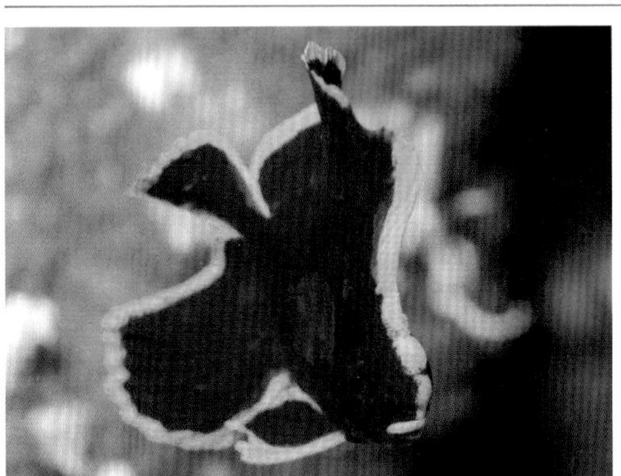

幼魚 奄美大島
水深 5m 大小 3cm
田崎庸一

白鯧科

彎鰭燕魚

Platax pinnatus

房總半島、琉球群島；朝鮮半島南岸、台灣、印度東部－太平洋西部的熱帶海域

額頭不外凸呈一直線
吻端尖尖的
ad
橘色邊框
yg

單獨或幾隻成群地出現在珊瑚礁外緣斜坡，可在內灣或礁池的淺水區，看見幼魚單獨出現模樣。幼魚的體色是黑底帶橘邊，專家認爲這是擬態成有毒的渦蟲、海蚰蝓的防禦策略。

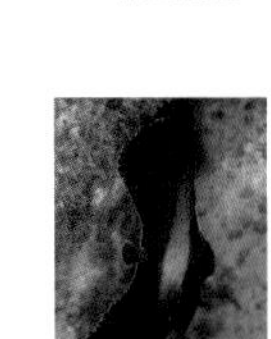

稚魚 宿霧島
水深 5m 大小 10cm 余吾涉

八丈島 水深 15m 大小 30cm

白鯧科

尖翅燕魚

Platax teira

北海道以南的各地沿岸、伊豆群島、小笠原群島、屋久島、琉球群島；朝鮮半島南岸、台灣、中國、印度－西太平洋（到新幾內亞東部為止）

在岩礁與珊瑚礁中層，形成數十隻到數百隻的大型群體。稚魚幾隻成群地生活在礁山附近。

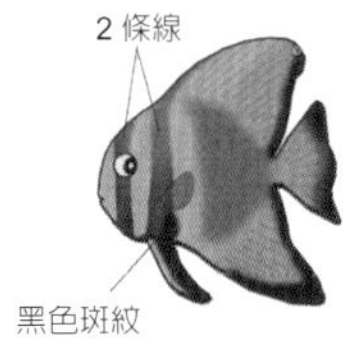

2 條線
黑色斑紋

稚魚 八丈島
水深 5m 大小 25cm

臭肚魚科

單斑臭肚魚

Siganus unimaculatus

小笠原群島、琉球群島；台灣、菲律賓群島、澳洲西北岸

口部像是嘟嘴的模樣

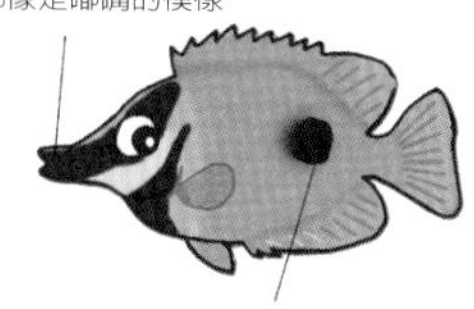
體側有大型斑點

宿霧島 水深 7m 大小 21cm

可在珊瑚礁外緣斜坡與珊瑚礁上，看見其成對游泳的情景。嘟嘴般的口部像是要噴火一樣，因此標準和名取爲「火吹藍子」。

臭肚魚科

褐臭肚魚

Siganus fuscescens

青森縣～九州的日本海 · 東海 · 太平洋沿岸、伊豆群島、小笠原群島、琉球群島；朝鮮半島、台灣、中國、東印度－西太平洋（馬里亞納群島除外）

體側遍布白色斑點

八丈島 水深 18m 大小 35cm

棲息在沿岸的岩礁地區。幼魚通常在淺水海域形成龐大群體。喜歡吃海藻，但長大後也會吃甲殼類與多毛綱等動物，屬於雜食性。衆所周知，本種的背鰭有毒。

臭肚魚科

藍帶臭肚魚

Siganus virgatus

口永良部島、琉球群島；台灣、越南、泰國灣、東印度－西太平洋（到新幾內亞島東岸為止；馬里亞納群島除外）

頭部與胸鰭上方有深色斜帶

呂宋島 水深 12m 大小 20cm

棲息在內灣的珊瑚礁，平時成對行動，但有時也會成群行動。主要吃藻類維生。

成魚 八丈島 水深 7m 大小 16cm

角蝶魚科

角蝶魚

Zanclus cornutus

青森縣以南的太平洋沿岸、山口縣～鹿兒島縣的日本海・東海沿岸、伊豆群島、小笠原群島、琉球群島；濟州島、台灣、中國、印度－泛太平洋

頭部有突起
背鰭很長
口部像是嘟嘴的模樣

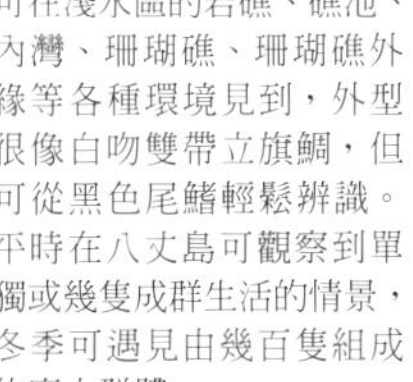

可在淺水區的岩礁、礁池、內灣、珊瑚礁、珊瑚礁外緣等各種環境見到，外型很像白吻雙帶立旗鯛，但可從黑色尾鰭輕鬆辨識。平時在八丈島可觀察到單獨或幾隻成群生活的情景，冬季可遇見由幾百隻組成的龐大群體。

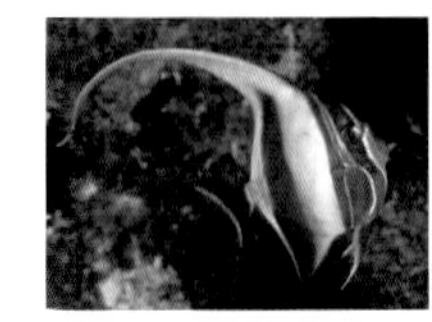

幼魚 八丈島
水深 8m 大小 5cm

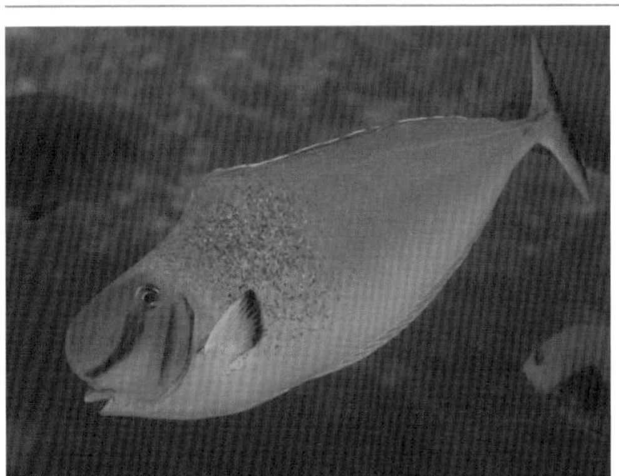

巴榮納岩 水深 18m 大小 40cm

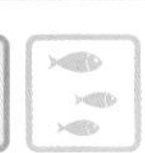

刺尾鯛科

球吻鼻魚

Naso tonganus

硫磺島、和歌山縣白濱、琉球群島；台灣、印度－西太平洋、密克羅尼西亞、薩摩亞群島

額頭幾近垂直地外凸

棲息在岩礁、珊瑚礁區域，在珊瑚礁外緣海水流通的中層海域形成小群體生活。在日本為稀有種。

巴榮納岩
水深 18m 大小 45cm

刺尾鯛科

洛氏鼻魚

Naso lopezi

千葉縣～和歌山縣的太平洋沿岸、小笠原群島、新潟縣寺泊、屋久島、琉球群島；台灣、安達曼海、西太平洋

身體細長、體長為體高的 3 倍以上

棲息在岩礁與珊瑚礁地區，在珊瑚礁外緣海水流通的中層海域群聚生活。偏好略深的水深。

刺尾鯛科

青唇櫛齒刺尾鯛

Ctenochaetus cyanocheilus

小笠原群島；澳洲西岸、西太平洋、馬紹爾群島、鳳凰群島、薩摩亞群島

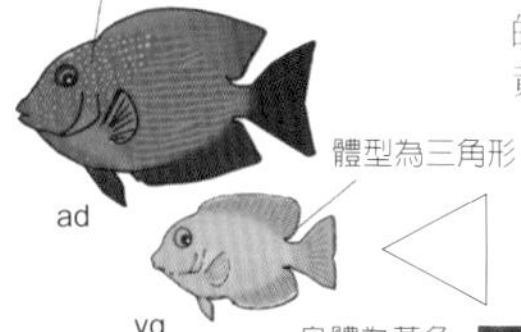
頭部到整個臉頰布滿黃色斑點
ad

體型為三角形

在日本是常見於小笠原的地區限定種。幼魚為黃色，屬於稀有種。

yg
身體為黃色

幼魚 八丈島
水深 10m 大小 3cm

小笠原
水深 20m 大小 20cm
小林修一

刺尾鯛科

夏威夷櫛齒刺尾鯛

Ctenochaetus hawaiiensis

小笠原群島、奄美大島、八重山群島；關島、太平洋中央（復活節島除外）

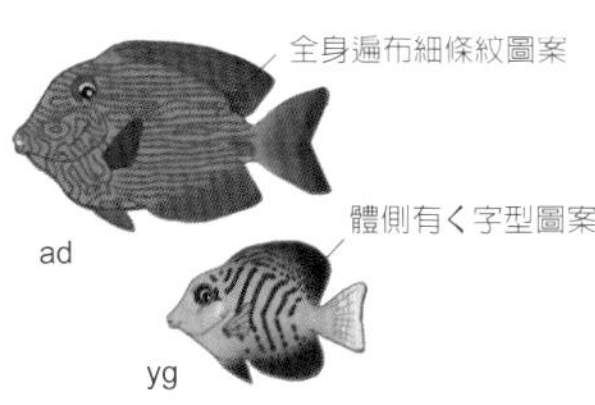
全身遍布細條紋圖案
ad
體側有く字型圖案
yg

在日本是常見於小笠原的地區限定種。如標準和名「メイキュウサザナミハギ」所示，幼魚身上有迷宮圖案。屬於稀有種。

小笠原
水深 25m 大小 7cm
南俊夫

刺尾鯛科

綠刺尾鯛

Acanthurus triostegus

新潟縣、南日本的太平洋沿岸、八丈島、小笠原群島、琉球群島；台灣、印度－泛太平洋（紅海除外）、非洲西岸

身上有 5 ～ 6 條線

可在內灣、淺珊瑚礁、珊瑚礁外緣斜坡等各種環境發現其蹤跡。幼魚每年都會漂流到南日本的太平洋岸各地淺水區，屬於季節性洄游魚。通常與條紋豆娘魚的幼魚混泳。

幼魚 八丈島
水深 1m 大小 2cm

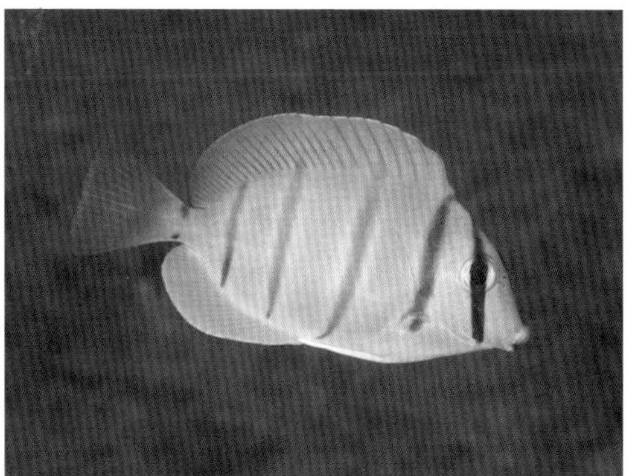

成魚 八丈島 水深 2m 大小 6cm

成魚 八丈島
水深 15m 大小 25cm

刺尾鯛科

後刺尾鯛

Acanthurus mata

南日本的太平洋沿岸、八丈島、小笠原群島、屋久島、琉球群島；台灣、印度－太平洋（夏威夷群島 · 皮特肯群島以東除外）

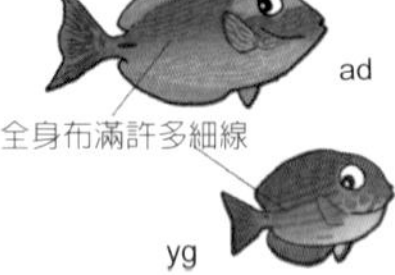
黃色眼罩
ad
全身布滿許多細線
yg

幾隻成群地在海水流通的岩礁山上方、側面、珊瑚礁外緣斜坡與陡坡中層游動，可在帶有內灣性質的淺水區發現單隻幼魚，幼魚在南日本的太平洋岸屬於不會過多的季節性洄游魚。

幼魚 呂宋島
水深 3m 大小 3cm 水谷知世

八丈島 水深 16m 大小 15cm

刺尾鯛科

黃尾刺尾鯛

Acanthurus thompsoni

八丈島、小笠原群島、和歌山縣、高知縣、琉球群島；台灣、南海、印度－太平洋（復活節島除外）

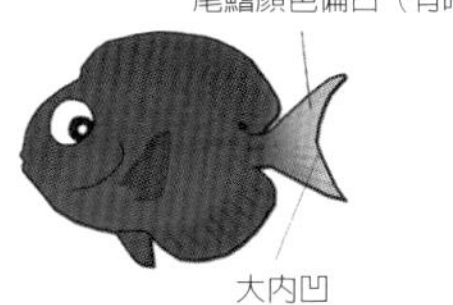
尾鰭顏色偏白（有時也會偏黑）
大內凹

成群在海水流通的珊瑚礁外緣陡坡中層行動，在八丈島通常在海水流動良好的礁山邊緣中層，與絲鰭擬花鮨、山川氏光鰓雀鯛等魚類混泳。

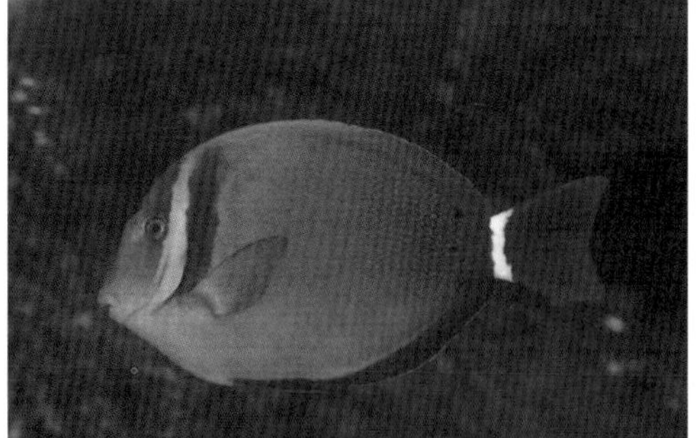

八丈島
水深 6m 大小 22cm

刺尾鯛科

白斑刺尾鯛

Acanthurus leucopareius

南日本的太平洋沿岸、八丈島、小笠原群島、屋久島、琉球群島；台灣、太平洋中 · 西部的熱帶海域

顏色偏黑的寬帶中間有一條白色帶狀圖案
白色帶狀圖案

單獨或幾隻成群地在珊瑚礁海浪強勁的淺水區游泳。

刺尾鯛科

斑點刺尾鯛

Acanthurus guttatus

和歌山縣、琉球群島；台灣、塞席爾島以東的印度洋－太平洋（復活節島除外）

身體有 2 ～ 3 條顏色偏白的帶狀圖案
體側後方散布白色斑點

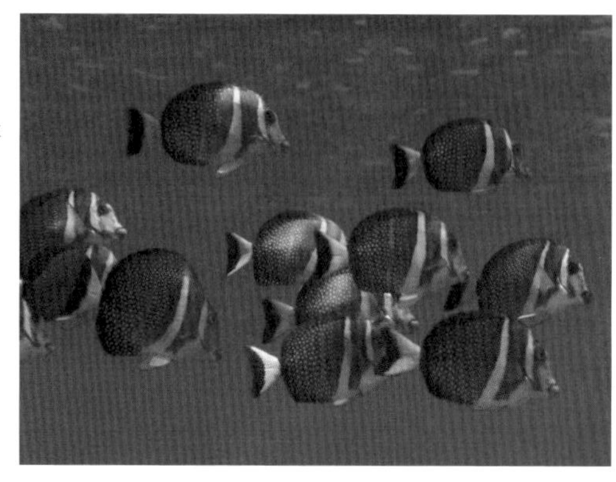

塞班島 水深 2m 大小 15cm

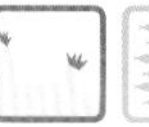

群聚於珊瑚礁波濤洶湧的淺水區。身上散布白點，應是為了融入海浪的白色泡沫，藉此混淆天敵視線演化出的身體特徵。

刺尾鯛科

褐斑刺尾鯛

Acanthurus nigrofuscus

南日本的太平洋沿岸、伊豆群島、小笠原群島、屋久島、琉球群島；台灣、香港、印度－太平洋（復活節島除外）

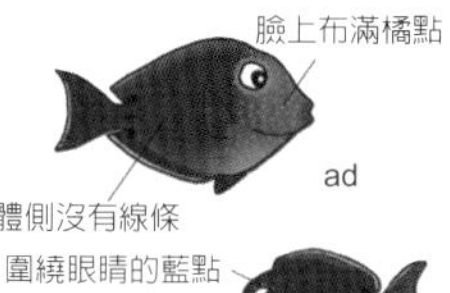
臉上布滿橘點
ad
體側沒有線條

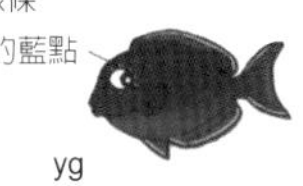
圍繞眼睛的藍點
yg

幾隻成群地在淺岩礁、珊瑚礁周邊的斜坡、礁池等處行動，幼魚在南日本的太平洋各地屬於季節性洄游魚，可在水深較淺的地方發現。

幼魚 八丈島 水深 6m
大小 4cm

成魚 八丈島 水深 7m 大小 15cm

刺尾鯛科

線紋刺尾鯛

Acanthurus lineatus

南日本的太平洋沿岸、八丈島、小笠原群島、九州西北岸、屋久島、琉球群島；台灣、印度－太平洋（紅海 · 皮特肯群島除外）

體側有多條藍線

八丈島 水深 6m 大小 7cm

單獨或幾隻成群地棲息在珊瑚礁外緣，海浪強勁的淺水區。幼魚單獨出現在內灣的淺珊瑚礁、潮池與潮間帶附近。

成魚 帛琉 水深 10m 大小 20cm

刺尾鯛科

火紅刺尾鯛

Acanthurus pyroferus

南日本的太平洋沿岸、八丈島、小笠原群島、屋久島、琉球群島；台灣、東印度－太平洋（科科斯〔基林〕群島以東；夏威夷群島、皮特肯群島以東除外）

鰓上有黑色斑紋
ad
幼魚擬態成藍帶荷
包魚的幼魚
yg

常見於水深 15m 左右，海水流通的岩礁或珊瑚礁周邊的斜坡。專家認爲幼魚擬態成動作迅速的刺尻魚屬魚類，目前已知體色分成 3 種，分別是類似黃刺刺尻魚、海氏刺尻魚與福氏刺尻魚。

海氏刺尻魚型 八丈島
水深 15m 大小 4cm

福氏刺尻魚型 八丈島
水深 15m 大小 5cm

八丈島
水深 10m 大小 4cm

經常被當成黃點黑尾鯛，其實是火紅刺尾鯛不同的顏色變化。

稚魚 八丈島 水深 5m 大小 15cm

刺尾鯛科

漣紋櫛齒刺尾鯛

Ctenochaetus striatus

南日本的太平洋沿岸、八丈島、小笠原群島、屋久島、琉球群島；台灣、印度－太平洋（夏威夷群島 · 馬克薩斯群島 · 復活節島除外）

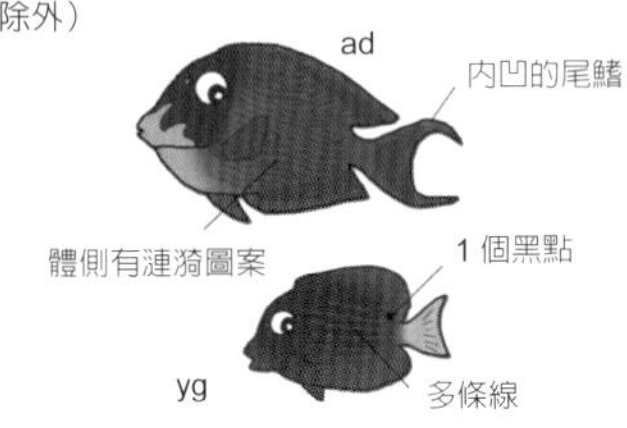
ad
內凹的尾鰭
體側有漣漪圖案
1 個黑點
yg
多條線

可在淺珊瑚礁或珊瑚礁外緣斜坡，看見其單獨或幾隻成群行動的情景。幼魚在南日本太平洋岸，屬於不會過多的季節性洄游魚。

成魚 帛琉
水深 5m 大小 20cm

幼魚 八丈島
水深 7m 大小 4cm

幼魚 八丈島
水深 6m 大小 4cm

刺尾鯛科

青唇櫛齒刺尾鯛

Acanthurus japonicus

八丈島、小笠原群島、琉球群島；台灣、菲律賓群島、帛琉群島、蘇拉威西島

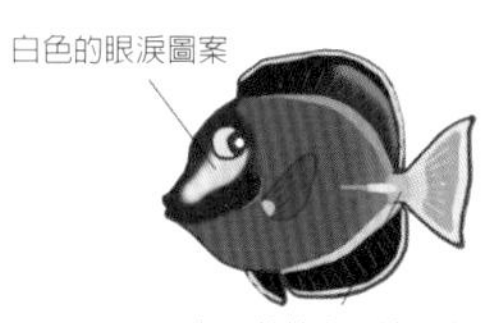
白色的眼淚圖案
上下黃線在尾鰭交會

可在淺珊瑚礁周邊斜坡或礁池等處，看見其單獨或幾隻成群行動的情景。和名「ナミダクロハギ」源自眼睛下方的白色眼淚圖案，此圖案有時會受到壓力影響消失。

八丈島 水深 12m 大小 10cm

刺尾鯛科

白面刺尾鯛

Acanthurus nigricans

和歌山縣串本、高知縣柏島、八丈島、小笠原群島、琉球群島；台灣、印度－泛太平洋（查戈斯群島、科科斯〔基林〕群島以東；拉帕島除外）

尾鰭有黃色線條
上下黃線不在尾鰭交會

可在淺珊瑚礁看見其單獨或幾隻成群行動的情景。外型很像青唇櫛齒刺尾鯛，可從尾鰭的黃色線條在尾鰭根部中斷的特徵辨識。

八丈島 水深 5m 大小 10cm

刺尾鯛科

一字刺尾鯛

Acanthurus olivaceus

南日本的太平洋沿岸、八丈島、小笠原群島、九州北岸、屋久島、琉球群島；台灣、香港、東印度－太平洋（安達曼海、科科斯〔基林〕群島以東；復活節島除外）

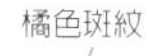
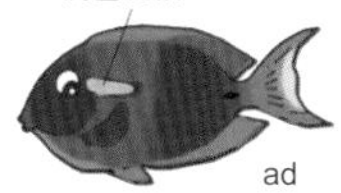
橘色斑紋
ad
體型呈橢圓形
yg

可在淺珊瑚礁看見其單獨或幾隻成群行動的情景。幼魚擬態成警戒心強的海氏刺尻魚，藉此保護自己。在南日本太平洋各地屬於季節性洄游魚，每年都會出現。

幼魚 八丈島
水深 8m 大小 3cm

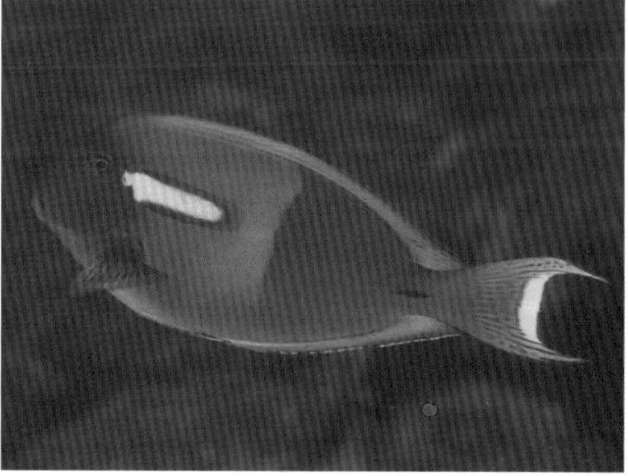

成魚 八丈島 水深 12m 大小 25cm

成魚 八丈島 水深 18m 大小 30cm

刺尾鯛科

杜氏刺尾鯛

Acanthurus dussumieri

茨城縣以南的太平洋沿岸、八丈島、小笠原群島、新潟縣柿崎、九州北岸・西北岸、琉球群島；濟州島、台灣、香港、印度－西太平洋、強斯頓環礁、夏威夷群島、萊恩群島

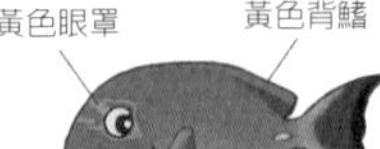
黃色眼罩
黃色背鰭
胸鰭上緣為黃色

可在水深 15m 左右的岩礁區、珊瑚礁外緣斜坡與珊瑚礁等地方，看見其單獨或幾隻成群行動的情景。幼魚可在內灣淺水區發現單獨行動的模樣，在南日本的太平洋岸各地屬於季節性洄游魚，每年都會出現。

稚魚 八丈島
水深 12m 大小 13cm

成魚 呂宋島
水深 5m 大小 8cm
水谷知世

刺尾鯛科

雙斑櫛齒刺尾鯛

Ctenochaetus binotatus

南日本的太平洋沿岸、八丈島、小笠原群島、屋久島、琉球群島；台灣、香港、印度－太平洋（紅海・夏威夷群島・馬克薩斯群島・皮特肯群島以東除外）

ad
尾鰭根部有 2 個黑
體側有多條線
yg

常見於海水流通的珊瑚礁外緣斜坡與珊瑚礁，幼魚在南日本的太平洋岸各地，屬於不會過多的季節性洄游魚。

幼魚 八丈島
水深 10m 大小 3cm

八丈島 水深 14m 大小 4cm

珊瑚

刺尾鯛科

擬刺尾鯛

Paracanthurus hepatus

南日本的太平洋沿岸、八丈島、小笠原群島、屋久島、琉球群島；台灣、印度－西太平洋、密克羅尼西亞、薩摩亞群島、萊恩群島、夏威夷群島

體側有 2 條黑帶

閃亮的藍色體色

可在淺珊瑚礁的枝狀珊瑚周邊，發現數隻成群的擬刺尾鯛。幼魚十分依賴珊瑚，感到危險時會立刻躲進枝狀珊瑚叢。

刺尾鯛科

橫帶高鰭刺尾鯛

Zebrasoma velifer

南日本的太平洋沿岸、八丈島、小笠原群島、九州北岸、屋久島、琉球群島；台灣、香港、太平洋中・西部（馬克薩斯群島除外）

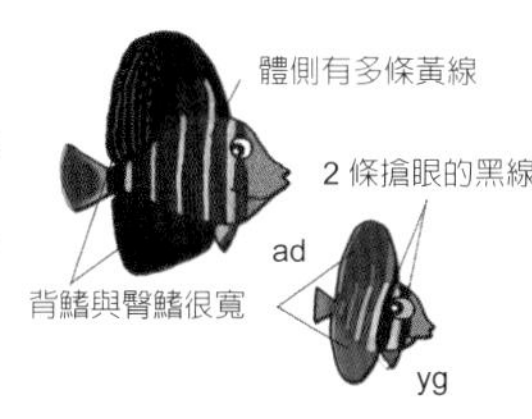
體側有多條黃線
2 條搶眼的黑線
ad
背鰭與臀鰭很寬
yg

可在淺珊瑚礁嶼礁池發現其成雙成對的身影，幼魚生活在內灣淺珊瑚礁的枝狀珊瑚間。

幼魚 八丈島
水深 5m 大小 3.5cm

成魚 八丈島 水深 35m 大小 8cm

刺尾鯛科

小高鰭刺尾鯛

Zebrasoma scopas

南日本的太平洋沿岸、八丈島、小笠原群島、屋久島、琉球群島；台灣、印度－太平洋（紅海・夏威夷群島、強斯頓環礁・威克島、馬克薩斯群島除外）

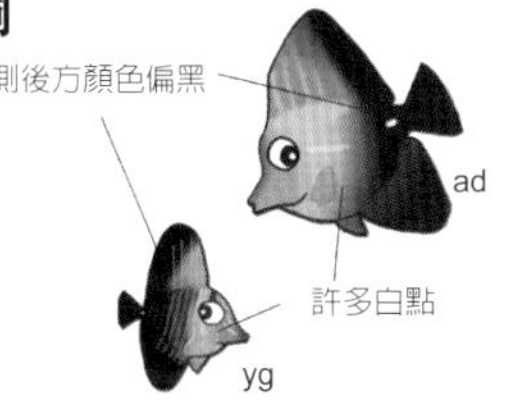
體側後方顏色偏黑
ad
許多白點
yg

可在淺珊瑚礁看見其單獨或數隻成群生活的情景，幼魚單獨生活在內灣淺水區枝狀珊瑚之間。

幼魚 八丈島
水深 16m 大小 3cm

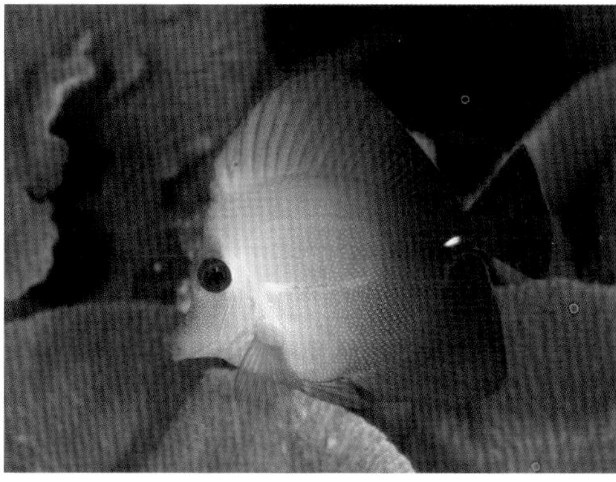
成魚 屋久島
水深 6m 大小 7cm
原崎森

刺尾鯛科

黃高鰭刺尾鯛

Zebrasoma flavescens

南日本的太平洋沿岸、小笠原群島、琉球群島；台灣、香港、太平洋中央

鮮豔的黃色身體
白點
寬背鰭與臀鰭

單獨或幾隻成群地生活在珊瑚礁外緣斜坡、珊瑚礁、礁池等各種環境，可在內灣淺珊瑚礁鹿角珊瑚類之間發現幼魚。

塞班島 水深 15m 大小 8cm

成魚 八丈島
水深 10m 大小 30cm

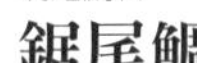

刺尾鯛科

鋸尾鯛

Prionurus scalprum

本州各地沿岸、伊豆群島、小笠原群島、屋久島、琉球群島；朝鮮半島南岸、台灣、香港

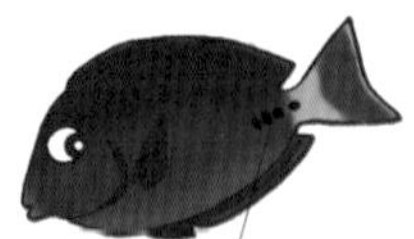
3 ～ 4 個黑色骨板

適應溫帶海域，普遍常見於南日本各地。在水深 5 ～ 10m 的淺岩礁區域，形成數隻、甚至數百隻的龐大群體。幼魚通常單獨待在淺水海域的粗礫石岸或岩石縫隙之間。

幼魚 八丈島
水深 7m 大小 2.5cm

成魚 八丈島
水深 21m 大小 35cm

刺尾鯛科

六棘鼻魚

Naso hexacanthus

南日本的太平洋沿岸、伊豆群島、小笠原群島、屋久島、琉球群島；台灣、印度－太平洋

在水深略深的岩礁、珊瑚礁外緣斜坡與陡坡中層，形成龐大群體生活。

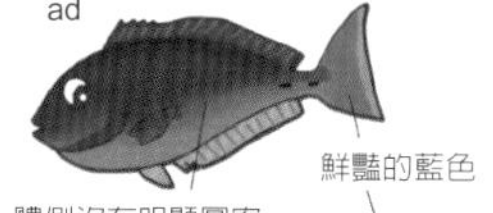
ad
鮮豔的藍色
體側沒有明顯圖案
yg

成魚 八丈島
水深 18m 大小 35cm

幼魚 八丈島
水深 25m 大小 2.5cm

成魚 八丈島
水深 35m 大小 30cm

刺尾鯛科

班鼻魚

Naso maculatus

南日本的太平洋沿岸、伊豆群島、小笠原群島、屋久島、琉球群島；台灣、夏威夷群島、澳洲東岸、新喀里多尼亞

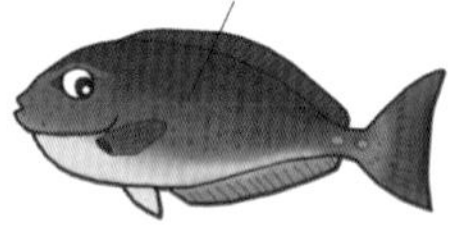
體側散布許多細長形斑點和小點

在海水流通的岩礁、珊瑚礁外緣斜坡與陡坡中層，形成龐大群體生活。八丈島進入水溫下降的冷水團時期，可在水深 20 ～ 40m 附近斜坡，發現活動頻繁的大型群體。

刺尾鯛科

高鼻魚

Naso vlamingii

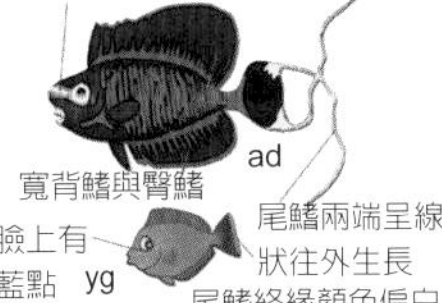
藍色～褐色眼罩
ad
寬背鰭與臀鰭
尾鰭兩端呈線狀往外生長
臉上有藍點
yg
尾鰭終緣顏色偏白

南日本的太平洋沿岸、八丈島、小笠原群島、新潟縣佐渡、琉球群島；台灣、印度－太平洋（紅海．夏威夷群島．復活節島除外）

在海水流通的珊瑚礁外緣斜坡與陡坡中層形成龐大群體，可在內灣淺水區發現幼魚單獨行動的模樣，幼魚在南日本的太平洋岸屬於季節性洄游魚。

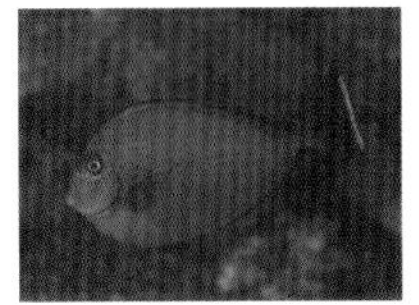

稚魚 八丈島
水深 6m 大小 15cm

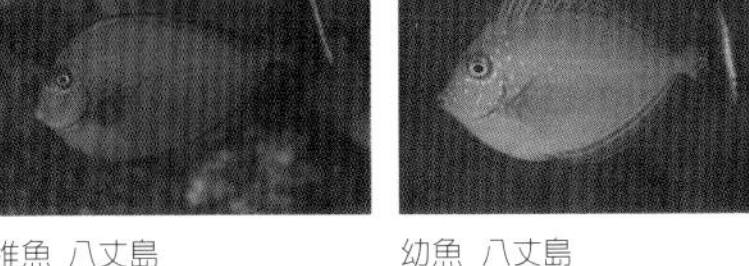

幼魚 八丈島
水深 6m 大小 6cm

成魚 帛琉 水深 8m 大小 32cm

刺尾鯛科

粗棘鼻魚

Naso brachycentron

相模灣、屋久島、琉球群島；台灣、印度－太平洋（紅海．密克羅尼西亞．夏威夷群島．復活節島除外）

背部隆起

常見於海水流通的珊瑚礁外緣陡坡，過著集體生活。

帛琉 水深 8m 大小 40cm

刺尾鯛科

短吻鼻魚

Naso brevirostris

青森縣日本海沿岸、富山灣、南日本的太平洋沿岸、伊豆群島、小笠原群島、屋久島、琉球群島；濟州島、中國、台灣、印度－太平洋

鰓後有白色寬帶

幾隻成群地生活在水深較淺，海水流通的岩礁中層，或珊瑚礁周邊的斜坡、礁池等處。幼魚在南日本的太平洋岸各地屬於不會過冬的季節性洄游魚，可在內灣岩礁與海藻林發現其身影。

八丈島 水深 8m 大小 30cm

成魚 巴榮納岩
水深 10m 大小 60cm

刺尾鯛科

環紋鼻魚

Naso annulatus

南日本的太平洋沿岸、八丈島、小笠原群島、屋久島、琉球群島；台灣、印度－太平洋（復活節島除外）

菊花花瓣圖案
隨著成長往外突出
ad
隨著成長有稜有角
白線
貓眼
yg

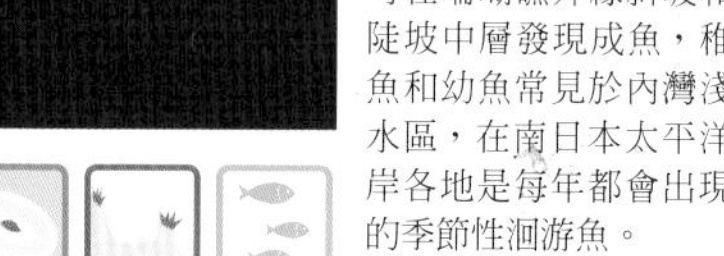

可在珊瑚礁外緣斜坡和陡坡中層發現成魚，稚魚和幼魚常見於內灣淺水區，在南日本太平洋岸各地是每年都會出現的季節性洄游魚。

幼魚 八丈島
水深 5m 大小 4cm

成魚 八丈島
水深 13m 大小 30cm

刺尾鯛科

單角鼻魚

Naso unicornis

青森縣以南的各地沿岸、伊豆群島、小笠原群島、屋久島、琉球群島；朝鮮半島南岸、台灣、中國、印度－太平洋

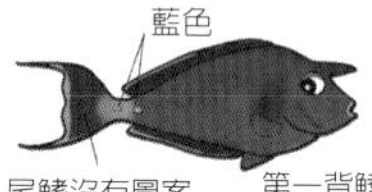

藍色
尾鰭沒有圖案
第一背鰭的棘很長
不是貓眼
沒有白色帶狀圖案

幾隻成群地出現在內灣淺水區的岩礁、珊瑚礁和礁池，由於較適應溫帶海域，可在南日本的太平洋岸看見成魚。在內灣、海藻林、河川汽水域的淺水區都能觀察到幼魚單獨行動的情景。

稚魚 八丈島
水深 10m 大小 15cm

幼魚 八丈島
水深 8m 大小 4cm

八丈島 水深 7m 大小 25cm

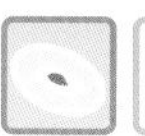

刺尾鯛科

黑背鼻魚

Naso lituratus

南日本的太平洋沿岸、伊豆群島、小笠原群島、屋久島、琉球群島；台灣、印度－太平洋（模里西斯群島以東；復活節島除外）

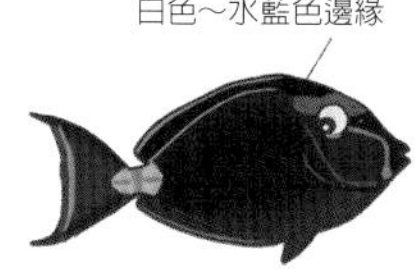

頭部到背鰭為黑色，鑲著白色～水藍色邊緣

在海水流通的淺水區珊瑚礁，可看見成對或幾隻成群行動的模樣。幼魚在內灣淺水區單獨行動，在南日本的太平洋岸屬於季節性洄游魚。

幼魚 八丈島
水深 14m 大小 6cm

刺尾鯛科

小鼻魚

Naso minor

伊豆群島、駿河灣、八重山群島；台灣、印度－西太平洋

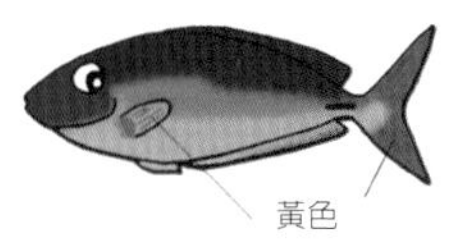
黃色

八丈島 水深 25m 大小 28cm

常見於海水流通的珊瑚礁外緣斜坡中層海域，在八丈島水溫下降的冷水團時期，即可在水深 20m 左右的中層海域，看見單獨或幾隻成群行動的模樣。

金梭魚科

巴拉金梭魚

Sphyraena barracuda

南日本的太平洋沿岸、八丈島、小笠原群島、若狹灣、九州西北岸、屋久島、琉球群島；台灣、香港、印度－太平洋（波斯灣除外）、西大西洋、熱帶西非的東大西洋沿岸

背部有條紋圖案
尾鰭上下有黑帶

潛水客最熟悉的是本種學名的種小名 *barracuda*（梭子魚）。平時單獨或成群待在珊瑚礁外緣，海水流通的中層海域。幼魚在紅樹林、河口域與灣內淺灘生活。

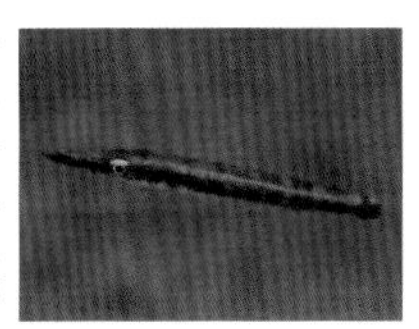

幼魚 奄美大島
水深 1m 大小 1.5cm 常見真紀子

八丈島
水深 10m 大小 1cm
村中保 Noka

金梭魚科

油金梭魚

Sphyraena pinguis

鄂霍次克海沿岸除外的北海道～九州的日本海 · 東海 · 太平洋沿岸、八丈島、屋久島、奄美大島、沖繩島；朝鮮半島、中國、印度－西太平洋（到新幾內亞島與澳洲東岸為止）、彼得大帝灣

第一背鰭前端暗沉
體側線條從胸鰭上方通過，
延伸至後方

八丈島 水深 8m 大小 40cm

棲息在珊瑚礁除外的沿岸淺水區岩礁地帶，在八丈島內灣水深較淺的海域，與鈍金梭魚群混泳。

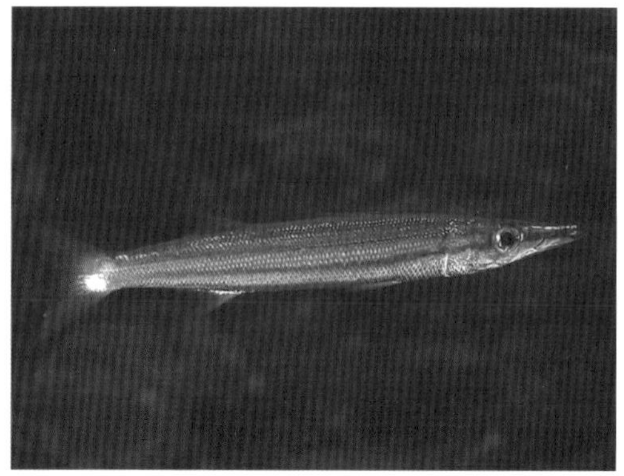

金梭魚科

雙帶金梭魚

Sphyraena iburiensis

八丈島、相模灣西部、和歌山縣串本、高知縣以布利、愛媛縣深浦、竹富島；紅海

體側線條通過尾柄部側線下方
體側線條通過胸鰭根部往後方延伸

八丈島 水深 9m 大小 40cm

棲息在面向外海的沿岸岩礁，在八丈島內灣的淺水區與鈍金梭魚群混泳。

金梭魚科

鈍金梭魚

Sphyraena obtusata

八丈島、相模灣～九州太平洋沿岸、琉球群島；台灣、香港、北部灣、印度－西太平洋

側線上方排列著深色圖案
體側線條與尾柄部側線重疊
體側線條通過胸鰭根部往後方延伸

八丈島 水深 10m 大小 50cm

棲息在珊瑚礁、岩礁沿岸的淺水區，在八丈島內灣淺水海域可觀察到龐大群體。

金梭魚科

大眼金梭魚

Sphyraena forsteri

山口縣日本海沿岸、小笠原群島、相模灣以南的太平洋沿岸、屋久島、沖繩島；台灣、印度－太平洋（夏威夷群島除外）

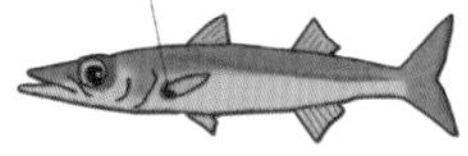

胸鰭根部有深色斑

帛琉
水深 10m 大小 30cm
齋藤尚美

棲息在內灣與珊瑚礁淺水區，大多形成龐大群體。在日本是常見於琉球群島的種。

金梭魚科

黃帶金梭魚

Sphyraena helleri

山口縣日本海沿岸、八丈島、小笠原群島、相模灣～高知縣的太平洋沿岸、種子島、琉球群島；香港、太平洋中 · 西部（包含夏威夷群島與復活節島）

體側有 2 條黃褐色線條

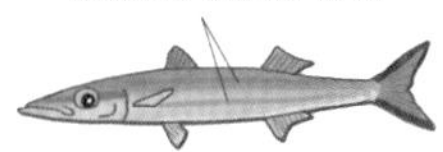

棲息在內灣與珊瑚礁淺水區，多以組成縱長形群體的型態出現。

粟國島
水深 10m 大小 40cm
松下滿俊

鯖科

裸鰆

Gymnosarda unicolor

南日本的太平洋沿岸、佐渡島、九州西北岸、伊豆群島、小笠原群島、屋久島、琉球群島；印度－西太平洋的熱帶 · 亞熱帶海域

尾鰭根部閃耀白色光芒

下頜壯碩

由數隻～數十隻形成小型群體，洄游於岩礁和珊瑚礁沿岸。

八丈島
水深 6m 大小 30cm

八丈島 水深 20m 大小 1cm

鯖科

大眼雙線鯖

Grammatorcynus bilineatus

高知縣以布利、琉球群島；印度－西太平洋的熱帶 · 亞熱帶海域

側線在胸鰭上方分成 2 條

棲息在沿岸表層。標準和名「二條鯖」來自側線在胸鰭附近分成 2 條的身體特徵。

宿霧島 水深 5m 大小 35cm

八丈島 水深 20m 大小 30cm

鯖科

巴鰹

Euthynnus affinis

兵庫縣～長崎縣的日本海 ‧ 東海沿岸、南日本的太平洋沿岸、八丈島、小笠原群島、屋久島、琉球群島；朝鮮半島南岸、印度－太平洋的溫帶～熱帶海域

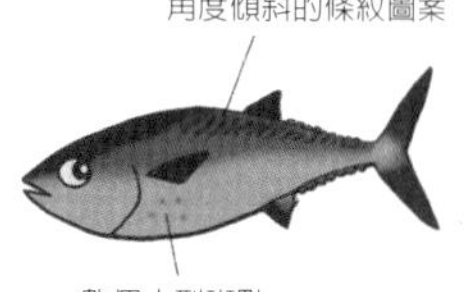
角度傾斜的條紋圖案
數個小型斑點

在八丈島水溫較高的春夏時期，本種比鰹魚更常洄游於沿岸，因此潛水客有許多機會見到本種的身影。

八丈島
水深 3m 大小 1.2m
市山めぐみ

鯖科

黃鰭鮪

Thunnus albacares

日本近海（在日本海為稀有種）；朝鮮半島南岸、全世界的溫帶～熱帶海域

背鰭與臀鰭如長刀般尖銳
各鰭邊緣為黃色

在大海表層洄游，潛水時很難看到。夏到秋季可在八丈島海水流通的岩礁表層發現其蹤影。

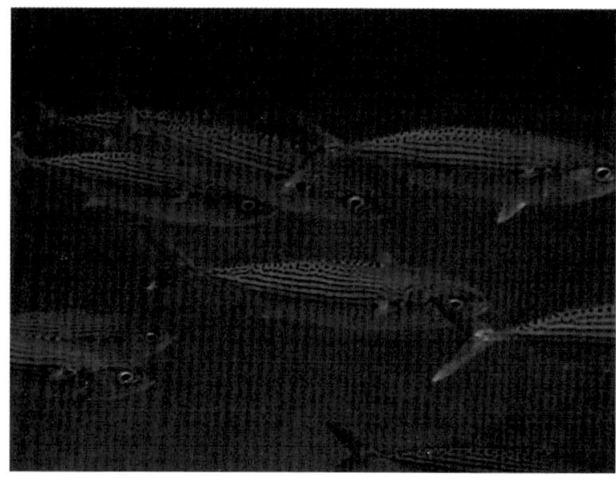

宿霧島 水深 10m 大小 20cm

鯖科

金帶花鯖

Rastrelliger kanagurta

屋久島、琉球群島；中國、印度－西太平洋

胸鰭根部附近有黑色斑點
張開大口捕食浮游生物

形成龐大群體在沿岸表層洄游，張開大口吞食海水，同時捕食漂浮在水中的浮游生物。攝食方式相當特別。

牙鮃科

牙鮃

Paralichthys olivaceus

北海道～九州、伊豆群島、屋久島；朝鮮半島、中國、日本海北部、渤海、黃海、東海北部

全身布滿白色斑點

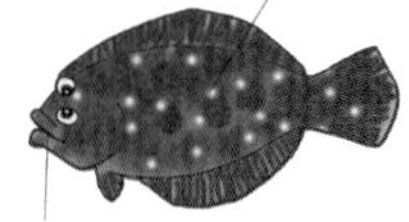
口部很大

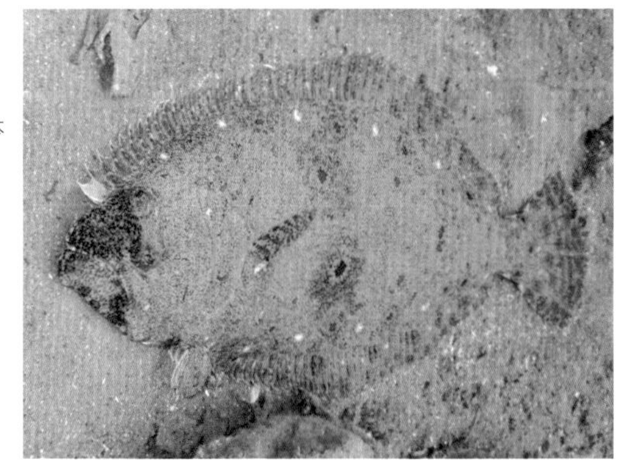

成魚棲息在沿岸 200m 以淺的砂質海底，一到繁殖期就會游至水深 50m 以淺海域產卵。本種是不會出現在琉球群島的溫帶種。

八丈島 水深 5m 大小 45cm

鮃科

蒙鮃

Bothus mancus

八丈島、和歌山縣、宮崎縣、屋久島、琉球群島；台灣、印度－太平洋的熱帶 · 亞熱帶海域

眼睛前方凹陷
全身布滿藍色斑點

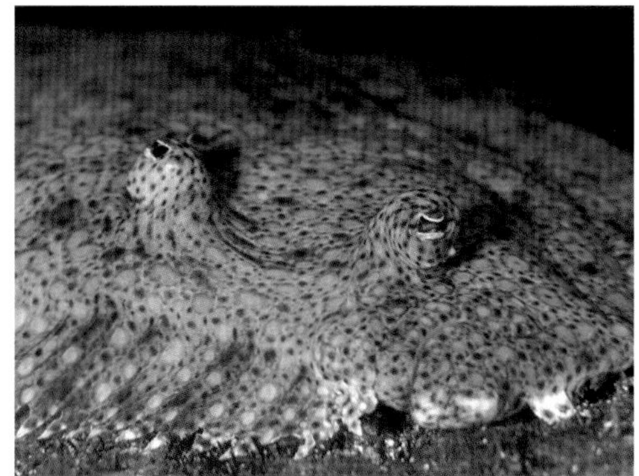

常見於淺岩礁附近與珊瑚礁周邊的砂質海底。靜止不動時體色會與環境顏色同化，隱藏自己的行蹤；游泳時胸鰭如船帆一般立起，調整前進方向。

八丈島 水深 12m 大小 30cm

冠鰈科

三斑沙鰈

Samariscus triocellatus

八丈島、琉球群島；台灣、印度－太平洋

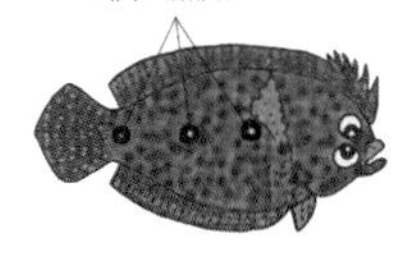
3 個大黑點

常見於岩礁與珊瑚礁周邊礁山下方，或位於深處的小砂堆。立起胸鰭邊振動邊前行，泳姿十分特別。

特寫照 八丈島
水深 15m 大小 8cm

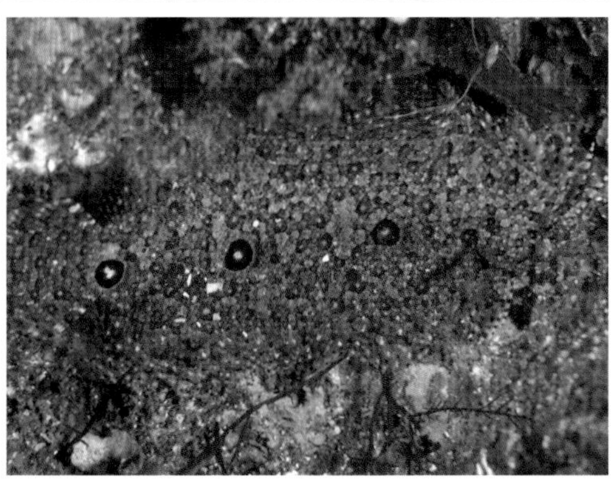

八丈島 水深 15m 大小 8cm

冠鰈科

冠鰈

Samaris cristatus

南日本的太平洋沿岸、東海；台灣、印尼、澳洲、新喀里多尼亞、印度洋

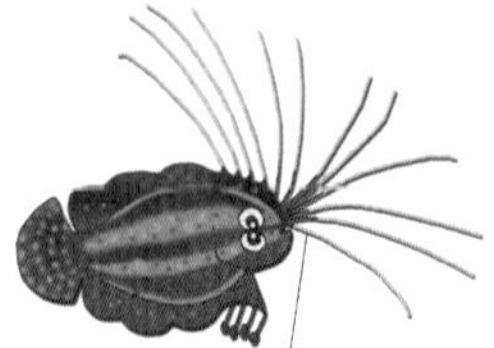
背鰭前端有 10 ～ 15 條線狀生長的鰭條

芽莊 / 越南
水深 8m 大小 20cm
小林岳志

棲息於日本水深 100m 左右的砂質海底，卻經常在國外淺水區的砂底海域發現其蹤跡。當牠受到驚嚇，背鰭前方的 10 ～ 15 條長長的白色軟條就會大幅擺動。專家如今仍未釐清這項行爲是要威嚇對方，或是擬態成何種生物。

八丈島 水深 6m 大小 12cm

鰨科

眼斑豹鰨

Pardachirus pavoninus

南日本的太平洋沿岸、屋久島、奄美大島；台灣、東印度－西太平洋、薩摩亞群島、托克勞群島

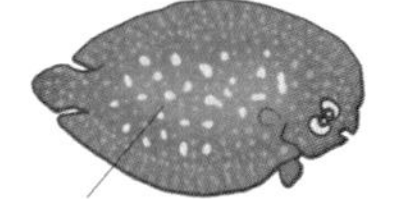
體側有白色斑點（有些個體
白點中間有黑色斑點）

常見於內灣珊瑚礁的砂質海底。背鰭、臀鰭與腹鰭根部有小小的毒腺孔，遭到外敵侵襲就會噴出毒液保護自己。

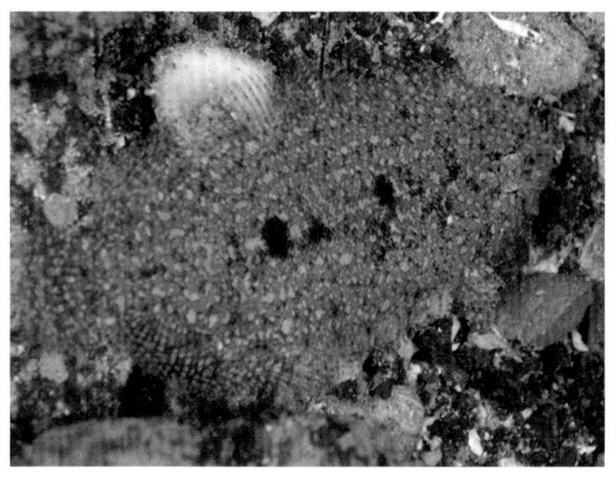

八丈島 水深 15m 大小 10cm

鰨科

櫛鱗鰨屬

Aseraggodes sp.

南日本的太平洋沿岸、八丈島、山口縣日本海沿岸、屋久島、沖繩島

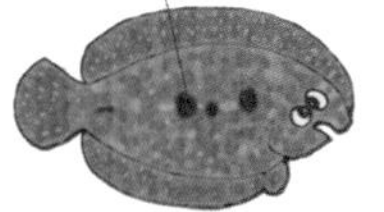
有 2 ～ 3 個模糊的黑色斑紋

常見於四周圍繞著淺岩礁的砂堆、錯綜複雜的礁山旁砂質海底。與棲息在南方珊瑚礁地區的近似種外來櫛鱗鰨不同，本種是只棲息在南日本沿岸的溫帶種。

鰨科

異吻長鼻鰨

Soleichthys heterorhinos

山口縣日本海沿岸、屋久島、琉球群島；台灣、印度－西太平洋

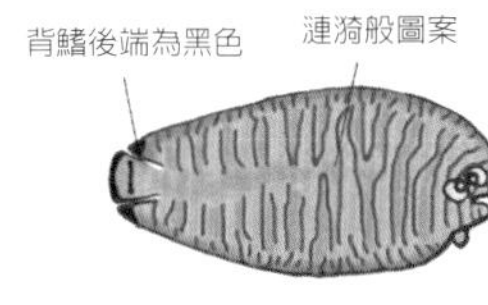

背鰭後端為黑色
漣漪般圖案

八丈島 水深 7m 大小 13cm

常見於四周圍繞著珊瑚礁，參雜珊瑚礫或粗礫的淺砂地、潮池等處。

特寫照 八丈島
水深 7m 大小 13cm

三棘魨科

雙棘三棘魨

Triacanthus biaculeatus

北海道南部～九州的太平洋沿岸、新潟縣～九州的日本海．東海沿岸、屋久島、沖繩；朝鮮半島、台灣、中國、印度－西太平洋（波斯灣～菲律賓群島．新幾內亞島南岸．澳洲東北岸）

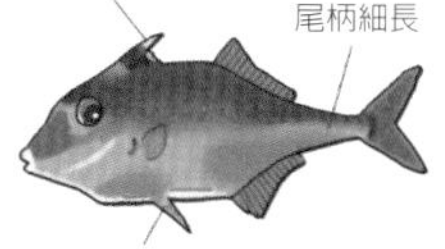

第一背鰭有 6 棘，第 1 棘又粗又長
尾柄細長
左右腹鰭的 1 棘又長又尖

串本
水深 1.5m 大小 20cm
參木正之

棲息在沿岸的淺水區，幼魚常見於汽水域或大葉藻林等處。

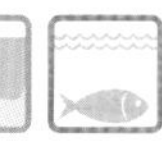

鱗魨科

花斑擬鱗魨

Balistoides conspicillum

岩手縣、茨城縣以南的太平洋沿岸、八丈島、小笠原群島、新潟縣～長崎縣的日本海沿岸、屋久島、琉球群島；濟州島、台灣、印度－西太平洋（紅海與北部印度洋除外）、斐濟群島、薩摩亞群島

ad
yg
身上排列著白色的大型斑紋

雌魚守護產在水底的卵 八丈島
水深 16m 大小 30cm

單獨或成對地出現在珊瑚礁周邊。警戒心強，感到危險會立刻鑽進礁山縫隙躲起來。可在水深 15m 左右的珊瑚礁山側面，發現幼魚單獨行動的模樣。幼魚在南日本太平洋岸屬於季節性迴游魚，十分少見。

幼魚 八丈島
水深 21m 大小 2cm

成魚 塞班島 水深 8m 大小 40cm

鱗魨科

褐擬鱗魨

Balistoides viridescens

南日本的太平洋沿岸、八丈島、小笠原群島、屋久島、琉球群島；台灣、印度－太平洋（波斯灣、阿曼灣與夏威夷群島除外）

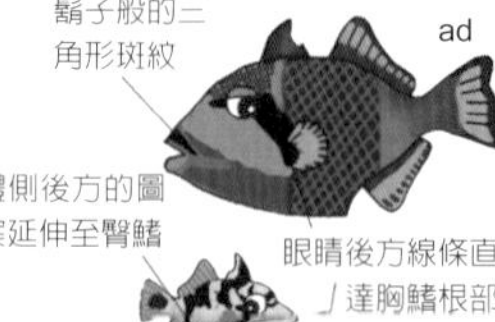
鬍子般的三
角形斑紋
ad
體側後方的圖
案延伸至臀鰭
眼睛後方線條直
達胸鰭根部
yg

單獨洄游於珊瑚礁周邊，繁殖期會產卵在珊瑚叢間，混雜礫石的砂堆，並保護卵直到孵化。負責保護卵的雄魚或雌魚極具攻擊性，甚至會追咬潛水客，十分危險。幼魚單獨生活在內灣淺水區，在南日本的太平洋岸屬於季節性洄游魚。

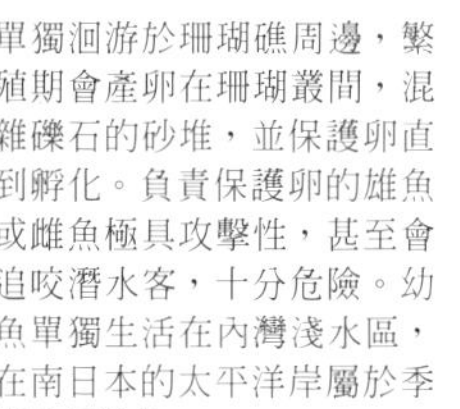
幼魚 八丈島
水深 3m 大小 3cm

成魚 屋久島
水深 12m 大小 30cm
原崎森

鱗魨科

黃緣副鱗魨

Pseudobalistes flavimarginatus

北海道、青森縣、南日本的太平洋沿岸、山口縣日本海沿岸、屋久島、琉球群島；濟州島、台灣、印度－太平洋（夏威夷群島與復活節島除外）

眼睛下方有 2 ～ 3 條顏
色偏黑的線條
ad
體側後方有鞍狀圖案
各鰭外緣為黃色
眼睛四周的黑色圖
案未達胸鰭
yg

常見於砂地較多的珊瑚礁，主要以海膽類、螃蟹類、沙蠶類、貝類爲食。曾經觀察到牠用口部吹起海底的砂，尋找藏在砂中沙蠶類的情景。幼魚在南日本的太平洋岸屬於季節性洄游魚，但相當少見。

幼魚 愛媛縣宇和島
水深 5m 大小 4cm 胡摩野大介

成魚 塞班島 水深 15m 大小 30cm

鱗魨科

黑副鱗魨

Pseudobalistes fuscus

南日本的太平洋沿岸、小笠原群島、兵庫縣日本海沿岸、男女群島、屋久島、琉球群島；台灣、印度－太平洋（夏威夷群島與復活節島除外）

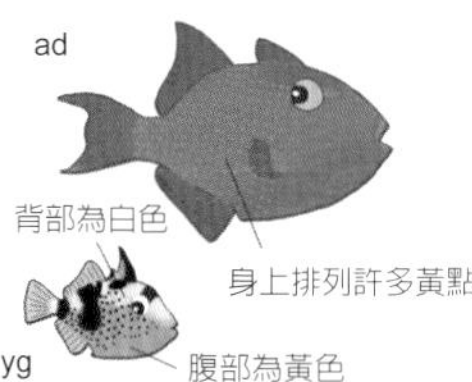
ad
背部為白色
身上排列許多黃點
yg
腹部為黃色

常見於砂地較多的珊瑚礁，可在水深較淺的內灣發現幼魚單獨行動的模樣。幼魚在南日本的太平洋岸屬於季節性洄游魚。

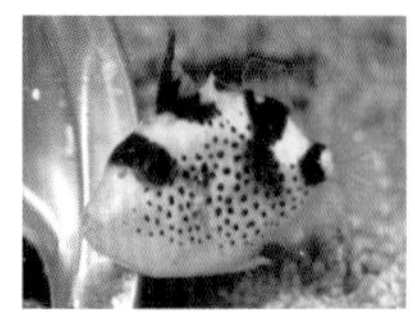
幼魚 愛媛縣宇和島
水深 10m 大小 3.5cm 平田智法

鱗魨科

寬尾鱗魨

Abalistes stellatus

南日本的太平洋沿岸、琉球群島；韓國、台灣、中國、印度－西太平洋

背部有多個白色斑點

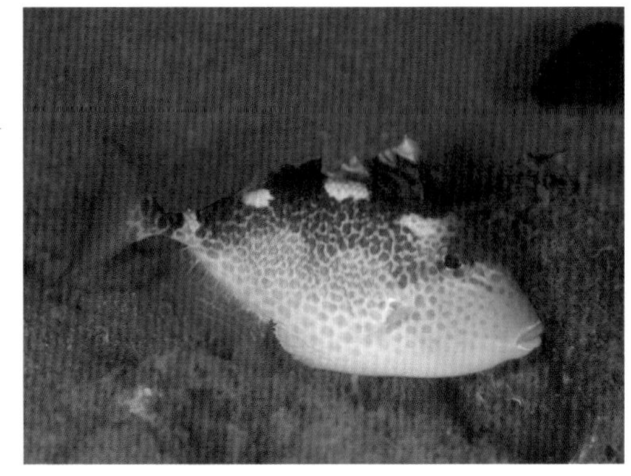

可在砂泥海底觀察到單獨或幾隻成群的模樣。

呂宋島 水深 25m 大小 8cm

鱗魨科

波紋鉤鱗魨

Balistapus undulatus

和歌山縣以南的太平洋沿岸、福岡縣、屋久島、琉球群島；台灣、印度－西太平洋（夏威夷島與復活節島除外）

身上有多條斜線
尾鰭根部有黑色斑紋

隱密地在珊瑚礁的珊瑚叢或礁山縫隙間來回游動。警戒心非常強，只要有外物靠近就會立刻躲進珊瑚之間或礁山縫隙。幼魚隱藏在珊瑚和礁山縫隙，很少出現。

幼魚 八丈島
水深 10m 大小 3cm

珊瑚

成魚 塞班島 水深 6m 大小 14cm

鱗魨科

黑邊角鱗魨

Melichthys vidua

北海道以南的太平洋沿岸、八丈島、小笠原群島、屋久島、琉球群島；台灣、印度－太平洋

ad
背鰭、臀鰭和尾鰭根部為白色
背鰭、臀鰭為黃色
尾鰭為橘色
yg

可在岩礁、珊瑚礁發現其單獨活動的身影。警戒心強，只要有外物靠近就會立刻躲進珊瑚之間或礁山縫隙。躲藏時，棘般的硬背鰭與腹鰭會立起，卡住縫隙，避免天敵將牠拖出縫隙。

幼魚 八丈島
水深 12m 大小 5cm

成魚 八丈島 水深 15m 大小 21cm

成魚　八丈島　水深 5m　大小 18cm

鱗魨科

紅牙鱗魨

Odonus niger

三浦半島、伊豆半島、高知縣、伊豆群島、小笠原群島、琉球群島；台灣、印度－太平洋（夏威夷群島與復活節島除外）

牙齒為紅色
尾鰭呈線狀生長
ad
身體、臀鰭、背鰭
的顏色偏黑

全身為藍色
2 條藍線
yg

在海水流通的珊瑚礁外緣、陡坡中層形成數十隻的群體，有時甚至高達數百隻。照片中的幼魚單獨出現在水深 30m 的砂質海底遍布的小山上方。

幼魚　八丈島
水深 28m　大小 2cm

帛琉　水深 5m　大小 20cm

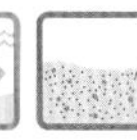

鱗魨科

尖吻棘魨

Rhinecanthus aculeatus

伊豆半島、小笠原群島、屋久島、琉球群島；濟州島、台灣、印度－太平洋、非洲西岸

3 條藍線
有多條斜線

單獨出現在珊瑚礁周邊的淺砂底，幼魚在南日本太平洋岸屬於季節性洄游魚，十分少見。

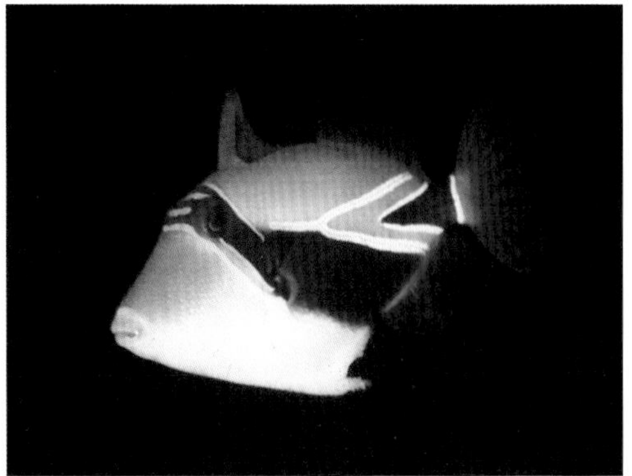

八丈島　水深 4m　大小 12cm

鱗魨科

斜帶吻棘魨

Rhinecanthus rectangulus

南日本的太平洋沿岸、伊豆群島、小笠原群島、屋久島、琉球群島；台灣、印度－太平洋（復活節島除外）

連結眼睛、胸鰭與臀鰭的粗黑線

可見於淺岩礁或珊瑚礁外緣，幼魚在南日本太平洋岸屬於季節性洄游魚。

鱗魨科

頸帶鼓氣鱗魨

Sufflamen bursa

南日本的太平洋沿岸、伊豆群島、小笠原群島、屋久島、琉球群島；台灣、印度－太平洋的熱帶海域（阿拉伯海除外）

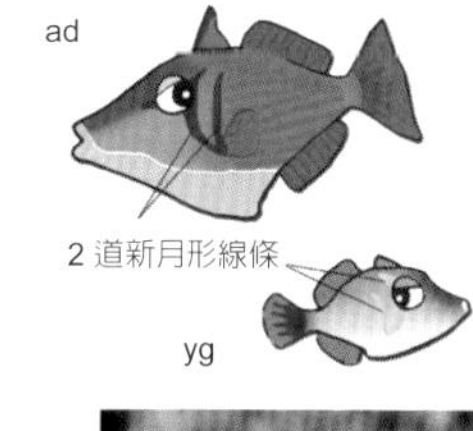
ad
2 道新月形線條
yg

可在岩礁或珊瑚礁砂堆較多的地方，發現單獨或幾隻成群出現的模樣。在八丈島的繁殖期爲夏季。雌魚將卵產在砂堆上，在一旁保護卵直到孵化。雖然會受到水溫影響，不過通常卵產下後到孵化僅需要半天，時間相當短。

幼魚 八丈島
水深 8m 大小 3cm

成魚 八丈島 水深 15m 大小 18cm

鱗魨科

金鰭鼓氣鱗魨

Sufflamen chrysopterum

南日本的太平洋、伊豆群島、小笠原群島、山口縣萩、琉球群島；台灣、香港、印度－西太平洋（紅海除外）、薩摩亞群島

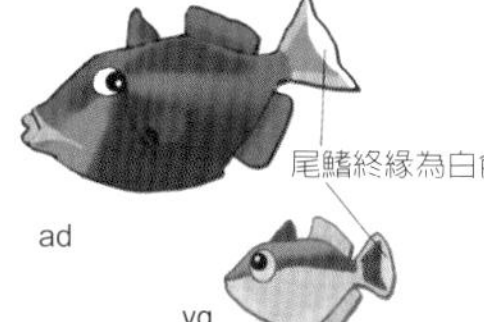
尾鰭終緣為白色
ad
yg

常見於岩礁或珊瑚礁砂堆較多的地方，幼魚出現在水深較淺且帶有內灣性質的地方，警戒心強，一有外物接近就會躲進礁山之中。幼魚在南日本太平洋岸屬於季節性洄游魚。

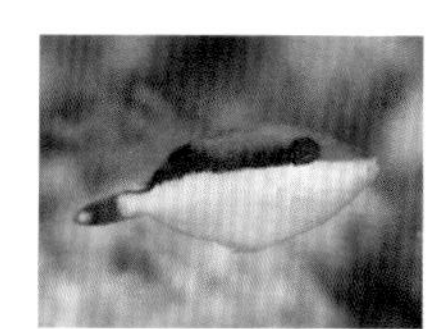
幼魚 八丈島
水深 5m 大小 3cm

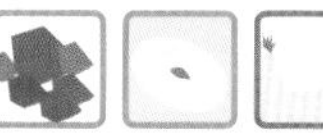
成魚 八丈島 水深 8m 大小 18cm

鱗魨科

黃紋鼓氣鱗魨

Sufflamen fraenatum

南日本的太平洋沿岸、伊豆群島、小笠原群島、山口縣日本海沿岸、屋久島、琉球群島；濟州島、台灣、印度－太平洋（復活節島除外）

ad
yg
從口部延伸的
白色線條
身上有多道細短線條

可在岩礁或珊瑚礁周邊發現其單獨行動的模樣，在八丈島的繁殖期爲夏季。雌魚將卵產在岩盤上的砂堆，並在一旁保護直到孵化。

雌魚守護產在水底的卵
八丈島 水深 18m 大小 21cm

幼魚 八丈島
水深 30m 大小 2.5cm

臉頰有黃色線條的雄魚 八丈島
水深 15m 大小 21cm

雄魚 八丈島
水深 25m 大小 20cm

鱗魨科

金邊黃鱗魨

Xanthichthys auromarginatus

八丈島、福岡縣、沖繩島；台灣、印度－太平洋

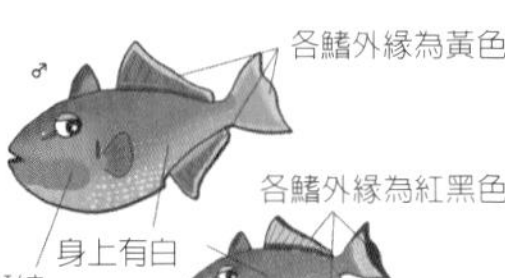
♂
各鰭外緣為黃色
身上有白
點排列
藍色斑紋

各鰭外緣為紅黑色
♀

可在海水流通的岩礁或珊瑚礁外緣中層，觀察到一雄多雌的後宮結構。感到危險時，立刻逃入礁山縫隙躲藏。

雌魚 八丈島
水深 25m 大小 18cm

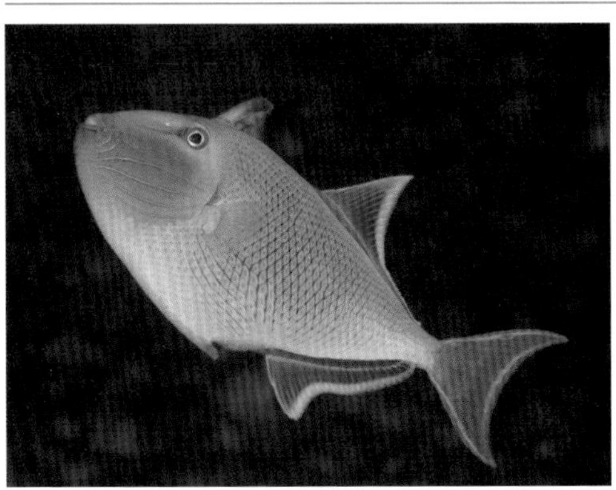

雄魚 八丈島 水深 25m 大小 20cm

鱗魨科

門圖黃鱗魨

Xanthichthys mento

茨城縣～駿河灣的太平洋沿岸、八丈島、小笠原群島；泛太平洋

♂
紅色尾鰭
外緣為黃色
♀
邊緣為黃色
外緣為紅色

可在海水流通的岩礁斜坡中層海域，發現數隻到數十隻形成的群體。雄魚和雌魚的體色不同。在八丈島的繁殖期為夏季，雌魚在海流順暢的岩礁間砂堆或砂質海底產卵，在一旁保護直到孵化。雄魚則在卵的四周劃定勢力範圍，保護自己的地盤。本種在八丈島和小笠原群島以外屬於稀有種。

雌魚 八丈島
水深 28m 大小 20cm

稚魚 八丈島
水深 15m 大小 10cm

成魚 八丈島
水深 45m 大小 20cm

鱗魨科

線斑黃鱗魨

Xanthichthys lineopunctatus

八丈島、靜岡縣富戶、奄美大島、沖繩島；台灣、南海南部、澳洲西北岸、南非

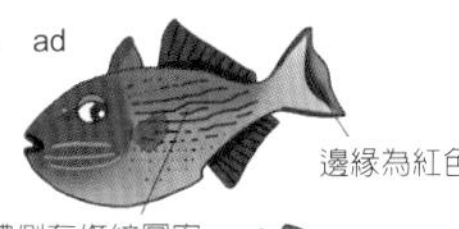
ad
邊緣為紅色
體側有條紋圖案

眼睛前方有 2 條藍線
yg

可在水深 40m 以深，岩礁與珊瑚礁外緣斜坡、開闊的砂粒底中層海域，觀察到數隻成群行動的模樣。照片中的幼魚單獨出現在砂底的塊礁狀小山周邊。此為稀有種。

幼魚 八丈島
水深 32m 大小 2.5cm

鱗魨科

黑帶黃鱗魨

Xanthichthys caeruleolineatus

八丈島、小笠原群島、伊江島；印度－太平洋

1 條藍線

棲息在水深 50m 以深，岩礁與珊瑚礁外緣斜坡。在八丈島水溫下降的冷水團時期，可經常在海水流通的岩礁斜坡，水深 35m 一帶，觀察到數隻成群行動的情景。

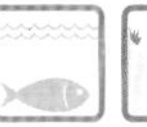

八丈島
水深 30m 大小 23cm

鱗魨科

疣鱗魨

Canthidermis maculata

北海道～長崎縣的日本海沿岸、青森縣以南的太平洋沿岸、伊豆群島、小笠原群島、屋久島、奄美大島、沖繩島；朝鮮半島、台灣、中國、全世界的溫暖海域

全身有許多顏色偏白的斑點

附著在漂流藻等浮游物上生活，因此若漂流藻無法漂進沿岸，就無法觀察到。平時身體擺橫，偽裝成漂流物，身上的白色斑點也擬態成海上的波浪泡沫。

八丈島 水面 大小 3cm

單棘魨科

絲背冠鱗單棘魨

Stephanolepis cirrhifer

青森縣～九州的日本海．太平洋沿岸、伊豆群島；朝鮮半島、台灣、中國、菲律賓群島北端

雄魚的背鰭呈線狀生長

尾鰭呈扇狀
體型為菱形

分布範圍廣泛，但大多棲息在南日本沿岸，屬於溫帶種。可在淺水區混雜小石子的砂底，發現單獨或成對行動的情景。幼魚常見於海藻較多的淺岩礁地區，也會附著在漂流藻上。

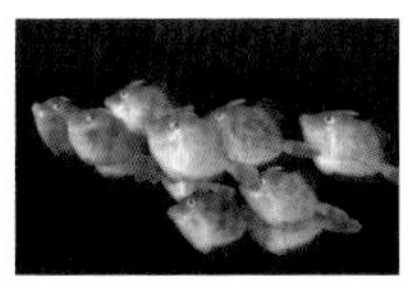

幼魚 八丈島
水深 5m 大小 5cm 加藤春花

成魚 八丈島 水深 14m 大小 18cm

成魚 八丈島 水深 5m 大小 40cm

單棘魨科

單角革單棘魨

Aluterus monoceros

北海道以南的各地沿岸；全世界的溫帶～熱帶海域

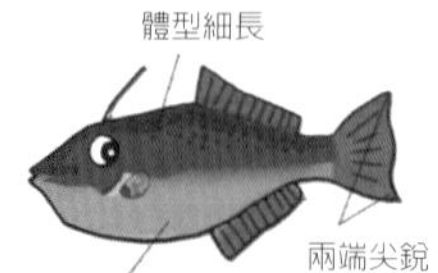
體型細長
兩端尖銳
身上沒有明顯的圖案

棲息在沿岸淺海到外海之間，水深 200m 以淺的海域。在八丈島水溫下降的冷水團時期，可看見大型群體過著祥和生活的情景。

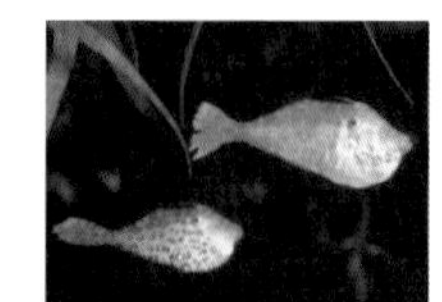

幼魚 八丈島
水面 大小 4cm

成魚 八丈島 水深 6m 大小 45cm

單棘魨科

長尾革單棘魨

Aluterus scriptus

北海道以南的太平洋沿岸、新潟縣～長崎縣的日本海．東海沿岸、八丈島、小笠原群島、琉球群島；朝鮮半島南岸、中國、台灣、全世界的溫帶～熱帶海域

體型細長
圓扇狀大型尾鰭
身體有多條藍色線條

單獨在海水流動的岩礁、珊瑚礁斜坡中層游動，幼魚附著在漂流藻生活。

幼魚 八丈島
水面 大小 2.5cm

成魚 八丈島 水深 16m 大小 4cm

大葉藻林

單棘魨科

綠短革單棘魨

Brachaluteres ulvarum

茨城縣以南的太平洋沿岸、八丈島、屋久島、山口縣～福岡縣的日本海沿岸

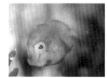

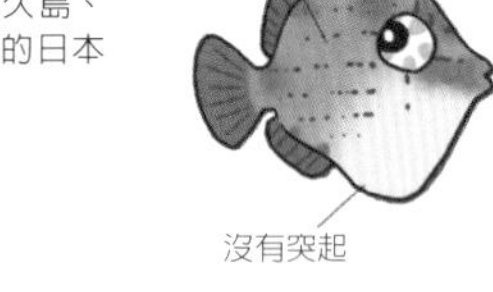
體側排列著點狀線條
沒有突起

單獨出現在淺水區的岩礁、內灣的海藻林和大葉藻林。休息時會用口部銜著柳珊瑚和海藻，避免隨著潮水漂流。

幼魚 八丈島
水深 10m 大小 2cm

單棘魨科

斑擬單角魨

Pseudomonacanthus macrurus

沖繩島：菲律賓群島、新加坡、馬來西亞、印尼、新幾內亞島、澳洲北岸、印度洋

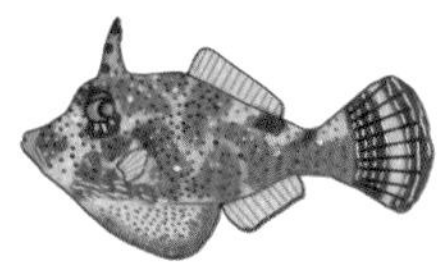
斑紋沒有邊框

棲息在淺海的海藻林與珊瑚礁，在日本為稀有種。

宿霧島
水深 15m 大小 15cm
加藤孝章

單棘魨科

杜氏刺鼻單棘魨

Cantherhines dumerilii

北海道 ・ 新潟縣～島根縣的日本海沿岸、茨城縣以南的太平洋沿岸、八丈島、屋久島、琉球群島；濟州島、台灣、印度－太平洋（包含紅海）

尾鰭根部有上下 2 對黃棘

可在海流順暢的岩礁和珊瑚礁外緣，觀察到成對行動的情景。幼魚附著在漂流藻上生活。

八丈島 水深 10m 大小 23cm

單棘魨科

細斑刺鼻單棘魨

Cantherhines pardalis

茨城縣以南的太平洋沿岸、八丈島、小笠原群島、屋久島、琉球群島；韓國、台灣、香港、印度－太平洋（包含紅海）、馬克薩斯群島

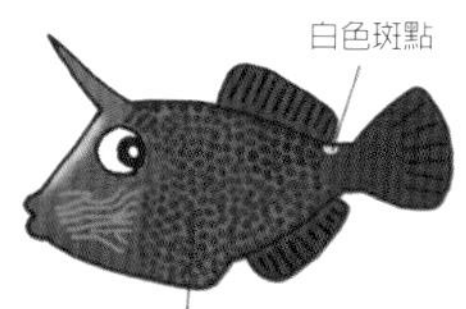
白色斑點
身體有網目圖案

在海流順暢的珊瑚礁外緣珊瑚縫隙間游動。警戒心強，一有外物靠近就會躲進珊瑚下方。

八丈島 水深 12m 大小 12cm

八丈島 水深 15m 大小 15cm

單棘魨科

縱帶刺鼻單棘魨

Cantherhines fronticinctus

南日本的太平洋沿岸、八丈島、琉球群島；濟州島、台灣、香港、印度－西太平洋

終緣有黑邊
黑色眼罩

出沒在海水流動的珊瑚礁外緣，於珊瑚縫隙間來回游動。警戒心強，一有外物靠近就會躲進珊瑚下方。

八丈島 水深 6m 大小 5cm

單棘魨科

尖吻單棘魨

Oxymonacanthus longirostris

八丈島、小笠原群島、高知縣、愛媛縣、琉球群島；台灣、印度－西太平洋、薩摩亞群島

身體排列著黃色斑點

十分依賴珊瑚，通常成對在珊瑚枝條間游動。以珊瑚蟲為食。

成魚 八丈島 水深 15m 大小 7cm

單棘魨科

鋸尾副革單棘魨

Paraluteres prionurus

南日本的太平洋沿岸、八丈島、小笠原群島、屋久島、琉球群島；濟州島、台灣、印度－西太平洋（包含紅海）、密克羅尼西亞、馬紹爾群島

有 2 片背鰭
背鰭與臀鰭很寬

一般常見於淺水區的珊瑚礁，由於顏色和身上圖案酷似帶有毒性的瓦氏尖鼻魨，專家認為這是擬態的結果。本種與四齒魨科的瓦氏尖鼻魨不同，背鰭長法表現出單棘魨科的特徵。背鰭分成第一背鰭與第二背鰭，第二背鰭與臀鰭很寬。只要從這一點來看，就能在水中輕鬆辨識。

幼魚 八丈島
水深 16m 大小 2cm

單棘魨科

長方副單棘魨

Paramonacanthus oblongus

岩手縣、南日本的太平洋沿岸、青森縣～九州的日本海．東海沿岸、屋久島、琉球群島；朝鮮半島南岸、台灣、中國、印度洋東部～西太平洋的熱帶海域

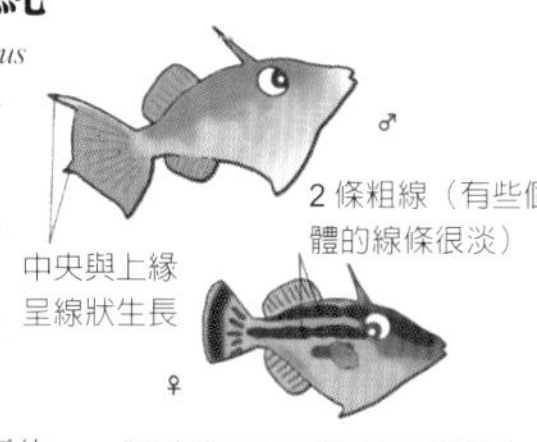
♂
2 條粗線（有些個體的線條很淡）
中央與上緣
呈線狀生長
♀

成群生活在沿岸淺水區的砂泥質海底，但在周遭的岩礁地區可觀察到單獨行動的身影。雄魚鼻梁周邊的邊緣突出，尾鰭呈線狀生長。雌魚鼻梁凹陷，可輕鬆分辨雄雌。

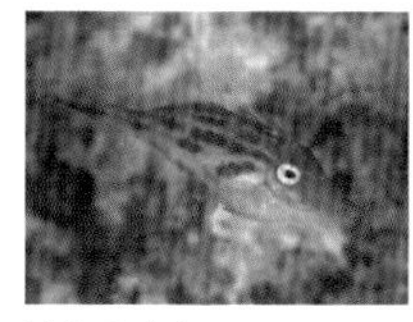
幼魚 八丈島
水深 10m 大小 4cm

成魚 八丈島 水深 8m 大小 12cm

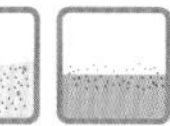

單棘魨科

紅尾前角單棘魨

Pervagor janthinosoma

南日本的太平洋沿岸、八丈島、小笠原群島、屋久島、琉球群島；台灣、印度－西太平洋、密克羅尼西亞、馬紹爾群島

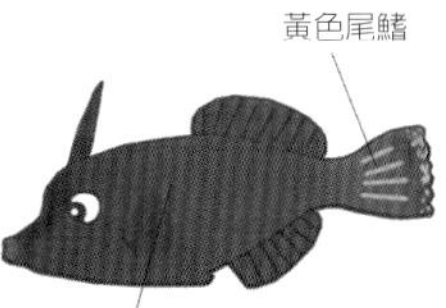
黃色尾鰭
身體為藍到綠色的漸層色調

在海水流通的珊瑚礁外緣，珊瑚叢的縫隙和礁山裂縫、洞穴發現其蹤影。警戒心強，一有外物靠近就會立刻躲起來。

八丈島 水深 18m 大小 6cm

單棘魨科

黑頭前角單棘魨

Pervagor melanocephalus

八丈島、小笠原群島、屋久島、奄美大島、琉球群島；西太平洋、密克羅尼西亞、馬紹爾群島

身體分成兩個顏色

單獨出現在珊瑚礁叢之間，警戒心強，活動時經常隱藏自己的行蹤。

呂宋島 水深 12m 大小 7cm

呂宋島 水深 15m 大小 15cm

單棘魨科

前棘假革單棘魨

Pseudalutarius nasicornis

八丈島、靜岡縣、愛媛縣、琉球群島；韓國、印度洋～西太平洋、密克羅尼西亞

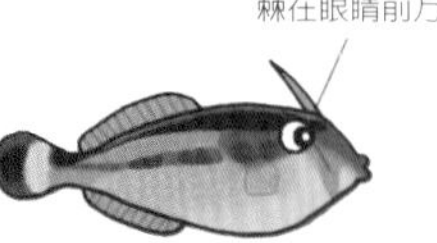
棘在眼睛前方

成對出現在海流順暢的砂底、砂泥底與砂礫底的中層。幼魚附著在淺內灣水面的漂流物生活，例如繫船浮筒、繩子或海藻等。

八丈島 水深 18m 大小 4cm

單棘魨科

粗皮單棘魨

Rudarius ercodes

北海道～九州的太平洋沿岸、青森縣～九州的日本海 · 東海沿岸；朝鮮半島、中國

身上的白色斑紋排列成網目狀
（有些個體的斑紋顏色較淡）

棲息在沿岸的淺岩礁與砂地，大多出現在南日本的溫帶種。繁殖期爲 6 ～ 10 月，雌魚將卵產在大葉藻等海藻上，由雄魚保護直到孵化。孵化期很短，只要 1 ～ 3 天。

八丈島 水深 40m 大小 25cm

單棘魨科

擬短角單棘魨

Thamnaconus modestoides

南日本的太平洋沿岸、兵庫縣～九州的日本海沿岸、八丈島、小笠原群島；台灣、香港、印度－西太平洋、馬達加斯加、非洲東南岸

鰭的根部與尾鰭的膜為藍色

棲息在海水流通的岩礁斜坡深水區，屬於稀有種。在八丈島水溫下降的冷水團時期，本種會往上游至潛水客看得到的水深。

單棘魨科

短角單棘魨

Thamnaconus modestus

北海道以南的各地沿岸、八丈島、屋久島；朝鮮半島、台灣、中國、馬來西亞

體型細長
身上有不規則的雲狀斑紋

八丈島 水深 18m 大小 23cm

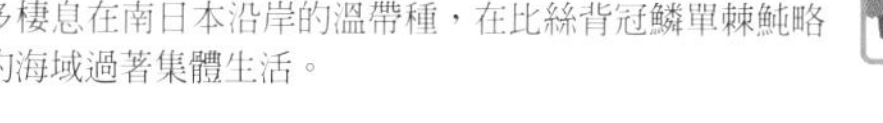

大多棲息在南日本沿岸的溫帶種，在比絲背冠鱗單棘魨略深的海域過著集體生活。

單棘魨科

棘皮單棘魨

Chaetodermis penicilligerus

南日本的太平洋沿岸、八丈島、屋久島、新潟縣～長崎縣的日本海沿岸 ・ 東海沿岸、屋久島；韓國、台灣、中國、東印度洋－西太平洋的熱帶海域

身體布滿皮瓣

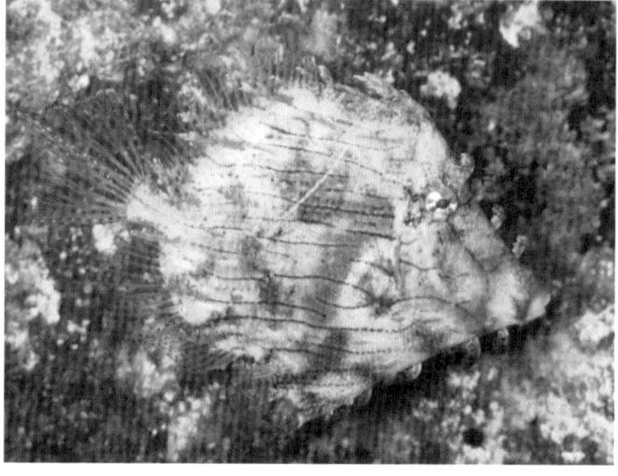

八丈島 水深 1m 大小 10cm

棲息在淺水的岩礁區和砂泥底。屬於稀有種。

箱魨科

米點箱魨

Ostracion meleagris

南日本的太平洋沿岸、伊豆群島、小笠原群島、屋久島、琉球群島；台灣、印度－泛太平洋

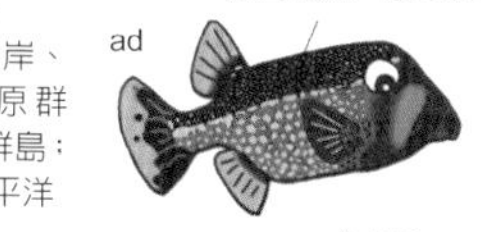
體背較黑，散布著白點
ad
黑底上布滿白色斑點
yg

單獨出現在淺水區的珊瑚礁，幼魚在南日本的太平洋岸屬於季節性洄游魚，但少有觀察紀錄。

幼魚 八丈島
水深 8m 大小 4cm

成魚 八丈島 水深 6m 大小 15cm

單棘魨科

箱魨科

雄魚 八丈島 水深 8m 大小 18cm

箱魨科

無斑箱魨

Ostracion immaculatus

北海道～九州的太平洋沿岸、青森縣～九州的日本海 · 東海沿岸、伊豆群島、小笠原群島、屋久島；朝鮮半島、香港

黃色蜂巢圖案
ad

身體斑點比瞳孔小
yg

通常單獨出現在淺水區的岩礁，尚未在琉球群島有確認案例，是適應溫帶海域的種類。幼魚長得很像粒突箱魨，一般人很容易混淆。此外，當體長超過 5cm，無斑箱魨的體色會變成暗綠色；粒突箱魨則維持幼魚時期的鮮黃色。

雌魚 八丈島
水深 10m 大小 16cm

稚魚 八丈島
水深 12m 大小 4cm

幼魚 八丈島
水深 5m 大小 2.5cm

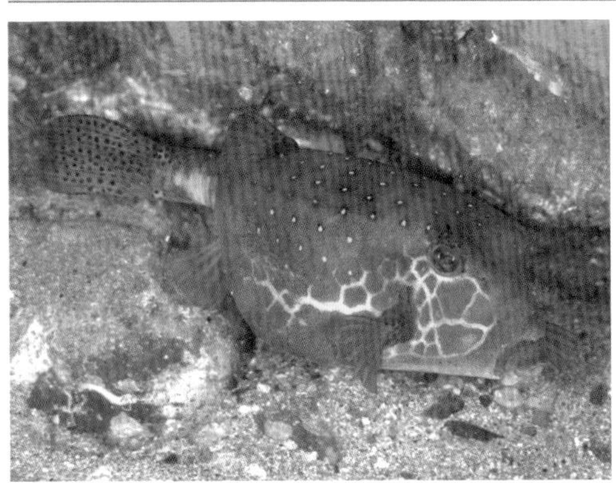
雄魚 屋久島
水深 10m 大小 10cm
原崎森

箱魨科

粒突箱魨

Ostracion cubicus

茨城縣以南的太平洋沿岸、伊豆群島、小笠原群島、屋久島、琉球群島；濟州島、台灣、中國、印度－太平洋（到夏威夷群島 · 土阿莫土群島為止）

ad
黃色蜘蛛網圖案

身體斑點與
瞳孔一樣大
yg

單獨出現在淺珊瑚礁的常見種，幼魚在南日本的太平洋岸屬於季節性洄游魚，容易觀察到，但成魚相當少見。

雌魚 屋久島
水深 10m 大小 8cm 原崎森

稚魚 八丈島
水深 8m 大小 5cm

幼魚 八丈島
水深 14m 大小 2.5cm

箱魨科

角箱魨

Lactoria cornuta

青森縣～種子島的太平洋沿岸、新潟縣～長崎縣的日本海沿岸、八丈島、屋久島、琉球群島；朝鮮半島南岸、中國、印度－太平洋（到馬克薩斯群島為止；夏威夷群島除外）

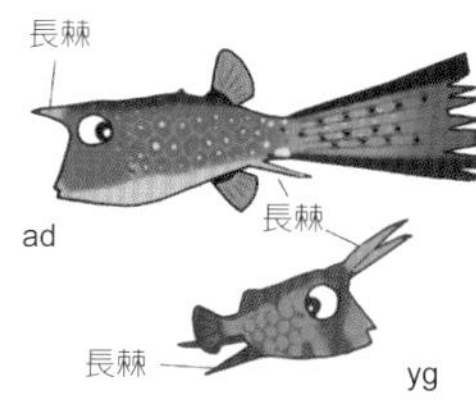
長棘
ad
長棘
長棘
yg

可在內灣珊瑚礁周邊的淺水區砂質海底發現其身影，幼魚在南日本的太平洋岸屬於季節性洄游魚，很難觀察到。

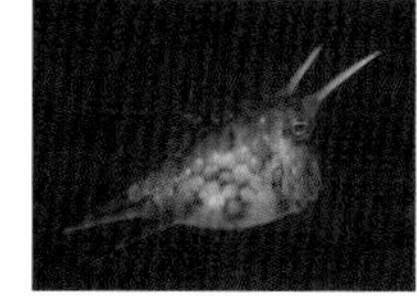

幼魚 八丈島 水深 3m 大小 4cm

成魚 高知縣大月町 水深 1m 大小 30cm 平田智法

箱魨科

棘背角箱魨

Lactoria diaphana

青森縣～種子島的太平洋沿岸、新潟縣～長崎縣的日本海沿岸、八丈島、小笠原群島、屋久島、琉球群島；台灣、中國、印度－泛太平洋

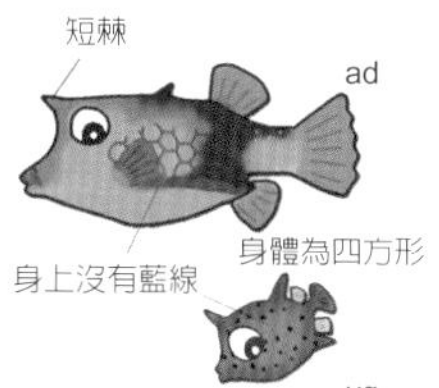
短棘
ad
身體為四方形
身上沒有藍線
yg

廣泛棲息在溫帶到熱帶海域，包括淺岩礁與珊瑚礁在內，適應各種環境。每到日落時分，就會成對緩慢地往上游至接近水面的地方，過程中雌魚產卵、雄魚射精，完成產卵行為。本種的卵屬於浮性卵。

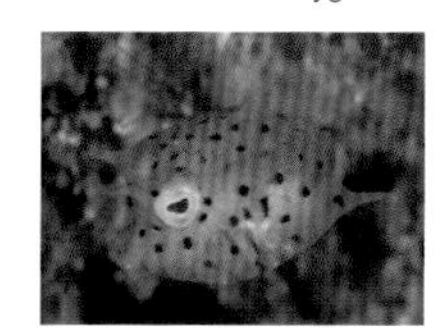

幼魚 八丈島 水深 5m 大小 2cm

成魚 八丈島 水深 4m 大小 18cm 17cm

箱魨科

福氏角箱魨

Lactoria fornasini

南日本的太平洋沿岸、伊豆群島、小笠原群島、九州西岸、屋久島、琉球群島；濟州島、台灣、印度洋東部－太平洋中部、非洲東南岸

往後彎的棘
身體有多條藍線

棲息在岩礁的比例比珊瑚礁高，在水深 30m 以淺的海域屬於常見種。皮膚帶有毒性黏液，受到威嚇時會分泌。

八丈島 水深 15m 大小 4cm

八丈島 水深 18m 大小 60cm

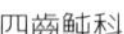

四齒魨科

青斑叉鼻魨

Arothron caeruleopunctatus

千葉縣銚子、八丈島、相模灣、五島列島、沖繩群島、與那國島；馬紹爾群島、蘇門答臘島～新幾內亞島、珊瑚島、西密蘭群島、馬爾地夫群島、留尼旺島

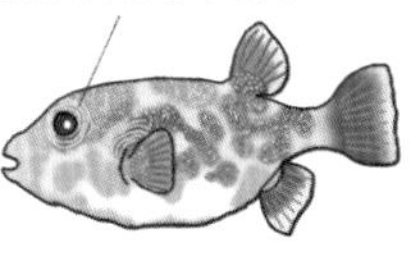
眼睛四周有同心圓線條

棲息在岩礁、珊瑚礁區域，體型會長成接近 1m，屬於大型種。平時單獨行動。

成魚 八丈島 水深 7m 大小 23cm

四齒魨科

紋腹叉鼻魨

Arothron hispidus

青森縣 · 茨城縣以南的太平洋沿岸、八丈島、小笠原群島、九州西北岸、屋久島、琉球群島；濟州島、中國、台灣、印度－泛太平洋

背部布滿白色～水藍色斑點
腹部排列白線

可在水深 10m 左右的珊瑚礁，發現其單獨行動的身影。在南日本的太平洋岸屬於季節性洄游魚，有時會觀察到成魚。

幼魚 八丈島
水深 1m 水深 2.5cm 水谷知世

石垣島
水深 4m 大小 30cm
惣道敬子

四齒魨科

菲律賓叉鼻魨

Arothron manilensis

琉球群島；台灣、香港、西太平洋、夏威夷群島

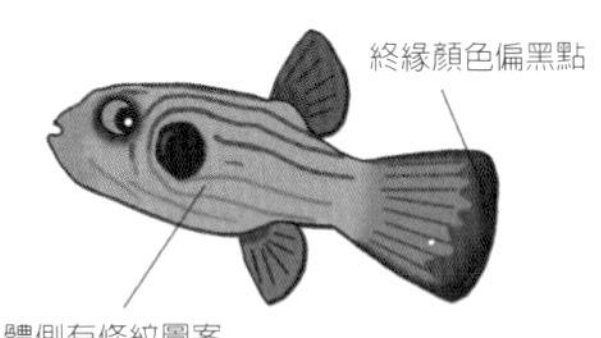
終緣顏色偏黑點
體側有條紋圖案

單獨出現在淺水區的內灣珊瑚礁砂底、砂泥底和大葉藻林。在南日本的太平洋岸屬於季節性洄游魚，可惜相當少見。

四齒魨科

白點叉鼻魨

Arothron meleagris

八丈島、小笠原群島、和歌山縣、琉球群島；台灣、印度－泛太平洋

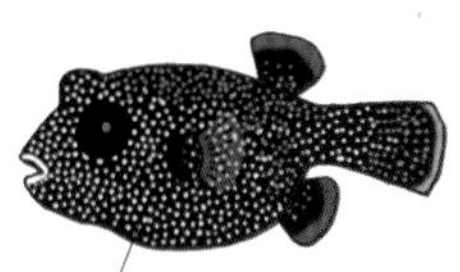
全身遍布白點

單獨在珊瑚礁周邊行動，也有黃色個體，但十分少見。

八丈島 水深 8m 大小 25cm

四齒魨科

黑斑叉鼻魨

Arothron nigropunctatus

神奈川縣三浦半島、八丈島、小笠原群島、福岡縣津屋崎、屋久島、琉球群島；濟州島、台灣、印度－太平洋

狐狸般的臉
身體遍布黑點

單獨出現在水深 15m 左右的珊瑚礁。最常見的是灰褐體色布黑點的個體，其他另有黃色與黑色個體，顏色變化相當多樣。

八丈島 水深 10m 大小 21cm

四齒魨科

黑點多紀魨

Takifugu niphobles

北海道西南岸～九州的日本海 ‧ 東海、青森縣～九州的西南岸、八丈島、沖繩群島；阿尼瓦灣、朝鮮半島、中國、台灣

背鰭後方遍布無白邊黑斑

棲息在內灣的岩礁區、砂礫底、海藻林，遇到初夏的新月和滿月大潮，本種就會集結在砂岸，來到海浪前緣集體產卵。在八丈島海灣內的淺水區，經常看見待在原地的黑點多紀魨群。

八丈島
水深 3m 大小 12cm
石野昇太

八丈島 水深 21m 大小 30cm

四齒魨科

黃帶窄額魨

Torquigener brevipinnis

八丈島、相模灣～土佐灣的太平洋沿岸、東海；台灣、大巽他群島 · 小巽他群島南岸、新喀里多尼亞

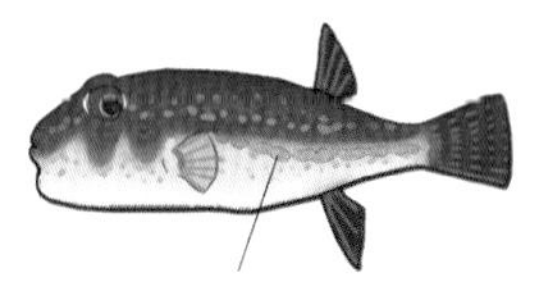
斷斷續續的黃褐色線條

棲息在岩礁、珊瑚礁，水深 40m 以淺區域。在八丈島水溫下降的冷水團時期，亦可在水深 20m 的砂地觀察到，但相當罕見。

成魚 八丈島 水深 12m 大小 45cm

四齒魨科

星斑叉鼻魨

Arothron stellatus

新潟縣～九州的日本海 · 東海沿岸、茨城縣以南的太平洋沿岸、八丈島、小笠原群島、琉球群島；朝鮮半島南岸、中國、台灣、印度－太平洋（包含紅海；夏威夷群島除外）

全身密布黑點

黃色虎斑圖案

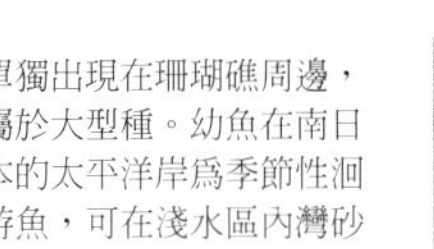

單獨出現在珊瑚礁周邊，屬於大型種。幼魚在南日本的太平洋岸為季節性洄游魚，可在淺水區內灣砂底、砂泥底低窪處，發現其靜靜待著的情景。

幼魚 八丈島
水深 3m 大小 2.5cm

雄魚 八丈島 水深 2m 大小 8cm

四齒魨科

安邦尖鼻魨

Canthigaster amboinensis

伊豆群島、琉球群島；台灣、印度－泛太平洋

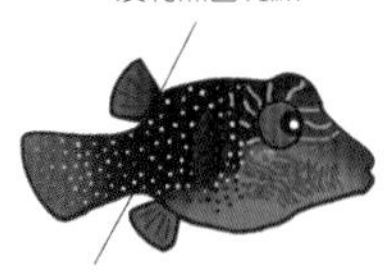
沒有黑色斑點
尾鰭也有斑點

單獨或成對出現在水深 5m 以淺，海浪強勁的岩礁與珊瑚礁。

雌魚 八丈島
水深 1m 大小 5cm

四齒魨科

密溝圓魨

Sphoeroides pachygaster

津輕海峽～九州的日本海沿岸、津輕海峽～九州的太平洋沿岸、琉球群島；彼得大帝灣、朝鮮半島、中國、台灣、全世界的溫帶～熱帶海域

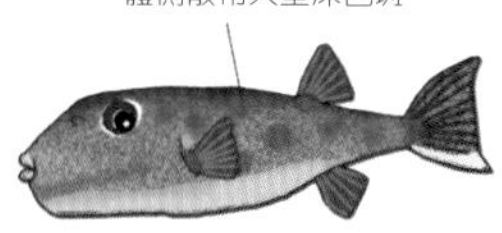
體側散布大型深色斑

棲息在沿岸的岩礁區，最深至 480m 的海域。在八丈島進入冷水團時期，本種會從冰冷的深海往上游至淺水區，只有此時才能觀察到，相當罕見。

八丈島
水深 15m 大小 30cm
水谷知世

四齒魨科

白斑尖鼻魨

Canthigaster janthinoptera

神奈川縣三崎、八丈島、小笠原群島、屋久島、琉球群島；台灣、印度－太平洋

尾鰭沒有斑點
腹部的白色斑點比背部大

常見於水深 30m 以淺的珊瑚礁外緣，在南日本的太平洋岸屬於季節性洄游魚，但十分少見。

八丈島 水深 8m 大小 4cm

四齒魨科

笨氏尖鼻魨

Canthigaster bennetti

八丈島、和歌山縣、高知縣、琉球群島；台灣、香港、印度－太平洋

有一道模糊黑帶
橘色和藍色線條並列

可在珊瑚礁周邊的淺砂底、瓦礫區，看見其單獨行動的模樣。

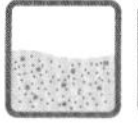

八丈島 水深 7m 大小 6cm

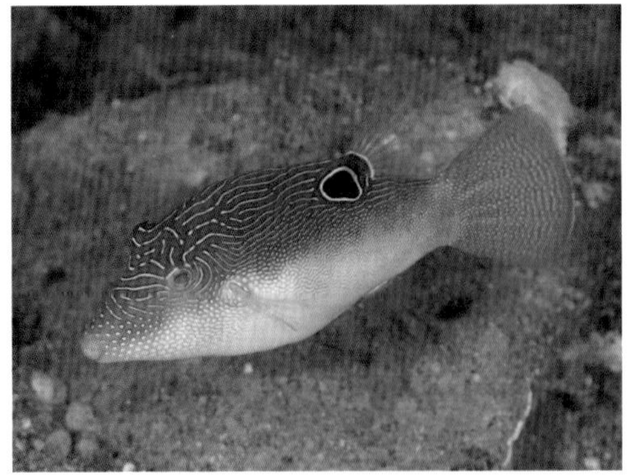

呂宋島 水深 10m 大小 6cm

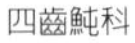

四齒魨科

扁背尖鼻魨

Canthigaster compressa

駿河灣、小笠原群島、西表島；台灣、西太平洋

尾鰭有波狀圖案
口部沒有線條

單獨出現在內灣淺水區珊瑚礁周邊砂底或砂泥底。

八丈島 水深 35m 大小 6cm

四齒魨科

亮麗尖鼻魨

Canthigaster epilampra

八丈島、小笠原群島、琉球群島；台灣、太平洋中・西部

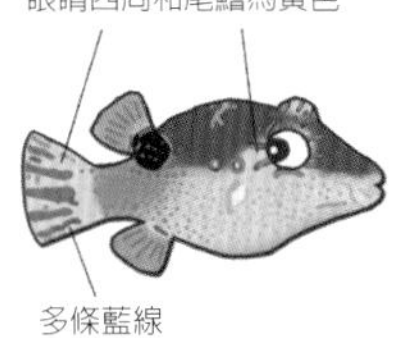
眼睛四周和尾鰭為黃色
多條藍線

可在海水流通的珊瑚礁外緣斜坡、陡坡下方，水深 30m 以深海域，發現其單獨行動的身影。

成魚 八丈島 水深 6m 大小 10cm

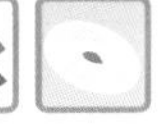

四齒魨科

三帶尖鼻魨

Canthigaster axiologus

南日本的太平洋沿岸、伊豆群島、小笠原群島、屋久島、琉球群島；台灣、西太平洋的熱帶海域

顏色偏黑的線
條帶有黃邊

單獨或成對出現在水深 10 ～ 20m 的岩礁或珊瑚礁外緣。

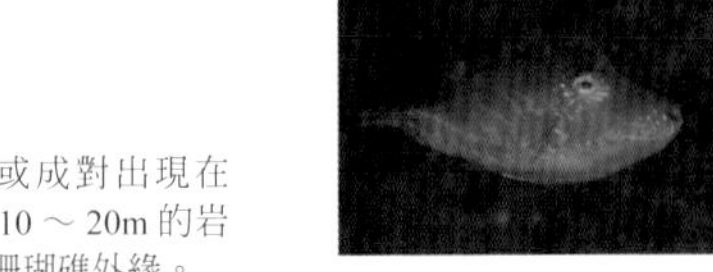

婚姻色 八丈島
水深 8m 大小 10cm

四齒魨科

瓦氏尖鼻魨

Canthigaster valentini

南日本的太平洋沿岸、伊豆群島、小笠原群島、屋久島、琉球群島；台灣、印度－太平洋

沒有邊緣的條紋圖案
條紋延伸至腹部

單獨或成對出現在珊瑚礁，觀察機率很高。由於本種有毒，因此鋸尾副革單棘魨的外型擬態成本種。

八丈島 水深 8m 大小 4cm

四齒魨科

索氏尖鼻魨

Canthigaster solandri

小笠原群島、琉球群島；台灣、印度－太平洋（紅海除外）

有黑色斑點
整個尾鰭有斑點

單獨或成對棲息於水深 20m 以淺，淺水區珊瑚礁周邊的砂底、瓦礫區、粗礫石岸等處。

峇里島 水深 15m 大小 6cm

四齒魨科

水紋尖鼻魨

Canthigaster rivulata

北海道臼尻、福島縣～九州的太平洋沿岸、伊豆群島、小笠原群島、九州北岸・西岸、屋久島、琉球群島；朝鮮半島南岸、台灣、中國、印度－西太平洋

2 條模糊的線條
ad

2 條清晰線條
yg

單獨或幾隻成群地棲息在水深 15m 左右的岩礁。由於誤食本種會中毒死亡，因此日本人將其命名爲「キタマクラ」（北枕）。

雄魚 八丈島
水深 14m 大小 8cm

幼魚 八丈島
水深 12m 大小 4cm

婚姻色 八丈島 水深 14m 大小 10cm

西密蘭群島
水深 10m 大小 15cm
齋藤尚美

二齒魨科

紋二齒魨

Diodon liturosus

青森縣平館、富山灣、小笠原群島、和歌山縣、琉球群島；台灣、印度－太平洋的熱帶～溫帶海域（夏威夷群島除外）

身體的黑斑有白邊

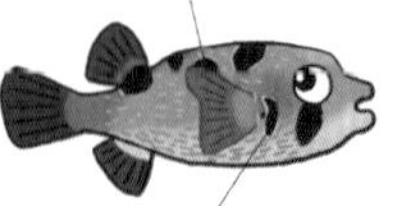
眼睛與尾鰭之間有黑斑

棲息在岩礁與珊瑚礁，分布區域比同屬的六斑二齒魨偏南，常見於珊瑚礁。

八丈島 水深 6m 大小 35cm

二齒魨科

網紋短刺魨

Chilomycterus reticulatus

北海道～九州的各地沿岸、伊豆群島、小笠原群島、屋久島、琉球群島；朝鮮半島南岸、台灣、全世界的熱帶～溫帶海域

棘為不動性
各鰭散布黑色斑點

單獨出現在淺水區的岩礁、珊瑚礁山的陰暗處、裂縫、岩棚下方等處。在個體數量較多的八丈島，常見於礁山側面、拱洞下方與岩石隱密處。無毒。在八丈島為食用魚。

八丈島 水深 18m 大小 45cm

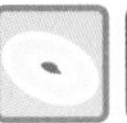

二齒魨科

密斑二齒魨

Diodon hystrix

津輕海峽以南的日本海沿岸、南日本的太平洋沿岸、八丈島、小笠原群島、屋久島、琉球群島；台灣、全世界的熱帶～溫帶海域

棘為可動性
身體密布黑色小點

單獨出現在淺岩礁、珊瑚礁山的隱密處、裂縫、岩棚下方等處。為體長超過 90cm 的大型種。無毒。

二齒魨科

圓點圓刺魨

Cyclichthys orbicularis

佐渡島～山口縣的日本海沿岸、伊豆半島～高知縣的太平洋沿岸、伊豆半島、紀伊半島、高知縣、沖繩島；中國、印度－西太平洋的熱帶～溫帶海域

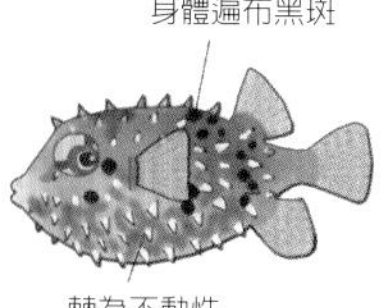
身體遍布黑斑
棘為不動性

棲息在岩礁、珊瑚礁區，水深 40m 以淺的海域。在日本爲稀有種。

宿霧島 水深 8m 大小 15cm

二齒魨科

六斑二齒魨

Diodon holocanthus

北海道以南的各地沿岸、屋久島、琉球群島；朝鮮半島南岸、台灣、中國、全世界的熱帶～溫帶海域

斑紋無邊
棘很長，為可動性
眼睛與胸鰭之間
沒有深色斑

單獨或幾隻成群地出現在淺岩礁、珊瑚礁山隱密處、裂縫、岩棚下方等處。受到掠食性魚類攻擊時，本種會膨脹身體，立起棘保護自己。大量聚集在八丈島的礁山側面、岩壁與拱洞的天花板附近。

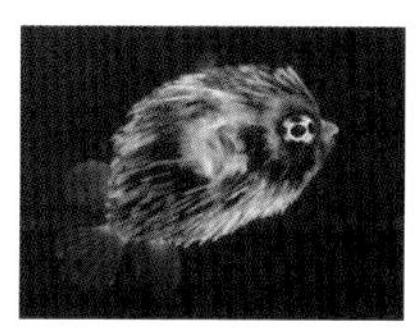

在漂流藻中觀察到的幼魚
八丈島 水面 大小 2.5cm

成魚 八丈島 水深 10m 大小 20cm

翻車魨科

翻車魨屬

Mola sp.

日本各地沿岸；太平洋北部、台灣、丹麥、英國、塔斯曼海

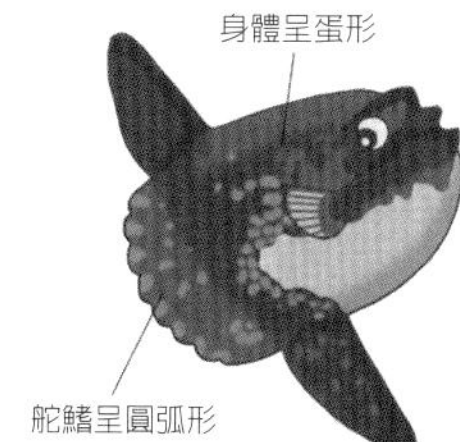
身體呈蛋形
舵鰭呈圓弧形

浮游於外海表，可潛入水深 800m 處，捕食深海的蝦子、花枝等，但如今仍未釐清其詳細生態。每次產 3 億顆卵，在脊椎動物中數量最多。現在日本周邊可以捕獲的本種存在著兩種不同基因，因此很可能分類成別種。

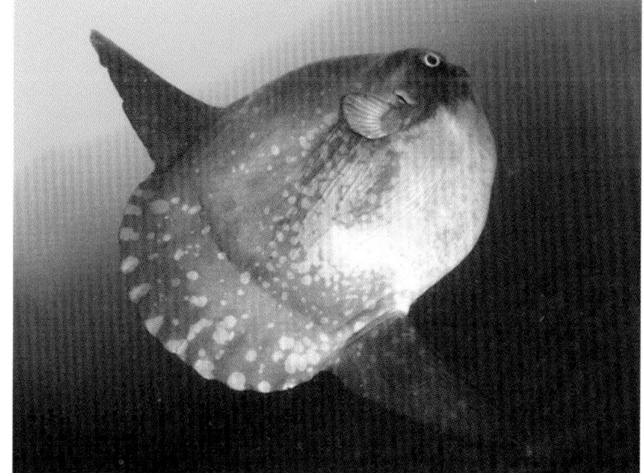

大瀨崎
水深 20m 大小 2m
中野誠志

學名索引

A

R

S

中名索引

七 劃

八 劃

十三 劃

十四 劃

●参考文獻

中坊徹次、2013 年《日本産魚類検索》第三版、東海大学出版会
峯水亮、2013 年《サンゴ礁のエビハンドブック》、文一総合出版
本村浩之・出羽慎一・吉田和彦・松浦啓一、2013 年《硫黄島と竹島の魚類》、鹿児島大学総合研究博物館、国立科学博物館
本村浩之・松浦啓一、2014 年《与論島の魚類》、鹿児島大学総合研究博物館、国立科学博物館
檜山義夫・安田富士郎、1975 年《日本産魚類大図鑑》第二版、講談社
檜山義夫・安田富士郎、1971 年《日本沿岸魚類の生態》初版、講談社
益田一・ジェラルド R アレン、1987 年《SEA FISHES OF THE WORLD　世界の海水魚》初版、山と渓谷社
中坊徹次、2000 年《日本産魚類検索：全種の同定》第二版、東海大学出版会
岡村収・尼岡邦夫、2005 年《日本の海水魚》第三版、山と渓谷社
鈴木寿之・渋川浩一・矢野維幾、2004 年《決定版日本のハゼ》初版、平凡社
吉野雄輔、2008 年《山渓ハンディ図鑑 13 日本の海水魚》初版、山と渓谷社
高木基裕・平田智法・平田しおり・中田親、2010 年《えひめ愛南図鑑》初版、愛南町
Hiroyuki Motomura・Keiichi Matsuura、2010 年《Fishes of Yaku-shima island》Nationai Museum of Nature and Science
Gerald R Allen、1991 年《Damselfishes of the World 》MERGUS Publ.,Melle.
Robert F. Myers、1999 年《Micronesian reef fishes 3rd revised and expanded》Coral Graphics,Guam
Gerald R Allen・Roger Steene・Paul Humann・Ned Deloach、2003 年《Reef Fish Identification-Tropical pacific》New World Publications,Inc
Rudie H Kuiter、2004 年《Basslets hamlets and their relatives》TMC Publ.,Chorleywood,UK
Rudie H Kuiter、2002 年《Fairy and rainbow wrasses and their relatives》TMC Publ.,Chorleywood,UK
Rudie H Kuiter、2000 年《Seahorses,Pipefishes and their relativer》TMC Publ.,Chorleywood,UK
Rudie H Kuiter、2002 Butterflyfishes Bannerfishes and their relatives TMC Publ.,Chorleywood,UK
Rudie H Kuiter・Helmut Debelius、2001 年《Surgeonfishes Rabbitfishes》TMC Publ.,Chorleywood,UK
Helmut Debelius・Hiroyuki Tanaka・Rudie H Kuiter、2003 年《Angelfishes》TMC Publ.,Chorleywood,UK
Gerald R Allen・Roger Steene・Mark Allen、1998 年《Angelfishes & Butterflyfishes》Odyssey Publishing/Tropical Reef Research

●主要參考官方網站

日本魚類　http://www.fish-isj.jp/
魚類写真データーベース　http://research.kahaku.go.jp/zoology/photoDB/
FishBase　http://www.fishbase.org/search.php
Academy Research
http://research.calacademy.org/redirect?url=http://researcharchive.calacademy.org/research/Ichthyology/catalog/fishcatmain.asp

・日文版設計 / 太田益美（m+oss）

後記

到二〇一四年爲止，在日本觀察到的魚類超過四千種，而且每天都發現新種。其中大多數來自業魚潛水客拍到的生態照片，如今潛水客對於分類學的貢獻已不容小覷。

我是一名導遊，由於工作關係，我每天都要潛水，拍了許多魚的照片，大多數是在我的根據地伊豆群島的八丈島所拍攝。八丈島是一座小島，繞一圈只有52km。受惠於黑潮，棲息著珊瑚礁區的亞熱帶種。從地理上來看，溫帶海域也有許多溫帶種。此外，還能觀察到小笠原特有的種類。由於地理環境得天獨厚，本書以日本全國的潛水區爲對象，收集到許多照片，幾乎所有照片都是從過去到現在，在八丈島拍攝到的魚類。八丈島對我來說具有十分特殊的意義，因此這個結果讓我感到無限欣喜。

本書以二〇一一年出版的《海水魚》爲基礎，追加 200 餘種，推出總計介紹超過 1000 種海水魚的最新修訂版。與前作相同，本書也搭配生態照片，加上一一點出識別重點的插圖，以淺顯易懂的方式方便所有讀者進行辨識。此外，也根據個人至今觀察魚類的經驗，與各位分享可看到這些魚類的海域、這些魚類的繁殖期以及生態特性，各位若想自行尋找有興趣的魚類，不妨參考本圖鑑。各位外出鑑賞海水魚時，請務必帶著本書，絕對能派上用場。

衷心感謝出版本書時給予全面協助的各界人士，包括在分類方式提供寶貴意見的瀨能宏先生、本村浩之先生、煙管鯯科魚類專家村瀨敦宣先生、三鰭鯯科魚類專家目黑昌利先生、田代鄉國先生、糯鰻科魚類專家日比野友亮先生、提供鰕虎共生資料與寶貴意見的金原廣幸先生。

此外，還要感謝提供許多美麗照片的攝影家，包括赤松悅子、有馬啓人、市山めぐみ、石田根吉、和泉裕二、豬股裕之、榎本正子、大沼久志、小野均、小野篤司、片桐佳江、片野猛、神村誠一、川原晃、加藤孝章、木村昭信、國廣哲司、菅野隆行、倉持英治、倉持佐智子、小林裕、小林岳志、小林修一、胡摩野大介、齋藤尚美、鈴木壯一朗、鈴木崇弘、鈴木あやの、惣道敬子、田崎庸一、谷口勝政、多羅尾拓也、蔦木伸明、鐵多加志、津波古健、常見眞紀子、道羅英夫、中野誠志、中村宏治、永野健司、仲谷順五、名倉盾、西村欣也、西村直樹、橋本猛、林洋子、原崎森、原多加志、平田智法、星野修、參木正之、松下滿俊、松野靖子、南俊夫、宮地淳子、村杉暢子、山梨秀己、山梨深雪、山本敏、山本章弘、横川智章、余吾涉、吉野雄輔、渡邊美雪、若山牧雄、次女加藤春花、工作人員水谷知世、村中保のか、石野昇太，再次謝謝各位。

最後，誠心感謝給予本書出版機會的誠文堂新光社，以及參與本書編輯的相關人士，謝謝大家。

台灣自然圖鑑 043

海水魚圖鑑

海水魚 ひと目で特徴がわかる図解付き

作者	加藤昌一
審定	邵廣昭
翻譯	游韻馨
主編	徐惠雅
執行主編	許裕苗
版面編排	許裕偉
創辦人	陳銘民
發行所	晨星出版有限公司 台中市 407 工業三十路 1 號 TEL：04-23595820　FAX：04-23550581 E-mail：service@morningstar.com.tw http：//www.morningstar.com.tw 行政院新聞局局版台業字第 2500 號
法律顧問	陳思成律師
初版	西元 2019 年 6 月 6 日 西元 2023 年 7 月 23 日（二刷）
讀者專線	TEL：02-23672044 / 04-23595819#212 FAX：02-23635741 / 04-23595493 E-mail：service@morningstar.com.tw
網路書店	http：//www.morningstar.com.tw
郵政劃撥	15060393（知己圖書股份有限公司）
印刷	上好印刷股份有限公司

定價 850 元

國家圖書館出版品預行編目（CIP）資料

海水魚圖鑑 / 加藤昌一著；游韻馨翻譯．－－初版．－－
台中市：晨星，2019.06
面；　公分．－－（台灣自然圖鑑；43）
譯自：海水魚 ひと目で特徴がわかる図解付き

ISBN 978-986-443-855-6（平裝）

1. 魚類 2. 動物圖鑑

388.5025　　　　　108002456

●眼睛很大，喜歡陰暗處的魚

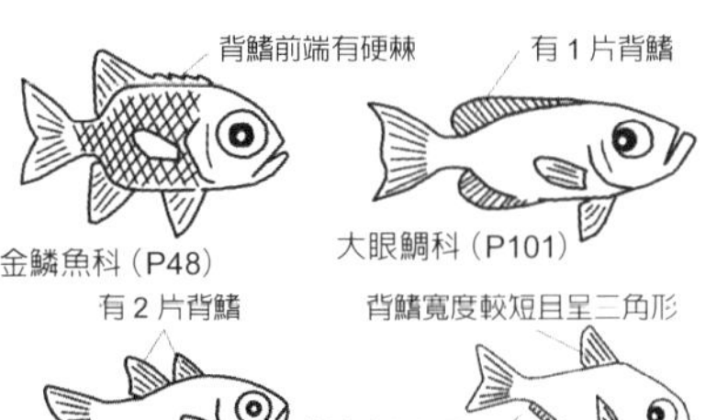

背鰭前端有硬棘
有 1 片背鰭
有 2 片背鰭
背鰭寬度較短且呈二角形
背鰭底部很長

金鱗魚科（P48）　大眼鯛科（P101）

天竺鯛科（P102）　擬金眼鯛科（P143）

●口部很大的魚

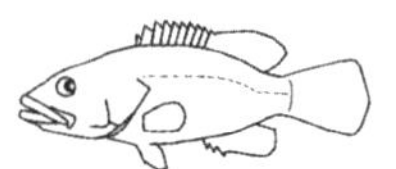

鮨科（P79）

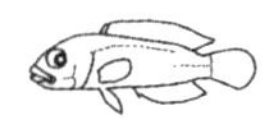

擬雀鯛科（P98）

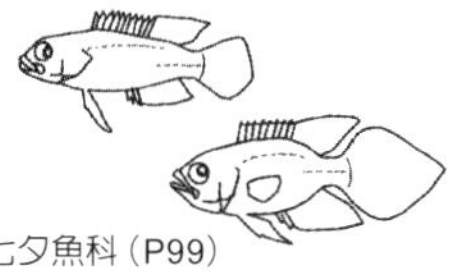

七夕魚科（P99）

●身體為細長橢圓形、在中層或接近水底洄游的魚

成群行動

烏尾鮗科（P128）

游泳時以一游一停的
獨特方式前進

金線魚科（P134）

身體兩側有黃色線條
成群行動

鯻科（P203）

●背鰭很長的魚

尾鰭不是黑色

蝴蝶魚科（P144）

尾鰭為黑色

角蝶魚科（P336）

●尾鰭很大、外表華麗的魚

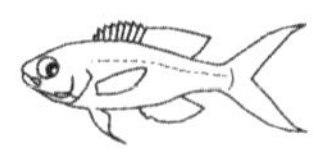

癒齒鯛科（P98）

鮨科（P79）

●形狀很像鯛魚的魚

笛鯛科（P123）

有些幼魚游泳時
會扭動身體

石鱸科（P130）

鯛科（P137）

臉型偏長

龍占魚科（P137）

嘴型如鳥喙

石鯛科（P202）

●身體呈圓形、色彩繽紛的魚

鰓部有大刺

蓋刺魚科（P160）

帶有又粗
又長的利棘

五棘鯛科（P172）

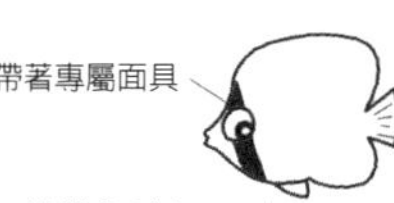

帶著專屬面具

蝴蝶魚科（P144）

背鰭和臀鰭很寬

白鯧科（P334）

身上有寬條紋

鯻科（P205）

●胸鰭下方有長軟條 腹鰭位於胸鰭根部後方的魚

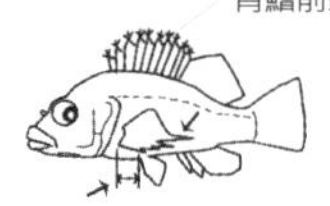

背鰭前端有線狀突起

鰯科（P172）

唇指鰯科（P176）

●身體呈細長橢圓形、嘴部較小
未及眼部前緣的魚

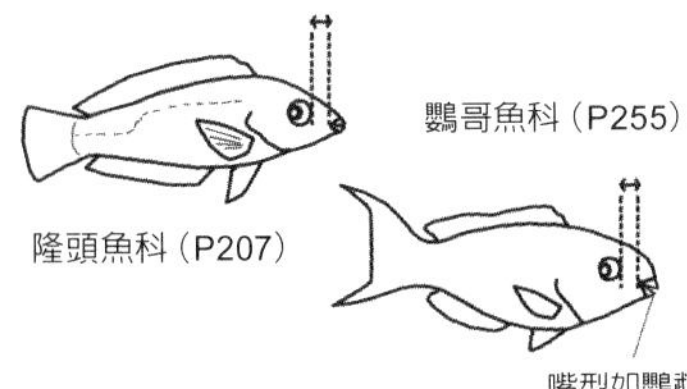
鸚哥魚科（P255）
隆頭魚科（P207）
嘴型如鸚鵡

●外形像鯛魚燒
也可長至鯛魚燒大小的魚

背鰭的棘有 2 條
雀鯛科（P178）

●身體細長，大小約 10cm
有 2 片背鰭，棲息在水底或在水中徘徊的魚

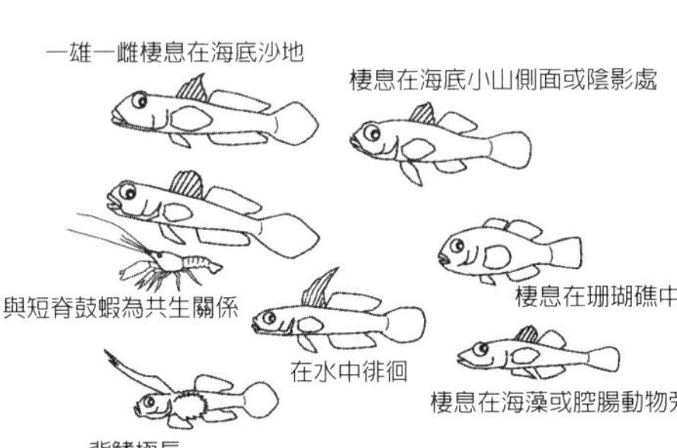
一雄一雌棲息在海底沙地
棲息在海底小山側面或陰影處
與短脊鼓蝦為共生關係
棲息在珊瑚礁中
在水中徘徊
棲息在海藻或腔腸動物旁
背鰭極長
鰕虎科（P303）

●有 3 片背鰭的魚

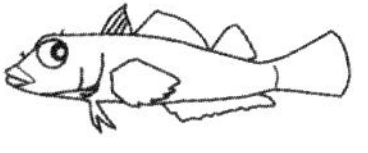

三鰭鳚科（P274）

●身體細長、色彩繽紛、
在水底附近徘徊的魚

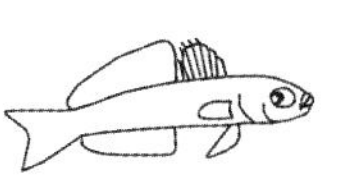

凹尾塘鱧科（P331）

●身體扁平
雙眼在身體同一側

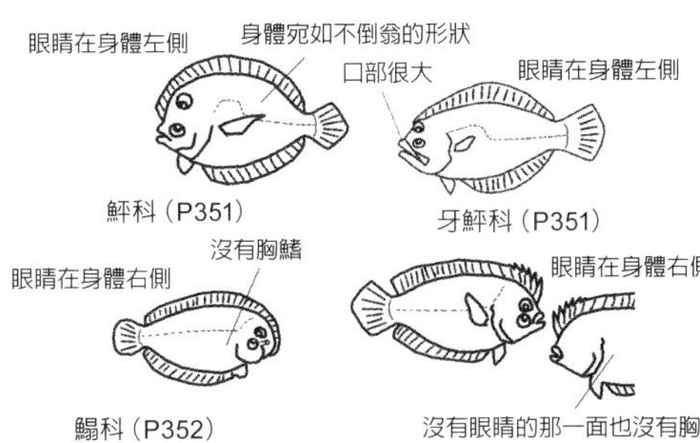
眼睛在身體左側
身體宛如不倒翁的形狀
口部很大
眼睛在身體左側
鮃科（P351）
牙鮃科（P351）
沒有胸鰭
眼睛在身體右側
眼睛在身體右側
鰨科（P352）
沒有眼睛的那一面也沒有胸鰭
冠鰈科（P351）

●臉型長得像火男面具的魚

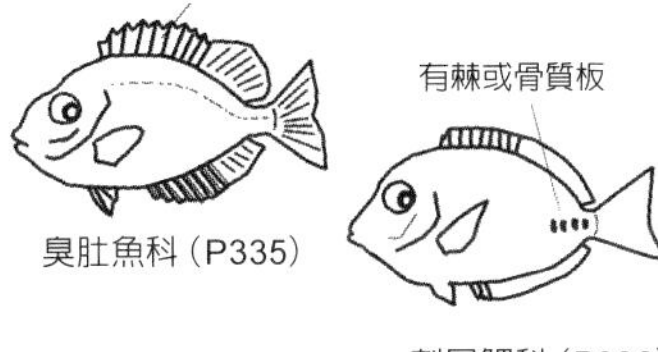
背鰭的棘條很發達
凹凸不平
有棘或骨質板
臭肚魚科（P335）
刺尾鯛科（P336）

●背鰭與臀鰭的底部很長
腹鰭只有 1 棘

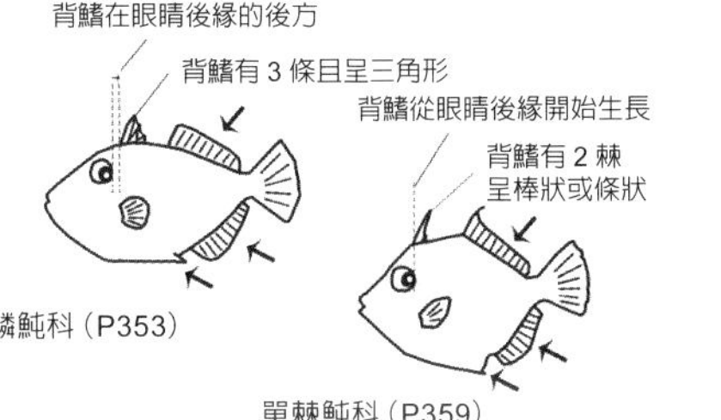
背鰭在眼睛後緣的後方
背鰭有 3 條且呈三角形
背鰭從眼睛後緣開始生長
背鰭有 2 棘
呈棒狀或條狀
鱗魨科（P353）
單棘魨科（P359）

●背鰭與臀鰭的底部較短
位於身體後方

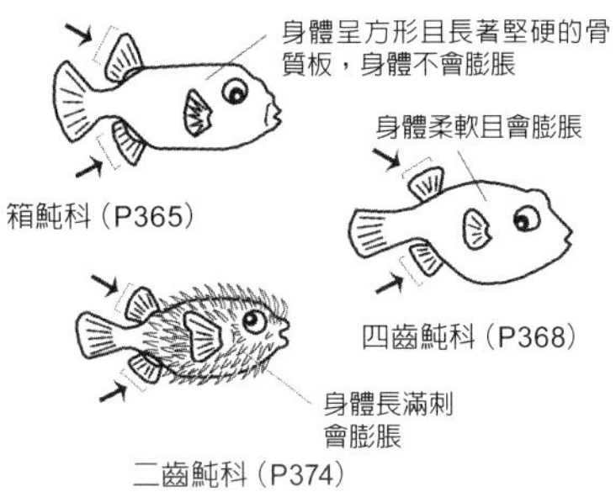
身體呈方形且長著堅硬的骨
質板，身體不會膨脹
身體柔軟且會膨脹
箱魨科（P365）
四齒魨科（P368）
身體長滿刺
會膨脹
二齒魨科（P374）